1st Edition

최신

두피·모발관리학

Scalp care & Trichology

고경숙 · 윤복연

청구문화사

머리말

현대인들은 치열한 경쟁시대에 살고 있고 그 결과에 따라 미래가 결정되는 냉혹한 사회의 현실에서 남보다 앞서야 한다는 생각으로 서두르면서 쫓기듯 살고 있다. 이러한 경쟁에는 외모도 상당 부분을 차지한다. 이에 따라 뚜렷한 이미지를 남기고 싶은 마음에 메이크업에 의지하다 성형수술을 하게 되고, 늘씬하다고 생각되는 연예인을 보면 살을 빼기위해 극심한 다이어트도 서슴치 않고 하게 된다. 이러한 현상은 여성에게만 일어난다고 생각했던 시대를 지나 현재는 많은 남성들이 외모에 관심을 가지게 되었다. 특히 헤어스타일로 이미지변화를 연출하기 위해 다양한 관련제품의 사용과 화학적 시술을 마다하지 않고 있는 것은 남성이 여성과 다를 바 없이 외모에 의해 평가를 받고 있다는 반증인 것이다.

외모에 커다란 영향을 주는 탈모 또한 남성의 전유물로만 여겼던 것이 이제는 남녀노소 구분 없이 많은 사람들에게 고통을 주고 있다. 현재 국내의 탈모 인구는 1천 만 명을 넘어섰으며 남성의 14%, 여성의 5.6%가 탈모를 앓고 있는 것으로 추정하고 있다.

이러한 탈모는 유전적인 요인도 있지만 스트레스에 의한 원인도 크다는 사실이다. 뿐만 아니라 무분별한 다이어트, 흡연, 음주, 공해, 질병 등의 원인으로 인해 탈모환자가 늘어남과 동시에 유발연령은 점차 낮아지고 있는 경향이다.

탈모환자들을 위한 치료제로 경구용과 외용이 많이 출시되고 있으며 메디컬 측면에서의 치료와 관리실 측면에서의 탈모관리를 병행할 경우 탈모방지와 모발성장 촉진이 증대되는 효과가 있다는 것이 증명되고 있다. 이에 따라 의료계에서는 관리시스템을 정비하고 있고, 뷰티업계 또한 두피 · 모발 관리실의 개업증가를 활성화시키고 있는 실정이다. 이러한 추세에 따라 학계에서는 이론뿐만 아니라 테크닉적인 면에서도 우수한 두피관리사들을 교육하여 배출하고자 노력하고 있다.

이 책은 학식과 테크닉을 겸비한 전문 두피관리사 양성을 위한 지침서로 두피의 생물학적 기능과 작용, 두피 · 모발생리를 기초로 탈모요인과 예방을 위한 방법을 제시하였으며 올바른 샴푸법, 마사지법을 비롯하여 탈모예방에 효과적인 아로마테라피까지 수록하였다.

또한 어려운 부분에는 Plus와 Tip으로 설명을 하여 이해를 도왔으며, 매 장마다 새로운 용어를 쉽게 익힐 수 있는 퍼즐게임과 예상문제를 수록하였고 알아두면 좋을 내용들을 요약하여 학습의 성취를 거듭 확인할 수 있도록 하는 등 다각적인 방법을 동원하여 두피관리학을 보다 쉽고 정확하게 학습할 수 있도록 구성하였다.

원고정리에 최선을 다 하였으나 아직도 깔끔하게 정리되지 못한 부분들이 있음을 절감하게 된다. 이러한 점들은 앞으로 지속적인 수정과 보완을 통하여 채워나갈 것을 다짐하며, 여러분들의 관심과 사랑을 기대해 보는 바이다.

부디 이 작은 책자가 이 분야를 공부하는 학생들은 물론 두피 · 모발관리에 근무하는 전문가들에게 작은 도움이라도 되어주기를 진심으로 기원하며, 이 책을 발간하는데 많은 도움을 주신 청구문화사 이상태사장님과 임직원 여러분께 진심으로 감사의 말씀을 드린다.

2014년 새봄
저자 일동

목 차

Chatper Ⅶ. 상담

Chatper Ⅷ. 두피 및 모발관리

Chatper Ⅸ. 두피경혈 마사지

Chatper Ⅹ. 샴푸 & 린스

Chatper Ⅺ. 아로마테라피

Chapter I

두피 발생

개요

건강한 성인은 하루 평균 1,000억 개 이상의 세포가 죽고, 그와 비슷한 수의 세포가 세포분열을 통해 새롭게 생성되어 인체조직을 재생시킴으로서 건강한 인체가 유지되도록 한다. 인체의 중요기관인 두개골 또는 뇌를 덮고 있는 두피(Scalp)는 부모의 유전적 소인을 이어 받아 생성되며, 모낭줄기세포가 모발을 생성하는 세포로 분화한다. 이 장에서는 세포분열과정과 분화 및 인체의 기본구성조직을 학습하기로 한다.

학습 목표
① 인체세포의 특징을 설명할 수 있다.
② 인체의 구성조직을 설명할 수 있다.

01 세포(Cell)

세포는 살아있는 생명체를 이루는 구성과 기능, 유전상의 기본 단위이며 단백질과 지질 이중층으로 구성된 세포막으로 싸여 있고 ATP형태로 에너지 전환 장치를 가지고 있다. 세포들은 다시 구조와 기능에 따라 200가지 정도로 분류할 수 있지만 세포의 기본적인 구조와 기능은 비슷하다. 세포는 대사(metabolism)와 성장(growth), 분열(devision), 분비(secretion), 운동(movement) 등을 일으킬 수 있는 원형질(protoplasm)로 되어 있다. 원형질에는 핵과 세포질이 있으며 핵을 갖고 있는 세포를 진핵세포(eukaryotic cell)라 하고 핵을 갖고 있지 않는 세포를 원핵세포(prokaryotic cell)라 한다.

세포

핵	내막계	반독립적 세포소기관	세포기질
▪핵막 ▪염색사 ▪인	▪세포막 ▪세포질세망 ▪골지기관 ▪리소좀 ▪액포	▪미토콘드리아 ▪퍼옥시좀 ▪엽록체	▪리보솜 ▪세포골격 ▪중심립 ▪세포함유물

1. 세포의 구성

세포는 세포를 둘러싸는 세포막(cell membrane)과 세포막 안의 핵(nucleus), 세포질(cytoplasm)로 이루어져 있다. 핵은 유전물질로 DNA를 포함하고 있으며 세포질에는 각각 분업화되어 특수한 기능을 가진 여러 종류의 소기관(organelle)들이 존재한다.

동 · 식물의 모든 세포들은 세포의 종류와 관계없이 최외층으로 부터 세포막, 세포질, 핵으로 구성된다. 인체는 10~100mm 크기의 약 60~100조개의 세포와 많은 수분으로 구성되어 있으며 이들 세포를 기초로 하여 조직(tissue), 기관(organ), 기관계통(organ system)을 이루어 개체(individual)를 형성한다.

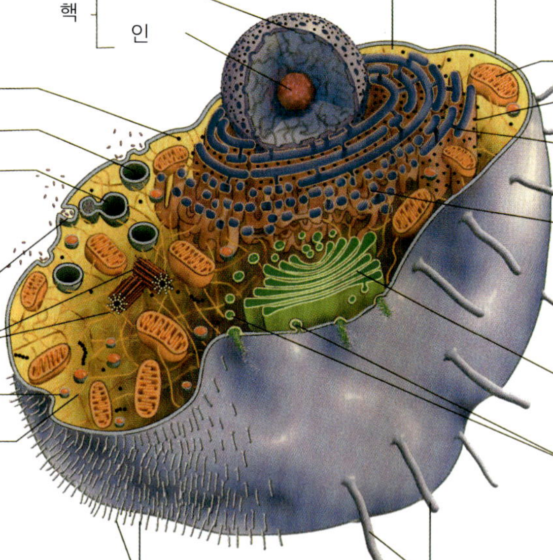

그림 1-1 세포의 구조

1) 세포막(cell membrane)

세포의 외부를 둘러싸는 두께 75Å의 아주 얇은 막을 형질막(plasma membrane) 또는 세포막이라고 한다. 세포막은 세포의 내부와 외부를 구분하는 역할과 외부환경 변화에 대응하여 내부환경을 일정하게 유지하는 항상성을 갖고 있으며 인지질(phospholipids)로 구성되어 있다. 인지질은 친수성인 머리 부분과 소수성인 다리 부분으로 이루어져 있다. 인지질의 머리 부분은 세포의 외부와 내부의 표면을 구성하고, 2개의 다리부분은 세포막의 내부에서 접한다.

세포막에는 세포와 세포사이의 결합상태를 유지하는 특정물질을 결합하는 수용기(receptor)가 있으며 세포와 세포사이에 인지능력이 있어 동종세포와 이종세포를 구분하여 동종세포 사이에는 결합이 이루어 질 수 있으나 이종세포 사이에는 거부현상이 일어난다. 인지능력은 세포막 바깥층에 있는 단백질에서 기인하며 이 단백질은 세포내에 있는 유전인자에 의해 합성된다.

세포막은 물질을 운반하는 수송계 역할을 하며 세포의 활동에 필요한 정보를 간직한 채 막을 통과하는 물리적 이동과 능동적 이동을 조절한다.

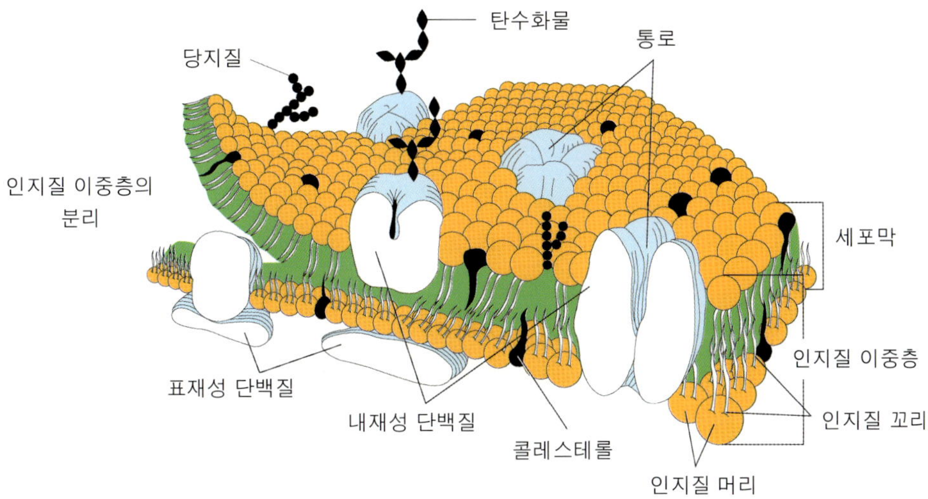

그림 1-2 세포막

2) 세포질(cytoplasm)

세포질은 세포막과 핵 사이에 있는 세포의 기질, 즉 원형실(protoplasm)을 말하며 세포막 내에 존재하는 모든 물질 중에서 핵을 제외한 부분을 말한다. 대부분의 세포 활동이 일어나는 곳이며 다양한 소기관들이 위치하여 각각 특정한 기능을 수행하는 생명현상의 기본특성이 있다. 세포질내에는 생체의 여러 기능을 발휘하는 구조물이 있으며 이를 세포 소기관(organelle)이라 한다.

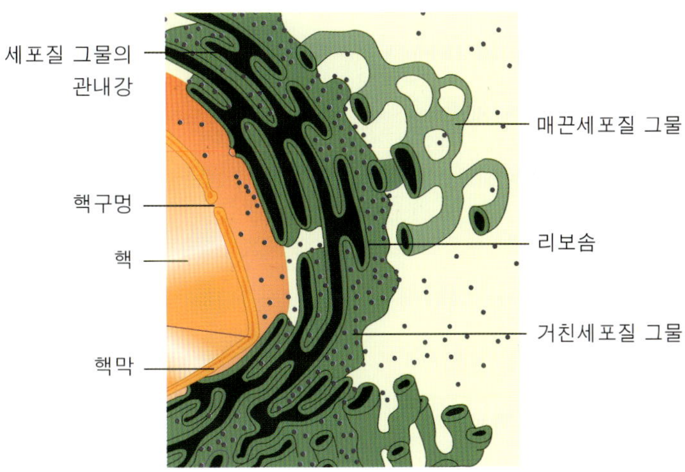

그림 1-3 세포질그물

(1) 사립체(mitochondria)

신체의 모든 세포는 세포질에 수많은 사립체, 즉 미토콘드리아를 갖고 있는 세포의 집합체이다. 그 수효는 산소의 공급 상태에 따라 차이가 있다. 산소호흡을 하고 있는 모든 진핵세포의 세포질에는 2중 막으로 싸여진 주머니 모양의 사립체가 2~5μm의 짧은 막대 또는 달걀모양의 이중막으로 둘러 싸여있다. 사립체의 외막(바깥막)은 매끈하며 물질에 대한 투과도가 높고 탄수화물을 피루브산(pyruvic acid)까지 분해한다. 내막(속막)은 주름져 있는 층을 형성하고 있으며 피루브산, 아미노산 및 지방산을 분해하여 ATP를 생성한다.

사립체의 내막과 바탕질에는 세포호흡, 즉 전자전달계와 산화적 인산화반응에 관계되는 여러 가지 효소가 있어서 생체 에너지인 ATP(adenosine triphosphate)를 생산한다. 속막의 안쪽은 액체로 채워진 기질(매트릭스, matrix)이 있고 자신의 유전정보를 담은 고리 모양의 DNA와 리보솜 그리고 크렙스회로(Krebs cycle 또는 구연산회로, TCA cycle)와 관련된 효소와 여러 물질들이 있다.

에너지 생산과정은 포도당이 분해되어 피루브산이 되고 지방산이나 아미노산이 분해되어 아세토초산(acetoacetic acid)이 된다. 이들 피루브산과 아세토초산이 아세틸 조효소(acetyl coenzyme A)로 되어 미토콘드리아에 들어가 산화(탈수소)되어 O_2를 소비하고 CO_2와 물을 발생한다. 사립체는 세포의 조절 센터로서 세포와 개체의 생존을 위해 필요한 에너지를 생산하고 세포호흡에 관여한다.

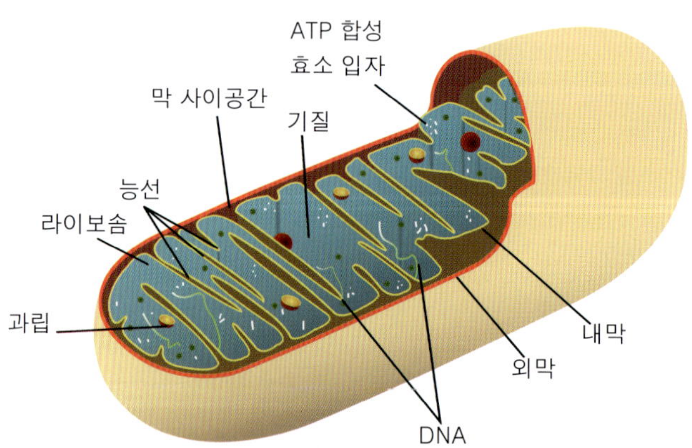

그림 1-4 사립체

(2) 소포체와 리보솜(endoplasmic reticulum & ribosome)

소포체는 미세한 터널로 구성된 미로 같은 속이 빈 관들의 조직망으로, 세포핵으로부터 세포막까지 가지처럼 뻗으면서 세포의 내부를 통해 분포하며 하나의 세포 부위로부터 다른 곳으로 물질들을 운반하는 세포의 운반시스템이다. 벽의 바깥쪽 표면에 리보솜이 붙어 있어 과립소체 라고도 한다.

리보솜은 소포체로 들어가서 골지체로 이동하는 단백질을 합성한다. 골지체는 세포의 포장 센터로 리보솜에 의해 만들어진 단백질을 운반, 농축하여 세포 바깥으로 분비한다.

세포들은 리소좀이라고 하는 자신들의 방어 체계를 갖고 있다. 리소좀에 함유하고 있는 효소들은 세포 내부의 모든 불필요한 물질을 분해시킬 능력이 있어 세포에 들어온 세균은 리소좀이 삼키며 리소좀의 효소들은 세균을 소화시킴으로서 침입자들을 처리한다.

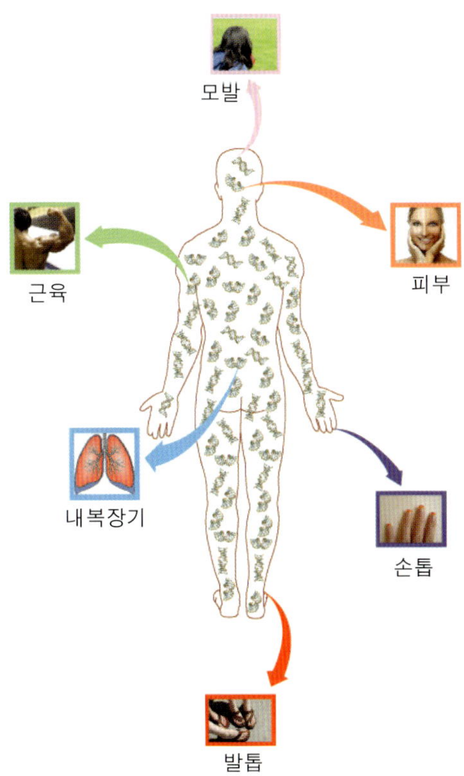

그림 1-5 인체 장기의 발생

리보솜은 단백질 합성 장소로서 RNA와 단백질로 구성되어 있으며 크고 작은 2개의 소단위로 구성되어 있다. 세포질 속에 자유롭게 존재하는 자유리보솜과 세포질 그물에 부착되어 있는 부착리보솜으로 구분한다. 자유리보솜은 3~30개 정도가 mRNA에 의해 염주 모양으로 연결되어 무리리보솜을 형성하며 주로 세포 자체의 성장과 분열에 필요한 단백질을 합성한다. 부착리보솜은 호르몬과 같은 세포 밖으로 분비하는 단백질이나 세포막을 구성하는 막 단백질을 합성한다.

단백질은 다양한 아미노산의 결합이며 모발, 피부, 손톱, 근육, 뼈, 연골 등과 같은 조직을 형성한다. 몸에 필요한 많은 단백질을 만들어 내기 위해 하나의 세포가 수천 개의 리보솜을 사용한다. 이들 중 일부는 세포질속에 붙어있지 않고 그 세포를 위한 단백질을 만들어 낸다. 그 밖의 리보솜들은 소포체에 붙어 있으며 이들은 몸속 어느 곳에서든지 사용되도록 세포를 통과할 단백질을 만들어 낸다.

(3) 골지체(Golgi apparatus)

골지체는 납작한 액포들이 서로 포개진 형태로 핵 주변에 위치하고 있으며 납작한 막 모양의 주머니가 3~20개의 층판을 이루고 있다. 포유류의 적혈구를 제외한 거의 모든 동물세포에 존재하며 분비기능과 밀접한 관계가 있는 분비성 세포이다. 단백질을 분비하는 세포에서는 조면소포체로부터 운반되어 온 단백질에 골지체에서 만들어진 다당류가 첨가되어 당단백질이 만들어진다. 골지체에서는 지방과 단백질과의 복합체, 즉 유미과립을 만들어 필요에 따라 혈액 속으로 방출시킨다.

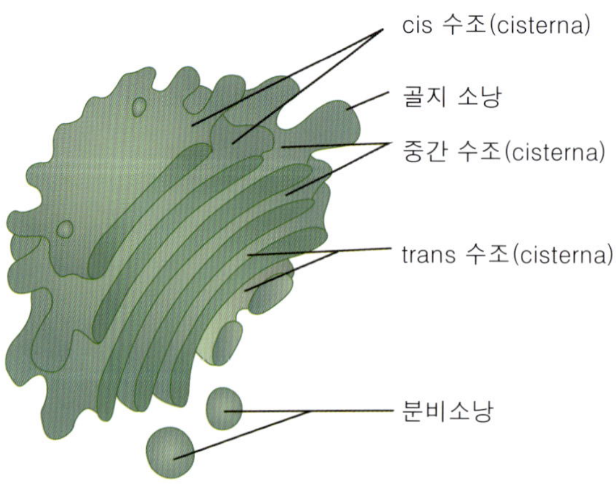

그림 1-6 골지체

3) 핵 (nucleus)

핵은 세포내에서 일어나는 화학반응과 세포증식 조절의 중심부로 유전자인 DNA를 다량 포함하고 있으며, 세포질 속에서 단백질 효소의 특성을 조절할 뿐만 아니라 세포질의 활성화에도 관여한다. 핵은 핵막이라고 하는 섬세한 막에 의해 둘러싸여 있으며 세포의 활동과 세포분열을 통제하고 핵막은 원형질과 핵 사이에 물질의 통과를 조절하는 역할을 한다.

핵 속에는 세포분열에 작용하는 다양한 물질들이 있으며 세포분열 동안 세포가 자신과 동일한 2개의 복제물을 만들어낼 때 나타난다. 이 과정을 유사분열이라 한다. 세포가 유사분열을 준비하면, 염색질은 일정한 규칙에 따라 매우 농축된 상태로 모이는데 이것을 염색체라고 한다. 인간의 염색체는 유전적 특징을 가진 유전자들로 구성되어 있다. 각각의 체세포에는 23쌍의 염색체를 갖고 있다.

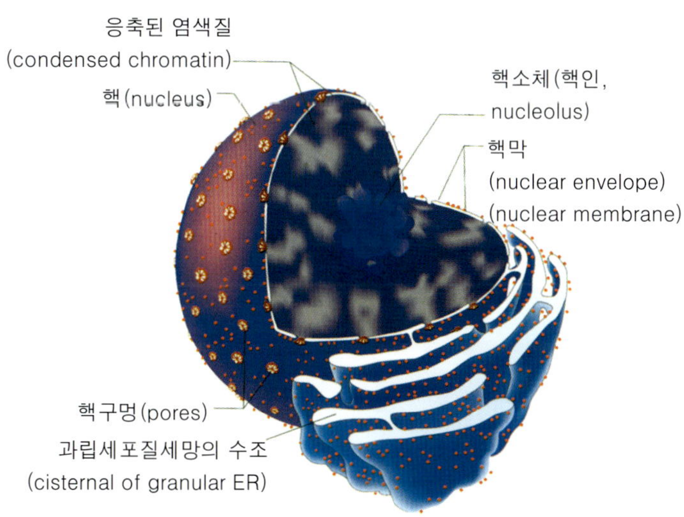

그림 1-7 세포핵의 구조

Tip

▸ 분화란 한 종류의 세포가 다른 종류의 세포로 변화하는 것을 말한다.

PLUS

원핵세포와 진핵세포의 비교

	원핵세포	진핵세포
크기	작다(1~10 ㎛)	크다(10~100 ㎛)
핵막	없다	있다
염색체	이중나선 DNA	DNA와 RNA 및 단백질로 구성
악성세포기관	없다	있다
세포분열	이분법	유사분열
편모	3가닥의 나선섬유 구조 (회전운동)	미세관운동(흔들운동)
세포벽	주성분은 펩티도글리칸	셀룰로오스와 펙틴
리보솜	70S	80S
세포막	콜레스테롤이 없다	콜레스테롤 존재
세포질	세포골격 및 원형질 유동 없다	세포골격 및 원형질 유동 한다
생식	무성생식(분열생식)	유성생식(수정생식)

2. 세포의 화학적 구성

세포는 크기, 모양, 기능, 구조 등이 각각 다르고 무색이다. 영양분과 물을 함유하고 있는 젤리 같은 물질인 원형질로 되어 있으며 핵과 세포질로 되어 있다.

세포에서 만드는 대부분의 분자는 탄소를 중심으로 다른 원소들이 결합되어 있는 탄소화물로서 유기화합물이라고 한다.

단백질 분자는 공유결합으로 연결된 수천 개의 분자로 이루어진 고분자이며 또 다른 고분자로는 DNA를 포함한 핵산, 다당류인 탄수화물, 지방을 포함한 지질이 세포의 중요한 고분자이다.

1) 단백질(protein)

세포막에 함유되어 있는 단백질은 약 60~70%로 바깥층과 속층에 있으며 세포와 세포, 세포와 조직 사이를 연결하거나 어떤 물질의 통로 또는 운반체로 작용한다. 그 외에도 수용체로 작용하여 신경전달물질이나 호르몬과 결합하기도 하고 효소로 작용하여 세포 안 신호전달에 관여하기도 한다. 그 외 근육과 신경세포에서 Na^+, K^+의 통과를 선택적으로 조절한다.

또한 호르몬과 같은 조절분자의 수용체 역할을 하며 식균작용과 같은 특수한 형태의 흡수를 돕기도 한다. 에이즈(AIDS) 바이러스가 림프세포(T_4)에 침입할 수 있는 것도 림프세포막에 있는 특정 단백질 때문인 것으로 알려져 있다.

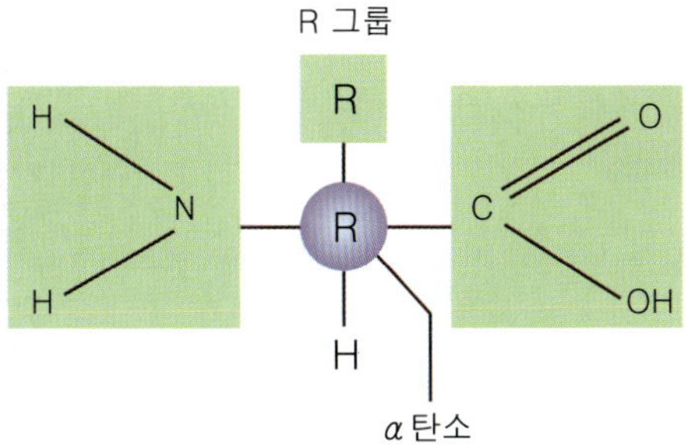

그림 1-8 아미노산 구조

2) 지질(lipid)

세포막에 함유되어 있는 지질은 약 20~40%로 세포막의 중간층에 있으며 주성분은 인지질, 당지질, 콜레스테롤이다. 지질은 물에 잘 녹지는 않지만 벤젠이나 아세톤과 같은 유기용매에는 잘 녹으며, 지방이 95%이상을 차지하는 유기화합물이다.

인지질(phospholipid)은 지질량이 약 70%로 생리적 온도에서 반액체 상태로 존재한다. 세포막, 핵막, 미토콘드리아막 등 생체막의 구성성분으로 사용된다. 인지질은 물질의 선택성 수송에 관여하며 지질에 녹을 수 있는 O_2, CO_2는 쉽게 통과할 수 있으나 아미노산, 단백질, 핵산분자, 이온과 같은 수용성 분자는 수송을 제한한다.

당지질(glycolipid)은 세포막에 존재하지만 세포내 구조물 막에는 없다. 적혈구 세포막에 있는 당지질은 적혈구 응집반응을 일으키는 주된 물질이 되며 일반적으로 면역반응에서 항원(antigen)의 역할도 한다.

콜레스테롤(cholesterol)은 전체 지질량의 약 25%로 수용성 물질이 세포막을 지나 이동할 때 속도를 결정하는 유동성을 조절하여 물질의 세포막 통과를 제한한다. 지질의 세포막 배열상태는 세포막 바깥부분과 속부분을 향하여 배열되어 있고 소수성인 지방산 분자는 막대모양으로 중앙부를 향하여 서로 마주보는 위치로 배열되어 있다. 비타민, 호르몬, 쓸개즙 등의 구성성분으로 사용된다.

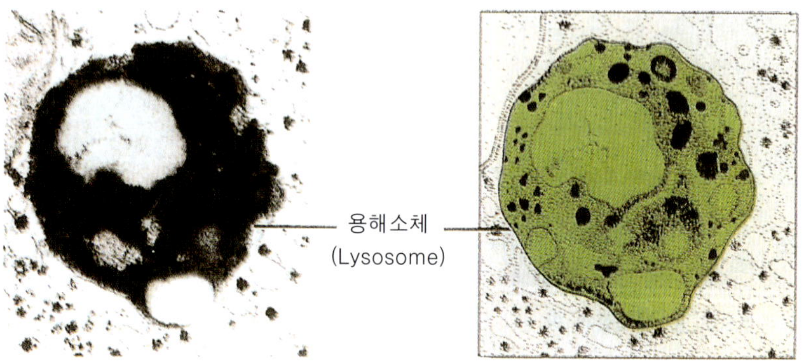

그림 1-9 용해소체

3) 탄수화물(carbohydrate)

탄수화물은 탄소, 수소, 산소 원자로 구성되어 있고 이 원자들이 서로 결합하여 단당류를 형성한다.

탄수화물은 에너지원으로 사용되고 세포의 형태를 이루기도 하며 많은 항생물질 및 조효소의 구성요소이다. 또한 유전자의 주요한 부분으로 단당류, 이당류, 다당류 등을 포함하는 유기질 분자로서 자연계에 가장 풍부하게 존재한다. 탄수화물은 세포막의 약 1~5%를 차지하며 당단백질(glucoprotein)과 당지질(glucolipid)의 형태로 세포막의 바깥층에 있다.

탄수화물은 음전하를 띠고 있어 세포 내에서 에너지를 발생시키기 위한 세포호흡의 가장 중요한 기질로 이용된다. 또한 적혈구 세포들이 결합하는 것을 방지하며 그 외 세포막의 결합능력과 체내에 들어오는 물실의 존재를 인식하는 역할을 한다.

> **Tip**
> ▸ 인체는 다른 영양물질에 비해 물이 66%이상을 차지한다.

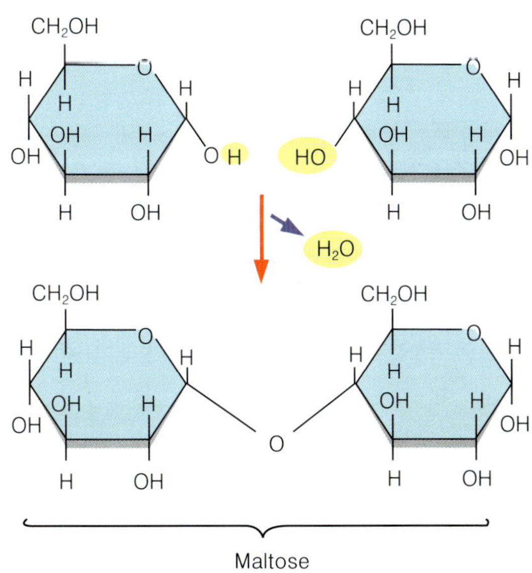

그림 1-10 탄수화물의 구조

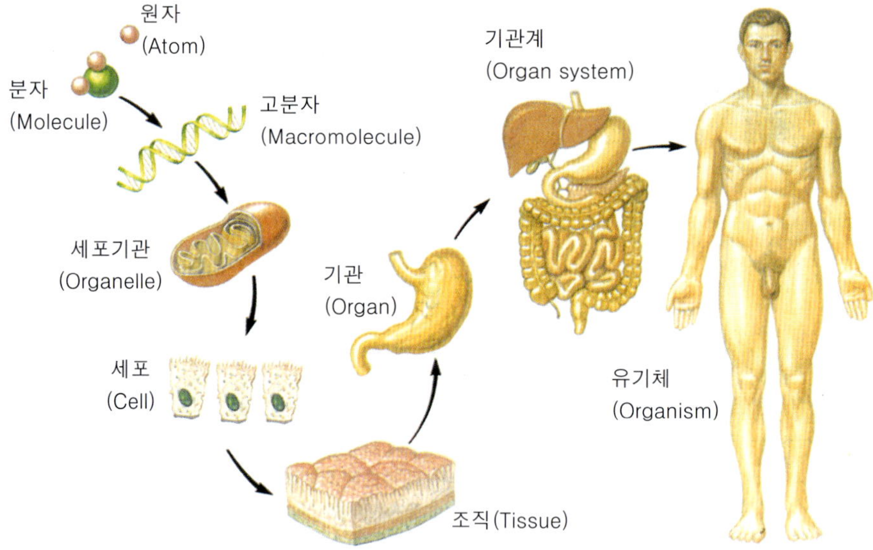

그림 1-11 인체의 구성

Tip

▸ 줄기세포가 분화하면 근육세포, 췌장베타세포, 간세포가 된다.

3. 인체 생식 세포

우리의 몸은 모두 세포로 구성되어 있다. 세포들이 모여 눈, 코, 입, 뼈, 신경, 피부 등의 조직을 이루고, 조직은 허파나 위, 심장 같은 기관을 이룬다. 기관은 그 역할에 따라 호흡계통(respiratory system), 소화계통(digestive system), 순환계통(circulatory system) 등의 기관계를 이루며 이것이 총합되어 개체로서의 인간을 이룬다.

세포는 개체의 유지와 성장을 위해 증식을 하게 되며 이러한 세포는 체세포가 죽게 되면 체세포분열을 통해 새로운 체세포가 생성되면서 양이 늘어나기도 하고 줄어들기도 한다.

인간은 정소와 난소에서 감수분열이라는 과정을 통해 생식세포의 염색체수가 반으로 줄어들면서 난자와 정자가 새롭게 만들어지게 된다. 난자는 여성의 생식세포로 난소에서 대략 28일마다 만들어진다.

생식세포분열 후에는 정자와 난자가 생성되고 체세포분열 후에는 몸의 생장, 즉 인간의 몸이 자라게 된다. 체세포분열은 분열 전과 후의 염색체 수가 같지만 생식세포분열은 염색체 수가 반으로 줄어들게 되고 이 때문에 생식세포분열을 감수분열이라고도 한다. 만약 감수분열이 일어나지 않으면 생식세포의 결합과정은 세대가 지남에 따라 내부 물질이 기하급수적으로 증가할 것이다.

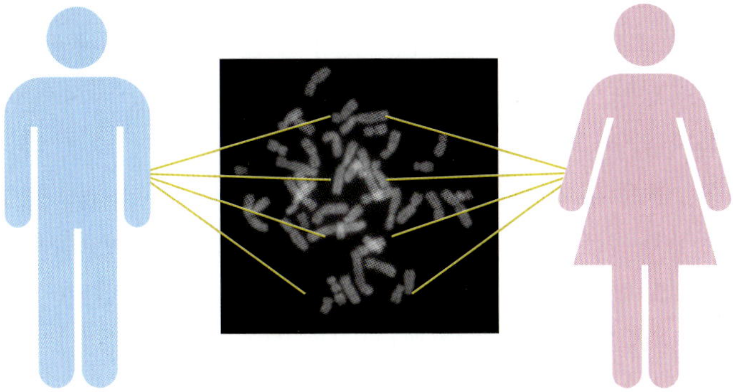

그림 1-12 유전자

PLUS

인체 기관의 분류

심혈관계	호흡계	소화계	비뇨계	면역계	생식계
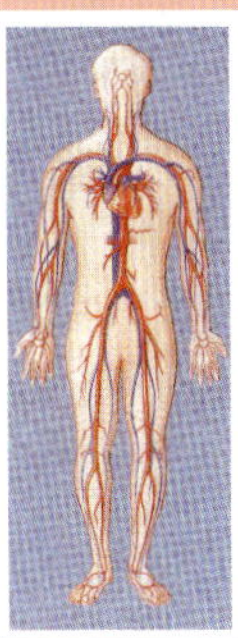	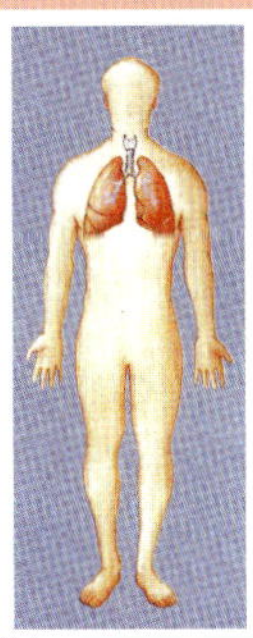	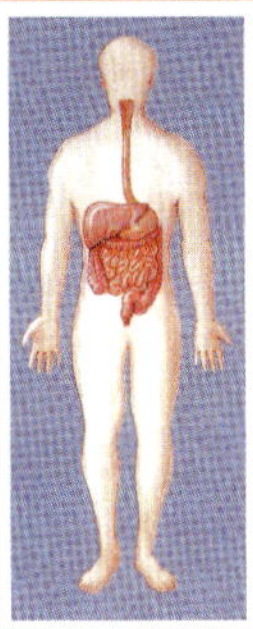	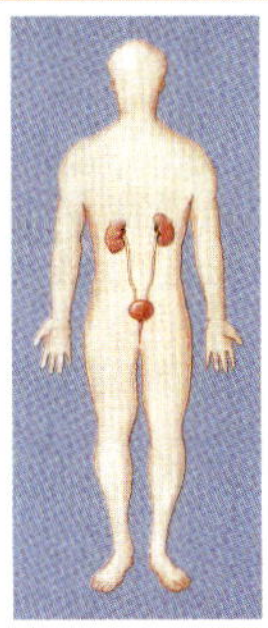	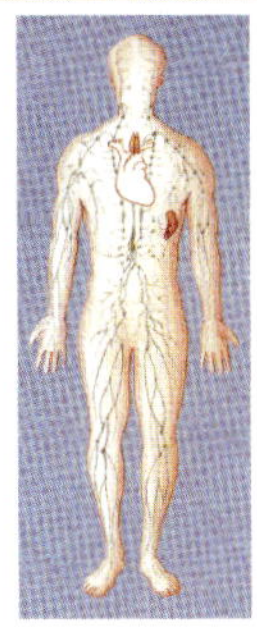	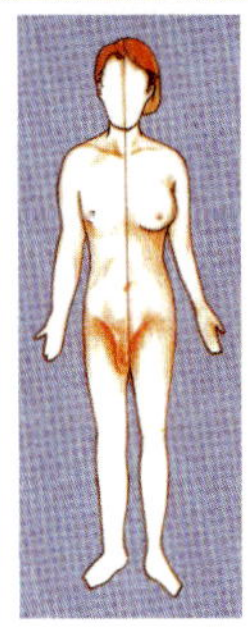
산소 운반, 영양분 공급, 노폐물 제거, 체온 유지, 호르몬 운반	기체의 가스교환, 산소공급, 에너지대사	음식물 흡수, 에너지원 전환	분비, 배설, 노폐물제거, 수분과 염분 조절	면역반응, 외래침입균 인식	성호르몬 생성, 정자, 난자 생성, 수정

피부계	신경계	내분비계	근육계	골격계
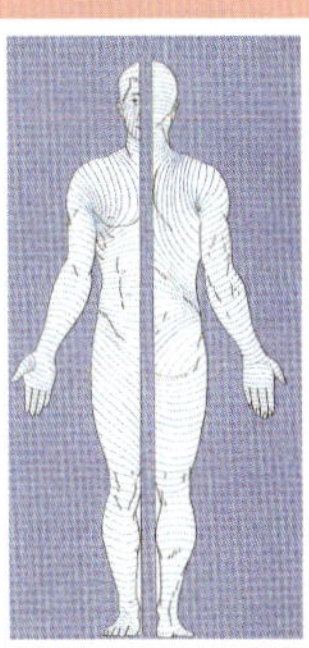	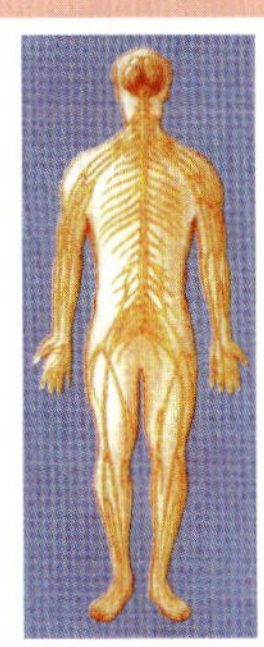	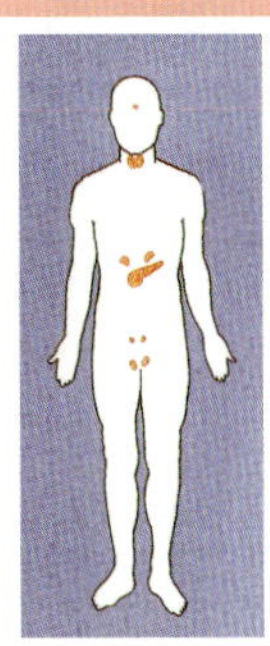	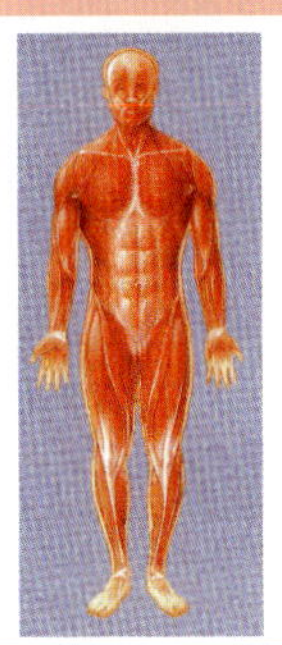	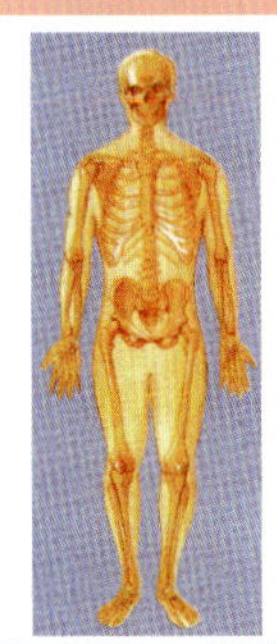
체온조절, 외부 세균 방어, 호흡, 영양저장	중추신경계와 말초신경계 구분, 자극 전달, 반응생성	항상성 유지, 호르몬 생산, 기관의 기능 조절	신체 움직임 유지, 장기 움직임, 근육 움직임 조절	인체 지지, 근육과 길항작용

우리 몸에는 세포분열에 있어서 다른 곳과 구별되는 두 곳이 있다. 하나는 감수분열을 하는 생식기관, 즉 남성의 고환이나 여성의 난소 속 세포이고, 다른 하나는 분열 증식을 하지 않는 뇌세포이다. 뇌세포는 출생 전 태아 때에 약 140억 개로 분열 증식한 다음, 출생 후에는 분열을 하지 않는다.

세포는 세포질과 핵으로 구성되어 있으며, 세포질은 세포의 물질대사에 필요한 성분들로 구성되어 있고 핵 속에 그 생물체의 특징을 지니고 있는 염색체가 들어있다. 사람은 46개의 염색체를 가지며 이들 염색체는 23쌍으로 짝 지워져 있다. 태아는 아버지에게서 반, 어머니에게서 반 물려받아 부모의 유전인자를 공유하고 23쌍의 염색체 중 한 쌍인 두 개의 염색체가 인간의 성별을 결정한다. 남성 세포에는 X염색체와 Y염색체가 한 개씩 있고(XY), 여성 세포에는 X염색체만 2개(XX)가 존재한다. 이 X, Y 두 염색체를 성염색체라고 하며 이 두 염색체가 다르기 때문에 남녀로 구분된다.

4. 세포의 주기

하나의 세포가 생성되어 성장하다가 두 개의 동일한 세포로 분열되기까지의 과정을 세포주기(cell cycle)라 하며 성장과 분열을 거듭하는 과정이다. 세포가 성장하고 물질대사를 하며 새로운 세포분열을 준비하는 사이기(간기, inter phase) 와 실제로 세포분열이 일어나는 유사분열기(mitotic phase)로 나눈다.

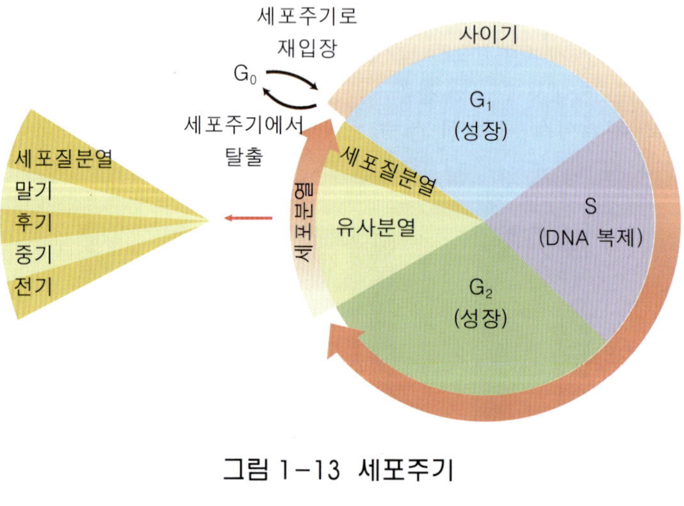

그림 1-13 세포주기

1) 사이기

세포분열은 일어나지 않지만 정상적인 세포활동을 하는 시기로 대부분의 세포는 일반적인 기능을 수행한다. 또한 세포분열을 준비하는 기간으로 유전자 복제와 세포소기관 등이 합성되어 두 배로 되는 기이다. 이 시기에 핵막, 핵소체, 염색질이 보이며 세포분열 시에 보이는 응축된 염색체는 보이지 않는다. 사이기는 크게 DNA를 복제하는 S기와 다른 구조물과 세포성장이 일어나는 G기로 나눈다.

(1) G1기(gap 1 phase)

DNA복제 전 단계로 세포의 물질대사가 활발히 일어나는 시기이다. 세포분열을 위해서 소기관과 세포질 구성성분이 복제된다. 이 시기에 중심소체도 복제가 시작되어 G2기에 종결된다. 만약 이 시기에 분열하지 않는 세포로 오랫동안 머물면서 세포의 기능을 수행한다면 세포주기에서 벗어났다 하여 G0기라하며 신경세포와 골격근세포는 생성된 후 재생되지 않으며 그 상태로 세포의 고유기능을 수행한다. 그러나 일단 S기로 접어들면 세포분열이 진행된다.

(2) S기(synthesis phase)

유전물질인 DNA가 복제되는 시기이며 세포가 두 개로 나누어지면서 DNA 염기서열이 동일한 한 쌍의 유전물질이 준비된다.

(3) G2기(gap 2 phase)

세포성장이 지속되고 세포분열에 필요한 효소와 단백질들이 합성되며 세포분열이 일어나기 전 단계이다. 세포주기의 진행은 cyclin, cyclin-dependent protein kinase 등의 단백질에 의해서 조절되며 일부 단백질은 G1기에서 S기로 진행 할 때 세포주기를 조절하게 되는데 계속 분열할 것인지, G1기로 잔류할 것인지 그리고 세포자멸사(apoptosis) 할 것인지 결정한다.

이러한 세포분열과정을 거쳐 10~11일째부터 낭배기에서 내배엽, 중배엽, 외배엽이 형성되며 모낭은 9~12주 사이에 태내의 외배엽에서 형성된다.

2) 유사분열기

유사분열은 생식세포를 제외한 몸의 대부분에서 일어나기 때문에 체세포 분열(somatic cell division)이라고도 한다. 세포분열에 의해서 개체의 발생, 분화, 생식과 성장 등이 일어나고 세포들이 손상되거나 노화되면 새로운 세포로 대체된다. 건강한 성인의 경우 하루에 평균 1,000억 개 이상의 세포가 죽고 그와 비슷한 수의 세포가 세포분열을 통해 새롭게 생성된다.

세포분열이 가장 왕성하게 일어나는 부위는 피부의 기저층과 가시세포층, 골수 및 위장관의 상피세포 등이고 신경과 심장근육세포와 연골 등은 재생되지 않는다. 유사분열을 통하여 하나의 어머니세포가 핵분열과 세포질분열을 통하여 동일한 유전자와 세포질을 가진 두 개의 딸세포(daughter cell)로 나누어진다. 유사분열은 4단계로 나눌 수 있으며 이 유사분열에 의해서 모발이 성장하고 피부세포가 교체되며 표피는 55~75일에 완벽하게 재생된다.

3) 감수분열기

Tip

▸ 난자의 수명은 12~24시간, 정자의 수명은 12~48시간이다.

감수분열(생식세포분열)은 생식세포에서만 일어나는 분열이며 정자와 난자는 감수분열의 결과 생긴 딸세포로 상동염색체가 없다. 남자의 정조세포(spermatogonium)와 여자의 난조세포(ovogonium)는 일반 체세포와 같이 염색체 수가 46개 있으며 제1차 감수분열을 통해 염색체가 반수로 줄어들어 23개로 되고 다시 2차 감수분열을 통해 4개의 정자세포, 즉 1개의 난세포와 3개의 극체를 생산한다. 결과적으로 모든 정자는 22+Y 또는 22+X 염색체 중 하나를 갖게 되고 난자는 22+X 염색체만 갖게 된다.

인체는 상피조직, 결합조직, 신경조직, 근육조직 등의 4가지 기본 조직으로 구성되어 있으며 기능에 따라 다음과 같이 분류할 수 있다. 상피조직과 결합조직은 주로 형태에 따라 구분하고 근육조직과 신경조직은 기능에 따라 분류하게 된다.

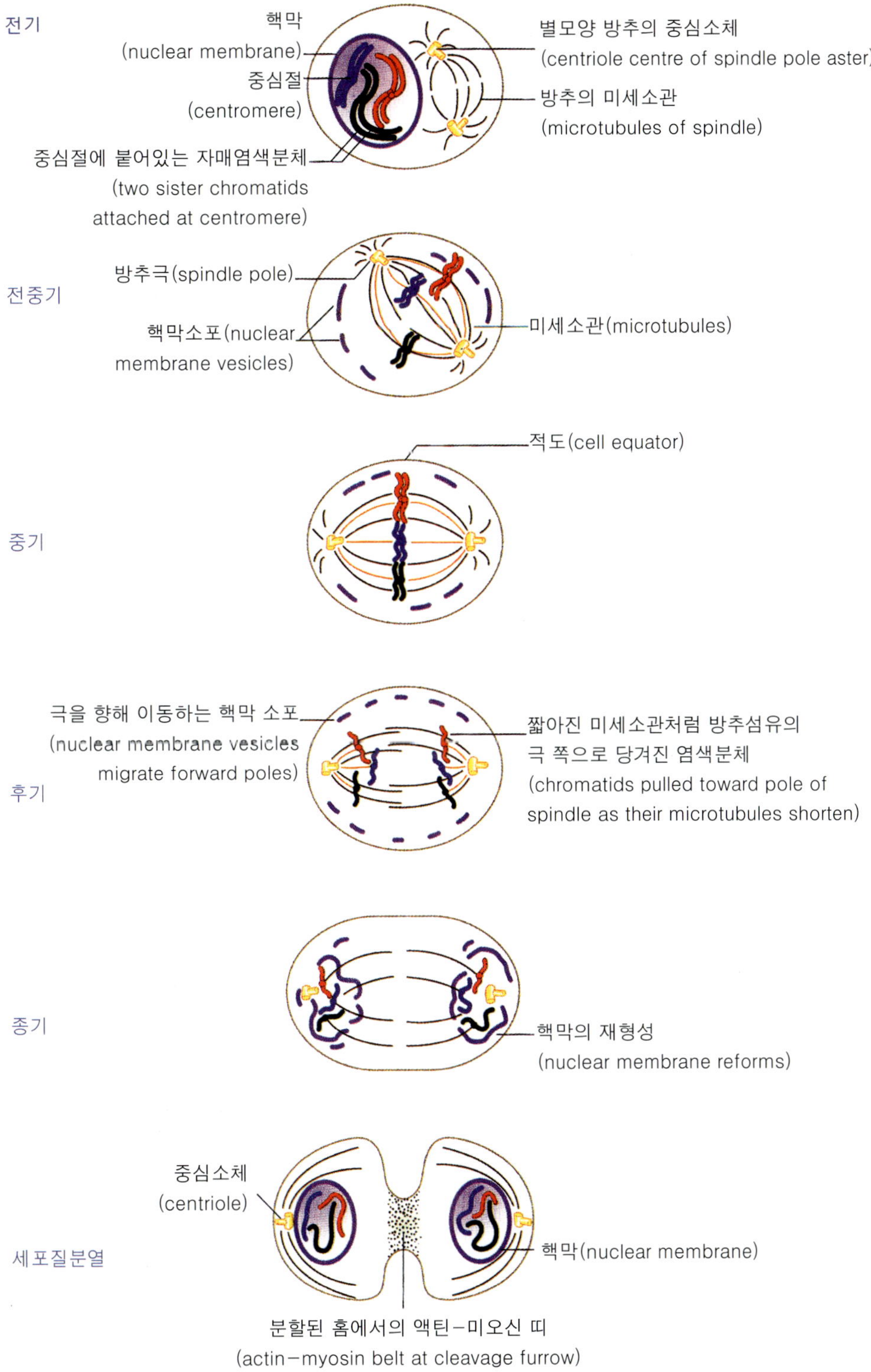

그림 1-14 유사분열의 과정

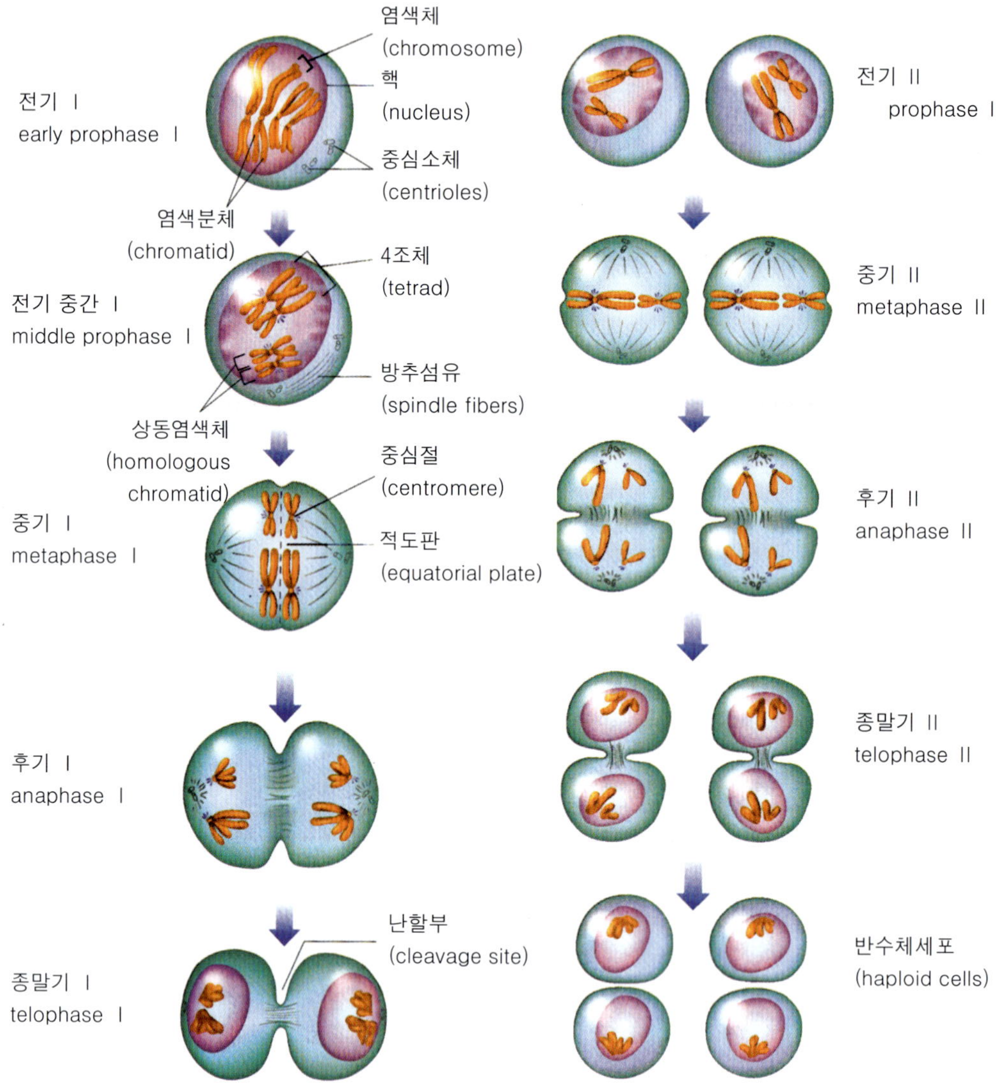
염색체
(chromosome)
핵
(nucleus)
전기 Ⅰ
early prophase Ⅰ
중심소체
(centrioles)
염색분체
(chromatid)
4조체
(tetrad)
전기 중간 Ⅰ
middle prophase Ⅰ
방추섬유
(spindle fibers)
상동염색체
(homologous
chromatid)
중심절
(centromere)
중기 Ⅰ
metaphase Ⅰ
적도판
(equatorial plate)
후기 Ⅰ
anaphase Ⅰ
난할부
(cleavage site)
종말기 Ⅰ
telophase Ⅰ
전기 Ⅱ
prophase Ⅱ
중기 Ⅱ
metaphase Ⅱ
후기 Ⅱ
anaphase Ⅱ
종말기 Ⅱ
telophase Ⅱ
반수체세포
(haploid cells)

그림 1-15 감수분열기

02 조직

조직

상피조직	결합조직	근육조직	신경조직
▪ 보호상피 ▪ 샘상피	▪ 고유결합조직 ▪ 특수결합조직	▪ 뼈대근육 ▪ 심장근육 ▪ 내장근육	▪ 신경세포 ▪ 신경아교세포

1. 상피조직(epithelial tissue)

인체는 매일 온도변화, 감염원, 자외선 등에 노출된다. 상피조직은 이와 같은 외부 위험물질에 대한 장벽으로서 인체 안쪽과 바깥쪽, 양쪽에 보호층을 형성한다. 상피조직은 인체의 내외 표면을 싸고 있는 조직으로 기능에 따라 보호상피와 샘상피로 분류한다. 보호상피는 피부의 바깥층과 소화관의 벽, 혈관벽 등을 구성하고 샘상피는 샘의 분비부를 형성한다. 혈관이나 림프관과 같이 장액성 공간의 내강을 형성하는 상피를 내피세포(endothelium)라 하고, 체강(body cavity)을 덮는 배막, 심장막, 가슴막 등을 구성하는 상피를 중피세포(mesothelium)라 한다. 상피조직에는 세포간 물질이 적거나 없고 혈관은 상피조직 아래의 결합조직에 위치하며 노화된 세포를 대체하기 위하여 유사분열을 한다.

상피조직은 세포가 한 층인지 여러 층인지에 따라 단층상피(simple epithelium)와 중층상피(stratified epithelium)로 구분한다. 단층에 있는 납작한 세포를 단층편평상피라 하고 입방형은 단층입방상피, 길쭉하면 단층원주상피라고 한다. 단층편평상피는 물질 교환의 통로역할을 하며 혈관의 내피세포, 허파, 콩팥, 사구체주머니(Bowman's capsule) 등에 위치한다. 단층입방상피는 외분비샘의 작은 도관부, 난소의 표면, 콩팥 네프론의 세뇨관 등에 위치하며 물질 흡수, 분비, 여과장벽 등의 역할을 한다. 단층원주상피는 소장, 대장, 쓸개 등에 위치하며 물질 흡수, 분비, 보호 등의 기능을 한다. 또한 기관, 기관지, 위장 등에 위치하고 섬모가 나있는 원주형의 거짓 중층상피가 있다.

Tip

- 내분비샘 - 혈액으로 물질을 내보내어 다른 곳에 영향을 준다.
- 외분비샘 - 관을 통해서 밖으로 배출하는 역할을 한다.

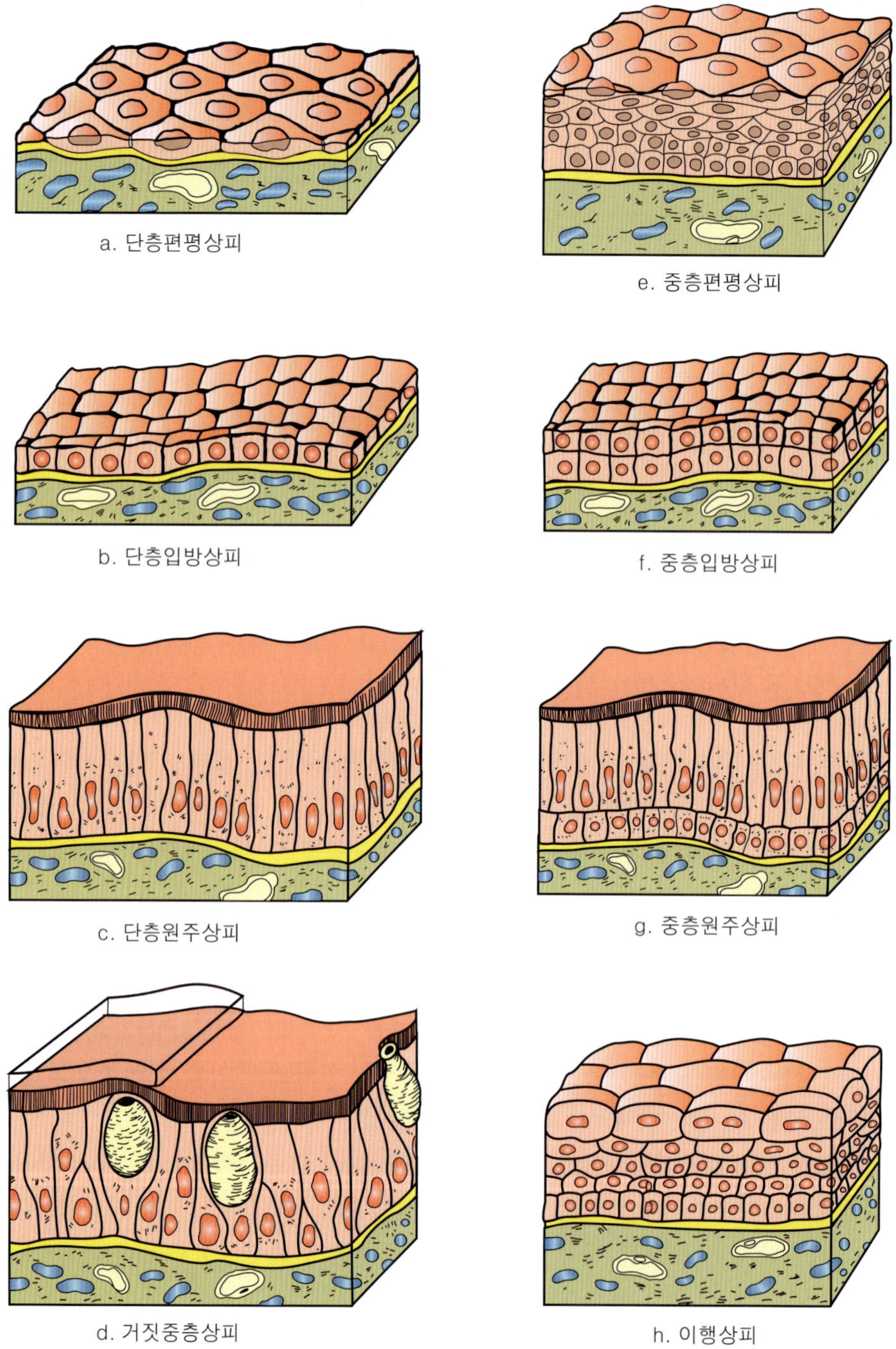
a. 단층편평상피
e. 중층편평상피
b. 단층입방상피
f. 중층입방상피
c. 단층원주상피
g. 중층원주상피
d. 거짓중층상피
h. 이행상피

그림 1-16 상피의 종류

상피조직	구분	종류	위치 및 역할
상피조직	단층상피	단층 편평상피	혈관의 내피세포, 허파, 콩팥 네프론의 Bowman주머니 등에 위치. 물질 교환의 통로 역할
		단층 입방상피	외분비샘의 작은 도관부, 난소의 표면, 콩팥 네프론의 세뇨관 등에 위치. 물질 흡수, 분비, 여과장벽 역할
		단층 원주상피	소장, 대장, 쓸개 등에 위치. 물질 흡수, 분비, 보호 역할
		거짓 중층상피	기관, 기관지, 정관 등에 위치. 원주형이며 섬모가 나있음. 모든 세포가 기저막에 접해있음.
	중층상피	중층 편평상피	피부의 표피나 구강, 식도 등에 위치. 각질화중층편평상피와 비각질화중층편평상피로 구분.
		중층 입방상피	외분비샘의 가장 큰 도관부, 땀샘의 분비부, 항문과 직장의 연접부위 등에 위치.
		중층 원주상피	외분비샘의 가장 큰 도관부, 항문과 직장의 연접부위 등에 위치.
		이행상피	방광, 요관, 요도 등에 위치. 압력에 따라 납작해지는 성질

중층상피 또한 중층편평상피, 중층입방상피, 중층원주상피와 이행상피 등이 있다. 중층편평상피는 피부의 표피나 구강, 식도 등에 위치하며 중층입방상피는 외분비샘의 큰 도관부, 땀샘의 분비부, 항문과 작장의 연접부위 등에 존재한다.

이와 같이 여러 세포층으로 조직이 나누어져 있어 보호기능, 흡수, 분비, 확산, 감각수용, 여과 등의 기능을 한다.

2. 결합조직

인체의 조직과 기관 사이를 채우고 지지하고 보호하는 조직을 결합조직이라 한다. 결합조직은 인체에서 가장 널리 분포된 조직으로 보호, 지지, 결합의 기능과 함께 인체의 각 부위를 구분하는 기능도 있다. 결합조직은 크게 세포(cell)와 세포외 물질(extracellular matrix EMC)로 구성된다. 세포외 물질은 결합조직섬유(connective tissue fiber)와 기질물질(ground substance)로 구분하며 결합조직섬유는 아교섬유(collagen fiber), 세망섬유(reticular fiber), 탄력섬유(elastic fiber)의 3가지 종류가 있다.

결합조직의 세포에는 섬유모세포(fibroblast), 대식세포(macrophage), 지방세포(fat cell), 백혈구세포(white blood cell), 형질세포(plasma cell), 비만세포(mast cell) 등이 있다.

Tip

- 결합조직은 조직과 기관사이의 간격을 메우고 결합시키는 역할을 한다.

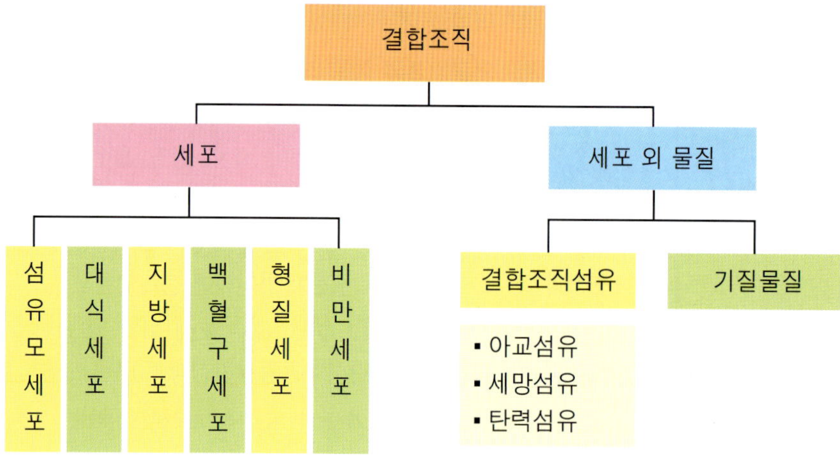

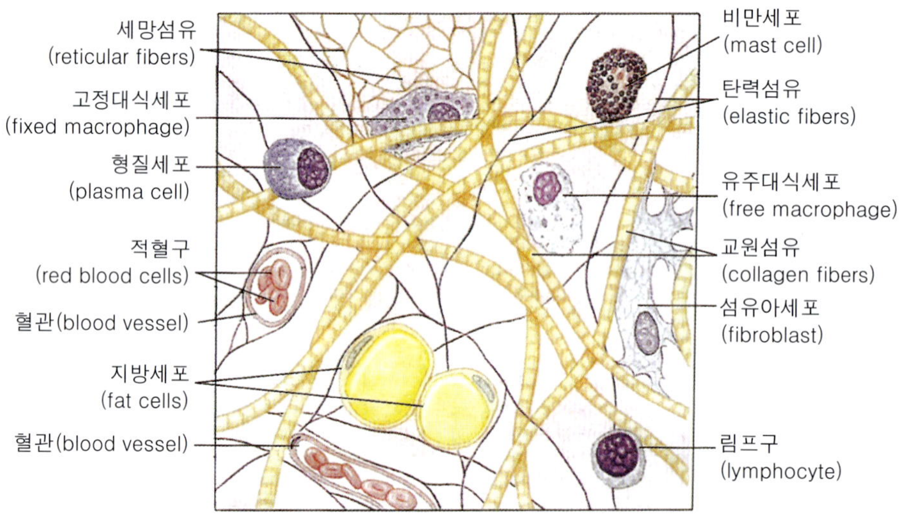

그림 1-18 결합조직의 세포

3. 신경조직

신경조직은 신경세포(neuron)와 보조역할을 하는 신경아교세포로 구성된다. 신경조직은 여러 개의 신경다발로 이루어져 있고 신경다발은 여러 개의 신경섬유 들이 모여서 이루어진다. 신경섬유는 하나하나가 모두 성긴결합조직인 신경섬유막으로 싸여 있다. 신경세포는 기계적, 화학적인 자극에 반응하여 세포의 한 부위에서 받은 자극을 다른 부위로 전달하는 기능을 주로 한다. 자극의 효과는 전기적 신호 등을 통해 신경세포, 근육세포, 샘세포로 전달된다.

Tip

- 신경아교세포보다 신경세포 수가 더 적지만 기능은 신경세포가 더 많이 있다.

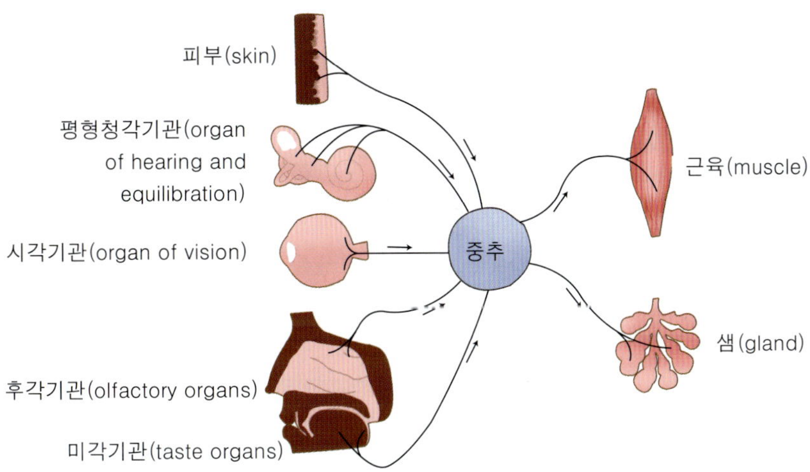

그림 1-19 신경계 기능 모형도

신경섬유 — 신경다발 — 신경조직

신경세포

- 기계적, 화학적 자극에 반응
- 세포의 한 부위에서 받은 자극을 다른 부위로 전달
- 자극의 효과는 전기적 신호를 통해 신경세포, 근육세포, 샘세포로 전달

신경아교세포

- 신경세포들을 구조적으로 지지
- 손상되고 파괴된 신경조직 복구

4. 근육조직

근육조직은 골격근, 심근, 내장근으로 구분한다. 조절방법에 따라 자신의 의지에 따라 조절할 수 있는 수의근과 자신의 의지와 상관없이 자율적으로 조절되는 불수의근으로 구분한다. 골격근은 수의근에 속하고 심근과 내장근은 불수의근에 속한다. 조직학적 특성을 기능으로 나누면 골격근과 심근은 가로무늬근에 속하고 내장근은 민무늬근에 속한다. 근육조직은 몸의 여러 부분을 움직일 수 있는 능력을 가지며 근육조직이 수축하거나 이완될 때 움직임이 일어나며 약한 내부 장기를 보호한다.

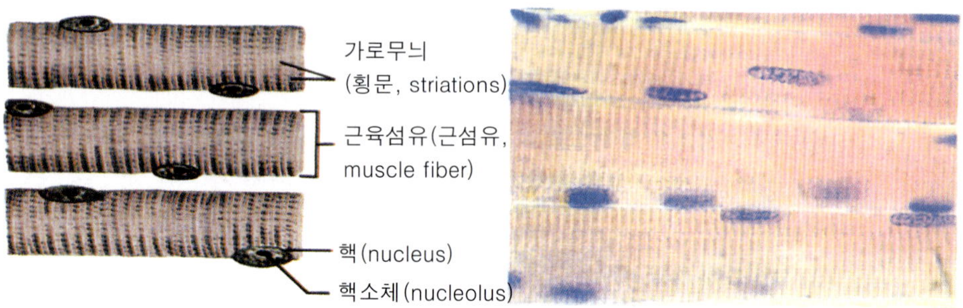

그림 1-20 골격근

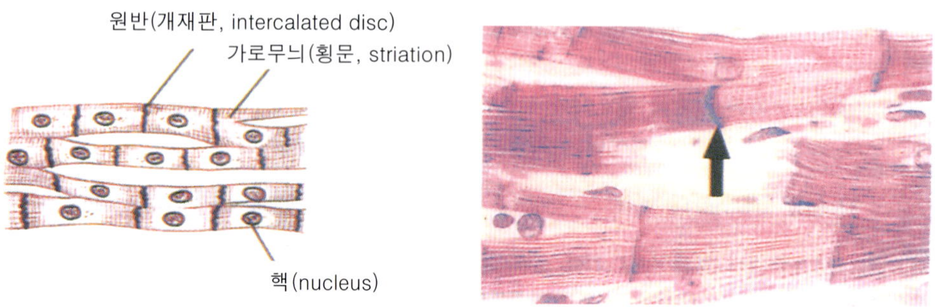

그림 1-21 심근

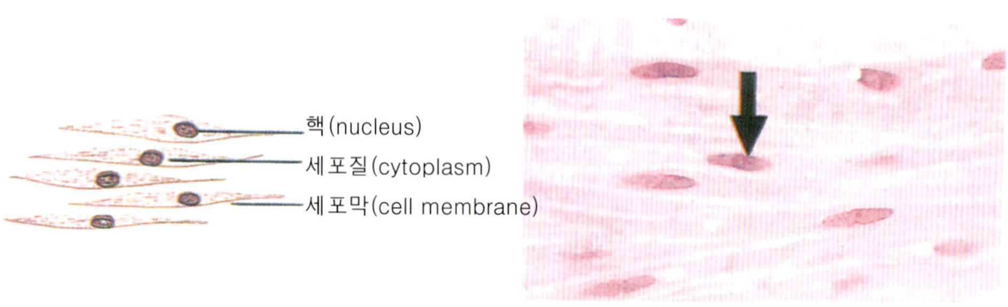

그림 1-22 내장근

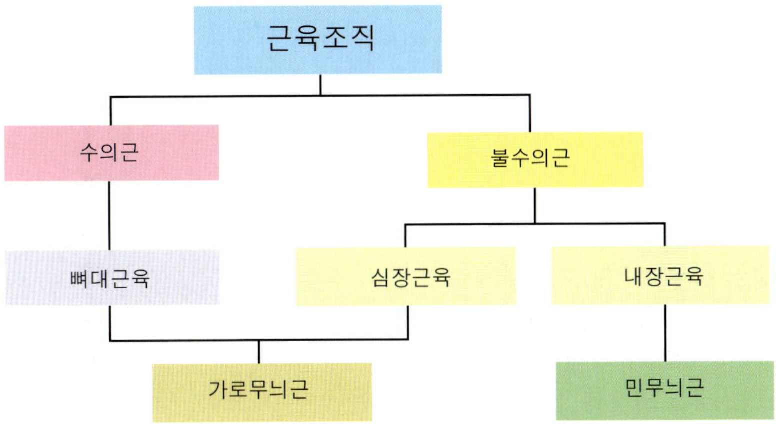

읽을거리

모낭줄기세포

- 두피에 있는 10만개가 넘는 모낭세포에서 1년에 만들어내는 모발은 약 16km
- 10만개의 모발은 12톤의 무게를 지탱할 만큼 강하다.
- 두피의 모발 생산 공장인 '모낭세포'는 유전자의 명령에 따라 18개의 아미노산을 원료로 케라틴 단백질을 합성한다.
- 대머리 환자의 두피에 모발이 나게 하려면 모낭에 존재하는 모낭줄기세포를 분리해 환자에 이식하면 된다.
- 미국 펜실베니아의 연구팀은 생쥐의 모낭에서 줄기세포를 발견했고 모낭에서 분리한 줄기세포를 피부에 이식했을 때 털이 자라는 현상을 확인했다. 연구팀은 사람의 줄기세포가 얻어진다면 탈모나 대머리 치료에 획기적인 혁명이 될 것으로 예상하고 있다.

요점정리

01 인체는 약 60~100조개의 세포와 많은 수분으로 구성되어 있으며, 세포가 모여 조직, 기관, 계통을 이루어 하나의 개체를 형성한다.

02 세포는 세포 외부를 둘러싸는 아주 얇은 막인 세포막, 세포막과 핵 사이에 있는 세포질, 세포의 중심부에 위치하여 유전자를 포함하고 있으며 단백질 효소의 특성을 조절하고 세포질의 활성화에 관여하는 핵으로 이루어져 있다.

03 세포를 이루는 대부분의 분자는 수소와 탄소를 중심으로 다른 원자들이 결합되어 있는 유기화합물로써 DNA를 포함하는 핵산과 탄수화물, 단백질, 지질이 세포의 중요한 고분자이다.

04 인간은 정소와 난소에서 감수분열과정을 통해 난자와 정자가 형성되고, 수정과정을 거치면서 체세포 분열을 통해 인체가 형성된다.

05 세포가 생성되어 성장하다가 두 개의 세포로 분열되기까지 과정을 세포주기라 한다. 세포주기는 성장과 분열을 준비하는 간기와 세포분열이 일어나는 유사분열기로 나뉜다.

06 인체는 크게 상피조직, 결합조직, 신경조직, 근육조직으로 구성되어 있다. 상피조직은 보호상피와 샘상피로 분류하며, 결합조직은 고유결합조직과 특수결합조직이 있고, 근육조직은 골격근과 심근, 내장근이 있다. 신경조직은 신경세포와 신경아교세포로 분류된다.

단원 종합문제

01 아래 설명에 해당하는 이것은?

> 이것은 세포의 내부와 외부를 구분하는 역할을 하며, 항상성을 유지하고 있다. 또한 인지질로 구성되어 있고, 물질을 운반하는 수송계 역할과 세포의 활동에 필요한 정보를 이동시키는데 중요한 물질이다.

① 인지질 ② 세포막 ③ 세포질 ④ 핵 ⑤ 골지체

02 세포질을 구성하는 세포소기관에 대한 설명으로 바르지 않은 것은?

① 소포체: 하나의 세포 부위로부터 다른 곳으로 물질을 운반하는 세포의 운반 시스템이다.
② 사립체: 세포호흡에 관계되는 여러 효소가 있어 ATP를 생산한다.
③ 리소좀: 세포 내부의 원치않는 물질을 분해시키는 능력이 있어 세포에 들어온 세균을 처리한다.
④ 골지체: 납작한 막 모양의 액포들이 서로 포개진 형태로 핵 주변에 위치하고 있으며, 지방과 단백질의 복합체를 만들어 혈액으로 방출시킨다.
⑤ 리보솜: 골지체에서 만들어진 단백질을 운반하여 세포 바깥으로 분비한다.

03 세포주기에 대하여 바르게 나열한 것은?

① S기 - S2기 - G1기 - G2기 - 감수분열기
② G1기 - S기 - G2기 - 유사분열기 - 감수분열기
③ G1기 - G2기 - S기 - 감수분열기 - 유사분열기
④ 감수분열기 - 유사분열기 - G1기 - S기 - G2기
⑤ 유사분열기 - G1기 - S기 - G2기 - 감수분열기

04 인체 조직에 대한 설명으로 바르지 않은 것은?

① 결합조직은 조직과 기관 사이를 지지하고 보호하는 역할을 하며, 크게 세포와 세포외물질로 이루어져 있다.
② 근육조직은 인체 내에서 여러 부분을 움직일 수 있는 능력을 가지고 있으며, 내부 장기를 보호하는 역학을 한다.
③ 신경조직은 여러 개의 신경다발로 이루어져 있으며 신경세포, 신경아교세포가 있다.
④ 상피조직은 인체 내외 표면을 싸고 있는 조직으로 보호상피와 샘상피로 분류한다.
⑤ 중층편평상피는 물질을 교환하는 역할을 하며 혈관, 허파, 콩팥 등에 위치한다.

05 근육조직은 자신의 의지에 따라 자율적으로 조절할 수 있는(㉠)과 자신의 의지와 상관없이 자율적으로 움직이는 (㉡)가 있다.

06 인체의 세포분열에 있어서 다른 곳과 구별되는 두 곳에 대하여 설명하시오.

가로세로 Quiz

〈가로열쇠〉

1. 동일한 기능과 구조를 가진 세포의 집단.
2. 세포질 속에 있는 막으로 이루어진 납작한 여러 개의 빵이 쌓인 모양의 세포 소기관.
3. 결합 조직의 세포 간 물질에 존재하는 아교질로 이루어진 단백질로 된 섬유.
4. 진핵생물 세포의 핵과 세포질의 경계에 있는 이중 구조막.
5. 세포질을 둘러싸고 있는 막.
6. 분열하고 있지 않은 시기의 세포에서 핵막으로 싸인 핵을 가진 세포

〈세로열쇠〉

7. 신경 세포에서 뻗은 가는 돌기.
8. 생물체 안에 존재하며 물에 녹지 아니하고 유기 용매에 녹는 유기 화합물을 통틀어 이르는 말.
9. 체세포 분열을 하는 뚜렷한 핵이나 염색체를 가지고 있지 아니한 세포.
10. 세포에서 핵을 제외한 세포막 안의 부분.

Chapter Ⅱ

두피 생리

개요

두피관리를 통해 문제성 두피를 건강한 두피로 완화시키기 위해서는 두피 형성과정과 두피의 주변 구조를 파악하여야 한다. 이 장에서는 두피의 생물학적 기능과 작용을 학습하기로 한다.

학습 목표
① 두피의 조직을 설명할 수 있다.
② 두피의 기능을 설명할 수 있다.

01 두피의 조직

두피는 두개골의 표면을 둘러싸고 있는 피부와 모발로 구성되어 있다. 특히 외부로부터의 물리적 자극이나 화학적 작용에 대해 두개골의 구조를 유지하거나 보호, 완충시킨다. 두피는 크게 표면으로부터 표피, 진피, 피하조직층으로 나누어진다.

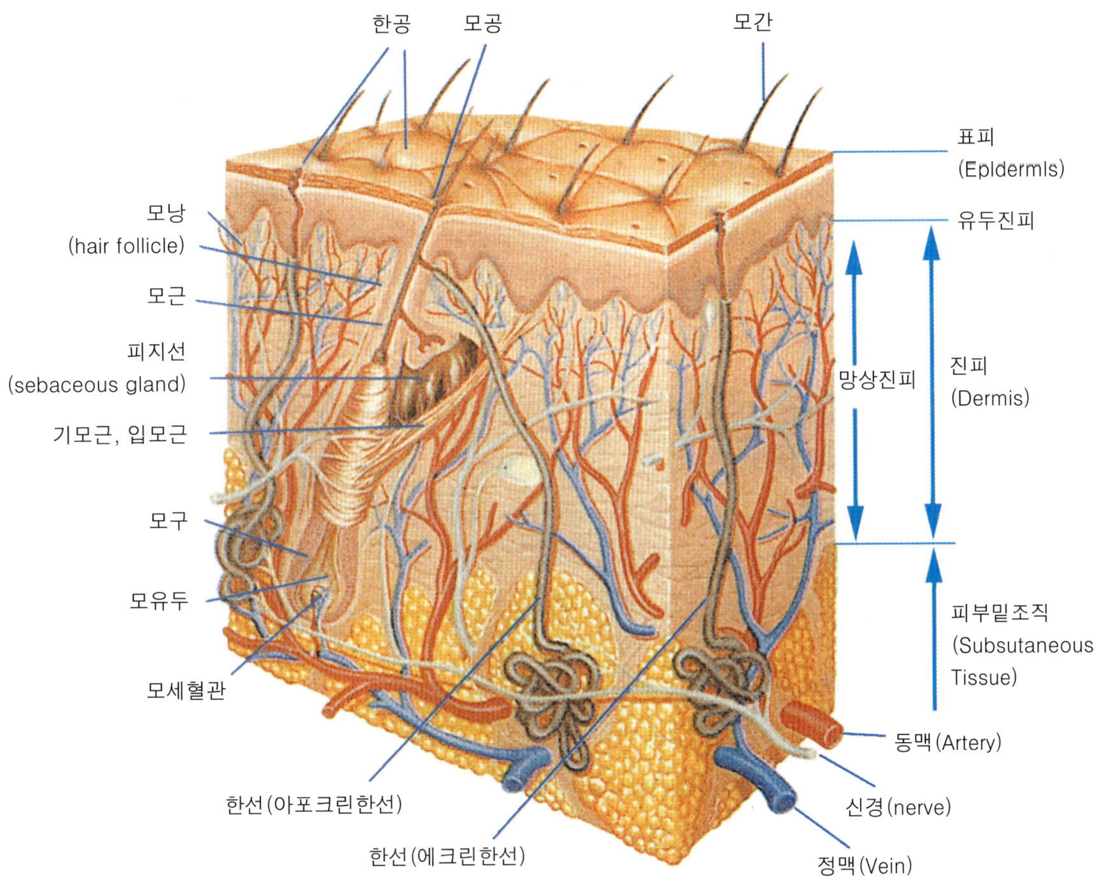

그림 2-1 두피의 조직

1. 표피(epidermis)

두피의 표피층은 피부 중 가장 바깥쪽을 싸고 있으며 기저층에서 각질층으로 올라가는 동안에 원주형의 유핵층과 편평세포의 무핵층이 형성되어 각질화중층편평상피(keratinized stratified squamous epithelium)가 된다. 표피의 상피세포는 세포분열을 통해 새롭게 생성된다. 이들 세포 중에는 각질형성세포(keratinocyte, squamous cell), 색소형성세포(melanocyte), 인지 세포(Merkell cell), 랑게르한스 세포(Langerhans cell)등이 있으며 투명층을 제외한 기저층(basal layer), 유극층(spinous layer), 과립층(granular layer), 각질층(horny layer)으로 이루어진 얇은 피부로 구성되어 있다.

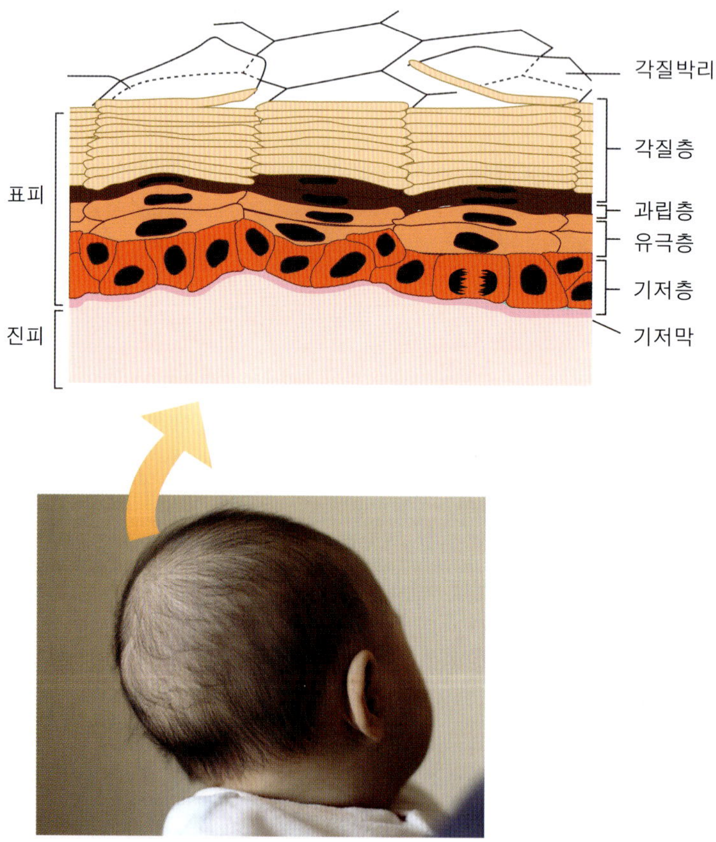

그림 2-2 표피층

1) 표피 구성세포

(1) 각질형성세포(keratinocyte)

각질형성세포는 외배엽에서 발생된 편평상피세포가 중첩되어 각화된 얇은 층으로 구름처럼 굴곡된 면을 나타낸다. 표피의 상피세포는 모세혈관에서 영양분을 공급받으며 기저층의 유사분열에 의해 형성되며 표피층까지 이동하면서 핵이 없어지고 무핵이 되어 최종 탈락된다.

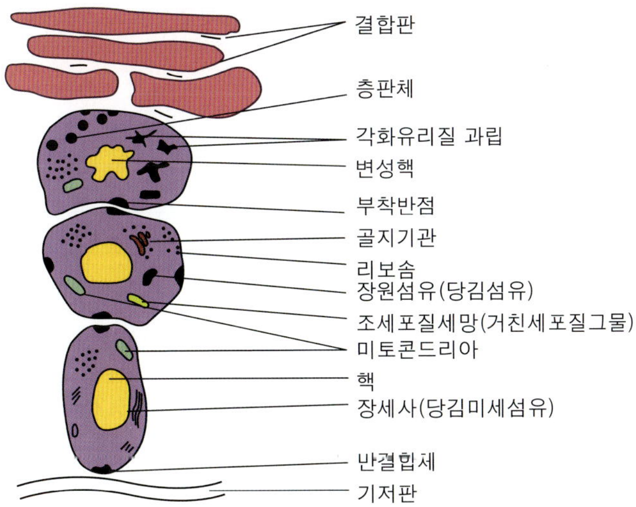

그림 2-3 각질형성세포

(2) 멜라닌형성세포(melanocyte)

태아 12~16주경 멜라닌 모세포로 분화되어 진피와 표피의 연결부로 이동하여 색소형성세포가 된다. 멜라닌세포의 수는 인종이나 성에 관계없이 동일하다.

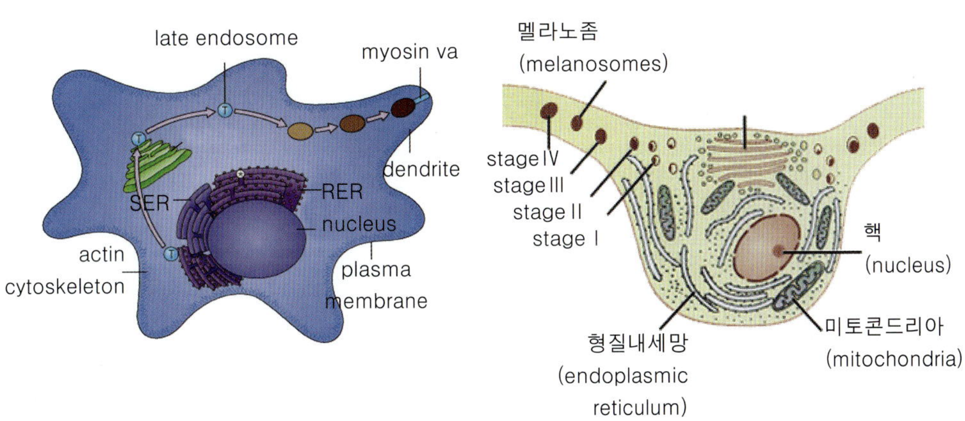

그림 2-4 멜라닌형성세포

(3) 항원전달세포(Langergans cell)

유극층에 위치한 수지상 돌기세포로서 탐식기능과 면역에 관련된 기능을 한다.

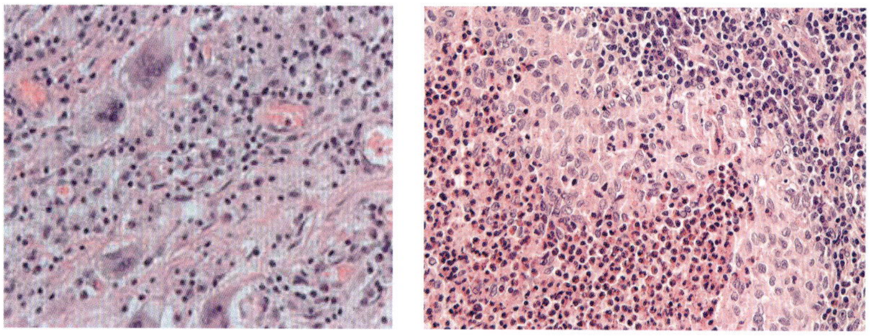

그림 2-5 랑게르한스 세포

(4) 촉각인지세포(Merkel cell)

인지세포는 촉각수용체로서 기저층에 위치하며 신경자극을 뇌에 전달한다.

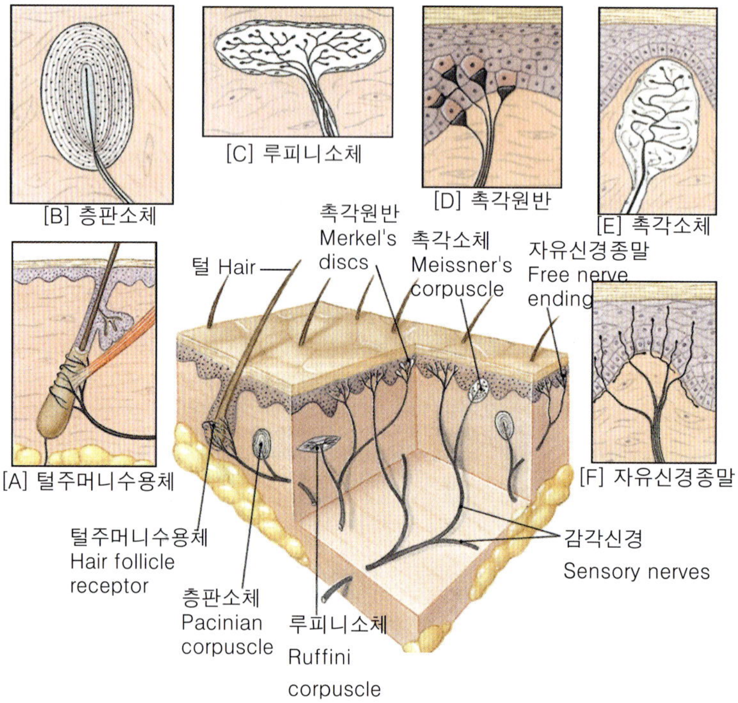

그림 2-6 감각신경

2) 표피의 상피세포

표피의 상피세포는 기저층, 유극층, 과립층, 각질층으로 분화된다. 기저층과 유극세포층까지는 핵을 통하여 유사분열하지만 과립층과 각질층은 무핵으로 무사분열 된다. 두피 표피의 세포분열은 일정주기에 따라 반복해가며 각화과정을 거치게 된다. 이때 각화과정(keratinization)은 두피의 각화과정과 두피 내에서 발생하는 모낭성장으로 나눌 수 있다. 두피 각질화 과정은 기저층에서 만들어진 세포가 다음에 생성된 새 세포에 의해 피부의 표면을 향해 이동해 나가며 차차 세포의 모양이 바뀌고 수분 손실량도 커진다. 기저층, 유극층, 과립층까지의 기간이 14일, 각질층에서 머무르는 기간이 14일로 평균 28일의 주기로 상피세포가 생성된다.

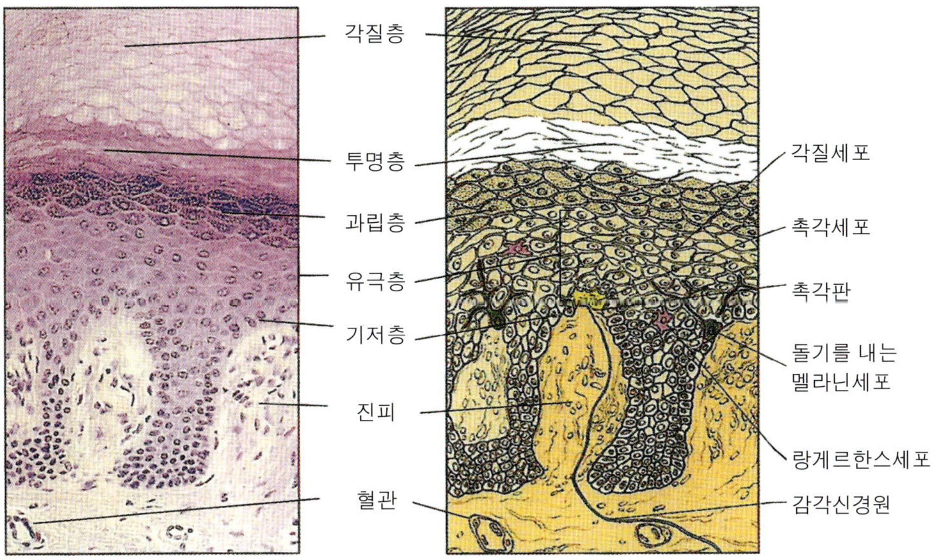

그림 2-7 표피의 구조와 세포

(1) 기저층(stratum basale)

표피의 가장 아래에 있는 층으로 작고 규칙적으로 배열되어 있고 핵이 있는 원주형 세포층으로 진피와 접촉하며 표피세포를 만든다. 각질형성세포(keratinocyte)와 색소형성세포(melanocyte)가 10:1로 존재하고 자외선의 진피층 내 침투를 막고 진피 유두층의 모세혈관으로부터 영양을 공급받는다.

(2) 유극층(stratum spinosum)

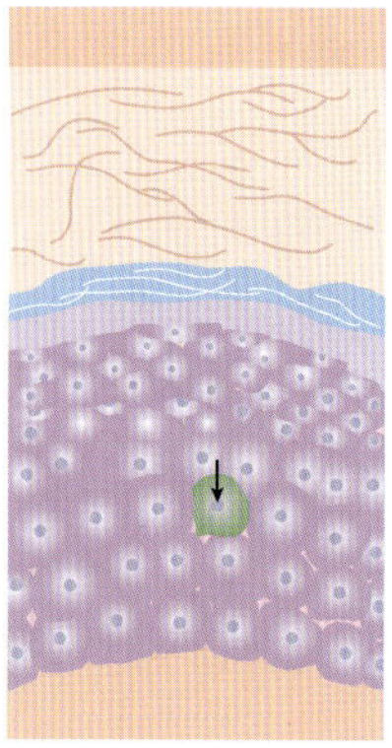

표피층 중 가장 두꺼운 층으로 가시돌기 형태의 유극세포가 존재해 가시층, 극세포층이라고도 한다. 5~10층으로 구성되어 있으며 건강한 피부일수록 두껍다. 유극세포사이로 림프액이 흐르기 때문에 림프마사지가 이루어질 수 있는 영역으로 노폐물 배출 및 피부의 피로회복에 관여한다. 광학현미경 상으로 가시가 있는 것처럼 관찰된다. 유극층의 세포는 불규칙한 다각형 모양을 가지고 있으나 표면으로 올라갈수록 편평한 모양이 되며 당김원섬유(tonofilament)를 합성하여 부착반과 각질이란 방수단백질의 전구물을 만든다.

(3) 과립층(stratum granulosum)

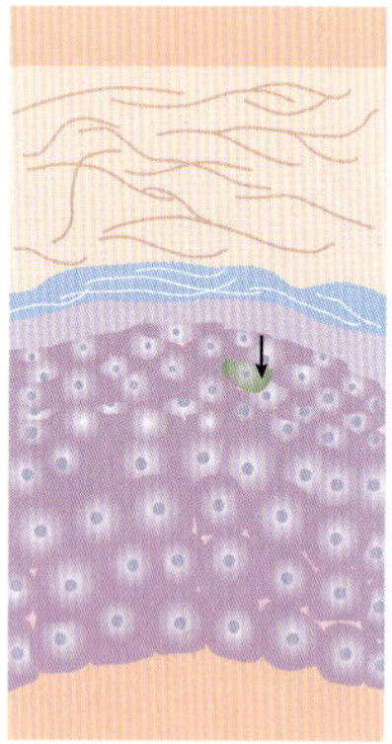

2~5층의 과립세포로 구성되어 있으며 광학현미경으로 보면 케라토하이알린(keratohyaline;각질유리질)과립이 함유되어 있는 부분이 진하게 관찰된다. 과립층은 편평 무핵화 또는 방추형의 세포로 손 · 발바닥의 경우 10층 정도의 타원형의 형태를 띤다. 또, 레인방어막이 존재해 수분유실을 저지시켜주며, 실제로 각질화 과정이 시작되는 층이다. 과립층에서부터는 더 이상 세포분열이 이루어지지 않고 시간이 지나면 죽어서 바깥쪽으로 떨어져 나가게 된다. 즉 과립층 세포에 각질유리질 과립이 축적되면서 세포 소기관들은 퇴화하게 된다. 위로 올라갈수록 세포 소기관들은 점점 더 퇴화되는 경향을 보인다.

(4) 각질층(stratum corneum)

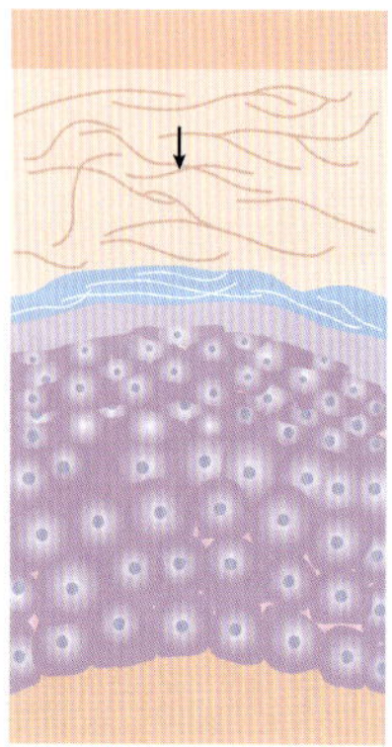

피부의 최외측으로 외부로부터의 방어역할을 하며 무핵의 편평세포가 10~20층으로 겹쳐져 있어서 비늘층이라고도 하며 핵과 세포소기관들이 소실되어 있고 비늘처럼 각질화되어 여러 층으로 구성된다. 표피의 세포는 각화과정을 거쳐 각질로 변하여 떨어져 나가게 되며 약 15%정도의 수분을 함유한 천연보습인자(Natural Moisturizing Factor)가 존재한다. 또한 피지막을 형성시켜 피부내부조직을 보호하지만 수분함량이 부족하면 피부가 거칠어진다. 피부에서 가장 두껍고 치밀한 층으로 혈관의 공급이 없으며 바닥층에 신경말단이 닿고 있는 정도 외에는 신경도 분포하지 않는다. 각질은 하루 0.5~1g 정도 자연 탈락한다.

Tip

- 각질형성세포는 상피줄기세포에서 분화되어 생기며 단백질을 많이 생산한다.

PLUS

자외선 차단막 역할을 하는 멜라닌세포

뇌하수체의 가장 작은 부분인 뇌하수체 중엽에서는 멜라닌세포자극호르몬(melanocyte stimulating hormone, MSH)을 생산한다. 이 호르몬은 멜라닌세포에 작용하여 표피 기저층 윗부분으로 확산되어 피부색을 변화시키고, 자외선으로부터 기저층의 세포가 손상되는 것을 방어하는 역할을 한다.

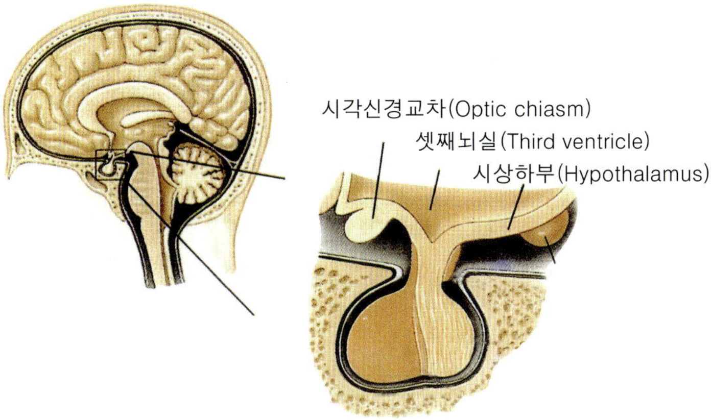

멜라닌은 멜라닌세포의 소기관인 멜라노좀에서 합성되며 멜라닌세포의 수지상 돌기를 통해 주위에 있는 각질형성세포로 이동된다. 멜라닌세포는 자외선 차단막 역할을 하지만 바닷가나 스키장, 등산 등으로 과도한 자외선을 쬐게 되면, 피부에서는 자신을 보호하기 위해 평소보다 많은 양의 멜라닌세포를 만들어낸다. 과도하게 생성된 멜라닌 세포가 배출되지 않을 경우 진피층으로 이동해 기미, 주근깨 등으로 남게 된다.

그렇다면 자외선이 강한 아프리카인들 모두는 기미가 많을까? 그럴 확률은 낮다. 그곳의 자외선 양만큼 피부에서는 이미 멜라닌 차단막이 생성되어 있다. 피부가 환경에 적응했기 때문이다. 그러나 백인이 아프리카에 가게 되면 멜라닌 차단력이 낮아 기미가 생기게 된다.

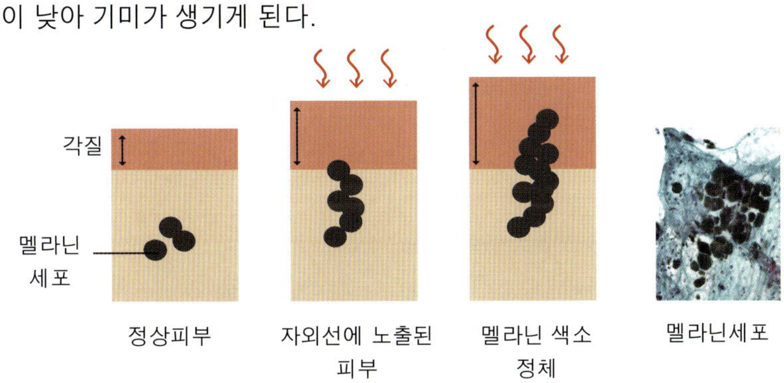

2. 진피(dermis)

진피는 표피층 두께의 20~40배 정도 두꺼운 층으로 피부의 90% 이상을 차지하는 탄력유지 층으로 표피 아래에 위치한다. 교원섬유, 결합조직섬유인 탄력섬유와 기질로 되어 있어 피부에 강한 탄력을 주며 유두층과 망상층으로 나눈다.

유두층은 성긴결합조직으로 구성되며, 표피의 바로 밑에 있다. 진피가 표피를 향해 솟아있는 부위를 진피유두(dermal papilla)라고 하며 유두층에 존재한다. 혈관, 림프관, 근육, 신경, 모낭, 입모근, 피지선 등이 존재하며 수분을 저장하는 능력과 체온조절 기능이 있고 모낭이 진피에서 발생하여 모발이 성장한다. 유두층의 혈관에서 산소와 영양분이 확산되어 표피에 공급된다.

망상층은 유두층 아래에 있으며 불규칙치밀결합조직으로 되어 있다. 아교섬유(collagen fiber)와 탄력섬유(elastic fiber)를 가지고 있어 거칠고 탄력있는 층을 형성한다.

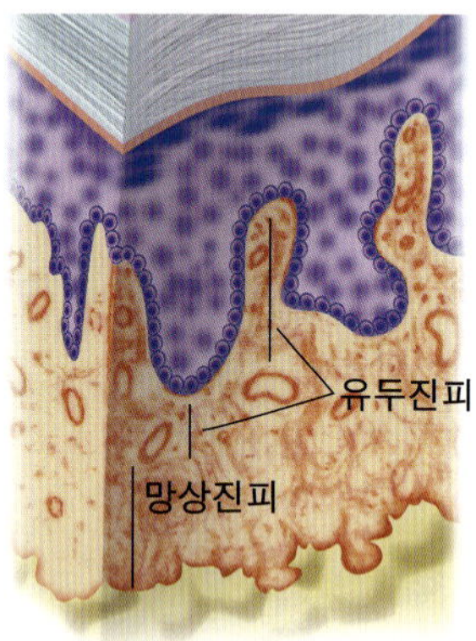

그림 2-8 망상진피와 유두진피

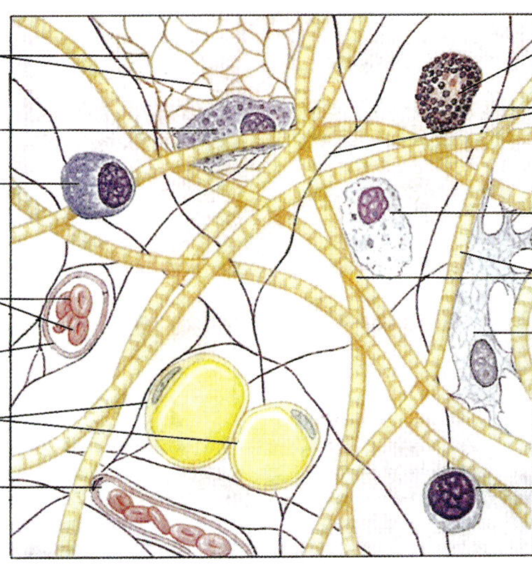

그림 2-9 진피의 구성세포와 섬유

진피의 구성세포에는 비만세포, 대식세포, 섬유아세포, 혈관내피세포, 신경세포, 근육세포 등이 있다.

진피부속 기관

- 모낭은 털을 감싸고 있는 주머니로서 내근모초와 외근모초로 구성되어 있다.
- 피지선은 모누두상부와 연결되어 있으며 피지를 분비한다.
- 땀을 분비하여 체온을 조절한다.
- 모유두는 혈관과 신경이 연결되어 모낭내 모발의 성장을 관여한다.
- 입모근은 모공근육을 세우기 때문에 털세움근이라고도 한다.
- 혈관은 동맥과 정맥으로 나뉜다.

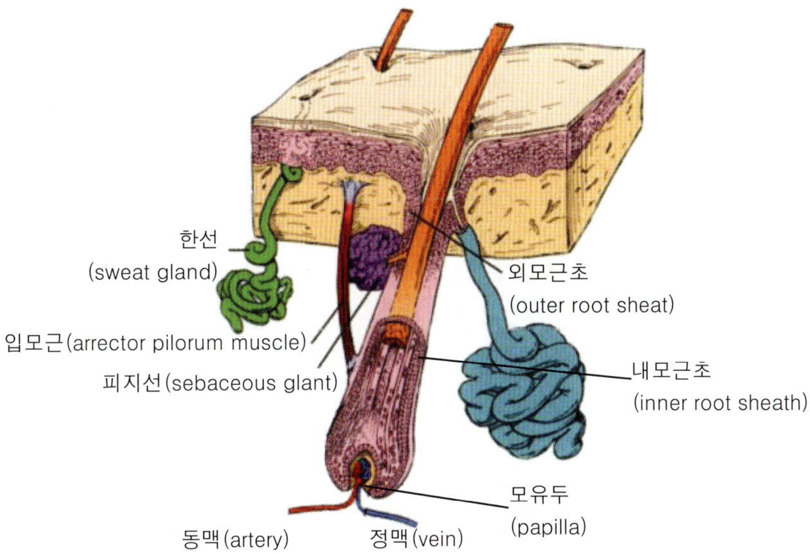

모낭	모유두	입모근	한선	피지선	혈관
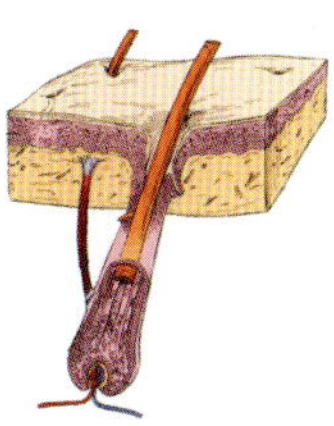	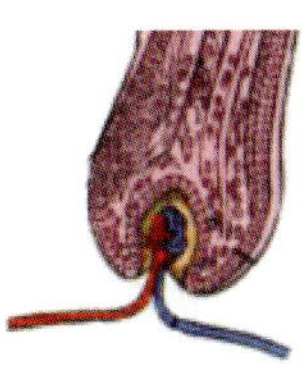	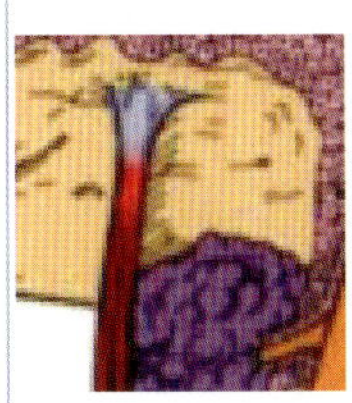		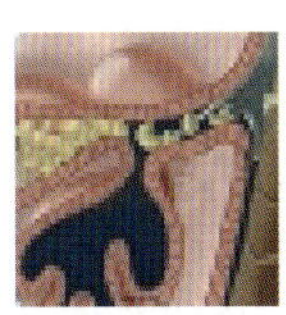	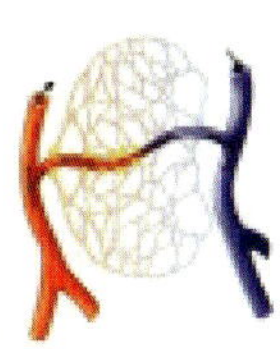
▸ 털을 감싸고 있는 주머니 ▸ 내모근초와 외모근초로 구성	▸ 혈관과 신경이 연결되어 모낭 내 모발의 성장 관여	▸ 모공근육을 세움	▸ 땀을 분비하여 체온을 조절	▸ 모누두상부와 연결 ▸ 피지 분비	▸ 동맥과 정맥

1) 진피의 구성 조직

(1) 교원섬유(collagen fiber)

교원섬유는 진피성분의 70%를 차지하는 단백질로 섬유아세포로부터 생성되고 재생된다. 세포결합 및 세포분화와 창상치유 등 염증반응이나 병적 치유과정에 관여한다. 진피에 탄력을 주며 피부를 자외선으로부터 보호하고 피부의 주름을 예방하는 수분을 보유함으로써 물리 · 화학적 자극에 대한 방어작용을 한다. 결합조직의 세포사이에 존재하는 가장 일반적인 섬유로서 1개의 교원섬유는 무수히 많고 가는 섬유의 집합이다.

(2) 탄력섬유(elastin fiber)

진피에 있는 섬유 중 비교적 적은 부분을 차지하며 변형된 피부가 원래 모습으로 돌아올 수 있도록 피부의 탄력을 결정짓는 중요한 요소로 1.5배 정도 늘어난다.

(3) 기질(ground substance)

진피의 결합섬유 사이를 채우고 있는 세포외 물질을 말하며 하이루론산과 콘드로이친 황산 등의 글리코사미노글리칸으로 이루어져 있다. 기질은 진피의 0.1~0.2%를 차지하고, 주위의 다른 조직성분을 지지하면서 결체조직 대사와 염분, 수분의 균형에 관여하며 수분을 자신의 부피보다 1,000배 정도 함유할 수 있다. 친수성 다당체로 물에 녹아 끈적한 액체 상태로 존재한다.

(4) 혈관(blood vessel)

혈관은 온몸에 분포하고 있다. 그중 진피의 혈관은 유두진피와 망상진피의 경계에 있다. 혈관은 수축 팽창을 하면서 열을 보존하거나 방출하면서 체온조절을 한다. 산소와 영양분을 공급한다.

(5) 신경(nerve)

사람의 몸속에는 신체 모든 분야를 관장하기 위한 여러 가지 신경이 있다. 이 신경을 크게 나누면 두 가지로 나눌 수 있다. 하나는 뇌와 척수로 구성된 중추신경이고 또 하나는 척수신경으로 구성된 말초신경으로 나눈다. Ⅲ장에서 다시 언급하기로 한다.

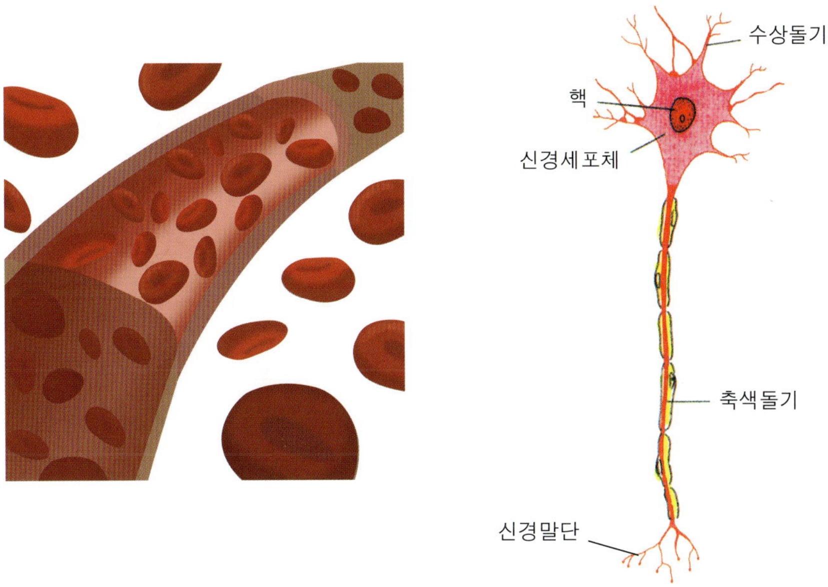

그림 2-10 혈관과 신경

2) 진피의 결합조직

(1) 유두층(papillary layer)

기저세포층 아래와 진피 층의 윗부분 층으로 불규칙적인 섬유결합조직의 배열로 되어 있고, 피부탄력 및 유연성에 관여하며 피부 내 영양 공급 및 체온조절을 한다.

신경유두와 혈관유두가 분포되어 있으며 촉각과 통각을 느낀다.

(2) 망상층(reticular layer)

유두층 아래에 있으며 진피층의 대부분을 차지하고 굵은 그물모양의 콜라겐과 엘라스틴 등으로 구성되어 있다. 피부의 탄력과 회복에 관여하며 유두층과 뚜렷한 구분은 없다. 표피보다 두꺼우며 피부표면과는 평행구조를 이루며 압각, 냉각, 온각을 느낀다.

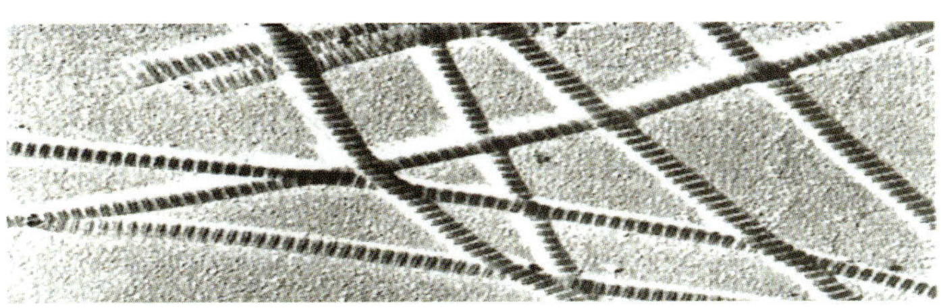

그림 2-11 콜라겐의 구조

Tip

▸ 상피구성을 하는 상피줄기 세포 아래 진피조직의 세포는 모낭형성을 위한 신호를 상피줄기세포에게 보낸다.

3. 피하조직(hypodermis)

피하조직은 결합조직, 정맥과 동맥, 림프관, 지방세포, 모유두 등으로 이루어져 있다. 피하조직은 진피층 아래의 지방성 결합조직층으로 생체 에너지로 활용되는 영양분을 저장하고 비타민 D를 합성하는 지방을 함유하고 있다. 즉 피하조직에 있는 동맥이 영양분과 산소를 공급하고 정맥은 세포로부터 이산화탄소와 노폐물을 보낸다. 피하조직에 있는 동맥은 피부의 좀 더 높은 층에서, 지방 또는 지방 조직은 피하지방층에 만들어진다. 지방조직은 평균적으로 체중의 약 14%정도이다. 지방세포는 충격으로부터 내부 장기의 완충역할을 하고 에너지로 사용될 수 있다. 지방조직은 추위를 열로 차단하여 체온을 유지시킨다. 또한 충격을 완화시켜 피부를 보호하는 완충역할과 동시에 피부 밑 지방층 아래 뼈의 근육을 보호해주며 한선과 통증 수용체 를 지지하는 역할을 한다.

지방층의 분포와 두께는 성별과 신체 부위에 따라 다르며 남성보다는 여성이 피하지방이 발달하여 몸의 선이 둥글고 부드러운 곡선미가 있다. 성인보다 어린이에게 발달되어 있고 눈꺼풀, 고환, 경골에는 존재하지 않는다.

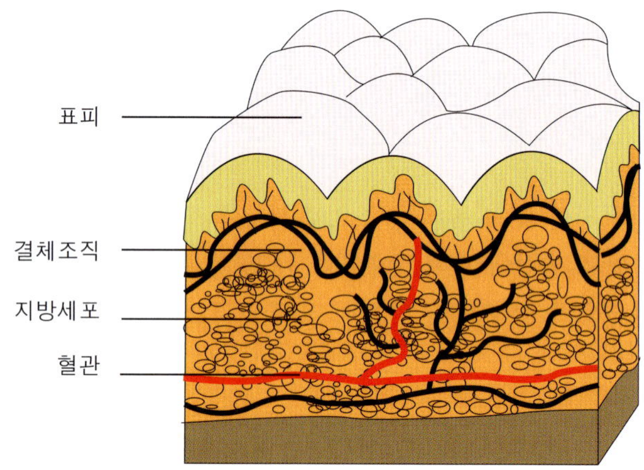

그림 2-12 피하조직층

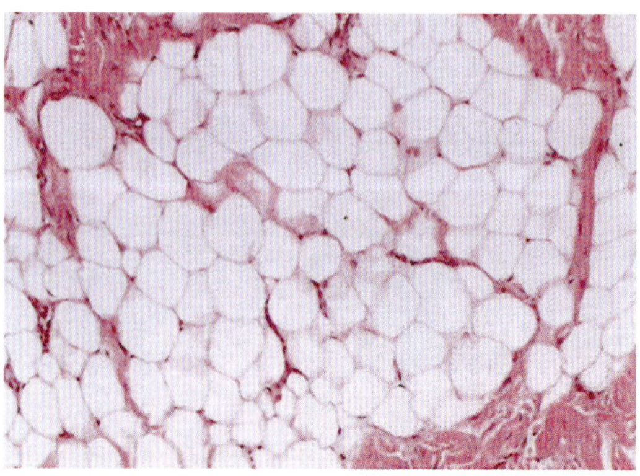

그림 2-13 지방 세포

02 두피의 기능

인체는 매일 온도변화, 감염원, 자외선 등에 노출된다. 상피조직은 이와 같은 외부 위험물질에 대한 장벽으로서 인체 안쪽과 바깥쪽, 양쪽에 보호층을 형성한다. 피부는 외부 침입에 대한 첫 방어선이다. 피부는 인체에서 가장 큰 기관이며 물리적 상처, 자외선, 미생물, 건조와 탈수로부터 내부 조직을 보호한다. 물리적 장벽 기능 외에 상피조직은 화학물질을 분비하기도 한다. 땀과 눈물에는 젖산과 리소자임이 들어 있어서 세균의 성장을 억제한다. 사람이 가진 원시적인 자연무기라 할 수 있는 치아, 손톱, 발톱 등도 피부세포가 변형되어 생겨난 것이다. 그러나 피부는 단지 보호만을 위해 존재하는 것은 아니다. 인체의 일부분으로서 외부환경에 직접 노출되어 있는 피부는 수많은 감각기관을 가지고 있어 주변 변화를 인지할 수 있도록 한다.

또한 피부는 체온조절의 중추기관이다. 인체에서 발산되는 열의 많은 양이 피부 구멍을 통해 땀으로 배출되는데 이 과정은 피부 바로 아래에 있는 작은 혈관과 땀샘을 지배하는 신경 신호에 의하여 조절된다. 원시시대와 달리 사람들은 더 이상 피부의 털에 체온 유지를 의존하지 않지만, 모낭에 있는 샘에서 분비되는 피지는 여전히 인체가 방수상태를 유지하도록 도와주고 있다.

1. 보호 기능

두피를 물리적 자극으로부터 보호하고 이물질 침입방지와 산, 알칼리를 중화시켜 화학적 자극과 자외선으로부터 두피를 보호하는 완충작용을 한다. 또한 단단한 각질층과 피하 결합조직의 탄력성이 스프링역할을 하여 보호해 준다. 급격한 날씨의 변화에 따라 피지막을 형성하여 두피를 매끄럽게 하고 두피표면의 산성막은 세균발육 억제 및 박테리아의 감염과 미생물의 침입으로부터 두피를 보호한다.

2. 흡수 기능

지질 또는 입자가 미세한 에멀젼 등의 흡수가 각질층의 경로와 피부부속기관을 통하여 피부내로 흡수된다. 제품의 흡수는 모공, 한공, 표피의 순서로 흡수된다.

3. 호흡 기능

인체는 약99% 정도는 폐호흡을 하지만 약 1% 정도는 피부로 호흡한다.

4. 분비 배설의 기능

한선은 땀이나 피지분비를 통해 체온조절 및 인체 내 중금속과 독소를 방출함으로써 면역기관의 기능을 수행한다. 두피와 모발을 윤택하게 하고 한선을 통하여 수분, Na, Cl, K, 유산(lactic acid), 소량의 요소를 배출하여 체내의 이온 균형 조절과 세균의 감염을 막아준다. 피부의 기름샘에서는 기름 성분이 분비되어 피부나 털을 부드럽게 한다.

5. 체온 조절 기능

인체는 항상 36.5°를 유지하려는 항상성으로 외부기온이 높거나 운동 후 체온이 상승하면 피부 층의 얕은 소동맥들이 확장하여 혈류량이 증가하고, 많은 열을 체외로 발산하기 위해 땀을 분비하여 체온을 유지시킨다. 외부의 기온이 낮거나 체온이 낮은 상황에서는 얕은 소동맥들이 수축하여 혈류량이 감소하고 땀 분비를 줄여서 체온을 높이는 작용을 한다. 이러한 기능은 원심성 자율신경인 교감신경(sympathetic nerve)의 섬유가 세동맥(arterioles), 입모근(arrector pili muscle), 땀샘(sweat glands) 등에 분포되어 있어 피부의 혈관 등을 수축시키고, 털을 곤두서게 하고 땀을 분비하게 하는 기능을 하기 때문이다.

6. 감각 수용 기능

피부는 외부의 환경 변화에 적절하게 대응하기 위하여 외부의 자극은 자유신경종말(free nerve ending) 이나 신경종말소체(terminal corpuscle)에서 받아들이고, 신경섬유가 자극을 중추신경계로신경계통의 말단을 통해 중추신경계 즉, 뇌에 전달한다. 촉각, 압각, 통각, 온각, 냉각을 받아들이는 감각 수용기 역할을 한다.

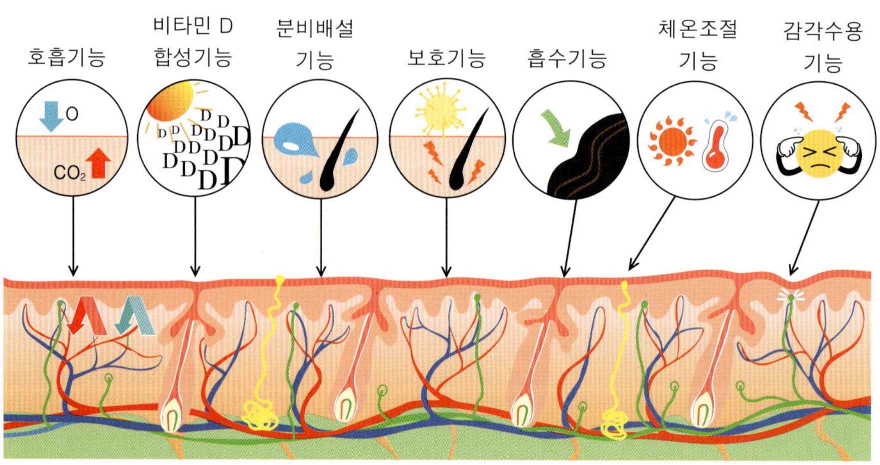

7. 비타민 D 합성의 기능

피부 내 에르고스테론이 자외선을 받으면 비타민 D가 합성되며 칼슘과 인의 흡수 작용에 관여한다.

> **Tip**
> ▸ 방어나 가다랑어 등의 음식물로 Vit D섭취가 가능하다. 부족할 경우 구루병이 생긴다.

PLUS

피부 감각 기관

피부는 감각기관의 여러 신경종말 수용기를 갖고 있어 외부 자극으로부터 압각, 촉각, 온각, 냉각, 통각 등을 느낀다. 피부 1cm 당 압각 6~8개, 촉각 25개, 온각 1~2개, 냉각 12개, 통각 100~200개의 비율로 분포되어 있다. 이러한 감각점은 신체의 방어기능을 하며 척수, 뇌간, 시상을 거쳐 대뇌피질에 전달되어 감지된다.

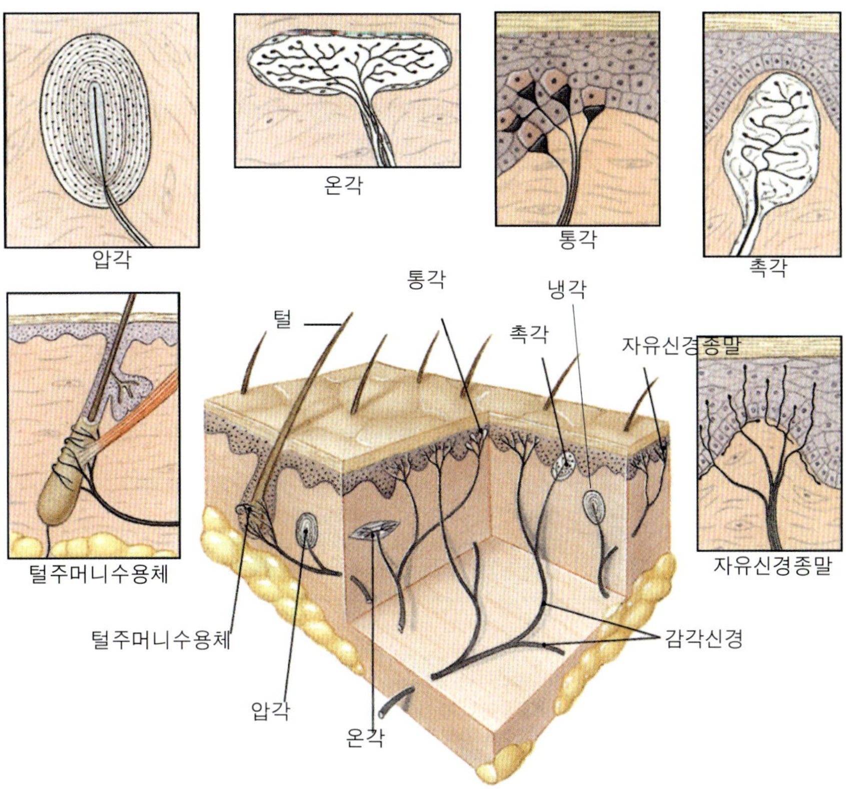

읽을거리

아기도 탈모에 걸리나요?

아기의 머리 숱은 머리카락 색과 굵기와 마찬가지로 태어날 때 이미 유전적으로 정해진다. 그러나 머리 숱은 후천적인 두피질환이나 영양결핍 등에 의해 줄어들 수도 있다.

아기가 지루성 피부염이 심하면 탈모가 생길 수 있으나, 피부염을 치료하면 모발이 다시 자란다. 또한 아기머리가 눌리면서 탈모가 생길 수 있다. 목을 가누기 전에는 오랫동안 누워있기 때문에 뒷머리나 옆머리가 많이 눌린다. 이런 부위에 압박성 탈모가 생겨 모발이 골고루 나지 않을 수 있다. 그러나 이러한 탈모는 성장하면서 자연스럽게 다시 나므로 걱정할 필요는 없다.

아기 머리에 원형탈모?

- ☑ 아기가 머리를 자꾸 비빈다.
- ☑ 아기가 극도로 예민하다.
- ☑ 같은 방향으로 눕는다.

요점정리

01 두피는 두개 피부와 두발로 구성되어 있고 두개골의 뇌를 보호하는 피부조직의 일부이며 머리카락이 붙어있는 두개 피부로 두개골의 표면을 둘러싸고 있다. 두피는 크게 표면으로부터 표피, 진피, 피하조직층으로 나누어진다.

02 표피를 구성하고 있는 세포는 각질형성세포, 멜라닌형성세포, 항원전달세포, 촉각인지세포가 있다.

03 표피의 상피세포는 기저층, 유극층, 과립층, 각질층으로 분화된다. 기저층과 유극세포층까지는 핵을 통하여 유사 분열하지만 과립층과 각질층은 무핵으로 무사분열된다.

04 진피는 표피층 두께의 20~40배 정도 두꺼운 층으로 되어있다. 피부의 90% 이상을 차지하는 탄력유지 층으로 표피 아래에 위치한다. 교원섬유, 결합조직섬유인 탄력섬유와 기질로 되어 있어 피부에 강한 탄력을 주며 유두층과 망상층으로 나눈다.

05 진피의 구성조직은 교원섬유, 탄력섬유, 기질, 혈관, 신경 등이다.

06 피하조직은 결합조직, 정맥과 동맥, 림프관, 지방세포, 모유두 등으로 이루어져 있다. 피하조직은 진피층 아래의 지방성 결합조직층으로 생체 에너지로 활용되는 영양분을 저장하고 비타민 D를 합성하는 지방을 함유하고 있다.

07 두피의 기능으로는 보호기능, 흡수기능, 호흡기능, 분비 배설의 기능, 체온조절기능, 감각수용기 기능, 비타민 D 합성기능을 한다.

단원 종합문제

01 두피의 정의에 대하여 바르지 않은 것은?

① 모발과 따로 구분되는 두개 피부를 말한다.
② 두개골의 뇌를 보호하는 피부 조직의 일부분이다.
③ 두개 피부와 두발로 이루어져있다.
④ 외부로부터의 자극에 대해 두피 구조를 보호한다.

02 두피의 표피 세포에 대하여 바른 것끼리 짝지어진 것은?

㉠ 각질층	㉡ 유두층	㉢ 과립층	㉣ 투명층

① ㄱ, ㄴ　② ㄱ, ㄴ, ㄷ　③ ㄱ, ㄷ　④ ㄴ, ㄹ

03 표피를 구성하는 세포 중 모세혈관으로부터 영양분을 공급받아 기저층의 세포분열에 의해 세로운 상피세포를 만들어내는 세포는?

① 항원전달세포　② 촉각인지세포　③ 각질형성세포　④ 멜라닌형성세포

04 표피의 각질층에 존재하며 약 15% 정도의 수분을 함유하고 있는 것은?

① 세포막복합체　② 천연보습인자　③ 케라토히알린　④ 무코다당류

05 각질화 주기는?

① 약20일　② 약28일　③ 약 40일　④ 약 56일

06 과립층에 대한 설명이 바른 것은?

① 2-5층의 과립세포로 구성되어 있다.
② 케라토히알린과립이 함유되어 있다.
③ 유핵세포층으로 구성되어 있으며, 원형의 세포형태를 띤다.
④ 수분유실을 저지시켜준다.

07 표피를 구성하는 세포 중 색소형성세포가 존재하는 곳은?

① 각질층　② 과립층　③ 유극층　④ 기저층

08 진피 부속기관에 해당하는 것끼리 바르게 짝지어진 것은?

㉠ 피지선	㉡ 한선	㉢ 비만세포	㉣ 콜라겐 섬유

① ㄱ, ㄴ ② ㄱ, ㄴ, ㄷ ③ ㄴ, ㄷ, ㄹ ④ ㄱ, ㄴ, ㄷ, ㄹ

09 진피 성분의 90%를 차지하는 것은?

① 섬유아세포 ② 콜라겐 섬유 ③ 탄력섬유 ④ 무코다당류

10 진피의 구성 세포로 바르지 않은 것은?

① 대식세포 ② 근육세포 ③ 신경세포 ④ 상피세포

11 교감신경에 의해 두피에서 발생되는 현상으로 바르지 않은 것은?

① 한선에서 땀을 분비한다.
② 입모근에 의해 모공 근육이 세워진다.
③ 입모근에 의해 피지선이 눌리면서 피지가 분비된다.
④ 모세혈관이 팽창하여 혈액공급이 원활하게 이루어진다.

12 두피의 (㉠)은 (㉡)를 합성하는 지방을 함유하고 있으며, 체온유지와 충격을 완화시켜 피부를 보호하는 완충역할과 동시에 피부 및 지방층 아래의 (㉢)와 (㉣)를 보호해준다. 남성보다 여성이 발달하였으며, 눈꺼풀, 고환, 경골에는 존재하지 않는다.

13 두피의 기능이 아닌 것은?

① 물리 · 화학적 자극으로부터 보호하는 기능
② 각질층 및 피부 부속기관을 통해 물질을 흡수하는 기능
③ 체내 유입된 물질을 소화시키는 기능
④ 땀이나 피지분지를 통해 체온 조절 및 중금속 등을 배출하는 기능

14 정상두피상태에 대하여 설명하시오.

15 건성두피에 대한 설명으로 바르지 않은 것은?

① 두피의 수분이 과도하게 많아 각질이 쌓여있는 상태
② 유수분의 불균형으로 외부로부터 방어능력이 약한 상태
③ 두피가 불규칙적으로 갈라져 보이는 상태
④ 가려움증 및 영양 결핍으로 인해 건조한 상태

16 건성 두피의 원인에 대하여 설명하시오.

17 지성두피의 원인에 대한 설명으로 바르게 짝지어진 것은?

㉠ 과도한 샴푸	㉡ 남성호르몬 과다분비
㉢ 과도한 피지분비	㉣ 자극적인 음식

① ㄱ, ㄴ　② ㄴ, ㄷ　③ ㄴ, ㄷ, ㄹ　④ ㄱ, ㄴ, ㄷ, ㄹ

18 지성두피의 표면은 과도한 피지로 인해 촉촉하며 불투명하고 둔탁해보이며 모공주위에 피지와 응고물들로 막혀있다. 지성 두피는 (㉠)과 (㉡)을 동반하는 경우도 있으며 피지분비 과다로 (㉢)이 나타날 수 있다.

19 모세혈관 확장과 혈액순환저하로 두피전체가 붉은색을 띠며 약한 자극에도 쉽게 반응하는 두피는?

① 지성 두피　② 예민성 두피　③ 건성 두피　④ 비듬성 두피

20 예민성 두피의 원인에 대하여 설명하시오.

21 지성비듬을 유발하는 비듬균에 영향을 주는 호르몬은?

① 갑상선호르몬　② 부신피질호르몬　③ 여성호르몬　④ 남성호르몬

22 다음 설명에 해당하는 두피는?

> 과도한 스트레스 및 호르몬의 불균형, 잦은 화학시술, 과도한 피지분비와 세정불량 등으로 인해 두피에 염증이 나타나고 모낭 주위가 붉게 부풀어 오르거나 가려워지는 현상이 나타난다.

① 예민성 두피 ② 지루성 두피 ③ 건성 두피 ④ 지성 두피

23 다음 두피 유형의 원인에 대하여 바르게 짝지으시오.

① 건성두피	▪	▪	㉠ DHT
② 지성두피	▪	▪	㉡ 자극이 강한 두피 및 모발 제품 사용
③ 예민성두피	▪	▪	㉢ 남성호르몬의 과다분비
④ 비듬성두피	▪	▪	㉣ 피지선의 과다분비와 각질주기 이상
⑤ 지루성두피	▪	▪	㉤ 잦은 샴푸 및 드라이
⑥ 탈모진행형두피	▪	▪	㉥ 과도한 피지분비와 비듬균 이상증식

24 두부에 발생하는 피부질환으로 피부사상균(무좀균)에 의한 피부감염 질환을 (㉠)이라 하며, 개, 고양이의 신체접촉으로 발생할 수 있다. 주로 봄과 여름에 발생하며 두상 전체에 각질이 과다하게 발생하는 전염성 피부염이다. 또한 (㉡)은 인체에 발생하는 만성적인 피부질환 중 하나로 세포분열의 촉진으로 두피 전체에 은백색의 각질이 두텁게 쌓여 인설형태로 이루어져 있다.

25 두피에서 살균작용을 하거나 세균의 번식을 보호하는 역할을 하는 것은?

① 에크린선 ② 입모근 ③ 수분 ④ 피지막

가로세로 Quiz

〈가로열쇠〉

1. 진피와 닿아 있으며, 혈액에 의한 영양공급으로 세포의 유사 분열이 활발하게 이루어진다(이 층은 표피의 최하부에 있으며 진피와 접촉하고 있다).
2. 혈액을 온몸으로 순환시키는 통로.
3. 표피의 대부분을 형성하는 세포로 표피의 90~95%를 차지하며, 케라틴(각질) 단백질을 만드는 역할.
4. 지지조직(결합조직, 연골조직, 골조직, 조혈조직)의 세포간질에서 볼 수 있으며 이러한 조직의 섬유아세포에 의해 세포 이외에서 형성되는 섬유.
5. 수용기를 통해 들어온 자극을 받아들이는 기능을 하는 신경원
6. 피부의 최 외측 부분이며 진피의 위층을 말한다.

〈세로열쇠〉

7. 이 층의 세포는 가시가 돋힌 모양으로 세포와 세포사이의 다리 역할을 한다. 또한 림프액이 흐르고 있어 표피의 영양을 공급하고 있는 살아 있는 세포이다.
8. 효소가 촉매시키는 특정한 반응 분자나 분자 그룹을 말한다.
9. 인지세포는 촉각수용체로서 기저층에 위치하며 신경자극을 뇌에 전달한다.
10. 머리 부위를 덮고 있는 피부

Chapter Ⅲ

모발의 생리

개요

모발은 기능적인 측면 외에 헤어스타일의 미용적인 측면으로도 중요한 부분이다. 건강한 모발일수록 헤어스타일의 연출이 용이하기 때문이다. 모발의 건강한 성장에는 표피와 진피가 상호연관 되어 있고, 두피 아래 부분인 모근부에서 모낭 및 여러 구조들이 관여하고 있다. 이 장에서는 모낭의 발생과정과 심혈관계, 신경계, 내분비계의 생리를 알아보고 모발의 성장과 주기에 대하여 학습하기로 한다.

학습 목표
① 모근부를 설명 할 수 있다.
② 두피 및 모발관련 생리계통을 설명할 수 있다.
③ 모발의 성장과 주기를 설명할 수 있다.

01 모근부(Hair root)

모발은 피부 표면으로 나와 있는 모간과 피부 내부에 있는 모근으로 나누며, 모간부는 모발형태를 나타내고 모근부는 두피 아래에 속해있는 생태를 나타낸다. 이 장에서는, 모발 발생의 생물학적 작용을 하는 모근부를 알아본다. 모근은 피부가 함몰된 피부주머니인 모낭으로 구성되어 있다. 모낭은 모근부를 보호하는 자루 역할을 하며 피부의 두께와 위치에 따라서 깊이가 다르고 모발이 한 방향으로 자연스럽게 피부 표면 위로 올라올 수 있는 각도로 배치되어 있다.

모구부의 아랫부분에 구근모양으로 팽창되어 있는 부분을 모구라 하며 모모세포와 멜라닌 세포로 구성되어 있고 모발의 생장에 있어서 중요한 부분이다. 모구부의 아래 오목하게 되어 있는 기저에는 진피세포층에서 나온 모유두가 들어 있다.

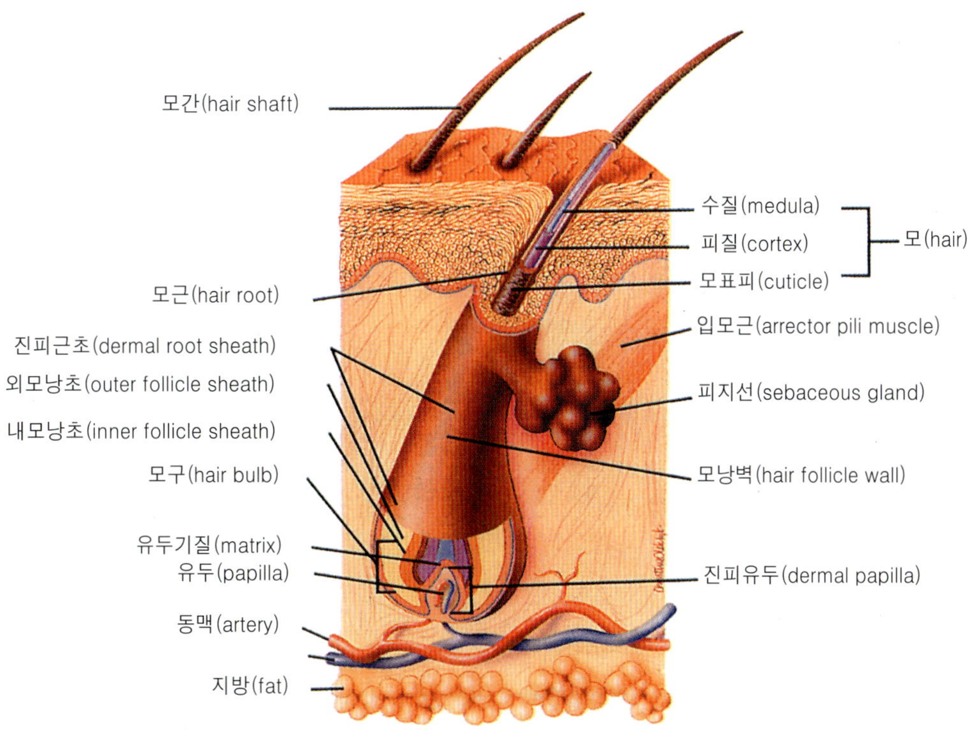

그림 3-1 모발의 구조

Tip

▸ 모낭의 수는 인종과 개인에 따라 차이는 있지만 몸 전체에 500만개정도이며 두피는 약 10만개 정도이다.

모유두에는 세포가 빈틈없이 짜여 있고, 엉켜있는 모세혈관으로부터 모발을 성장시키는 영양분과 산소를 공급 받아 세포가 분열하고 있다. 모기질 상피세포인 모모세포는 수분이 많은 구형세포로서 영양분을 공급받아 분열하며 모유두와 접하고 있는 부분을 둘러싸고 있다.

여기서 분열된 모세포가 모구부의 상부에서 각화되면서 가늘고 긴 모양의 방추상으로 변해 서서히 위로 올라와 모발을 만든다.

1. 모낭

인체는 하나의 세포로 이루어진 수정란의 유사분열을 통하여 똑같은 DNA를 가지고 있으나 모양과 기능이 각기 다른 60~100조개의 세포로 이루어져 있다. 수정란은 세포분열과정을 거쳐 10~11일째부터 낭배기에서 내배엽, 중배엽, 외배엽이 형성된다. 내배엽에서는 소화기 계통과 이관, 인두 갑상샘, 소화관 점막상피, 소화선상피, 호흡기 점막상피 등으로 분화된다. 중배엽에서는 골격, 근육, 진피, 지방세포, 심장, 비장, 림프관, 비뇨기 및 생식기, 모유두 등이 분화된다. 외배엽은 뇌신경계, 피부, 모발, 손톱, 발톱, 한선, 피지선, 유선, 색소형성세포, 감각계 등으로 분화된다. 모낭은 9~12주 사이에 태내의 외배엽에서 생성되며 22주째에는 완전한 모낭을 이루게 된다.

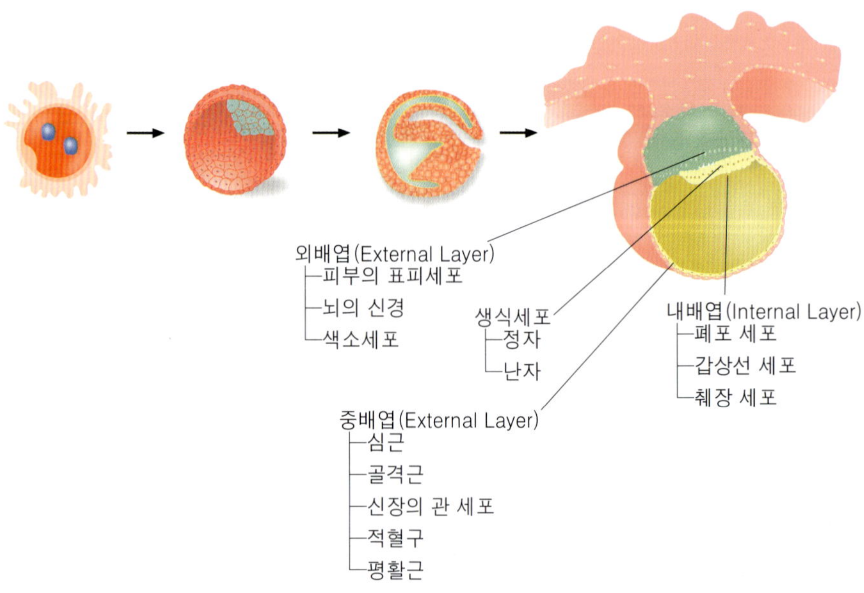

그림 3-2 신체 조직 분화

2. 모낭의 발생과정

기저층(배아층)은 원주상의 세포 집합체인 기저막대를 이루므로 모낭의 기원이 되며 모낭은 태아의 월령에 따라 외배엽판에서 전모아기, 모아기, 모항기, 모구성 모항기를 거쳐 생기며 모발의 발생은 눈썹 부분이 가장 빠르다. 12~14주에 모발은 성장한다. 인체에 존재하는 모낭의 수는 약 500만개이며 그 중 10만개 정도가 두피의 모낭으로 존재한다. 모발의 분포, 모발의 굵기, 모발의 질, 모발의 색, 모발 형태, 성장속도 등이 인종, 연령, 성별, 몸의 부위에 따라서 다소 차이가 있다.

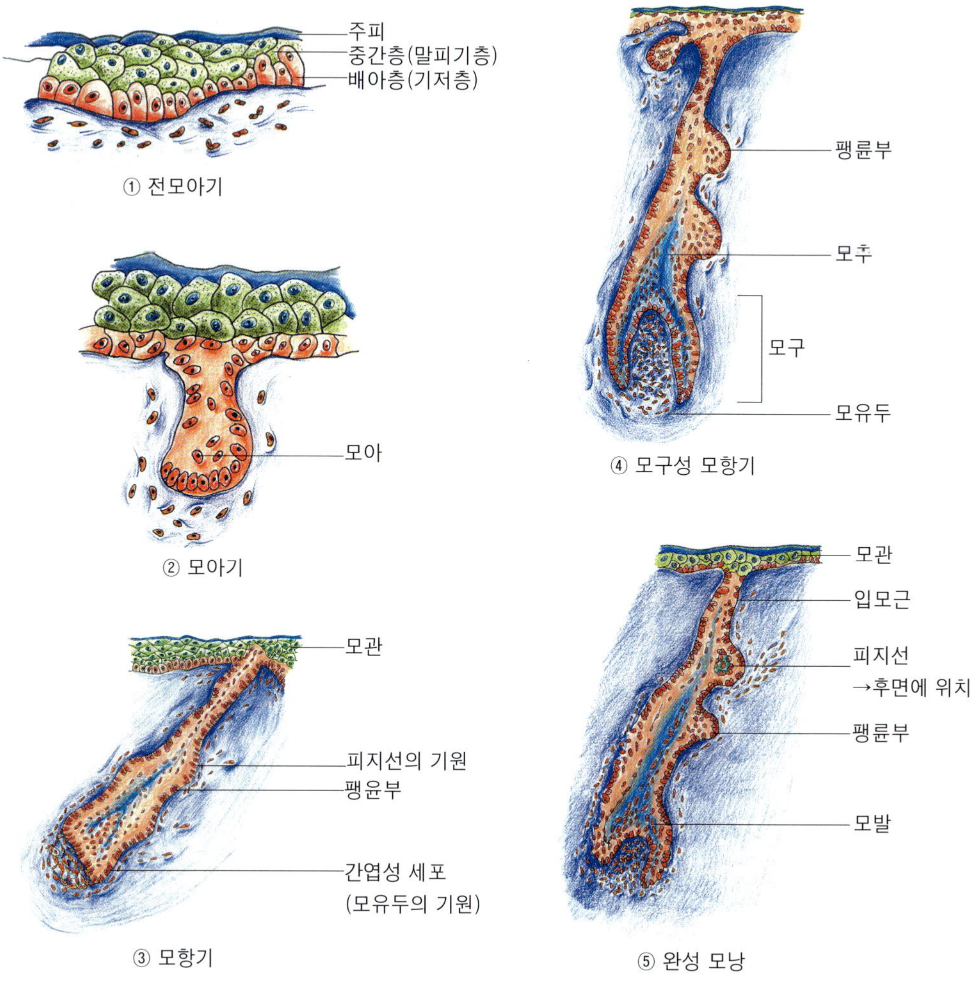

그림 3-3 모낭의 모아발생

Tip

▸ 피지선 아래 팽윤부의 줄기세포는 상피조직, 피지분비선, 모낭하부로 이동하여 피부상피를 구성하는 세포, 피지분비세포, 모발로 분화한다.

1) 전모아기(primary hair germ stage)

모낭의 발생은 외배엽 판에서부터 움직임의 변화가 관찰된다. 모낭세포 분화 형성에서 모아형성개시 단계인 외배엽판은 배아층 세포와 주피 2층으로 구성된다.

2) 모아기(hair germ stage)

진피층으로 침입하는 단계를 전모아기라 하며 표피 배아층이 진피쪽으로 볼록해지면서 진피 중간엽 세포가 한데 엉키어 집중되는 응축현상이 일어난다. 배아층 세포 속으로 진입함으로써 모낭의 중심부를 이룬다.

3) 모항기(hair peg stage)

표피가 아래쪽으로 증식하여 내려오며 볼록해진 그 끝에는 모유두를 이루려고 하는 중간엽 세포들이 보인다. 모항기 진행 후 기둥의 끝은 약간 둥글어지며 중앙부에 요철이 형성되고 그 속에 간엽계의 모유두가 안착된다. 모낭 기둥 후면에 두 개의 세포집단이 부풀어 있으며 상부에는 피지선의 근원이 된다. 하부에는 팽윤부로 초기퇴화와 함께 기모근이 부착된다.

4) 모구성 모항기(bulbous hair peg stage)

모유두를 둘러싸기 위해 모낭 돌출 끝의 모기질(hair matrix) 부위가 볼록해지며 이 시기에 피지선과 기모근의 부착부위가 팽창된다. 모구성 모항기에는 모근 팽윤에 따른 모구부가 둥글게 형성되는 단계와 함께 모낭 중심부에 모추가 형성된다.

3. 모낭 형성

모낭은 모기질 세포의 분열이 끝나면서 모유두 주변에 있는 모기질세포로부터 분화가 시작되어 내모근초와 모발이 형성됨으로써 완전한 모낭이 구성된다. 모낭세포인 결합조직집은 얇은 조직층으로 모구부, 피지선, 모유두 경계면을 둘러싸고 있다. 피지선 아래에 모낭 내 혈관들은 결합조직집의 내부로 퍼져 있다. 반면, 모낭을 둘러싸고 있는 신경들은 결합조직집의 바깥쪽으로 뻗어 있다.

외모근초는 모유두와 분리된 모낭이 휴지기가 되면 모구의 1/3지점인 기모근까지 위로 올라간다. 내모근초는 모낭 내의 곤봉형 모발을 표피까지 운송하여 모발을 두피에서 탈락시키며, 스스로는 비듬이 되어 떨어져 나간다. 모낭의 말단에서 분화하는 모기질 세포는 여러 종류의 세포로 분화할 수 있는 능력을 가진 세포로 모수질, 모피질 ,모표피 그리고 내모근초로 분화하여 서로 구별되는 구조를 반든다. 그러나 외모근초는 이로부터 분화하지 않는다.

모낭의 구조는 상피근초(epithelial root sheath)와 진피근초(dermal root sheath)로 나누어져 있고 상피근초는 외모근초(outer root sheath)와 헉슬리층, 헨레층(Huxley's layer, Henle's layer)이 포함된 내모근초(inner root sheath)로 나뉜다. 모낭의 아래에 있는 모유두는 투명한 결합조직으로 이루어져 있다.

모낭(hair follicle)은 기모근(arrector pili muscle)이 부착된 부위와 피지선관이 있는 입구를 경계로 하여 하부(interior segment), 협부(isthmus), 모누두 상부(follicular infundibulum)의 세부분으로 구성된다. 모낭하부의 끝은 다소 팽대되어 모구부(hair bulb)를 이룬다.

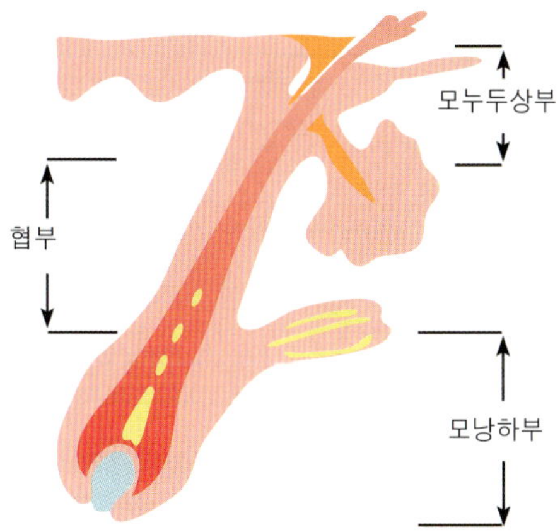

그림 3-4 모낭 부위별 구조

모누두 상부는 각질층에서부터 피지선 위쪽 피부 밖으로 열려있는 부분까지이며, 협부는 피지선 아래부위에서 입모근 위쪽까지로, 모발섬유를 구성하기 위하여 탈수축합에 의해 각화되어가는 분분이다. 모낭하부는 입모근 아래부터 모구부위를 말하며 모낭기저에 모유두의 느슨한 연결 조직을 에워싸고 있고 여기서 끊임없는 세포분열이 일어난다.

모낭은 모표피 가까이에 있는 내모근초와 바깥쪽의 외모근초로 구성되어 있다. 모낭의 하부 약 1/3지점에 입모근이 접하고 있으며 하나 또는 그 이상의 피지선이 각각의 모낭에 달려있다. 이 모낭은 모유두와 모기질 상피세포를 포함하는 기관으로 혈관이 풍부하고 모세포 분열을 조절하며 결합조직성(유리막)과 상피성(외모근초와 내모근초)으로 구성되어 있고 모발을 보호하거나 모발을 고정시켜 준다. 모발은 피지선 및 한선과 같이 태생기 때 발생하며 피부의 발생과 같이 생기는 것으로 각화현상이 진행되어 한 가닥의 모발이 생성된다.

모낭은 손바닥과 발바닥을 제외한 피부표면 전체에 분포되어 있다. 모낭은 상피에 위치한 단순한 구조이며 가장 아래쪽은 일반적으로 진피에 있고, 태아기의 3~4개월 사이에 발달한다. 즉 표피에서 모배아라고 하는 세포가 형성되는 동안 진피에서는 거의 꽉찬 모아가 형성된다. 모배아는 점점 커져 진피세포의 덩어리를 감싸고 진피 속을 향해 아래로 내려가 진피유두가 된다. 모낭과 몸을 연결해 주는 유두의 중요한 기능은 모세혈관을 통한 혈액공급이다.

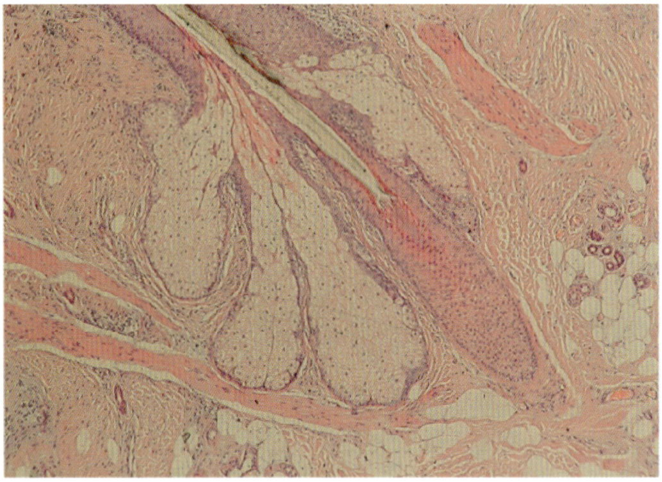

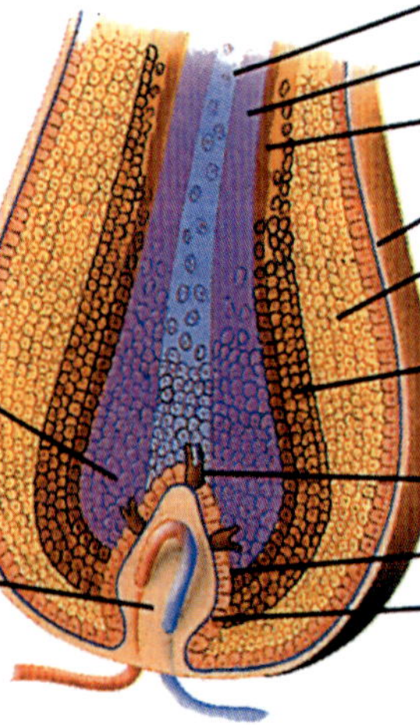

그림 3-5 모낭의 내부구조

1) 상피근초(epithelial root sheath)

(1) 내모근초(inner root sheath)

모낭의 일부로 둘러싸여 있는 모근부는 모표피층에 접하고 있는 내모근초와 그의 외측의 외모근초로 덮혀 있다. 이들은 모구부에서 발생한 모세포가 완전히 각화되어 종결될 때까지 보호하고, 표피까지 운송하는 역할을 하고 있다. 즉 내모근초와 외모근초는 모구부 부근에서 세포분열에 의해 만들어지고 상피근초의 내모근초 표피는 모표피와 함께 이어져 있다.

모표피의 표피세포가 내모근초의 표피세포와 접하면 모표피는 위를 향해 올라가 표피의 각질층이 되고 내모근초는 표피상피의 각질층과 연속되는 층으로 피지선이 열리는 부분 아래쪽에 있으며 내모근초는 외측에서부터 헉슬리층, 헨레층으로 연결되어 있다.

모발을 표피까지 운송하여 역할을 다한 후에는 비듬이 되어 두피에서 떨어진다. 한편 모낭 주위에는 이들을 둘러싸는 신경종말이 있어 모발이 바람결에 흔들리거나 물체가 닿아 자극되면 이를 감각으로 느낄 수 있다.

(2) 외모근초(outer root sheath)

외모근초는 내모근초를 에워싸고 있고 모낭의 피지선 지점에서 사라진다. 여러 층의 다각형 세포로 구성되어 있으며 표피와 연속되어 있는 가장 안쪽인 기저층에 접하고 있다. 표피와 연속되는 부분에서는 기저층, 가시층, 과립층과 이어지는 세포를 구분할 수 있으나 심부에서는 가시층과 기저층에 해당되는 세포들로만 이루어져 있다.

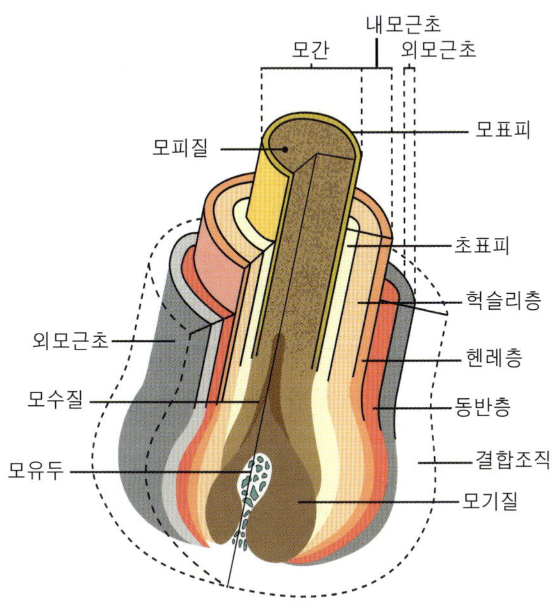

그림 3-6 상피근초

2) 진피근초(dermal root sheath)

진피근초는 모낭의 아래 쪽, 진피의 유두층 경계면을 둘러싸고 있는 얇은 층으로 결합조직초(connective tissue sheath)라고도 하며 유리막(glassy membrane)과 속돌림층(inner circular layer), 바깥세로층(outer longitudinal layer)으로 되어 있다.

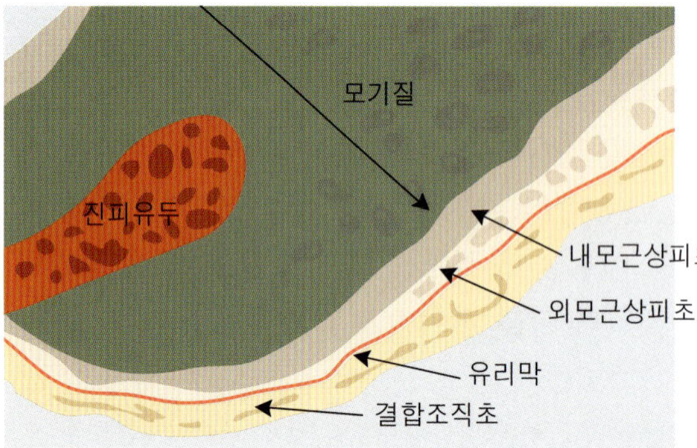

그림 3-7 진피근초

3) 모기질 상피 세포(germinal matrix cell)

모구부를 확대하면 오목한 부분과 모유두가 접한 부분에 모모세포가 모유두를 감싸고 있다. 이는 표피 기저층 유래의 줄기세포로 각질형성세포와 색소형성세포로 구성되어 있다.

모기질 상피 세포는 모유두에서 영양분을 공급 받아 끊임없는 세포분열과 증식을 되풀이 하며 모발로 성장하게 한다. 모기질 세포는 여러 종류의 세포로 분화할 수 있는 능력을 가지고 있다. 즉 모기질 상피 세포는 모유두에 접하고 있는 부분으로 이미 모발을 구성하는 역할이 결정되어 모유두의 정점 부분에서 모수질이 되는 세포가 분열한다. 그 아래 부분으로부터는 모피질(cortex)이 된 세포가 분열하고 가장 아래 외측으로는 모표피(cuticle)가 된 세포가 분열하여 위로 향해 올라가고 있다.

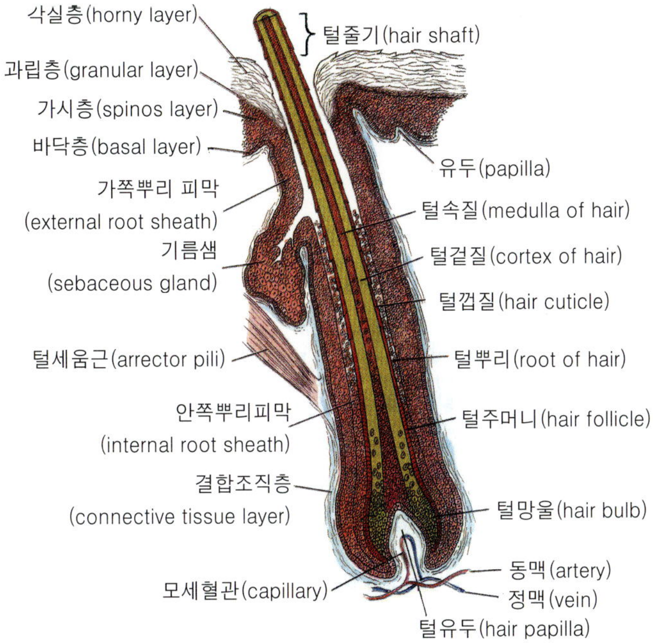

그림 3-8 모근의 구조

(1) 각질형성세포

각질형성세포는 표피의 기저층에서 유사분열에 의해 형성된다. 매일 과립층 아래에 새롭게 분화하는 각질형성세포는 점점 편평해지면서 핵이 없어진다. 무핵이 되는 과정을 거쳐 표피층까지 이동한 각질층의 최외각 세포는 각질화 되어 떨어져 나간다. 새로운 세포가 각질층까지 도달하는 기간은 약 28일 주기로 추정된다.

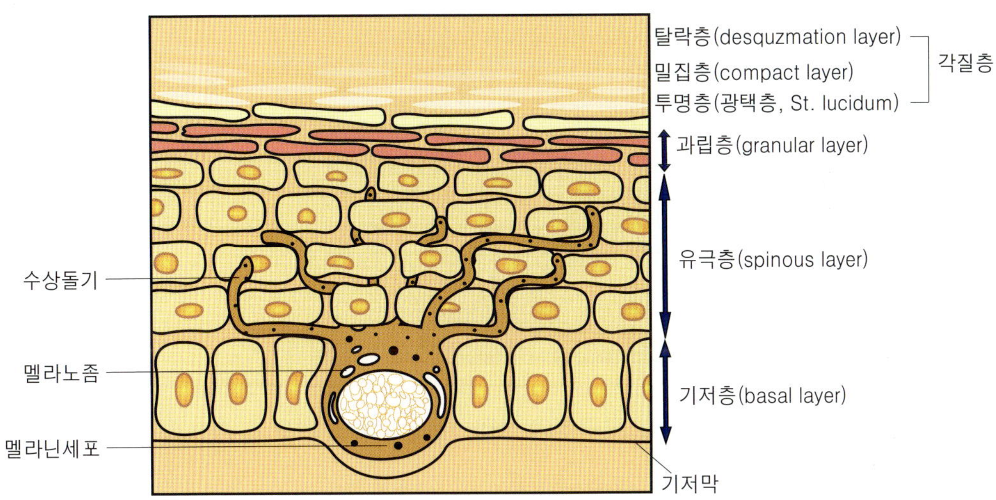

그림 3-9 각질 형성세포

Tip

▸ 세포 안에 존재하는 아미노산의 일종인 티로신을 티로시나아제라는 효소가 공기 중에서 산화시켜 갈색 멜라닌 색소를 생성한다.

(2) 색소형성세포

피부나 눈, 모발의 색 등을 결정하는 멜라닌 색소는 모피질을 만드는 모기질 상피 세포로부터 별도의 진피와 표피의 경계부에 위치한 멜라닌세포의 세포질 내에서 형성된 후, 표피세포 내부로 전달됨으로서 조직에 존재하는 흑갈색의 색소가 된다. 즉 모기질 상피 세포 내 멜라닌세포와 두피 기저층 연결 기저대의 외모근초 내 멜라닌세포로 나눌 수 있다. 외모근초 멜라노사이트는 둥근 세포로 구성된 멜라닌 색소 결핍성 멜라닌세포이다.

일반적으로 두꺼운 모발에서 짙은 색소를 가진 색소과립이 많이 관찰되어지며 색소과립은 작은 타원형 또는 구형의 입자로서 직경이 대략 2,000~8,000Å (0.2~0.8 ㎛)로 모피질성 세포를 통해 분산되어 있다.

표피의 가장 아래층에 멜라닌 색소가 집중적으로 모여 있고, 표피에 색소가 침착된 정도에 따라 피부의 색이 달라진다. 강한 햇빛에 노출되면 일시적으로 멜라닌 색소가 증가하여 피부가 검게 된다. 이때 멜라닌 색소가 자외선을 흡수하여, 피부세포가 자외선으로부터 해를 입는 것을 방지하게 된다.

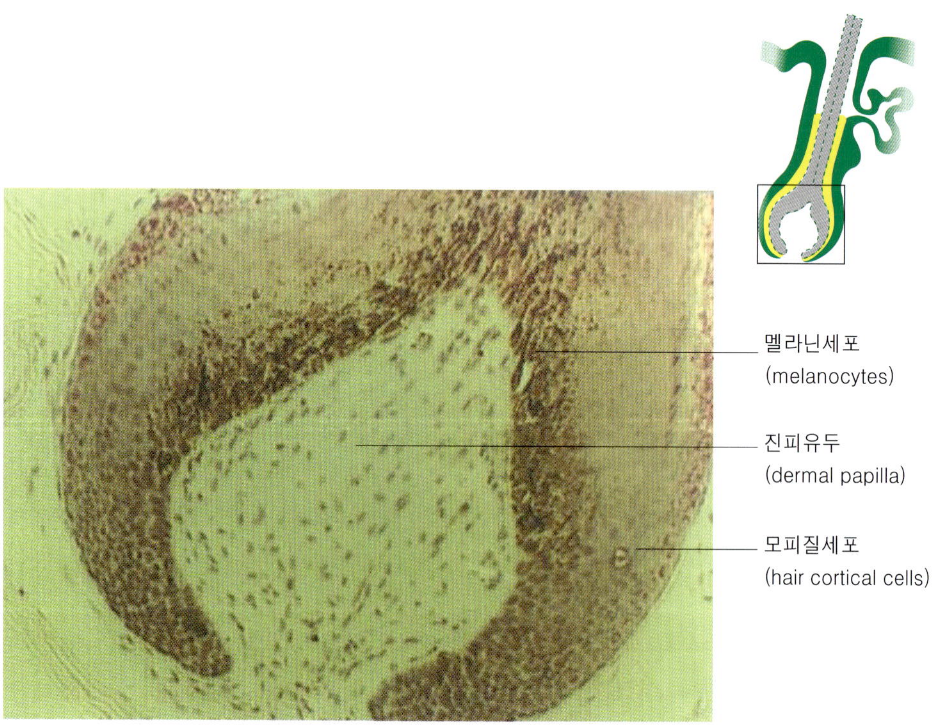

그림 3-10 모구부와 멜라닌생성세포의 분포

PLUS

모발은 살아있다?

커트를 해도 모발은 계속 자라고, 화학적인 시술을 하면 모발은 손상을 받게 되는 것을 보고 '모발이 살아있다' 혹은 '죽어있다'라는 논쟁이 일어나기도 한다.

모발은 모세혈관을 통해 영양분을 공급받고, 모모세포가 분화하는 과정에서는 살아있지만 모공 밖으로 나와 있는 모발은 각화되어 더 이상 분화하거나 생명력을 가지고 있지 않다. 단지 모낭에서부터 위로 밀려올라간 새로운 세포에 의해 모발이 길어지는 것이다.

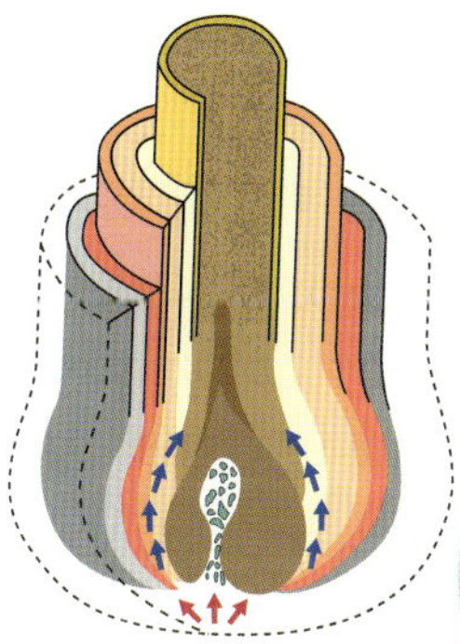

4. 모낭주변 구조

1) 피지선(sebaceous gland)

피지선은 인체 피부표면의 1평방 센티미터 당 400~900개가 분포되어 있으며 두피, 이마, 볼 턱, 흉부 등의 상부에 많이 분포되어 있다. 피지선은 손·발바닥을 제외한 전신에 존재하고 부위에 따라 크기, 형태, 밀도가 다르며 말단으로 갈수록 적게 분포되어 있다. 모낭과 관계없이 독립적으로 존재하는 피지선을 독립피지선이라 하고 입술, 대음순, 성기, 유두, 귀두, 눈점막 부위에 분포되어 있다. 피지의 분비는 계절, 연령, 호르몬, 환경, 온도, 피지막의 두께, 발한에 따라서 피지분비가 변화하며 사춘기 때 피지가 많이 분비되고 이후에는 남성이 여성보다 피지 분비량이 많으며 점차 나이가 들어가면서 감소된다.

피지선에는 성호르몬의 수용체가 있으며 신경계통의 영향을 받지 않고 성호르몬의 영향과 뇌하수체선, 갑상샘호르몬의 영향을 받는다. 피지선은 모낭 상부 1/3지점인 모낭벽에 위치하며, 트리글리세라이드라는 지방물질의 혼합물 피지를 분비하여 엷은 막을 형성시켜 수분 증발을 억제함으로서 피부에 습윤 및 유연성을 주며 세균의 침입을 방지한다.

남성호르몬은 피지분비 촉진작용을 하고 각질층을 두텁게 하는 작용이 있으며 여성호르몬은 피지분비 억제작용을 한다. 피지는 1일 1~2g 정도가 분비되고 세정 후 피지분비 정도는 1시간 후엔 20%, 2시간 후엔 40%, 3시간 후엔 50% 정도 분비된다. pH 4.5~5.5의 피지막으로 약산성 보호막이라고도 한다. 살균작용, 유화작용, 수분증발 억제작용, 흡수조절작용, Vit D 생성작용을 하며 심하게 분비될 경우에 탈모를 유발한다. 당분과 전분, 지방분이 많은 음식을 섭취하면 피지선의 활동을 촉진시켜 지성 비듬을 발생시키기도 한다.

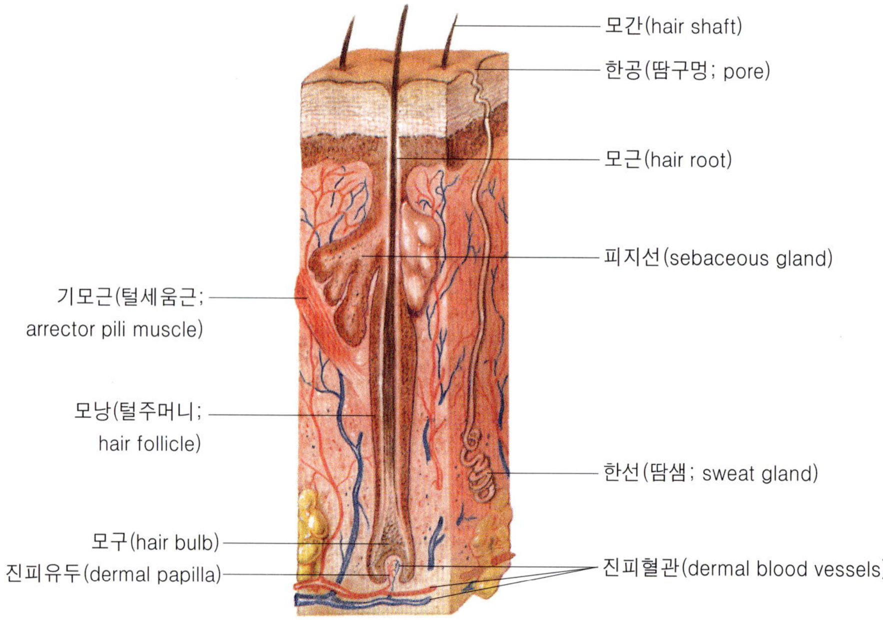

그림 3-11 피지선

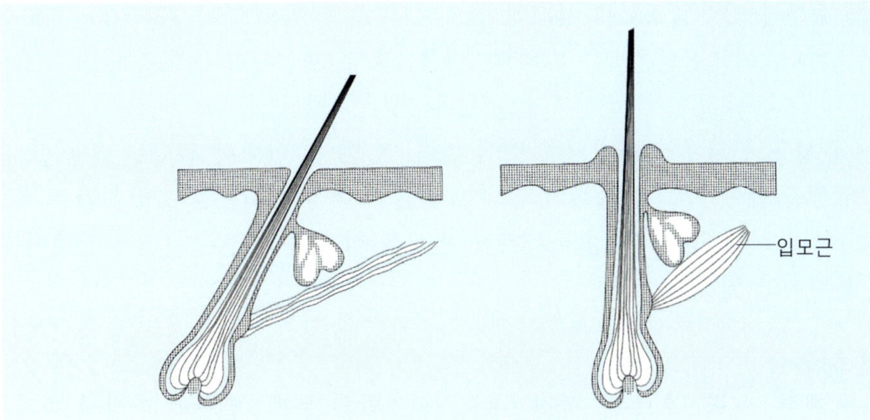

그림 3-12 입모근과 소름현상

2) 입모근(기모근, arrector pili muscle)

입모근은 모낭 하부 약 1/3 지점에 있으며 자신의 의지에 따라 움직이지 않고 자율신경에 의해 지배된다. 추위 또는 흥분이나 긴장 상태에서 교감신경에 의하여 근육은 자율적으로 조절되며 수축 시 털이 세워진다. 속눈썹, 눈썹, 코, 빰, 입술에는 입모근이 없다.

교감신경에 의해 제어되는 입모근은 스트레스하에서 수축하여 털을 수직으로 잡아당기고 모낭 주위의 피부를 끌어내려 소름 또는 뾰루지로 나타난다. 그러나 모든 털이 입모근을 가지고 있는 것은 아니며 솜털의 모낭은 근육이 붙어있지 않다.

3) 한선(sweat gland)

땀샘을 한선이라고 하며 입술, 귀두, 고막을 제외한 전신에 존재하며 특히 손·발바닥, 겨드랑이, 음낭, 항문주위에 잘 발달되어 있다. 한선의 분비물은 약산성으로 세균의 번식을 억제하고 자율신경의 지배를 받는다. 연령이 많아짐에 따라 분비세포가 위축되어 땀의 분비가 작아진다. 땀은 체온을 조절시키며 피지와 유화하여 피지막을 형성하고 신체내의 노폐물과 독소를 제거하는 역할을 한다.

한선에는 에크린선과 아포크린선이 있으며 인체에 2백만에서 5백만 개의 한선을 가지고 있으며 털보다 5~6배 많은 것으로 추정된다.

(1) 소한선(eccrine gland)

에크린선은 인체의 전신에 약 200~400만개로 모낭에 연결되지 않은 독립 한선으로 진피하층 피하조직 내에 실뭉치 모양으로 체표면에 수직으로 연결되어 있다.

99%의 수분과 미량원소로 구성되어 있으며 무색, 무취의 땀을 1일 700~900cc 정도 분비한다. 에크린선은 손 · 발바닥, 얼굴, 흉부, 팔, 다리 순으로 많이 분포되어 있다.

에크린선은 신경계와 연결되어 있어 더울 때 뿐 만 아니라 과다한 운동 또는 흥분되어 있을 때에 땀을 방출하여 몸의 표면을 식혀 피부체온을 조절시키는 역할을 한다. pH 3.8~5.6의 약산성으로 세균 번식을 억제하며 맛은 시면서 짠맛이 나고 항상 분비되고 있다.

(2) 대한선(apocrine gland)

아포크린선은 진피 깊숙이 자리하고 있으며 때로는 피하조직 속으로 뻗어 있기도 한다. 관은 가늘고 곧으며 피지선의 입구 가까이에 있는 모낭 속으로 열려있다.

생후 5개월 후부터 퇴화하기 시작하여 사춘기 때 겨드랑이 유륜, 외이도, 유두, 항문 주위, 외음부, 배꼽 등 한정된 부위만 존재한다.

아포크린선에서 분비되는 땀은 공기와 만나 산화되어 특유의 냄새가 있는 유색이 된다. 단백질, 탄수화물을 함유하고 있으며 무취, 무균성이나 세균의 작용을 받아 부패하면 약 알칼리성으로서 암내라는 체취를 발산하며 여성에게 많이 분포하고 있다. 분비량은 흑인 〉 백인 〉 동양인 순으로서 인종에 따라 다르다.

호르몬의 영향으로 남성보다 여성이, 월경 전과 월경 중에 많이 분비되나 임신 중에는 감소한다. 한선은 유아기에는 비활동적이다가 사춘기가 되어서 활동적이며 청년기 동안 계속 활동하다가 노년기에는 퇴화한다.

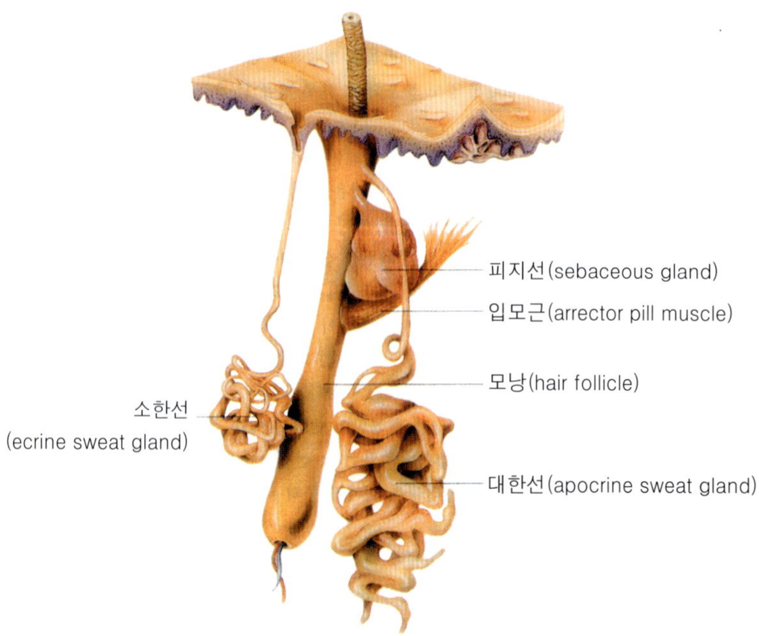

그림 3-13 한선

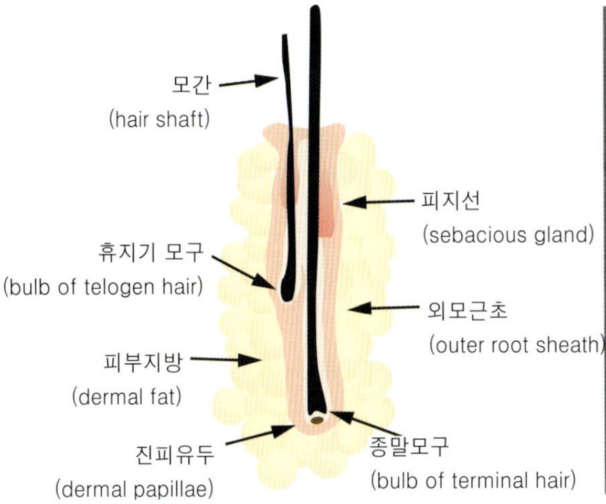

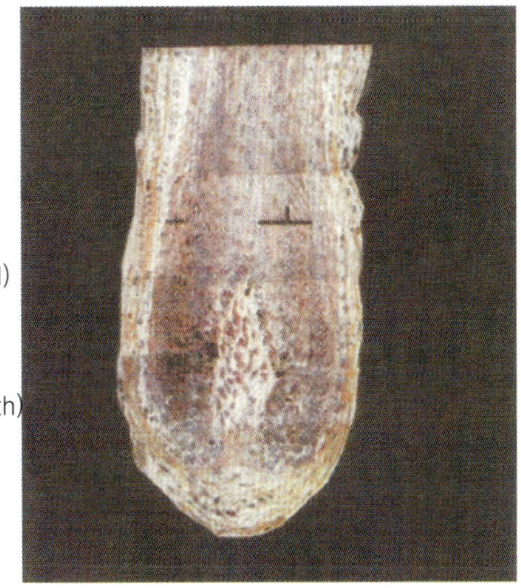

그림 3-14 모낭의 구조

(3) 모유두(hair papilla)

모근의 최하층에 위치하여 결합조직과 유리같은 막으로 만들어져 있다. 에프린이라는 성장물질을 분비하여 모발 성장을 조절하고 모질과 굵기를 결정한다. 모구의 아랫부분에 있는 원추형의 모유두는 모기질(hair matrix)을 매개로 하여 모발을 성장시키는 영양분과 산소를 운반하고 있다. 이 영양분을 받아 분열하고 있는 세포가 모기질 상피 세포와 색소형성세포이다.

모구에는 모세혈관과 자율신경이 연결되어 있다. 모세혈관은 모세포로 영양분을 전달하여 새로운 모발이 생성되도록 한다. 자율신경은 모유두에 아미노산이 도착하면 단백질 합성효소에 작업 명령을 전달하는 역할을 한다. 또한 모발의 성장을 담당하는 모유두를 둘러싼 부분을 모기질이라 하며, 모세포와 멜라닌세포로 구성되어 세포분열이 활발한 곳으로 모발의 굵기에 따라 모유두의 크기도 달라진다.

(4) 모모세포(germinal matrix)

모아의 모체층으로 모발을 형성시키는 모모세포가 모유두를 덮고 있다. 모모세포는 모유두로부터 영양분을 공급받아 끊임없는 세포분열로 증식을 되풀이 하면서 점차적으로 모낭을 따라 위로 올라간다. 이는 가늘고 긴 수직 상태에서 출발하여 모낭 위쪽 부위에서 세포들은 커지면서 색소를 가지고 단백질을 합성하며 위쪽 방향으로 향한다. 모발의 색을 결정하는 멜라닌 색소는 모피질을 만드는 모모세포로부터 색소세포인 멜라노사이트에 의해 생성된다.

Tip

▸ 모낭의 피지분비선은 건강한 모발상태를 유지시켜주고 피지선 아래의 팽윤부분은 모발을 생성하는 세포의 줄기세포를 평생 공급한다.

(5) 모구(hair bulb)

모근 아랫부분의 모구는 내부의 모모세포와 멜라닌 세포로 구성되어 있으며 아래 부분은 오목하게 되어 있고 진피 세포층에서 나온 모유두가 들어 있다. 또한 모세혈관이 엉켜져 있으며 모발을 성장시키는 중요한 부분으로 영양분과 산소를 운반한다. 모기질 상피세포인 모모세포는 수분이 많은 구형세포로서 영양분을 공급받아 분열하며 모유두와 접하고 있는 부분을 둘러싸고 있다. 여기서 분열된 모세포가 모구부분의 상부에서 각화되면서 위로 서서히 가늘고 긴 모양의 방추상으로 변해 올라와 모발을 만든다.

(6) 모세혈관

모세혈관은 직경 5~9㎛로 정맥과 동맥 외에 혈관의 말단인 모세혈관이 존재해 영양분을 공급해 주기도 하고 노폐물을 배출해 주기도 한다.

(7) 자율신경

모세혈관과 함께 모유두 주변에 존재하고 있는 신경으로 모유두로부터 받은 영양분이 세포분열을 조장한다. 자율신경에는 교감신경과 부교감신경이 있다.

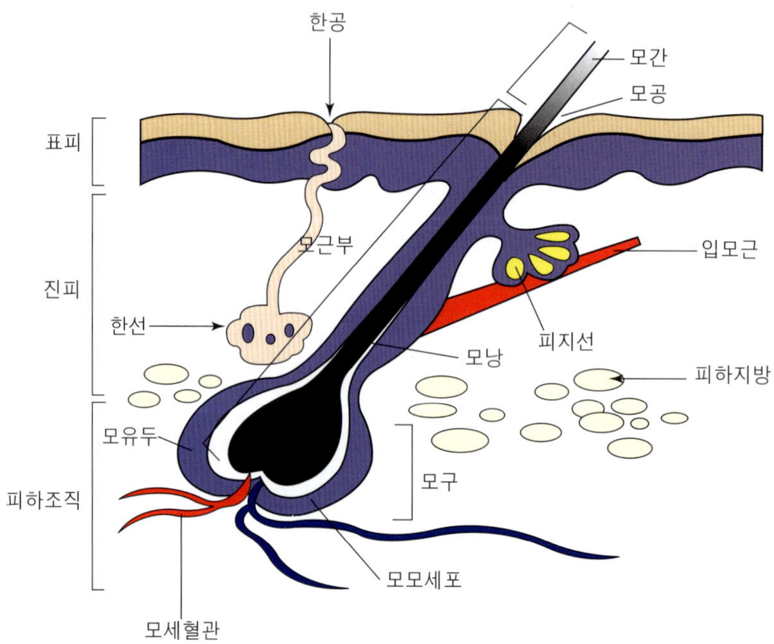

그림 3-15 모낭의 주변 구조

02 두피 · 모발생리 계통

1. 심장혈관계통(cardiovascular system)

세포는 생명현상을 유지하기 위하여 주위환경과 끊임없이 물질을 교환한다. 이러한 물질들은 온몸을 통하여 이동되어야 하기 때문에 빠르고 효율적인 운반시스템이 필요하다. 그 기능을 수행하는 시스템이 바로 심장혈관계통(cardiovascular system)이다. 심장혈관계통은 심장, 혈관, 혈액으로 구성된다. 심장의 수축은 혈액이 혈관을 통하여 이동하도록 근육펌프기능 작용을 하여, 세포대사에 필요한 산소와 영양분을 세포와 조직에 공급하고 이산화탄소와 노폐물은 몸 밖으로 제거한다.

또한 식세포, 면역 활동세포 및 체액성 항체 등을 운반하여 면역기능을 담당하며, 출혈 시 응고작용을 통해 손상된 부분을 스스로 복구한다. 호르몬이나 기타 세포 분비물 등을 운반하며 체내의 수분, 삼투압, pH의 조절을 통해 항상성을 유지한다. 생산된 열을 피부나 폐와 같은 열 방출기관으로 운반하여 체온을 균등하고 일정하게 유지한다.

심장은 혈관을 따라 온몸을 순환하며 혈류량과 혈압을 조절하는 동시에 혈압조절에 관련된 내분비 기능도 가지고 있는 감각기이자 효과기이다. 심장혈관계통은 동맥혈압의 조직, 호르몬을 표적기관에 운반하는 일 그리고 출혈이나 자세변화와 같은 생리적 변화에 대한 항상성 조절에 참여한다.

혈액은 혈구와 혈장으로 구성되어 있다. 혈구는 분화되지 않은 중배엽 세포인 혈구아세포로부터 생겨나며 혈액은 물질을 이동시키는 매개체 역할을 한다. 혈구들은 뼈 속에 위치하고 있는 골수의 조혈모세포로부터 적혈구, 백혈구, 혈소판으로 분화한다. 평균적으로 혈구 성분은 총 혈액 용적의 38~52%(1/2) 정도를 차지한다.

초기 혈액세포는 발생 4주부터 배아시기에 일시적으로 존재하는 난황에서 생성되고, 발생 2개월 동안은 간에서 생성된다. 후에 이러한 조혈기능은 지라(비장)로 옮겨진다. 혈액세포는 발생 5개월부터 적골수에서 생성된다. 혈액질환이나 다량의 출혈이 있는 경우에는 간과 지라 또는 조혈작용을 할 수 있다.

Tip

- 헤모글로빈은 적혈구에 포함된 색소 단백질로 산소를 운반하는역할을 한다.

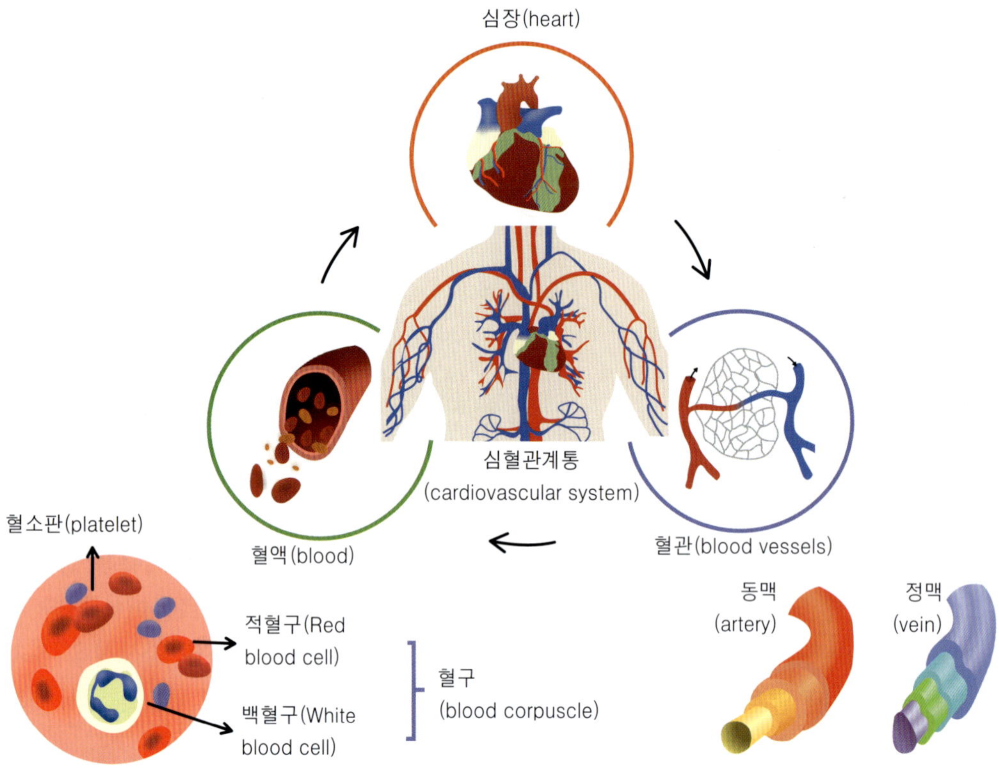

그림 3-16 심혈관계

2. 신경계(nervous system)

신경계통은 중추신경계통과 말초신경계통으로 분류된다. 중추신경계통은 다시 뇌와 척수로 나누며, 말초신경계통은 기능적으로 체성신경계통과 자율신경계통으로 나누어진다.

신경계는 신경세포가 구성하는 뉴런과 신경세포를 지지하는 신경아교세포로 구성되어 있다. 뉴런은 사람의 대뇌피질에만 140억 개가 존재하며 전기적 흥분, 충동을 전달하고 때로는 신경전달물질을 분비한다. 신경아교세포는 뉴런을 물리적으로 지지하고 화학적인 대사 작용을 돕는다.

뉴런은 신경계의 구조적 단위인 동시에 물리적 또는 화학적 자극에 반응하는 흥분성과 이를 다른 조직에 전달하는 전도성을 지닌 기능적 단위로 고도로 분화된 세포이다. 뉴런은 공통적으로 세포체, 가시돌기(수상돌기) 및 축삭의 3부분으로 나뉘며 모양과 형태에 따라 분류된다.

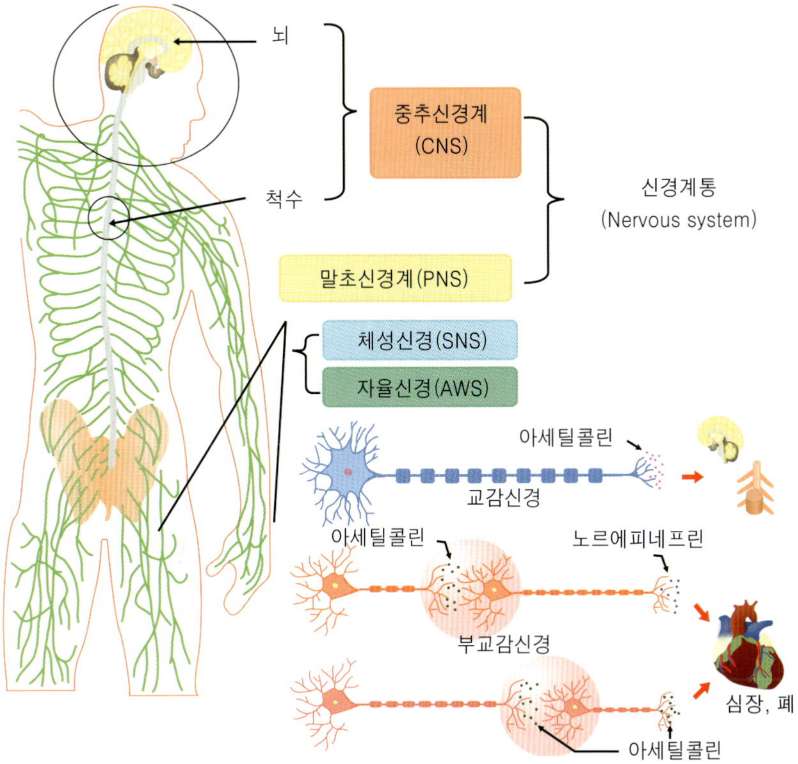

그림 3-17 신경계

1) 중추신경계통(central nervous system)

중추신경계는 뇌와 척수로 나누어지며 신경계의 기본 단위는 신경세포 또는 뉴런이다. 뉴런은 뇌와 척수의 명령에 따르며 다른 세포들과 같이 핵과 막을 갖고 있지만 스스로 번식하지 않는다. 인간이 태어날 때 갖고 있는 뉴런들은 일생동안 자극에 대한 반응을 하는 업무수행을 한다.

뉴런은 수상돌기와 축색돌기가 있어 충격을 받거나 내보내는 과정이 빠르며 자극과 흥분을 전달하는 신호의 형태가 특징이다. 신경돌기의 중앙을 신경섬유가 지나가고, 그 둘레를 여러 겹의 수초가 싸고 있다. 그 겉은 다시 슈반초라는 얇은 막으로 덮여 있다. 수초는 절연체의 구실을 하므로 흥분전도속도를 빠르게 한다. 수초를 가지고 있는 신경을 유수신경이라 하며, 척추동물의 신경을 이루고 있다. 척추동물의 교감신경 섬유의 일부나 무척추동물의 신경에는 수초가 없는 신경을 가지는데, 이를 무수신경이라 한다. 뉴런의 기능에 따라 감각뉴런 · 연합뉴런 · 운동뉴런으로 나눈다.

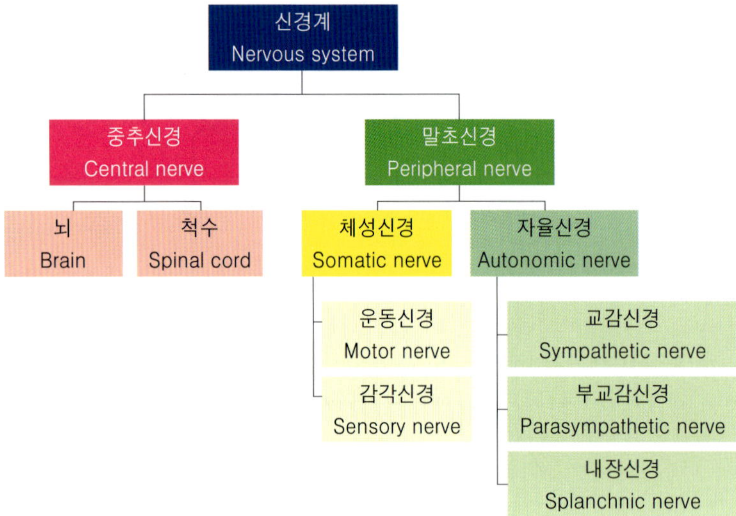

감각뉴런은 수상돌기가 비교적 길다. 세포체는 축색돌기 쪽에 치우쳐 있어 축색돌기가 짧고 그 말단은 중추부에 연결되어 감각기에서 받아들인 자극을 중추부로 전달한다.

연합뉴런은 중추부에 분포되어 있으며, 감각뉴런과 연합뉴런 사이에서 자극과 흥분을 중계한다. 운동뉴런은 중추부로부터 흥분을 반응기로 전달한다.

수상돌기는 중추부에, 신경종판은 반응기에 분포하므로 축색돌기가 매우 길다. 운동 뉴런은 뇌와 척수로부터 적절한 분비선, 기관 또는 근육으로 지시 사항을 전달한다.

신경전달물질인 도파민, 노르아드레날린(노르에피네프린), 아드레날린(에피네프린)의 전구물질은 티로신이다. 티로신은 L-티로신으로 알려진 아미노산 전구체에서 유도된 신경전달물질 또는 호르몬군인 카테콜아민이다. 이 신경물질로 변환되는 경로는 티로신, 도파, 도파민, 노르아드레날린을 거쳐 최종적으로 아드레날린이 되며 카테콜아민은 중추신경계의 신경전달물질로 널리 분포한다.

카테콜아민은 부신수질에 의해서도 생성되는데, 교감신경계와 함께 작용하여 긴장이 많이 되는 상황에서 신체가 재빠르게 반응을 하도록 한다. 카테콜아민은 또한 시상하부에서 신경전달물질의 역할을 함으로써 호르몬 분비를 조절하고, 이 호르몬들은 췌장의 랑게르한스섬이 글루카곤과 소마토스타틴(somatostatin)을 분비하도록 자극한다.

티로신을 영양 보조제로 섭취한다면 뇌 속의 카테콜아민의 수치는 증가 할 것이며, 자가면역 질환들을 관리할 수 있다. 아미노산인 트리토판은 신경전달물질인 세로토닌의 전구물질이며 콜린은 에틸콜린의 전구물질이다.

2) 말초신경계통(peripheral nervous system)

말초신경은 몸 전체에 걸쳐 형성된 연결 신경들의 방대한 조직망을 이루고 있고, 말초신경계는 감각신경과 운동신경으로 구분되며 운동신경은 체성신경과 자율신경으로 구분된다. 체신경은 중추신경으로 통제할 수 있는 운동에 관여하고 자율신경은 중추신경의 통제를 받지 않는다. 중추신경의 통제를 받지 않는 자율신경계는 중추신경계와 마찬가지로 뇌에서 나와 모든 세포에 도달하기 위해 몸 전체에 퍼지는 가느다란 선들로 기능에 따라 교감신경과 부교감신경으로 다시 나누고, 각각 뇌와 척수에서 조절하며 서로 상반해서 움직인다. 또 아드레날린성 효과로 신체를 조절하며 체내의 항상성은 대부분 교감신경과 부교감신경지배의 길항작용과 상호 보충작용에 의존한다.

인체의 근육이나 기관, 피부들은 모두가 중추신경과 자율신경의 작용에 의해 조절이 되고 있다. 자율신경은 중추신경과 말초신경의 한 부분으로 이루어져 있지만, 그 기능은 독립적이다. 즉, 뇌의 명령을 받지 않고 움직이고 있는 독립신경을 자율신경이라고 하며 모든 내장분비선, 폐, 호흡 심장 등이 자율신경의 지배를 받고 있어 자신의 의사로 조절하는 것이 불가능하다.

피부의 감각점의 수는 1 ㎠ 당 통각종말 1,300개, 압점 160~165개, 온점 78개, 냉점 13개와 19,500개의 감각세포등이 심경섬유 종말에 있다.

(1) 교감신경(sympathetic nerve)

교감신경이 자극을 받으면 골격근과 신경으로 가는 혈액량이 늘어나며 심장박동이 빨라지고 감각도 예민해진다. 반면에 내장으로 가는 혈액량은 크게 줄어든다.

외분비 한선, 기모근과 말초 혈관들, 부신수질 그리고 간에서의 당원분해 과정 등이 교감신경에서만 통제되며, 스트레스를 받으면 교감신경계는 축삭돌기의 말단으로부터 화학물질인 노르아드레날린, 즉 신경펩타이드를 증가시켜 원형탈모증이나 건선 등으로 발생하는 자가면역 반응에 영향을 미친다. 즉 물리적 정신적 스트레스 상태에 있을 때 교감신경 자극은 증가하고 관련 기관들로 하여금 스트레스를 극복할 수 있도록 반응한다. 스트레스를 받으면 심장박동 증가, 땀분비 증가, 소름, 부신수질로부터 아드레날린 생성의 증가와 혈압상승은 교감신경계의 반응이다.

(2) 부교감신경(parasympathetic nerve)

부교감 신경이 자극을 받으면 몸은 극도로 흥분되고 긴장하게 되며 내장으로 가는 혈액량이 늘어나 소화와, 배설 등이 활발히 일어난다. 심장의 박동이 느려져서 대체로 에너지의 사용이 줄어든다. 부교감신경은 콜린성 효과를 통해 신체의 에너지를 보존하며 몸의 기능을 억제시키고 면역을 증가시키는 효과가 있다.

Tip
▸ 슈반초 - 말초신경계 신경 섬유의 바깥층에 있는 얇은 막

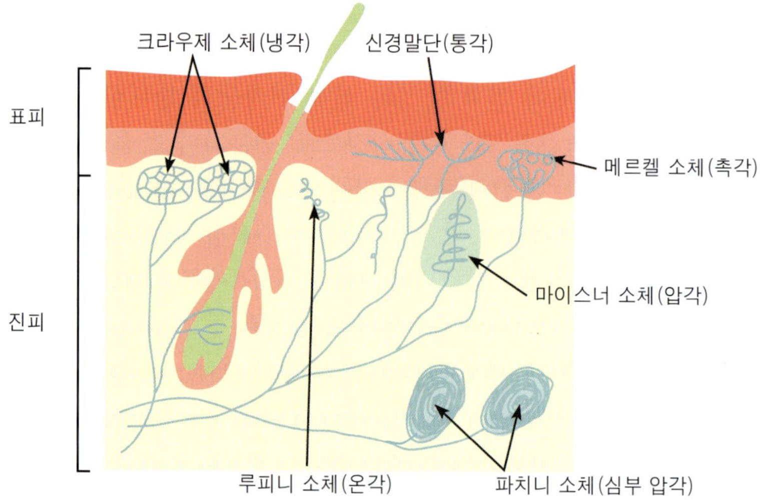

그림 3-18 감각신경

부교감 신경계의 말단에서 아세틸콜린이 만들어지며, 노르아드레날린과는 반대 작용을 하여 심장박동을 늦춘다.

(3) 감각신경(sensory nerve)

감각신경의 기능은 외부의 감각자극을 중추신경으로 전달하는 것이다. 외부의 자극을 감지하는 수용체들은 피부, 눈, 귀, 코, 혀로부터 물리적, 화학적 정보들을 파악한다.

대부분의 신경종말들은 피하조직의 위층이나 진피에 있다. 표피의 유두층 바로 아래의 촉각 수용체들은 가볍거나 무거운 접촉 또는 압력을 감지하고 진피에 있는 신경은 통증 그리고 온도의 변화들을 알려 주는 수용체가 있다.

신경섬유의 끝이 약간 굵어지면서 구형 또는 타원형의 결합조직 피막으로 싸여 있는 감수기로 찬 것을 감지하는 종구(end bulbs of Krause)와 촉각에 관여하는 마이스너 촉각소체(tactile corpuscle of Meissner), 압각을 전달하는 바터-파치니 소체(Vater-Pacini's corpuscle) 등이 피부 깊은 곳에 있다.

3. 내분비계통(endocrine system)

내분비계는 세포집단인 샘과 신호를 받아들이는 표적기관으로 구성되어있으며 세포대사 과정을 조절하는 화학적 전달자인 호르몬을 이용하여 인간의 체내활동을 조절한다.

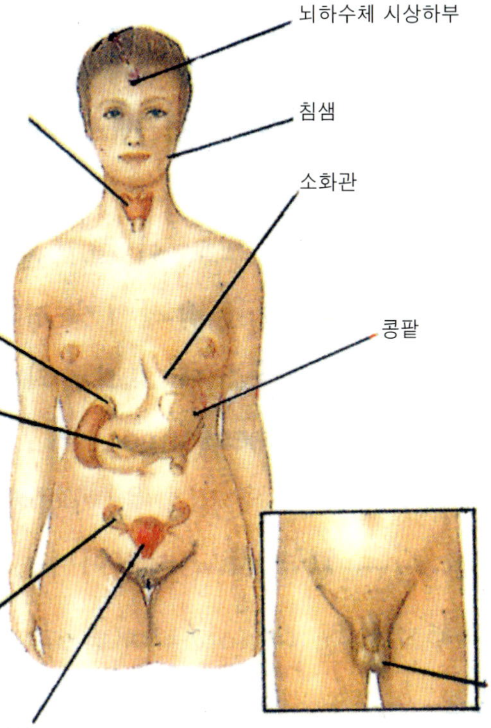

그림 3-19 내분비선의 위치

내분비계는 분비물질을 이동시키는 관을 가지고 있지 않아 호르몬이 직접 혈류 속으로 유입되므로 내분비샘은 충분한 혈액공급을 받는다. 분비세포는 모세혈관이나 정맥굴 가까이 위치한다. 반면에 표적기관은 호르몬을 분비하는 세포들과 멀리 떨어져 있을 수 있다. 내분비기관에는 뇌하수체, 갑상샘, 부갑상샘, 이자, 난소, 고환, 태반, 부신, 흉선, 송과체, 시상하부 등이 있다 호르몬은 구성성분에 따라 크게 3가지로 구분할 수 있다.

스테로이드 호르몬은 난소, 정소, 부신피질에서 분비되는 콜레스테롤을 이용해 호르몬을 만든다. 스테로이드 호르몬은 세포막을 통과할 수 있기 때문에 수용체가 세포 안에 있다.

특히 스테로이드 호르몬과 갑상샘호르몬은 인체기능을 통하여 내 · 외부의 자극에 대해 다른 그룹의 조직들과 함께 반응하도록 하여 항산성을 유지한다. 호르몬이 과다하게 분비되거나 부족하게 분비되는 경우 체내의 항상성이 깨지고 내분비질환에 걸릴 수 있다. 그 외에도 호르몬은 성장 조절에 관여하여 조직의 성장형태와 성장속도를 조절하는 아미노산, 아라키돈산과 카테콜아민이 있으며, 호르몬을 인식하는 수용체의 위치는 호르몬의 종류에 따라 다르다. 세포표면에 있는 호르몬

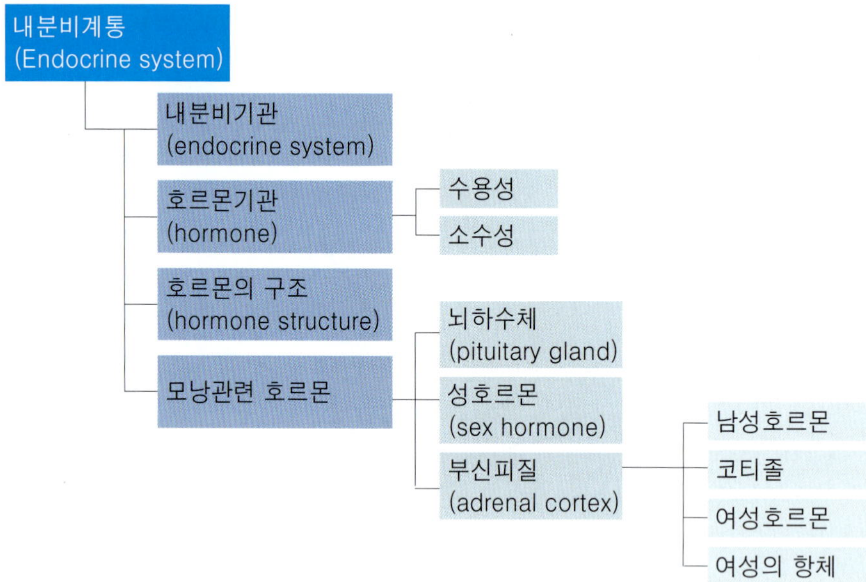

수용체로 펩티드 호르몬, 카테콜아민 등을 인식한다. 펩티드 호르몬은 시상하부, 뇌하수체, 갑상샘, 부갑상샘, 췌장에서 생성되며 펩티드, 폴리펩티드, 단백질을 이용해 만들어지고 주로 세포표면 수용체에 작용한다.

1) 뇌하수체(pituitary gland)

뇌하수체는 척추동물에서 가장 중요한 내분비샘의 하나로 간뇌 밑에 늘어진 작은 샘으로 접형골의 오목한 부분에 위치하며 뇌와 함께 경질막으로 덮혀 있다. 손가락 한마디 정도의 매우 작은 내분비기관으로 크게 전엽과 후엽으로 나누며 이를 각각 샘하수체와 신경하수체라고 한다. 뇌하수체 전엽은 폴리펩티드 성분의 자극호르몬을 분비한다. 시상하부에서는 유리호르몬이나 억제호르몬을 분비하여 뇌하수체 문맥계를 통해 호르몬이 전엽으로 운반된다. 전엽에서 분비된 자극호르몬은 표적기관을 자극하여 표적기관에서 호르몬 생성 및 분비를 촉진한다. 이 호르몬은 말초조직에 영향을 미칠 뿐만 아니라 되먹임 기전을 통해 전엽과 시상하부의 분비량을 다시 조절한다.

(1) 성장호르몬(growth hormone)

성장호르몬은 191개의 아미노산으로 이루어진 펩티드호르몬이다. 단백질, 지방, 탄수화물 대사의 활성화를 통해 인체의 성장을 촉진한다. 또한 뼈의 성장촉진, 혈당상승, 인슐린과의 길항작용, 지방 동원작용 등의 기능을 하며 정상적으로 성장발육을 하도록 한다.

만약 성장기간 동안 너무 많은 성장호르몬이 분비되면 거인증을 야기할 수 있으며 몸의 털이 증가하는 현상 또한 나타날 수 있다. 멜라노사이트자극 호르몬과 부신피질자극 호르몬의 과다한 생성은 피부의 색소를 증가시킨다.

(2) 갑상샘자극호르몬(thyroid stimulating hormone)

갑상샘자극호르몬은 뇌하수체 전엽에서 분비하는 당단백질로 구성된 펩티드 호르몬이다. 갑상샘 기관의 양옆에 놓여 있는 2개의 타원형 엽(lobe)이 좁은 조직대(band of tissue)에 의해 서로 이어져 수많은 작은 주머니로 형성되어있다. 이를 여포(follicle)라고 한다. 갑상샘에 있는 모든 여포에서 갑상샘호르몬이 만들어져서 혈액 속으로 분비된다. 갑상샘호르몬을 만드는 데 필요한 원료는 요오드와 티로신(T4)이라고 하는 아미노산으로 보통 음식물에 함유되어 있다.

티로신에 요오드 원자를 차례대로 결합시켜 갑상샘호르몬을 만든다. 갑상샘호르몬이 성인에게 가장 중요한 작용은 세포의 산소 소비, 즉 조직의 대사속도를 조절하는 것이며 혈중 콜레스테롤를 내리는 기능도 한다.

갑상샘호르몬의 생성이 부족하면 갑상샘기능저하증 또는 점액수종이 되며 이로 인해 피부와 모발이 건조해지고, 확산성 탈모, 바깥쪽 눈썹 빠짐, 피로, 체중증가, 갑상샘종, 체온저하 등의 증상이 있다. 또한 임신 중독증과 체중증가에 노출되기도 한다.

갑상샘기능 항진증은 갑상샘기능 저하증과의 반대증상이 나타나며 신경과민 근육허약, 안구돌출 갑상샘종 등의 증상도 일어난다.

(3) 멜라닌세포자극호르몬(melanotropin)

뇌하수체 전엽에서 분비되는 호르몬으로 털과 피부의 멜라닌세포에서 멜라닌의 합성과 분비를 촉진한다.

(4) 부신피질자극호르몬(adrenal corticotropic hormone, ACTH)

뇌하수체 전엽에서 분비되는 39개의 아미노산으로 구성된 펩티드 호르몬이다. 부신피질에 작용하여 코티솔, 안드로겐, 알도스테론의 분비를 촉진한다.

(5) 난포자극호르몬(follicle stimulating hormone, FSH)

난포자극호르몬은 뇌하수체 전엽에서 분비되는 생식샘자극 호르몬의 하나이며 성선에 영향을 미친다. 난소의 난포에 작용해서 그 발육을 재촉하고 황체형성호르몬과 협동하여 난포가 성숙 및 배란을 유발한다. 시상하부에서 분비되는 난포자극호르몬(FSH) 분비호르몬과 혈중 에스트로겐 농도에 의해 분비가 조절된다.

Tip
▸ 간질세포 - 어떤 기능을 하는 조직세포 사이에 끼어서 다른 작용을 하는 세포

(6) 황체형성호르몬(luteinizing hormone, LH)

황체형성호르몬은 뇌하수체 전엽에서 분비되는 생식자극 호르몬의 하나이다. 정소 및 난소를 표적기관으로 하며 남성은 정소의 간질세포에 작용하여 호르몬의 생합성 및 분비를 촉진하기 때문에 간질세포자극호르몬이라고 부르기도 한다. 여성의 경우는 난소에서 배란촉진과 황체형성 및 황체에서의 프로게스테론의 생산 및 분비의 촉진을 주로 담당한다. 여성은 혈중 프로게스테론 농도에 의해서, 남성은 혈중 테스토스테론 농도에 의해 LH호르몬 분비가 조절된다.

2) 갑상샘 호르몬(thyroid hormone)

갑상샘 호르몬들의 생성은 뇌하수체에서 나오는 갑상샘자극호르몬의 통제 하에 있다. 갑상샘은 목 하부의 목젖 바로 아래에 위치한 H모양의 분비샘으로 티로신(T_4) 트리요오도티로신(T_3) 티로칼시토닌의 세 가지호르몬을 만들고, T_3는 T_4로부터 만들어진다.

T_3과 T_4는 대사와 성장, 조직 분열 과정을 조절하고 이들은 요오드를 함유하고 있으며 아미노산 L-티로신으로부터 만들어진다. 티로칼시토닌은 혈액, 칼슘, 수치를 감소시켜 혈액 칼슘의 항상성을 유지시킨다.

갑상샘의 후면에는 4개 또는 5개의 부갑상샘이 붙어있다. 부갑상샘은 필요시 혈액 칼슘수치를 증가시킴으로서 혈액 칼슘 수치의 항상성을 유지하는 부갑상샘호르몬을 분비한다.

3) 부신호르몬(adrenal hormone)

부신호르몬에는 부신피질 호르몬과 부신수질 호르몬이 있으며 탄수화물, 단백질, 지질의 중간 대사를 조절하는 중요한 호르몬이다. 코티솔은 혈중 포도당, 아미노산, 지방산 농도를 증가시켜 스트레스 상황에서 에너지로 쓰일 수 있게 한다. 에피네프린(아드레날린) 및 부신피질 호르몬을 분비하는 내분비기관으로 콩팥의 윗부분에 접하며 1쌍이 존재한다. 부신은 섬유결합조직 피막에 의해 둘러싸여 있으며 많은 혈관성으로 구성되어 있다.

혈류를 통해 표적기관으로 운반된 뒤 수용체에 결합하여 세포핵으로 이동하고, 결합된 수용체를 매개로 표적 유전자 발현조절에 의해 당대사를 조절한다. 인체의 저항력을 증가시키고 조직을 재생시키며 감염반응과 면역방응을 억제하기도 한다.

(1) 부신피질 호르몬(adrenocortical hormone)

부신피질은 여러 종류의 스테로이드 혼합물인 부신피질 호르몬을 분비하기 때문에 피질 세포내에는 다수의 스테로이드가 함유되어 있다. 태생기 중배엽에서 파생

된 상피세포로 세포배열에 따라 3개의 층으로 구성되어 있다. 부신피질의 항진에 의해 여성은 다모증이 되며 자궁과 난소의 이상으로 여성호르몬 분비가 원활하지 못할 경우 굵고 거친 모발이 된다. 남성의 경우에는 부신피질자극호르몬의 자극을 받으면 디하이드로에피안트로스테론 설페이트(DHEAS), 디하이드로에피안드로스테론(DHEA)과 같은 호르몬이 분비되어 안드로겐과 소량의 에스트로겐, 프로게스테론이 생성된다.

(2) 부신수질호르몬(adrenomedullary hormone)

부신수질의 크롬친화성세포에 의해 분비되는 에피네프린과 노르에피네프린을 말한다. 이들은 카테콜아민계 호르몬으로 화학적 구조식은 다르나 기능은 거의 비슷하다.

에피네프린은 부신수질에서 분비되는 호르몬으로 아드레날린이라고도 한다. 교감신경이 흥분되었을 때 부신수질의 크롬친화성세포에서 생성된 후 교감신경말단에서 주로 분비되어 자극을 전달한다. 심박동수와 심장활동을 증가시키고 피부와 내장의 미세동맥을 수축시켜 혈압을 상승시킨다. 그 외 미세기관지의 확장 및 동공확대 기능이 있으며 위, 창자의 활동을 억제하고 혈당을 상승시키는 등의 효과를 나타낸다.

노르에피네프린은 노르아드레날린이라고도 한다. 교감신경 말단에서 화학전달물질로서 분비된다. 노르에피네르린은 혈당상승 및 기관지 확장 작용이 없으며 에피네프린보다 뼈대, 근육, 내장, 피부의 미세동맥을 강하게 수축시킨다. 저혈압이나 쇼크 상황에서 교감신경계의 지배를 받는다.

4) 송과체(pineal gland)

송과체에서 멜라토닌이라는 호르몬을 만들지만 빛에 의해 망막이 자극되면 멜라토닌 생성이 감소한다. 멜라토닌은 피부를 어둡게 하는 기능을 갖고 있다.

송과체는 7세에 최고로 발달되며 그 이후로는 점차 퇴화되어 사춘기 이후의 샘조직은 점차 결합조직으로 대체된다.

5) 췌장(pancreas)

췌장은 이자라고도 하며 소화기 샘이다. 약 100만개의 구형세포집단으로 구성되어 있다 내분비 기능을 하는 부분을 췌장도, 즉 랑게르한스섬이라 한다. 그물모양 섬유피막으로 둘러싸여 있어 외분비 작용을 하는 췌장조직과 분리되어 있다. 췌장섬을 구성하는 세포들은 분비과립의 염색반응에 기초하여 세 종류의 알파-세포(20~30%) 베타-세포(60~80%) 델타-세포(2~8%)로 분리된다. 랑게르한스섬에서는 혈당치를 낮추는 인슐린과 혈당치를 높이는 글루카곤 및 가스트린을 분비한다.

Tip

▸ 샘은 정상적인 인체기능을 하는데 필요한 호르몬을 분비한다.

인슐린생성이 부족하면 당뇨병을 야기하며 목마름, 다뇨증, 식욕은 좋은데 체중이 감소함, 가려운 발진, 피부부스럼, 눈이 침침해짐, 확산성 탈모증 등의 현상이 일어난다.

인슐린의 길항 호르몬인 글루카곤은 간의 글리코겐을 포도당으로 전환하여 혈중 포도당 농도를 높인다. 글루카곤은 혈중 포도당 농도와 인슐린의 농도에 의해 분비가 조절된다.

6) 성선(sexual gland)

성선에서는 성호르몬이 분비된다. 여성의 경우 난소에서 에스트로겐과 프로게스테론을 분비한다. 남성의 정소에서는 안드로겐이라는 호르몬을 분비한다. 남성과 여성 모두 남성호르몬과 여성호르몬을 만들어 내지만 남성에게서는 안드로겐이 여성에게서는 에스트로겐이 더 활발히 생성된다. 성선들은 뇌하수체에서 나오는 난포자극호르몬과 황체형성호르몬의 통제 하에 있다.

특히, 부신에서 안드로겐이 과다하게 생성되면 남성화가 일어날 수 있으며, 과다한 안면의 털, 모발, 두피의 소실, 두피의 상부 전방부에 있는 모발의 가늘어지는 현상이 일어난다. 또한 피부의 과다한 유분과 체중 증가, 생리중단 등이 일어날 수 있다. .

(1) 에스트로겐(estrogen, 난포호르몬)

배란 전 난포에서 분비되는 스테로이드 호르몬으로 여성의 2차 성징을 나타내며 생식기계의 성숙을 조절하고 모낭 활동 시작을 지연시킴으로써 생장기 모발의 성장 속도뿐만 아니라 생장기간을 연장시킨다. 난포자극호르몬(FSH)과 황체형성호르몬(LH)이 혈중 에스트로겐 양에 의해 분비가 조절된다.

(2) 프로게스테론(progesterone, 황체호르몬)

배란 후 황체에서 분비되는 스테로이드 호르몬으로 수정란이 착상할 수 있도록 자궁샘의 분비 활동을 자극한다. 임신 시에는 에스트로겐과 함께 임신을 유지시키며 젖샘의 분비세포를 분화, 성장하도록 자극한다. 인체 모든 모발의 성장 억제 효과가 있다. 그러나 몸의 털에 대해서는 성장 촉진 효과가 있다.

(3) 안드로겐(androgen)

남성호르몬이지만 여성의 난소나 부신피질에서 소량 생성된다. 남성의 경우 이 호르몬의영향으로 전두부 라인과 두정부의 모발을 연모화 하는 남성형 탈모가 된다. 이에 반해 턱수염과 코밑수염은 안드로겐에 의해 성장한다.

PLUS

호르몬의 표적장기

인체의 특정한 부위에서 생산되는 호르몬은 일단 생성되면 호르몬이 발현하는 표적 부위를 찾을 때까지 혈액을 따라 온 몸을 순환한다. 내분비계에서 분비되는 호르몬은 신경이나 다른 화학물질과 만나 신체 작용을 조절한다. 이 때 반응되는 특정 장기를 '표적장기'라 한다. 표적장기에 도달한 호르몬은 기관의 기능을 증진시키거나 또는 억제시킴으로서 신체를 조절하며 매우 적은 양으로도 충분한 작용을 한다

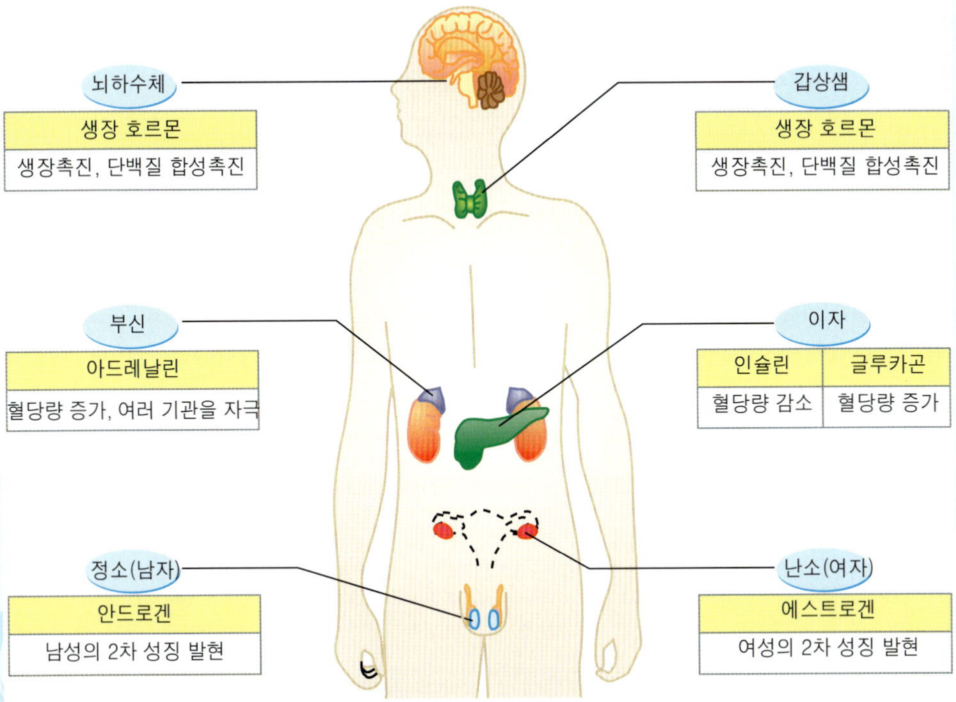

03 모발의 성장과 주기

1. 모발의 성장(growth of hair)

모발은 태어날 때 결정되는 모유두의 수에 따라 모발의 수가 결정된다. 모구부 아래쪽의 모세혈관이 영양분을 모세포로 전달하며 세포가 분열 증식하기 시작하여 서서히 모수질, 모피질, 모표피 순으로 위로 밀려 올라와 모발을 형성한다.

모발 발생은 신체부위에 따라 출생 6~12주부터 시작하며 개인에 따라 수명과 성장속도와 성장기간이 다르다. 하루 0.2~0.5mm정도 성장하고 연중 5,6월에 가장 많이 자라고 낮보다 밤에 성장이 빠르며 계절적으로는 가을, 겨울보다 봄, 여름에 성장이 빠르다.

20대에 가장 활발하고 65세 이상이 되면 완만한 성장을 하며 연령과 건강상태에 따라서 다소 차이가 있다. 남성은 45세일 경우 성장속도가 둔화되어 65세 이상이 되면 아주 완만한 성장이 이루어진다. 이는 나이가 들수록 모낭의 크기가 작아지는 생리적 노화현상에 의해 모발이 가늘어지고 성장속도 또한 저하된다. 여성의 경우 생리중에는 모발이 빨리 자라는데 영향은 없으나 임신 중에는 자라는 속도가 조금 느려진다.

인간의 모발처럼 각기 다른 성장주기를 독립모주기(mosaic type)라 하고 동물처럼 모발 전체의 성장주기가 일치하는 것을 동시모주기(synchronisic type)라 한다.

사람의 경우 계속 성장하는 시기로서 성장기인 3년~8년간을 기준으로 보았을 때 성장속도에 따른 성장 길이를 추측할 수 있다. 예를 들어 하루에 0.4㎜ 성장과 한 달에 약 1.2㎝ 자란다고 할 때의 공식에 맞추었을 때 다음과 같이 자란다.

(1.2 ㎝ × 12개월) × 3년(8년) = 43.4(115.2 ㎝)

2. 모발의 주기(hair cycle)

성장기 모발은 상피가 모유두를 둘러싸고 있어 활발한 영향력을 모유두로부터 받게 된다. 모발의 주기에 관여하는 물질은 매우 많으며 이들 중에는 크게 구조 단백, 효소, 유착물질, 성장조절제, 세포와 물질, 세포사멸과 간여되는 물질 등 다양하다.

두피의 모발 대부분은 태어날 때 성장기 단계이며 몇 주 사이에 퇴행기, 휴지기로 바뀐다. 각각의 모발은 자신만의 성장기, 퇴행기, 휴지기가 있어 개별적으로 성장하게 된다. 정상적인 상태에서 성인 모발의 약 85%는 성장기에 있고, 1%는 퇴행

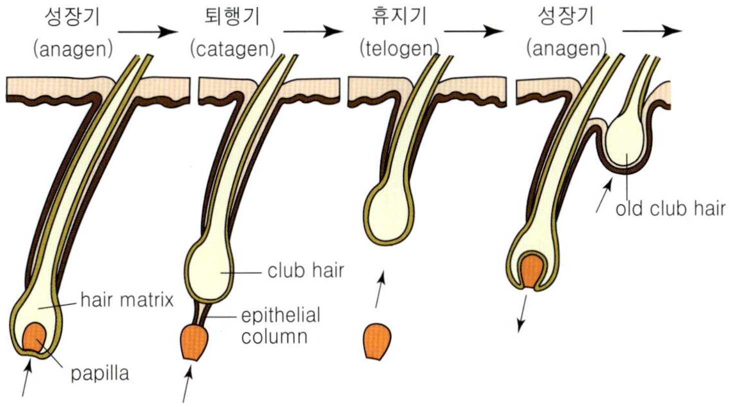

그림 3-20 모발의 성장주기

기에 있으며 14%는 휴지기에 있다. 모발은 휴지기 단계에 빠지게 되며 하루 약 70개의 모발이 빠진다.

모발의 숫자는 인종과 민족에 따라 다소 차이는 있지만 약 10만 가닥 정도이며 모주기를 5년으로 계산을 해보면 10만 가닥/(5년 × 365일)= 55가닥, 즉 하루에 55가닥 전후의 모발이 자연탈모가 되고 같은 수의 모발이 새로 생겨난다고 생각할 수 있다.

성장 길이도 5년간 (1.2cm × 12개월) × 5년= 72cm 정도 이며 10만개 × 0.4mm= 40m 결국 두피전체에서 모발을 1일에 40m의 분열을 길이로 성장시킨다는 계산이 된다. 이러한 성장 단계를 모주기라 하며 모발의 주기는 크게 모발이 생성되는 성장기와 성장을 멈추는 퇴행기, 모발의 생성을 위해 휴식하는 휴지기의 3단계로 나눈다.

1) 성장기(anagen)

모든 세포들은 각화과정에 의해 모섬유로 바뀌어 새롭게 형성된 모낭을 위로 밀어 올려 피부표면으로 나오게 한다. 이러한 모발의 성장과 주기를 성장기라고 하고 모발이 성장기에 있을 때 줄기세포는 모낭에 있는 새로운 케라틴 세포를 만들어내는 활동을 한다. 특히 성장기에 있는 동안 모발 세포는 몸의 다른 세포들보다 빠르게 만들어 낸다. 현미경으로 성장기의 모근을 관찰해 보면 모근은 거의 직선으로 세포분열과 멜라닌생성이 활발하게 일어나 검은 점들의 색소과립이 보인다.

성장기에는 모모세포가 모세혈관으로부터 영양분을 공급받아 활발한 세포분열 증식을 통해 모발이 새롭게 생성되어 성장하는 단계로 한 달에 평균 1~1.5cm정도 자라며 연령과 질병 및 호르몬, 비타민, 음식물 등의 영향에 의해 모발의 성장은 변화될 수 있다.

Tip

▸ 휴지기 탈모는 갑상선호르몬 분비이상, 철분과 같은 영양분 부족, 다이어트성, 항암제 복용등으로 모낭세포가 세포자멸사에 빠져 탈모가 야기된다.

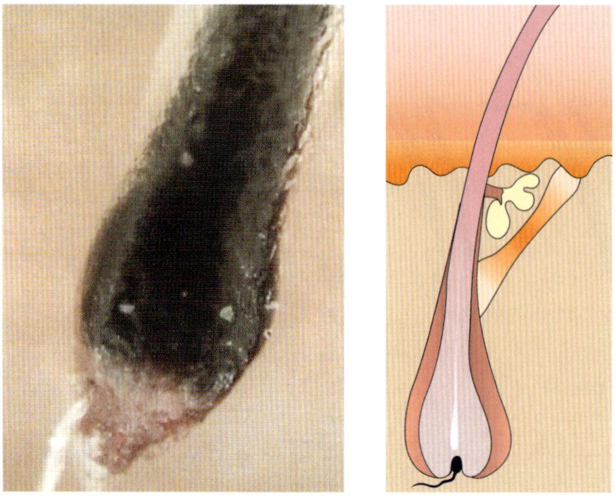

그림 3-21 성장기

전체 모발의 80~90%가 성장기 단계이며 10%는 성장이 정지된 휴지기를 가진다. 평균 성장기간은 3~6년으로 남성이 3~5년 여성이 4~6년 정도이다.

2) 퇴행기(catagen)

성장기 이후 모발의 형태를 유지하며 휴지기로 가는 중간시기로 모모세포 분열이 약화되면서 서서히 성장하지만 모발 케라틴을 더 이상 합성하지 않는 단계이다. 모구세포의 유사분열이 중단되는 퇴행기에는 모낭 하부의 모구부분이 수축하여 모유두와 분리되며 모발이 모낭에 둘러싸여 위쪽으로 올라간다. 퇴행기의 현미경 관찰 모근은 세포분열과 멜라닌 생성이 중단된 상태로 색소가 없으며 모근은 뾰족하고 가늘어지며 닳게 된다. 전체모발의 1% 정도가 퇴행기 단계이며, 기간은 약 3~4주 정도로 짧다.

3) 휴지기(telogen)

휴지기 동안 모낭은 생식세포(배종세포)를 만들어 새로운 성장을 위한 준비를 한다. 휴지기에는 모모세포의 분열 정지로 성장이 멈추고 모유두의 활동이 일시정지되었다가 모낭의 수축과 동시에 모근이 위쪽으로 밀려 올라와 자연 탈모된다. 휴지기의 현미경 관찰 모근은 곤봉화 되어 성장기 모근보다 가는 줄기의 형태를 띠고 있어 쉽게 식별 가능하다. 휴지기에는 활동 중 모낭 길이의 1/3로 모낭의 길이가 짧아진다.

탈모의 시기는 3~4개월 정도 걸리고 전체 모발의 14%를 차지한다. 샴푸 또는 브러싱 등과 같은 물리적 자극에 의해서 자연스럽게 탈락되거나 새로운 모발에 의해 밀려 두피로부터 탈락된다. 휴지기 모발의 단면도를 보면 내모근초가 소실된 것을 알 수 있다.

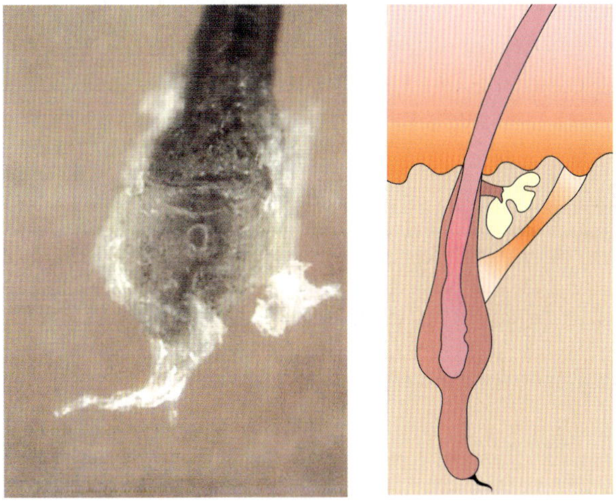

그림 3-22 퇴행기

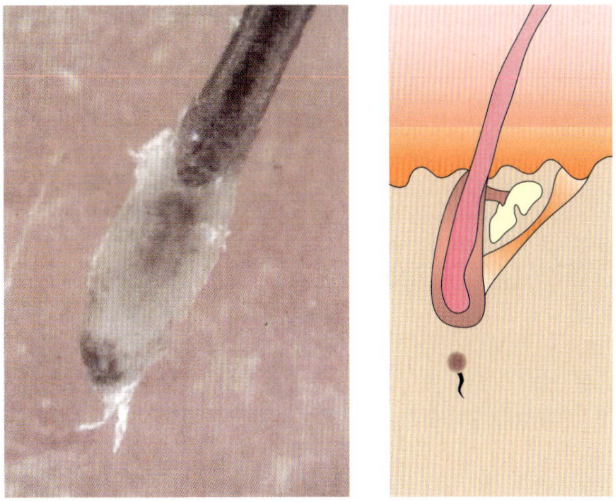

그림 3-23 휴지기

PLUS

모발을 생성하는 줄기세포

모낭에 달려 있는 피지선 아래에 벌지 구역이 위치하고 있고 여기에 모발로 분화하는 줄기세포가 있다. 이 줄기세포는 상피조직, 피지분비선, 그리고 모낭하부로 이동하여 각각 피부상피를 구성하는 세포, 피지를 분비하는 세포로도 분화된다.

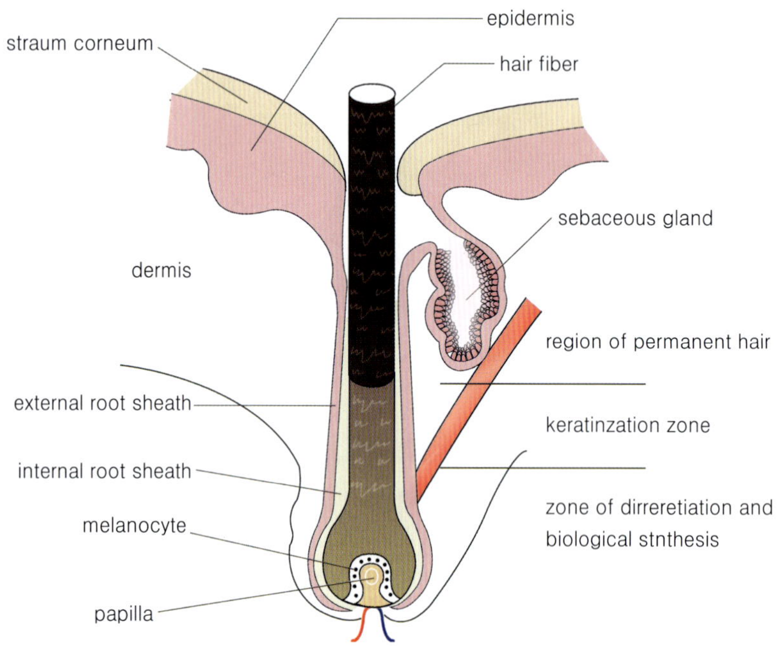

읽을거리

계절별 두피와 모발 관리

봄

기온 상승에 호르몬 변화가 생겨 피지분비가 왕성해진다. 건조한 바람은 모발을 건조하게 만들고 황사로 인해 두피가 불결해진다. 이때 샴푸로 두피를 깨끗이 세정해야 하고, 너무 건조하면 트리트먼트 제품으로 유수분을 공급한다. 자외선에 의한 모발손상을 예방하기 위해 자외선 차단제가 포함된 스타일링제를 바른다.

여름

모발을 자외선에 계속 노출시키게 되면 모발이 약해지고 표피가 벗겨지는 현상이 발생한다. 수영장의 물은 소독약이 들어있어 모발에 좋지 않다. 염색이나 탈색을 많이 하는 계절이므로 단백질이 함유된 팩이나 트리트먼트를 일주일에 한 번씩 해주는 것이 좋다.

가을

밤낮의 기온차와 건조한 날씨로 모발이 거칠어지기 쉬우며, 탈모현상이 많이 나타난다. 미지근한 물로 머리를 감고 찬물로 헹구어 마사지하는 것이 탈모방지와 혈액순환에 도움이 된다.

겨울

찬바람과 더운 실내, 먼지 등으로 모발이 윤기를 잃고 푸석해진다. 두피가 건조해지면서 비듬이 많아지고 모근이 수축되어 두피의 피지분비가 감소하게 된다. 정전기 예방샴푸와 린스를 사용하고 일주일에 한두 번 두피마사지를 하는 것이 두피건강에 도움이 된다.

요점정리

01 모발은 피부 표면으로 나와 있는 모간과 피부 내부에 있는 모근으로 나누며 모간부는 두피바깥으로 나와 있는 부분으로서 모발형태를 나타내고 모근부는 두피 아래에 속해있는 생태를 나타낸다.

02 인체는 하나의 세포로 이루어진 수정란의 유사분열을 통하여 똑같은 DNA를 가지고 있으나 모양과 기능이 각기 다른 60~100조개의 세포로 이루어져 있다. 수정란은 세포분열과정을 거쳐 10~11일째부터 낭배기에서 내배엽, 중배엽, 외배엽이 형성된다.

03 모낭은 태아의 월령에 따라 외배엽판에서 전모아기, 모아기, 모항기, 모구성 모항기를 거쳐 생기며 모발의 발생은 눈썹 부분이 가장 빠르다. 12~14주에 모발은 성장한다.

04 모낭형성은 모기질 세포의 분열이 끝나면서 분화가 시작되고 내측모근초와 모발을 형성하게 됨으로써 완전한 모낭이 구성된다.

05 모낭의 구조는 상피근초(epithelial root sheath)와 진피근초(dermal root sheath)로 나누어져 있고 상피근초는 외모근초, 헉슬리층과 헨렌층이 포함된 내모근초로 나뉜다. 모낭의 아래에 있는 모유두는 투명한 결합조직으로 이루어져 있다.

06 모낭의 주변구조로는 피지선, 입모근, 한선, 모유두, 모모세포, 모구, 모세혈관, 자율신경으로 되어있다.

07 두피, 모발 관련생리계통은 심장혈관계통, 신경계통, 내분비계통을 들 수 있다.

08 모발의 발생은 신체부위에 따라 출생 6~12주부터 시작하며 개인에 따라 수명과 성장속도와 성장기간이 다르다. 하루 0.2~0.5mm정도 성장하고 연중 5, 6월에 가장 많이 자라고 낮보다 밤에 성장이 빠르며 계절적으로는 가을, 겨울보다 봄, 여름에 성장이 빠르다.

단원 종합문제

01 모발의 발생 과정을 바르게 설명한 것은?

① 모낭은 수정란의 세포분열을 통하여 태내의 중배엽에서 형성된다.
② 모낭은 태아의 월령에 따라 전모아기, 모아기, 모항기, 모구성 모항기를 거친다.
③ 모발의 발생은 두정부 부분이 가장 빠르다.
④ 태아 12~14주에 모발이 성장하기 시작하며 개인에 따라 모발의 특성이 다양하게 나타난다.
⑤ 태아 9~12주에 가마가 형성된다.

02 신체 조직 분화과정에 대한 설명을 바르게 짝지으시오.

① 내배엽 ▪	▪ ㉠ 골격, 근육, 혈관, 심장, 림프관, 모유두
② 중배엽 ▪	▪ ㉡ 뇌 신경계, 피부, 모발, 손톱, 피부선
③ 외배엽 ▪	▪ ㉢ 소화기 계통, 이관, 인두, 갑상선

03 모근의 최하층에 위치하며 모구에 산소와 영양을 공급하고 에프린이라는 성장물질을 분비하는 것은?

① 모세포 ② 모세혈관 ③ 모유두 ④ 외모근초 ⑤ 내모근초

04 피지의 작용으로 바르지 않은 것은?

① 살균작용 ② 유화작용 ③흡수조절작용
④ 수분증발억제작용 ⑤ 비타민 A 생성작용

05 (㉠)는 피부의 독립한선으로 진피하층 피하조직 내에서 체표면과 수직 연결되어 있으며, 손 · 발바닥, 얼굴, 흉부, 팔, 다리에 분포되어 있다. 흥분되어있을 때 방출하여 (㉡)을 조절하는 역할을 한다. (㉢)는 겨드랑이, 유두, 항문 주위, 외음부, 배꼽 등 한정된 부위에 존재하며 공기와 만나 산화되면 특유의 냄새가 난다. (㉣)의 영향으로 여성에게 더 많이 분비되며, 월경 전과 월결 중 많이 분비된다.

06 모발의 성장 주기에 대하여 설명하시오.

가로세로 Quiz

〈세로열쇠〉

1. 신체조직분화시 OOO에서 골격, 근육, 모유두 등이 형성
2. 피지는 땀과 혼합되어 천연크림과 같은 유화 상태를 유지하는 작용을 한다.
3. 모낭 주변에 위치하며 손바닥과 발바닥을 제외한 전신에 위치하며 피지를 분비하는 곳
4. 피지선 아래부터 입모근 위쪽 부분. 모발섬유를 구성하기 위하여 탈수축합에 의해 각화되어 가는 부분
5. 모아의 형성 개시 단계로 두개피의 기저층에 해당하는 배아층 세포가 모여 빽빽한 집합체를 만들고 모아의 세포군이 분열을 일으킴으로써 성장하기 시작하는 단계

〈가로열쇠〉

6. 신체조직분화시 OOO에서 소화기 계통, 이관, 인두, 갑상선 등이 형성
7. 인체는 OOOO을 통해 똑같은 DNA를 가지고 있는 60~100조개의 세포를 형성
8. 모발의 주기 중 모모세포가 모세혈관으로부터 영양을 공급받아 세포분열 증식을 하여 모발이 새롭게 생성되어 성장하는 단계
9. 에크린선이라고 하며 99%의 수분과 미량원소로 구성되어 있고 신경계와 연결되어 더울때나 흥분될 때 방출하여 피부체온을 조절
10. 입모근 아래부터 모구부위까지를 말하며 끊임없는 세포분열이 일어나는 곳
11. 두피 아래쪽에 속해있는 부분
12. 모항기 이후 형성된 팽윤부의 모구가 형성되는 단계로서 모구가 둥글게 형성되며 모낭 중심부에 모추를 통해 모발이 발아하는 시기

Chapter Ⅳ

모발의 형태

개요

현대인들은 미적인 표현을 위해 물리 · 화학적 시술과 함께 많은 제품들을 과다 사용하고 있다. 이로 인해 모발은 손상되고 심지어 탈모로 까지 가는 경우도 있다. 이러한 모발은 어떤 형태로 이루어졌으며, 어느 부분에 영향을 미치는지와 모발의 구성 성분에 대하여 이 장에서 학습하기로 한다.

학습목표
① 모간부를 설명할 수 있다.
② 모발의 기능을 설명할 수 있다.
③ 모발의 종류를 설명할 수 있다.
④ 모발의 구성성분과 특징을 설명할 수 있다.

01 모간부(Hair Shaft)

모간은 두피 바깥쪽으로 나온 모발 부분을 말한다. 모발은 케라틴(keratin)이라는 단백질로 이루어져 있다. 단백질은 아미노산들이 펩티드 결합이라고 하는 화학 결합으로 서로 긴 사슬모양으로 연결되어 있는데, 이것을 폴리펩티드이라고 한다. 단백질과 폴리펩티드는 같은 말이지만, 보통 분자량이 비교적 작으면 폴리펩티드라 하고, 분자량이 크면 단백질이라고 한다.

모발이 자라서 길어지면 모발의 형태, 크기 그리고 모낭의 굽은 정도를 알 수 있다. 모낭의 단면이 원형으로 정상적인 형태일 때 웨이브가 없는 직모가 형성되며 세포분열 속도가 일정하고 동양인에게 많은 모발이다.

모낭의 단면이 타원형으로 약간 구부러져 있고 웨이브가 있으면 서양인에게 많이 볼 수 있는 파상모이다. 곱슬머리 또는 축모는 거의 단면이 편평하고 축모는 완전히 구부러져 있어 흑인들에게 많이 볼 수 있다. 모간은 모수질과 이를 보호하며 둘러싸고 있는 모피질 그리고 모표피로 구성된다.

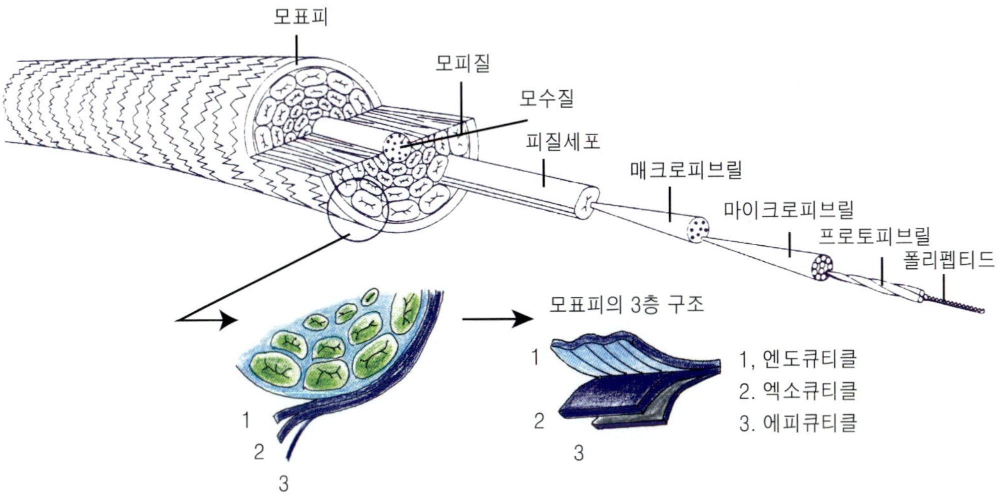

그림 4-1 모발의 구조

Tip

▸ 세포막 복합체는 베타, 델타, 베타층으로 되어있고 베타층 사이에 델타가 존재한다. 델타층은 수분을 좋아하는 단백질로 이루어져 있다.

1. 모표피(hair cuticle)

모표피는 모간의 가장 외측 부분으로 케라틴이라는 경단백질로 구성되어 있으며 단층의 입방형 세포로 둘러싸여 있는 모피질의 모기질세포들이 모표피로 분화된 것이다. 분화된 모표피 세포는 상표피와 세포간 물질을 형성한다. 모낭속의 모표피세포는 내모근초 세포들과 단단히 결합하여 자라나는 모발을 모낭에서 잡아주는 역할을 하고 있다. 모표피가 많을수록 모발이 단단하고 투명, 습윤, 광택, 마찰에 대한 강도가 높다.

모표피는 인종과 개인에 따라 5~15층으로 겹쳐 있고 외측으로 보이는 부분이 20%이며 편평 무핵 세포로서 수분함량이 약 15%정도인 얇은 반투명막의 세포가 물고기의 비늘모양으로 80%가 겹쳐 있다. 각각의 세포 두께는 2.5~5㎛이며, 모표피 세포는 두께가 약 50~250Å의 얇은 세포외막으로 둘러 싸여있고 상표피와 세포 간 결합물질로 이루어져 있다.

모표피는 강한 친유성으로 물과 제품의 침투와 작용에 대한 화학적 저항성이 크기 때문에 모발이 유화되는 시간이 필요하며 외적인 영향으로부터 모피질을 보호하고 수분 증발을 억제한다.

샴푸 사용 외에 드라이, 백콤 등의 물리적 자극에 의해 쉽게 손상되며 모표피는 스스로 재생하지 못한다. 모표피는 외측으로부터 케라틴(keratin) 함유가 많으며 화학적 저항성이 높은 에피큐티클(epicuticle), 엑소큐티클(exocuticle), 엔도큐티클(endocuticle) 등이 있다.

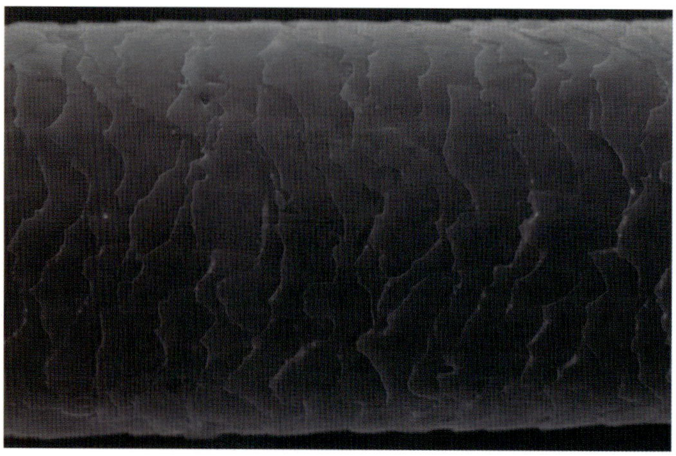

그림 4-2 TEM 모표피 관찰

1) 상표피(cuticular scale)

모표피 세포는 내모근초 내의 초표피와 단단히 결합함으로써 모근 내 모낭에 부착시키는 역할을 하고 있다. 모발을 표면은 두께가 약 25Å의 상표피라고 하는 얇은 막으로서 섬유의 주요 부분을 형성하며 모피질(cortex)의 보호 역할을 한다. 상표피와 세포 간충물질을 함유한 세포막 복합체로 지방질(lipid)과 섬유 모양의 단백질(fibrous protein) 층으로 구성되어 있다.

(1) 에피큐티클(epicuticle)

에피큐티클은 최외층으로 두께 약 10㎛ 정도의 얇은 피막으로 형성되어 있어 수증기는 통과하지만 물은 통과하지 못한다. 친유성이고 알칼리에 강하다. 시스틴이 풍부한 단백질이 견고하게 결합되어 있으며 산소와 화학약품에 저항성이 강하고 기계적인 작용을 받아 손상되기 쉽다.

Tip

▸ 에피큐티클 층은 특수 지방산 18-MEA(18-methyl-eicosanoic acid)이 코팅되어 있어 모발이 반짝거린다.

(2) 엑소큐티클(exocuticle)

외표피층인 엑소큐티클은 부드러운 케라틴으로 된 층으로 시스틴(cystine)이 많이 포함되어 있으며 큐티클 구조의 2/3로 퍼머넌트 웨이브제와 같은 시스틴 결합을 설단시키는 약품에 삭용받기 쉬운 층으로 모표피층의 15%를 자지한다. 슥 케라틴 침식성에 대한 저항력이 약하다. 세포막 복합체를 이루는 얇은 층을 따라서 내표피 층인 엔도큐티클을 보호하고 있다.

(3) 엔도큐티클(endocuticle)

엔도큐티클은 세포막 복합체가 인접한 표피를 밀착시키고 있으며 모표피 세포의 사멸 된 핵이 있는 층으로 모표피의 성분 중 3%를 차지한다. 시스틴 함량이 적어 케라틴 침식성 약품에 대한 저항력이 강하며 기계적 작용에 가장 약한 부분이다.

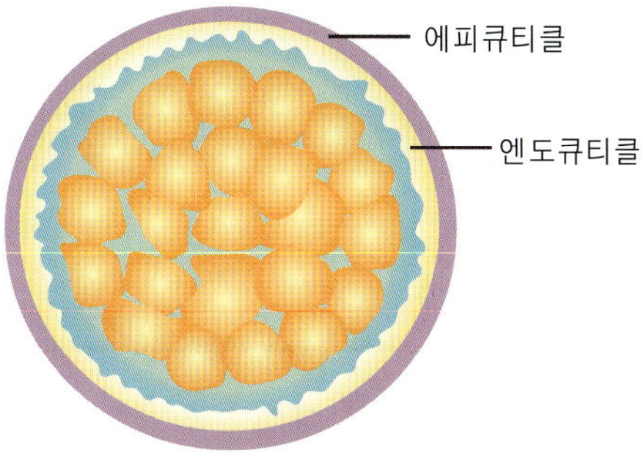

그림 4-3 에피큐티클과 엔도큐티클

그림 4-4 엑소큐티클

2) 세포간 물질(ground substance)

세포간 물질은 세포막을 접착시키는 물질로 두께는 약 400~600Å이며 모피질의 세포내 단백질을 쉽게 분해하는 알칼리와 환원제에 대해서 강한 저항성이 있고 세포막 합성은 시스틴을 포함한 황 함유 아미노산의 비율이 낮다.

화학적 시술시 모발 안으로 용제의 진입과 열 확산의 반응을 주도하는 주요경로일 뿐만 아니라 모발 인장력에 따른 확장 과정에서 모표피의 분리와 손상에 관한 신호 역할을 한다.

PLUS

화학적 시술에 의한 모표피의 손상

모표피는 물리적인 작용에 약하고 화학적인 작용에 강한 성질을 가지나 pH와 온도 등에 의해 방어벽이 약해지면서 서서히 손상을 받게 된다. 실제로 건강모의 모표피는 겹겹이 규칙적인 배열을 이루고 있으며 표면이 매끄럽다. 그러나 퍼머넌트 웨이브 시술 후 모표피는 큐티클 층이 불규칙적이고 심하게 들떠있으며 표면이 매우 울퉁불퉁한 특징을 보인다.

따라서 퍼머넌트 웨이브 시술 시 헤어 앰플이나 수분과 영양을 미리 공급하여 모표피의 손상을 방지할 수 있어야 한다.

	건강모	퍼머넌트웨이브 손상모
1,000배율		
20,000배율	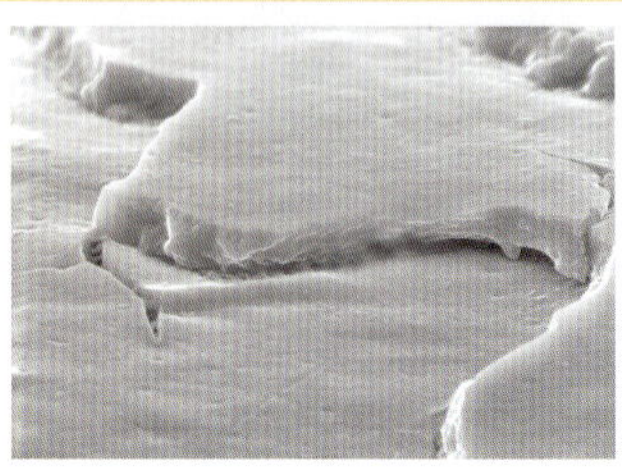	

2. 모피질(hair cortex)

모피질은 모발에서 80~90%를 차지하며 두께 1~6㎛에 대략 100㎛길이로서 모양과 크기가 다양하다. 모발의 탄력, 강도, 감촉, 질감, 색상을 좌우하며 모발의 성질을 나타내는 중요한 부분으로 크게 결정영역인 피질세포와 비결정영역인 세포간 결합물질로 나눌 수 있다. 각화된 피질세포와 피질세포 사이는 세포간 결합물질인 간충물질이 서로 강하게 연결하고 있으나 화학적인 시술 시 물에 녹아 유출되어 피질세포끼리의 결합을 약하게 만들고 그로 인해 모발이 손상된다.

모피질은 물과 쉽게 친화하는 친수성이며 멜라닌 색소를 함유하고 있다. 즉 모발의 자연색은 모피질의 색소 때문이며 중앙에 소멸된 핵의 잔사가 존재하고, 약제의 작용을 쉽게 받는 부분이다. 모피질의 각화는 모기질 세포가 기저막에서 분리되어 케라틴의 합성이 증가하면서 시작된다.

모피질을 만드는 세포는 모유두 위의 모기질 세포로서 성장기에 왕성한 세포분열을 하고 퇴행기에 고사되어 휴지기에서는 볼 수 없다. 모피질로 분화되는 모기질 세포는 다른 부위로 분화되는 모기질세포와 구별할 수 있는 형태학적인 특징은 없다.

모피질 세포는 오쏘(ortho)와 파라(para) 두 종류에 의해 모발 성질에 차이가 있다. 파라(para) 세포(B-코텍스)는 마이크로피브릴 수가 많고 간충물질의 양이 적으며 소수성으로 단단한 성질을 가지고 있다. 또한 흡습성이 낮고 시스틴을 많이 함유하고 있다. 오쏘(ortho) 세포(A-코텍스)는 마이크로피브릴의 수가 적고 간충물질 양이 많으며 친수성으로 부드러운 성질을 가지고 있다. 또한 시스틴을 적게 함유하고 있기 때문에 화학적 시술시 모발의 팽윤이 빠르게 일어난다.

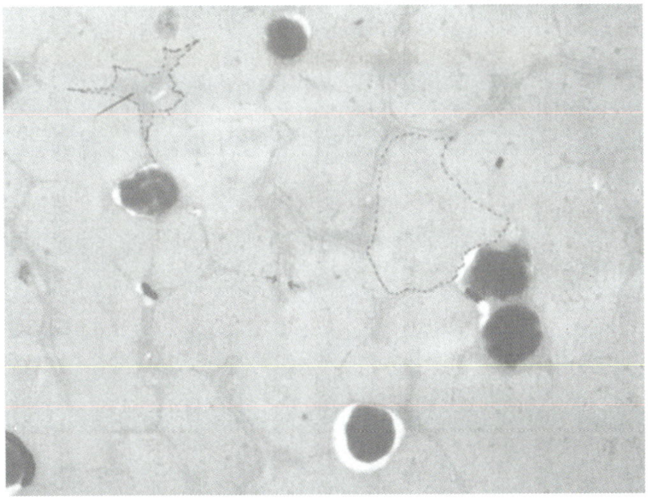

그림 4-5 모피질

1) 결정영역(주쇄 결합)

모발의 결정영역 고차구조는 매크로피브릴 - 마이크로피브릴 - 프로토피브릴 - α -헬릭스 - 폴리펩타이드 순으로써 프로토피브릴을 구성하고 있는 폴리펩티드가 규칙적으로 배열되어 있다. 이 폴리펩티드는 아미노산 100개 이하, 분자량 1만 이하를 말하며 분자량 1만 이상의 수백만의 고분자 화합물을 단백질이라고 한다. 펩티드 결합은 아미노산의 α -카복실기와 다음 아미노산의 α -아미노기 사이에서 1 mol의 물(H_2O)이 제거되면서 그림과 같이 결합된다.

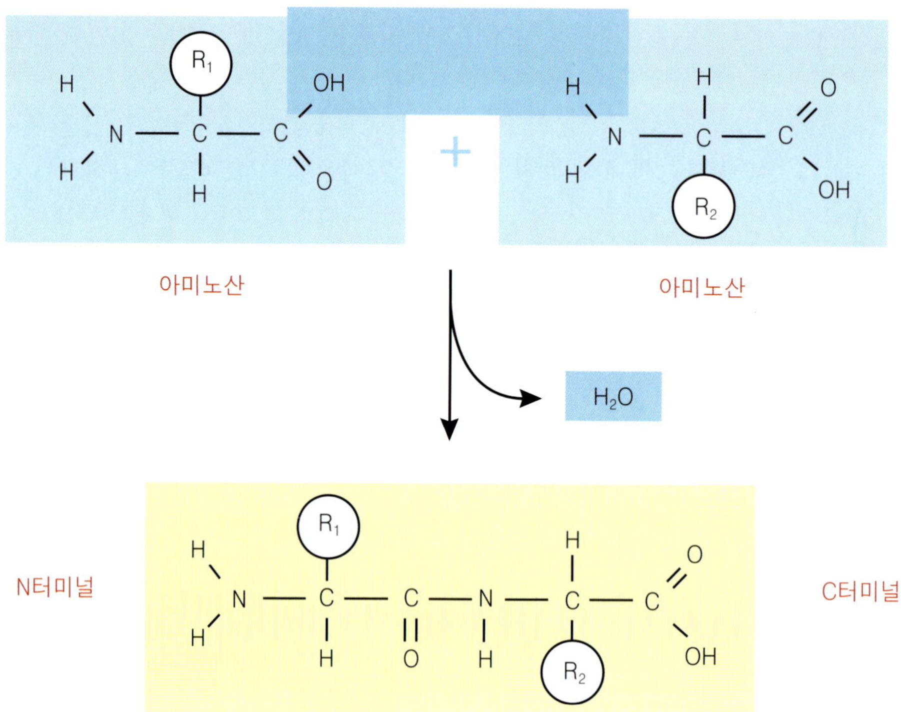

그림 4-6 펩티드결합의 형성

결정영역은 모발의 강도, 탄성, 유연성, 굵기, 질, 색소 등을 나타낸다. 결정영역의 길이는 약 100㎛, 두께 1~6㎛, 직경 2~6㎛로 대칭적인 피질로 되어 있으며 소량의 멜라닌을 함유하고 중앙에 마이크로피브릴이라 불리는 방추형을 한 섬유상 구조로 되어 있다. 세포의 중심부근에 있는 가늘고 긴 공동의 핵의 잔사와 직경 약 0.2~0.8㎛ 내의 둥글거나 구상의 입자로 피질세포 사이에 분산되어 있는 색소 과립으로 구성되어 있다.

(1) 폴리펩티드(polypeptide)

폴리펩티드는 아미노산과 단백질의 중간구조를 갖는다. 모든 아미노산은 아미노기(-NH_2)와 카복실기(-COOH)를 가지고 있으며 첫 번째 아미노산에 있는 카복실기의 산소원자 하나와 수소원자 하나에 다른 아미노산의 아미노기에 수소 분자가 반응해 물(H_2O)로 탈수되어 -CO, -NH가 결합하여 펩티드가 되며 펩티드가 길게 연결된 주쇄결합을 폴리펩티드라 한다. 펩티드 결합한 아미노산의 수에 따라서 2~10개인 것을 올리고펩타이드(oilgopeptide), 10~50개인 것을 폴리펩타이드(polypeptide), 그리고 50개 이상인 것을 단백질이라고 한다.

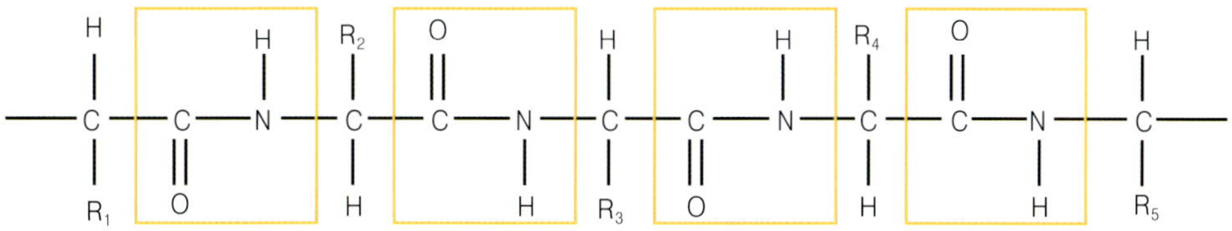

그림 4-7 폴리펩티드

(2) α-헬릭스(α-helix)

프로톡피브릴의 9+2의 배열 중에서 1개의 배열에는 3중 코일의 폴리펩티드이며 α-헬릭스 구조는 황의 함량이 적은 단백질이다. 아미노산잔기 간의 반복거리는 5.1A이고, α-헬릭스의 중심에서 중심까지의 거리는 9.8A이며 결국 3.7개의 아미노산 잔기이다.

(3) 프로토피브릴(protofibril, 원섬유)

마이크로피브릴을 프로토피브릴이라는 보조 섬유구조로서 2개의 프로토피브릴을 핵으로 그 주변을 9개의 프로토피브릴이 둘러싸여 있다. 즉 9+2배열로서 이중 코일상의 짧은 α-헬렉스 구조이며 황의 함량이 적은 단백질로, 한 개의 프로토피브릴은 약 400~500개 아미노산이 규칙적인 배열로 되어있다.

(4) 마이크로피브릴(microfibril)

미세섬유인 마이크로피브릴이 다수 모여 매크로피브릴을 구성하며 매크로피브릴은 마이크로피브릴이라는 보조 섬유구조로 되어 나선상으로 늘어져 있다. 반경은 약 1,000~ 4,000Å 이며 직경은 약 70Å이다. 마이크로피브릴 중 시스틴의 비율이 비교적 적고 그에 상응하여 α -헬렉스 단백질의 시스틴 함량 또한 적다.

(5) 매크로피브릴(macrofibril)

거대섬유인 매크로피브릴은 세포가 장축방향으로 배열되어 있고 직경이 0.1~ 0.8μ 로 마이크로피브릴이 다수 모여 피질세포의 대부분의 점하고 있다. 방추형을 한 섬유상 구조로 되어있고 핵의 잔사와 색소과립의 섬유 사이에는 간충물질로 구성되어 있다.

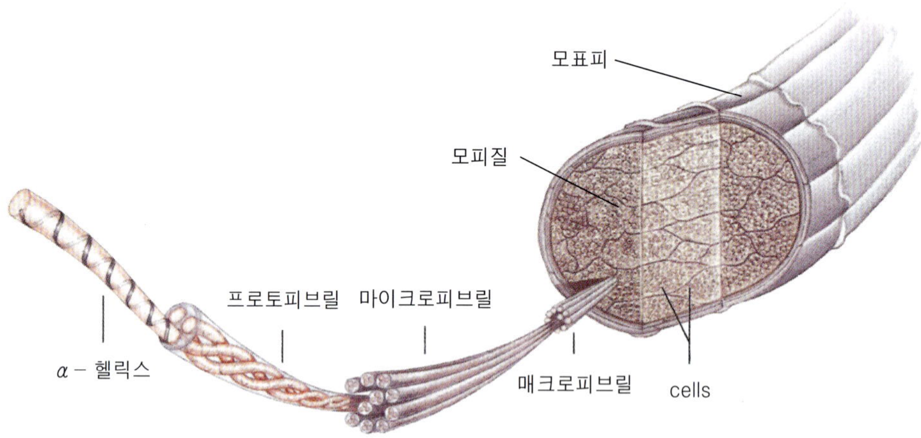

그림 4-8 모피질의 구성 섬유

2) 비결정영역(matrix)

비결정영역은 짧은 폴리펩티드 주쇄로서 분자가 코일(randem coil)상의 불규칙한 상태로 배열하고 있으며 황 성분이 많기 때문에 시스틴 함량이 많고 측쇄의 염결합 또한 많다. 결정영역에 비하여 부드러워서 화학 성분으로부터 손상을 받기 쉬우며 모발의 탄성을 좌우한다.

결정영역과 비결정영역에 따라서 모질의 화학적, 물리적, 역학적인 성질이 크게 변화하며 특히 비결정영역의 간충물질은 손상을 받기 쉽기 때문에 모질 손상의 최대 원인이 되는 부분이다. 모발의 단단한 부분을 결정영역, 부드러운 부분을 비결정영역이라 부른다.

비결정영역에서 일어나는 결합을 측쇄결합이라 하며 염결합, 펩티드결합, 시스틴결합, 수소결합, 그리고 소수결합 등은 폴리펩티드가 가지고 있는 측쇄와 인접한 폴리펩티드가 가지고 있는 측쇄가 서로 교차 연결되어 수백만 개의 폴리펩티드 결합으로 구성되어 있다.

(1) 시스틴 결합(covalent disulfide linkage or disulfide bond)

시스틴 결합은 폴리펩티드의 시스테인 황 원자 하나와 다른 폴리펩티드의 시스테인 황원자의 결합으로 두개의 시스테인 사이에서 형성되며 모발 구성의 14~18%를 차지한다. 측쇄결합 중 펩티드 결합 다음으로 강한 결합으로 물이나 약산에는 끊어지지 않고 열, 알칼리, 환원제 등의 화학반응에 의해 절단된다.

시스틴 결합은 펩티드 결합보다 약하지만 염결합 또는 수소결합보다 더 강하고 모발전체 강도의 1/3을 책임진다.

인종에 따라서 모발의 황 함유량은 차이가 있다. 블론드의 모발색을 가지고 있는 유럽인은 3~3.5%함유하고 있고, 갈색의 동양인은 4.5~5%로 유럽인에 비해 황의 함량이 높다.

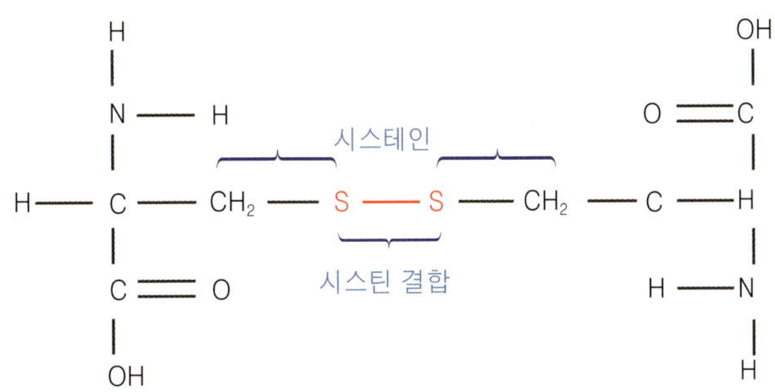

그림 4-9 시스틴 결합

(2) 염결합(ionic bond, salt bond)

염결합은 음이온 아미노산이 다른 양이온 아미노산에 끌어당겨 질 때 발생한다. 즉, 산성아미노산의 잔기로 남아있는 카르복실기(COO^-)와 염기성 아미노산의 잔기인 아미노기(NH_3^-)의 이온결합이다. 즉 라이신(lysine)의 잔기인 암모니움 이온과 아스파라트산(aspartic acid)의 잔기인 카르복실 이온과의 결합이다. 모발의 등전점(pH 4.5~5.5)에서는 결합력이 강하고 케라틴은 가장 안정된 좋은 상태가 된다.

염결합은 pH에 의존하고 모발 강도의 1/3에 도움을 준다. 염결합은 강알칼리에 쉽게 파괴되어지거나 강산에 용해되어 당기면 결합이 약해져 작은 힘으로도 늘어난다.

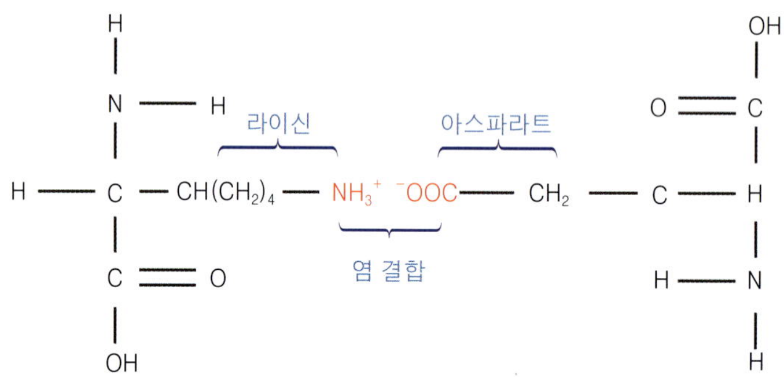

그림 4-10 염결합

(3) 펩타이드 결합(covalent peptide or ester linkage)

글루탐산(glutamic acid) 잔기인 카복실기(-COOH)와 라이신(lysine) 잔기의 아미노기($-NH_2$)에서 H_2O가 탈수되어 -CO-NH가 연결된 결합이다. 펩타이드결합은 모발에서 가장 강한 화학적 결합이지만 조금만 파괴되어도 모발이 약해지며 손상된다.

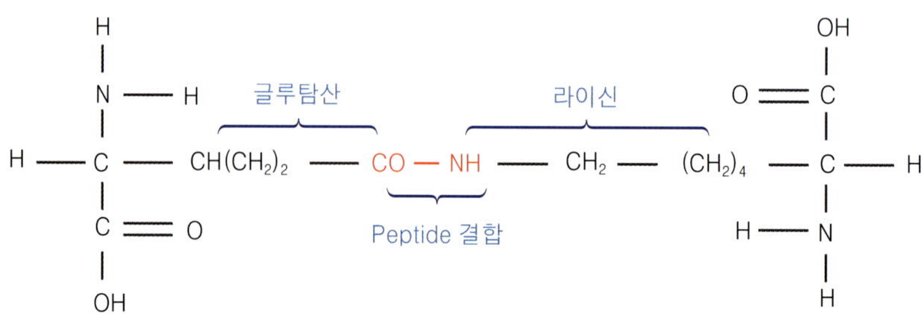

그림 4-11 펩티드 결합

(4) 수소결합(hydrogen bond)

주쇄 가운데 혹은 인접된 주쇄 간의 산소(O)와 질소(N)처럼 전기 음성도가 강한 원자와 수소가 결합할 때 생기는 약한 결합이다. 특히 주쇄의 산소(O)와 수소(H) 사이에 잡아당기는 힘에 의해 결합하는 것으로 결합 중에 가장 많이 존재하며 수소결합의 분자간 힘은 화학결합보다 훨씬 약하다. 즉 알파헬릭스 각 잔기의 와 이 수소결합에 참여한다.

두 원자 간의 전기 음성도 차이가 크게 나면 양전하(+)와 음전하(-)사이에 정전기적 인력이 크게 작용하여 분자 간에 수소결합이 형성된다. 수소결합은 녹는점, 끓는점이 높고 비열, 기화열, 점성도가 크다.

주쇄의 가운데 혹은 인접된 주쇄간의 산소와 수소간의 인장력에 의한 결합으로서 산소와 수소간의 거리가 먼 경우 결합은 물에 쉽게 절단되지만 건조되면 재결합한다. 물론 거리가 가까운 만큼 결합력이 강하게 된다.

수소결합의 결합력은 분자간 힘보다 크지만 분자내 결합력보다는 1/10 정도의 세기를 갖고 있으며 공유결합에 대한 결합력보다 매우 약하다고 볼 수 있다. 즉, 모발구조안의 수소결합은 아미노산의 일부분에서 수소원자가 생겨날 때 일어나고 다른 아미노산의 안의 산소원자에 끌어당겨진다. 수소결합은 물과 열에 의해 쉽게 파괴되어지고 젖은 세팅과 열 스타일링의 원인이 된다.

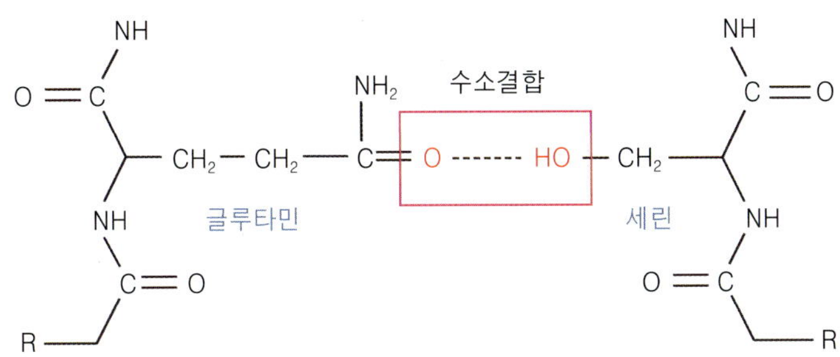

그림 4-12 수소결합

PLUS

단백질의 2차 구조

단백질의 2차 구조는 펩티드 결합에서 각도에 따라 선이 꼬이게 되고 꼬인 모양에 따라 알파 나선구조와 베타 병풍구조로 나뉜다. 알파 나선구조를 이루는 알파 케라틴(α-keratin)은 모발의 주된 성분으로써 이황화결합(disulfide bond)에 의해 서로 연결되어 있으며 전체적인 구조가 견고하고, 불용성을 띤다.

이황화결합은 잡아당기는 물리적 힘이 가해지지 않을 때 섬유를 원래 상태로 되돌리는 역할을 하는데, 모발이 늘어나게 되면 베타 병풍구조를 이루는 베타 케라틴(β-keratin)의 입체구조로 전환된다. 모발을 인위적으로 잡아당기게 되면 알파 케라틴의 수소결합이 매우 약하기 때문에 약간 늘어난 후 수소결합이 절단되면서부터 알파 케라틴이 베타 케라틴으로 변형되기 시작한다. 이러한 원리를 응용한 것이 퍼머넌트 웨이브와 블로우 드라이이다.

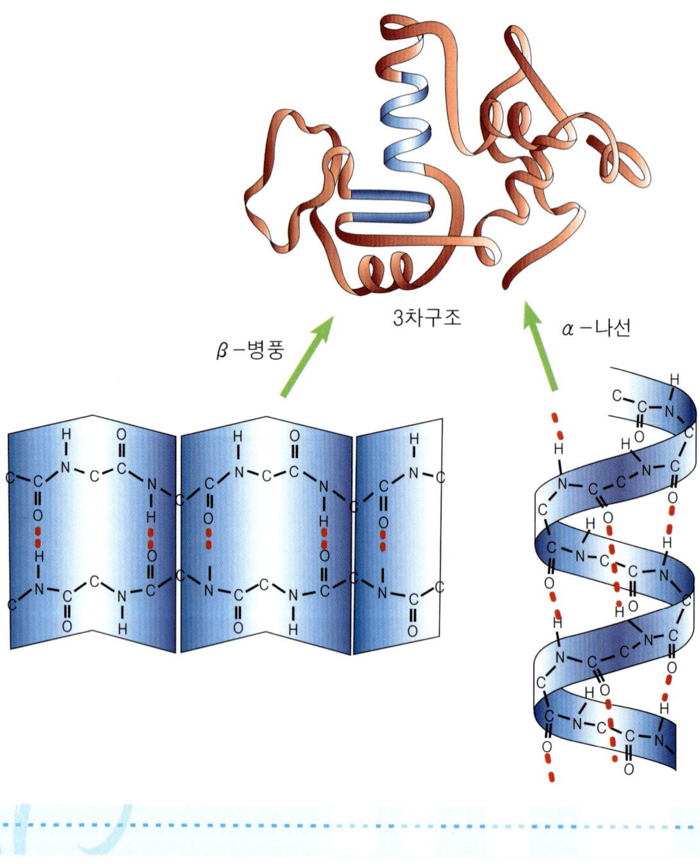

(5) 소수성 결합(Vander waals forces)

소수성 결합은 비극성의 탄화수소(CH) 사슬들이나 벤젠 고리를 갖는 R기 사이에 형성되며 이를 비극성 상호작용이라 한다. 극성을 띠는 물에 비극성의 기름방울을 넣으면 같은 기름방울끼리 모이는 현상과 유사하다. 계면활성제와 같은 양친매성분자의 물속에서 미셀형성과, 구상단백질의 물속에서 안정적인 입체배치구조의 형성 등과 같은 지배적인 역할을 하고 있고, 또 생체막 등 생체계에서의 구조형성에 중요한 작용을 한다.

비극성의 R기 주위에 둘러싸인 물로부터 떨어져 서로 모이는 작용을 일반적으로 소수성 결합이라고 한다. 소수결합은 2차 구조의 펩티드 사슬이 엉켜져 있는 상태의 3차 구조로 이루어져 있어 입체구조를 유지시키는데 매우 중요한 역할을 하고 있다. 단백질 분자 표면에 물이 접근하기 쉽게 극성기가 노출되어 단백질이 물에 녹는다.

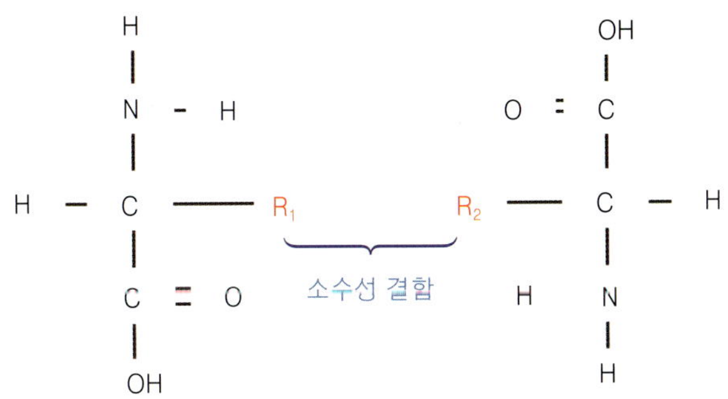

그림 4-13 소수성 결합

3. 모수질(hair medulla)

사람의 모발은 모수질이 전혀 없는 모발부터 모수질이 잘 발달된 모발까지 다양한 양상을 나타낸다. 모발의 중심 부분에 공동으로 가득 찬 다각형의 세포로 형성되어 있고 멜라닌 색소를 함유하고 있으며 시스틴 함량은 모피질보다 적다. 모수질은 부드러운 케라틴을 형성하지만 모표피와 모피질은 딱딱한 케라틴을 형성한다.

0.09mm 이상의 굵은 모발은 모수질이 있고, 0.02mm 이하의 가는 모발은 모수질이 없다. 대체로 굵은 모발에서 모수질이 관찰되지만 모수질의 발달 여부를 결정하는 요인과 기전에 대하여는 잘 알려져 있지 않다.

모수질이 많은 모발은 퍼머넌트 웨이브가 강하게 형성되고 모수질이 적은 모발은 퍼머넌트 웨이브 형성이 어려우며 나이가 들수록 모수질이 커져 가는 현상이 나타나는 것은 모발의 백발화와 관계가 있으나 기계적, 화학적으로는 거의 손상받지 않는다.

02 모발의 기능

인간은 태고적 원시인일 때부터 제각기 기능을 가진 털이 전신에 많이 나 있었지만 인류 진화와 함께 불필요한 부분은 퇴화되었으며 발생 부위에 따라 그 작용은 다르다. 외부로부터의 충격과 땀, 먼지, 미생물과 세균의 침입으로부터 신체를 보호하는 작용과 땀의 배출량으로 체온을 조절하는 작용, 태양 빛을 흡수하여 비타민 D를 합성시키며 온도와 압력에 대한 감각작용과 촉각작용을 한다.

전신에 존재하는 솜털은 일광과 더위 등을 막는 기능을 가지고 있으며 체내에 축적되어 있는 유해한 비소, 수은, 아연 등의 중금속을 체외로 배출하는 배설기능도 있다. 또한 두피의 두발은 남녀의 특징과 신분의 차이에 따른 부의 상징적인 면과 미에 대한 무한한 욕구를 충족시켜 주는 장식적인 기능도 있으며 앞서 서술한 Ⅱ장의 두피 기능과 같다.

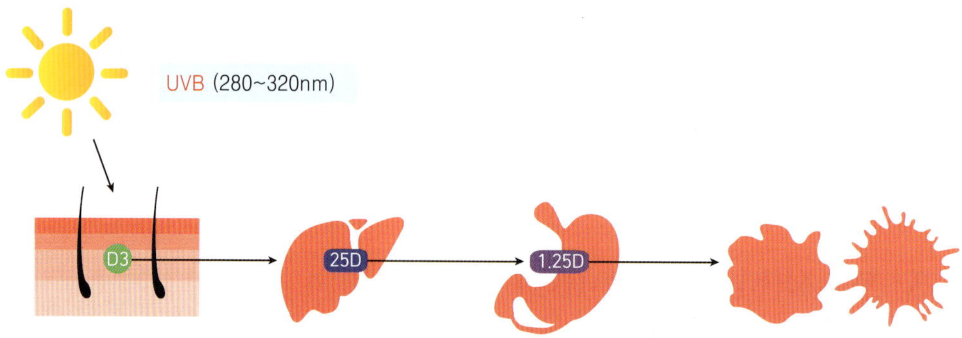

표피 UVB를 받으면 피부에 있는 7-디하이드로 콜레스테롤이 비타민 D3로 합성된다.

간 D3는 혈액을 따라 간으로 간 뒤, 효소를 만나 25-비타민D로 바뀐다. 반감기는 3주이다.

신장 혈액을 돌던 25-비타민 D는 신장으로 가 활성이 있는 1.25-비타민 D로 바뀐다. 반감기는 4~6시간이다.

면역계 1.25-비타민 D가 병원균을 구분하고 균을 잡아먹는 세포에 영향을 준다.

그림 4-14 UVB가 비타민 D를 만드는 과정

03 모발의 종류

1) 굵기에 따른 분류

모발은 굵기에 따라 연모, 경모, 취모, 세모로 나누며 입술, 손 · 발바닥 그리고 눈꺼풀을 제외한 인체의 모든 부위에 130~140만개의 솜털인 연모로 분포되어 있다. 경모는 길이에 따라서 장모와 단모로 나눈다. 장모는 1cm 이상의 길이로서 머리카락, 수염, 음모가 이에 속하며 두발은 10~11만개 정도이다. 단모는 눈썹이나 속눈썹, 코털, 귀털과 같이 1cm 이하이며 먼지나 이물질로부터 보호해준다.

① 연모(솜털, vallus hair)

0.009mm이하로 가늘고 부드러운 솜털인 연모는 뺨, 이마 등 대부분의 신체 부위에 있는 모발로 땀을 효과적으로 발산하는데 도움을 주며 멜라닌 색소가 적고 모수질이 없다. 사춘기 전의 모발과 탈모진행형 모발에서도 연모를 볼 수 있다. 특히 어린이와 유아의 몸은 연모로 덮여 있지만 사춘기 이후에는 사라지고 연모는 더 두꺼운 경모로 교체된다. 반면에 여성은 남성에 비해 55%의 연모를 유지한다.

② 경모(종모, terminal hair)

경모는 0.009mm이상, 0.15~0.20mm의 단단한 단백질이 결합된 상태로 두껍고 색소가 있다. 이것은 보통 모수에 있고, 연모로부터 쉽게 구별이 가능하며 30대 이후 점차적으로 연모화된다. 짧고 두꺼운 모발은 눈썹과 첫 경모인 속눈썹에서 자란다. 사춘기 이후 잔털은 좀 더 굵은 두 번째 경모로 대체된다. 모낭은 두 가지 타입의 모발을 만들어 내는 능력이 있다. 두 번째 경모는 주로 두피, 수염 등 다리 그리고 음모 부분에서 찾아 볼 수 있다. 두피가 대머리가 되기 시작할 때 모낭은 경모를 만드는 것을 멈추고 연모 타입으로 되돌아간다.

> **Tip**
>
> ▸ 오소-피질성세포는 황을 적게 함유하고 있고 파라-피질성세포는 많은 양의 황을 함유하고 있다.

③ 취모(배냇머리, lanugo hair)

취모는 굵기 0.002mm의 배냇머리로 태아시기에 형성되어 임신 8개월 차에 연모화 된다. 모태에서 4~5개월까지 거의 전신에 발모하며 가장 가늘고 연한 모발이다.

2) 형태에 따른 분류

① 직모(straight hair)

모모세포간의 동일한 세포분열이 이루어져 굵기가 굵으며 모경지수가 75~85 정도로 모발의 단면이 원형에 가깝고 모낭의 모양도 곧다. 일반적으로 황인종이 이에 속한다. 직모는 오쏘 세포(ortho cortex)와 파라 세포(para cortex)의 구성이 적정 비율로 안정된 구조를 지닌 반면, 축모나 파생모는 ortho 세포와 para 세포의 비율이 적정치 못해 모발이 비틀림 현상이 나타나며 모발이 쉽게 끊어지는 현상이 나타난다.

② 파생모(wavy hair)

직모와 축모의 중간 형태로 굵기가 가늘고 약간 곱슬머리이며 백인종이 이에 속한다. 모경지수가 62~72 정도로 모발단면이 타원형을 띠며, 모낭이 피부표면으로부터 비스듬히 기울어져 있다.

표 4-1 형태에 따른 분류

직모(Mongoloid)	파생모(Caucasoid)	축모(Negroid)
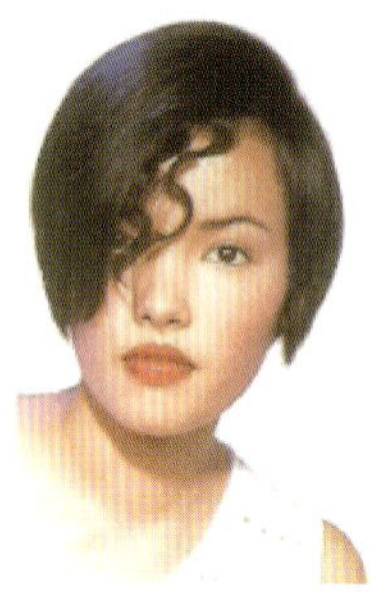		
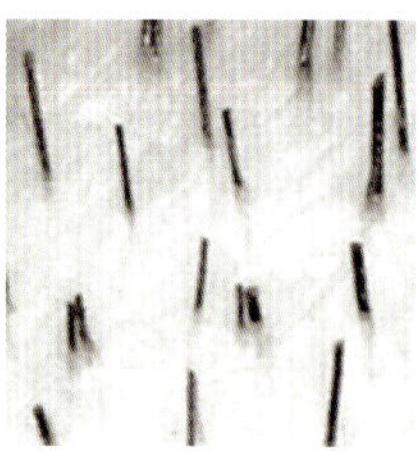	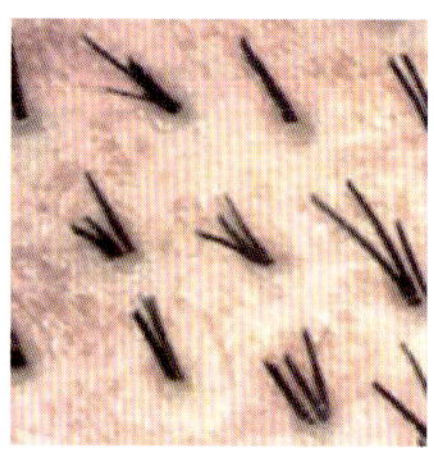	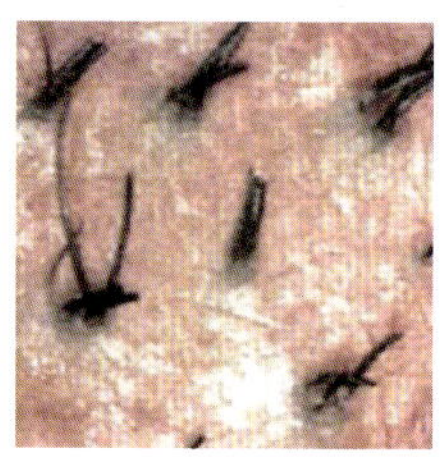
	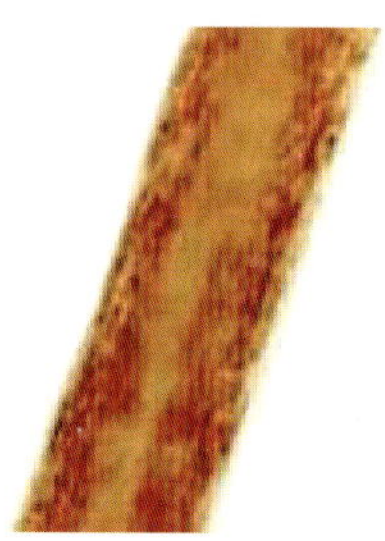	

③ 축모(curly hair)

흔히 곱슬머리, 염주모라고도 하며 흑인종에게서 많이 보인다. 모경지수가 50~60 정도로 모발의 단면이 타원형보다 납작하며, 모낭이 피부표면으로부터 굽어져 있다. 파생모보다 웨이브가 좀 더 심하다.

PLUS

모경지수

모발의 곱슬거리는 정도를 나타내는 수치로서 모발 횡단면의 최소직경을 최대직경으로 나눈 값에 100을 곱하여 계산한다.

모발의 횡단면이 원형에 가까운지 타원형에 가까운지 알아볼 수 있는 수치로서 100은 완전 원형, 100보다 작을수록 타원형을 나타낸다.

흑인의 모경지수는 약 50~60, 백인은 62~72, 동양인은 75~85, 에스키모인은 77, 티벳인은 88정도이다. 이처럼 모발의 형태가 다른 원인은 모모세포에서 세포분열이 일어나 모발이 성장하는 과정에서 세포분열 속도의 차이가 있기 때문이다.

직모일 경우 세포분열속도가 일정한 반면, 축모(곱슬머리)가 될수록 특정 세포의 성장속도가 다른 세포보다 빨리 진행된다. 세포의 성장속도가 불규칙적이고 빠를수록 더욱 심한 곱슬머리가 된다.

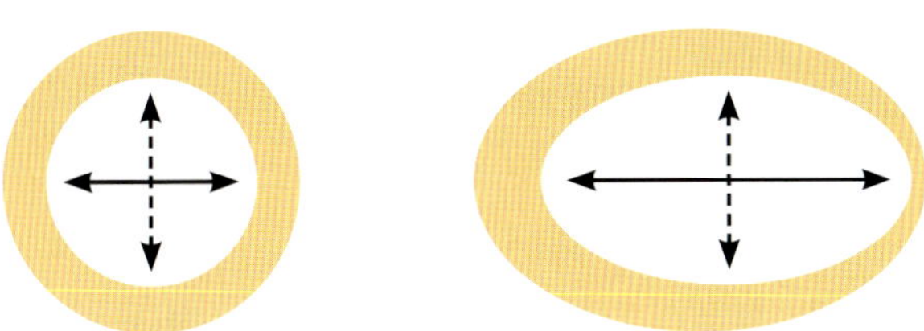

직모 축모

04 모발의 구성성분

모든 식물, 동물, 세균은 탄소로 만들어진다. 탄소는 자연의 척추이며 탄소를 포함한 물질은 유기물질이라 불리고 생명체는 탄소를 포함하고 있기 때문에 피부와 모발은 유기물질이다. 특히 모발은 18종의 아미노산(Amino acid)인 케라틴(Keratin)으로 구성되어 있으며, 14~18%의 시스틴(cystine)을 함유하고 있다. 케라틴은 물리적으로 강도가 강하고 탄력이 크며 여러 종류의 화학약품에 저항력이 강하다. 모발의 화학적인 성분은 여러 가지 색에 따라 다르다. 어두운 색의 모발은 보다 많은 양의 탄소와 적은 양의 산소를 가지고 있으며 밝은 색의 모발은 이와 반대의 화학적 성분으로 이루어져 있다.

인체는 탄소(carbon, C) 18%, 산소(Oxygen) 65%, 수소(Hydrogen) 10%, 질소(Nitrogen) 3%, 황(sulfur) 0.25%, 인(phosphorus) 1%의 6가지 원소가 95% 이상을 차지하며칼슘을 비롯한 10여 종류의 필수 무기원소로 구성되어 있다. 이들이 피부, 손톱, 모발을 만드는 요소이다.

모발의 주성분은 단백질 80~90%, 수분 10~15%, 멜라닌 색소 3%, 지질 1~8%, 미량원소 0.6~1%, 케라틴 80~90%로 되어 있다. 다른 단백질과는 달리 경케라틴으로 되어 있어 부패하지 않는다.

P	C	O	H	N	S
인	탄소	산소	수소	질소	황
1%	18%	65%	10%	3%	0.25%

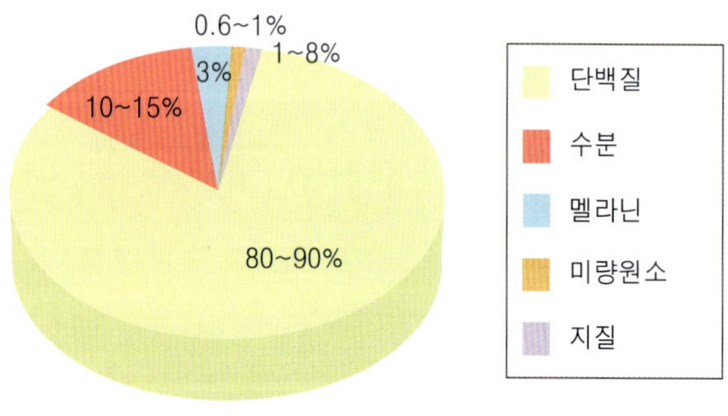

그림 4-15 모발의 주성분

1. 단백질

모발을 구성하고 있는 단백질의 주요 아미노산은 18종으로서 글리신, 알라닌, 발린, 로이신, 아이소로이신, 트레오닌, 세린, 시스테인, 메티오닌, 아스파라긴, 글루탐산, 타이로신, 라이신, 아르기닌, 히스티딘, 페닐알라닌, 트립토판, 프롤린 등이 있다.

아미노산은 하나의 분자에 산성원자단의 카복실기와 알칼리성 원자단의 아민기를 포함한 산으로 양성화합물이라 한다. 즉 아미노산 일반식 R기의 특성에 따라 산성, 알칼리성, 중성 아미노산이 된다.

산성 -COOH를 가진 원자단일 때는 그 아미노산은 $-NH_2$ 1개와 -COOH기 2개를 가진 산성 아미노산이 된다. 염기성 아미노산은 R이 염기성의 아미노산기를 가진 원자단일 경우 $-NH_2$기의 2개에 대해서 카복실기 1개는 염기성 아미노산이 된다. 대부분의 아미노산은 아미노기와 카복실기를 1개씩을 가지고 있어 중성 아미노산이라고 한다.

종류	명칭	약자	구조식	함유량	분자량	등전점
중성 아미노산 monoamino monocar-boxylic acid	glycine	Gly.	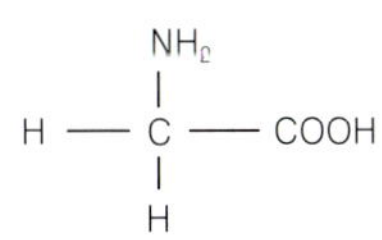	6.50	75	6.0
	alanine	Ala.	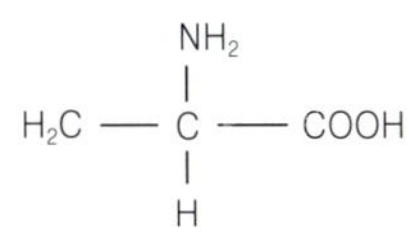	4.40	89	6.0
	serine	Ser.	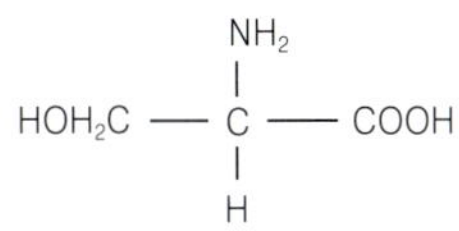	9.41	105	5.7
	threonine	Thr.	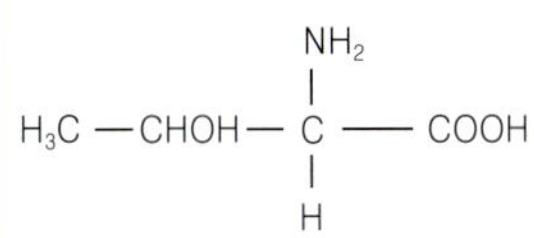	6.76	119	5.6
	valine	Val.	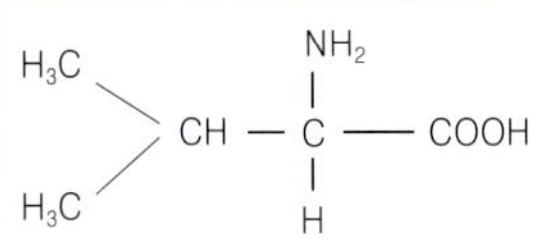	4.72	117	6.0
	leucine	Leu.	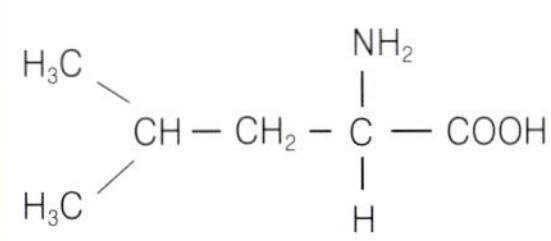	11.30	131	6.0

종류	명칭	약자	구조식	함유량	분자량	등전점
중성 아미노산 monoamino monocar-boxylic acid	isoleucine	Ileu.	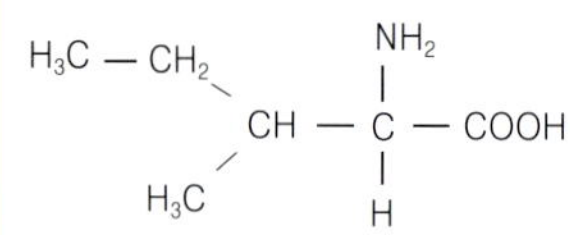	4.80	131	6.0
	methionine	Met.	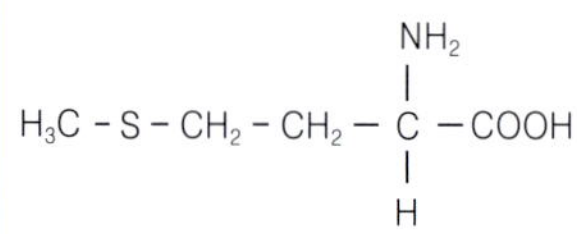	0.71	149	5.7
	cyctine	Cys.	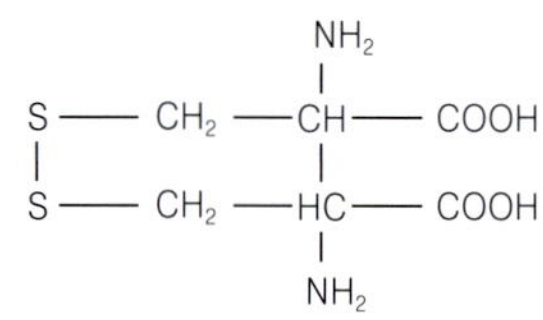	13.72~16.00	240	6.0
	phenylalanine	Phe.	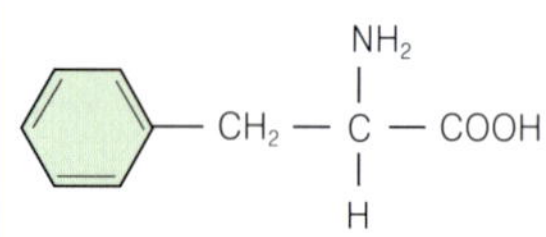	3.70	165	5.5
	tyrosine	Tyr.	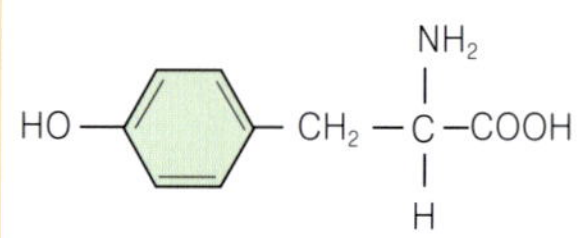	5.80	181	5.7
	tryptophan	Trp.	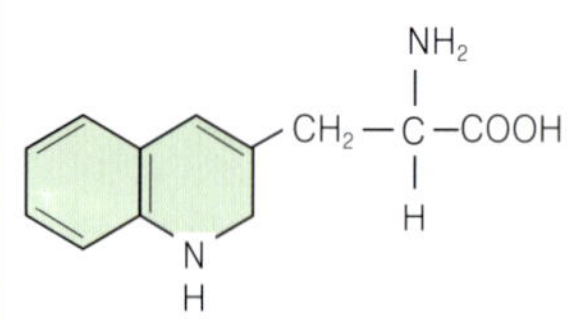	0.70	218	5.9
산성 아미노산 monoamino dicarboxylic acid	aspartic acid	Asp.	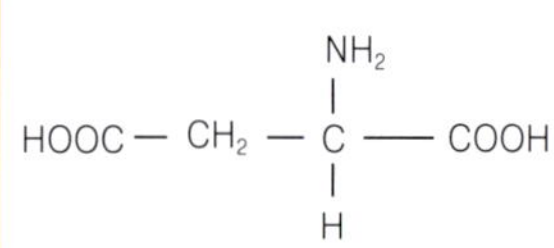	7.27	132	5.4
	glutamic acid	Glu.	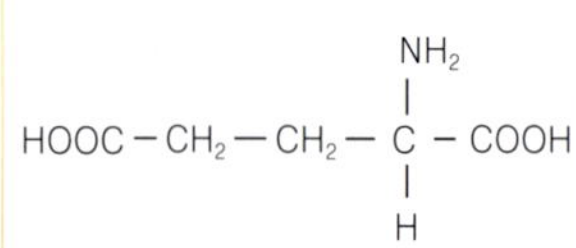	15.00	147	3.2

종류	명칭	약자	구조식	함유량	분자량	등전점
염기성 아미노산	lysine	Lys.	$CH_2(NH_2)-CH_2-CH_2-CH_2-C(NH_2)(H)-COOH$	3.30	146	9.7
	arginine	Arg.	$(NH)(NH_2)C-NH-CH_2-CH_2-CH_2-C(NH_2)(H)-COOH$	10.40	174	10.8
	histidine	His.	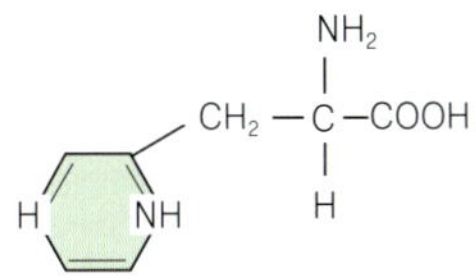	0.70	155	7.6
환상 아미노산	proline	Pro.	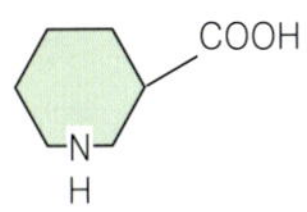	6.75	115	6.3

2. 멜라닌 색소

멜라닌 색소는 식물계의 흑갈색 색소와 척추동물이 가지고 있는 갈색의 색소를 멜라닌이라고 화학적으로 정의한다.

멜라닌의 합성 경로는 타이로신을 산화한 다음 도파(DOPA)로 다시 산화하여 도파퀴논이 생성되는 단계에서, 티로시나아제라는 적혈구에 의해 옮겨진 티로신이라는 산화효소를 많이 함유한 아미노산을 변화시켜, 멜라닌 색소과립을 만들며 멜라닌은 작은 단백질과 결합하여 멜라노사이트의 돌기 끝부분에서 방출된다.

방출된 멜라닌 색소는 모발이 각화하기 전에 세포 안에 들어가 성장하고 모발의 피질에 들어가 모발의 색상을 구성한다.

즉 모발의 색은 모피질이 함유한 멜라닌 색소에 의해서 결정된다. 멜라닌의 유형과 분포량에 따라 흑멜라닌, 적멜라닌, 혼합멜라닌으로 나뉘며 이들과 과립을 형성하여 모발의 밝기를 결정한다. 표피층 중심부 가장 아래에 있는 기저층에 피부색을 결정하는 멜라노사이트가 분포되어 있다. 모모세포층에서 분화하여 모발색을 결정짓게 되며 멜라닌 색소의 양이나 종류에 따라 흑발, 갈색의 모발, 금발 등이 된다.

모발의 색상은 피부색과 같이 멜라닌의 분포정도, 빛의 합성 정도 등에 따라 결정된다. 모피질 내에 존재하는 멜라닌 과립은 금발, 회색 갈색과 검정을 구성하는 유멜라닌 색소의 붉은색과 노란색은 페오멜라닌 색소 입자에서 기인한다. 색소형성은 우선 노란 색소가 형성되고 그 다음에 어떤 효소가 노란 색소를 붉은 색소로 변화 시키며 다른 효소가 붉은 색소를 검정 색소로 변화시키게 된다.

동양인은 모피질이 얇고 모표피는 두껍고 흑색에서 적갈색의 모발인 반면 서양인은 모피질이 두껍고, 모표피는 얇은 형태로 적색에서 노란색의 모발색을 가지고 있으며 자외선으로부터 모발을 보호한다.

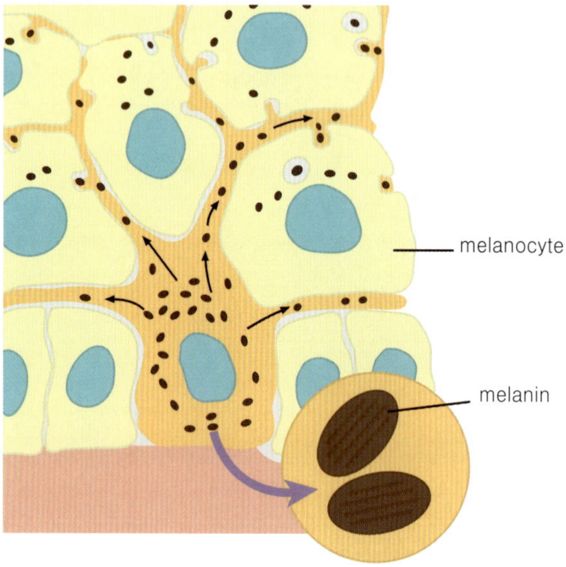

그림 4-16 멜라닌세포

1) 유멜라닌

아시아인은 유멜라닌이 페오멜라닌보다 많아 모발 색상이 서양인보다 어둡다.

유멜라닌은 크기가 크고 막대 모양으로 입자형의 진한 색소이며 갈색과 검정 모발을 만든다. 유멜라닌이 크고 많을수록 모발의 색은 어두워진다. 유멜라닌은 화학적으로 쉽게 파괴되며 흑갈색의 모발을 H_2O_2로 탈색시켰을 때 색상이 약간 붉게 보이는 것은 유멜라닌이 먼저 파괴되고 페오멜라닌이 남아 있기 때문이다. 멜라닌 과립 중에 함유되어 있는 미량 금속은 백발에는 니켈, 연황색모에는 치톤, 적모에는 철과 모리브딘, 흑발에는 동, 코발트, 철이 다량 함유되어 있다

PLUS

모발의 광변성

모발이 자외선에 오랫동안 노출되게 되면 광화학적 반응에 의해 시스틴의 변성 및 멜라닌 색소가 파괴되는 등 많은 문제가 발생할 수 있다.

UV-A에 장시간 노출된 모표피는 열에 의해 부풀어 오르고 모표피 층이 탈락되는 현상이 나타난다. 특히, 자외선 지수가 상승하는 여름철에는 자외선 차단성분이 함유된 헤어제품을 바르는 것이 모발 손상을 방지하는데 효과적이다.

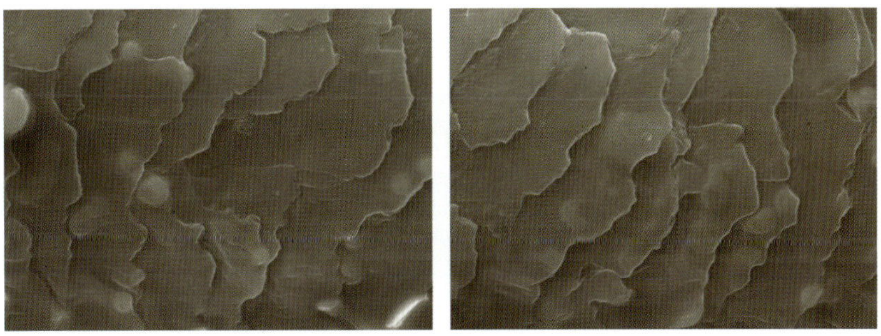

UV-A에 24시간 노출된 모표피

5. 모발의 pH(power of hydrogen ions)

건강한 모발은 pH 4.5~5.5의 약산성이며, pH 10 이상이 되면 모발이 심하게 팽윤, 연화되어 손상되며 강알칼리성은 섬유조직을 파괴시킨다. 약알칼리성은 모발을 부드럽게 해서 큐티클층을 부풀려 거칠게 하는 반면 강산성은 섬유조직의 파괴 없이 모발을 거칠게 한다.

그러므로 산성, 중성, 알칼리 등을 측정하기 위해 사용되는 측정단위인 pH는 수소이온농도지수(power of hydrogen ions)라 한다. 산에는 수소이온(H^+)이 들어있고 염기에는 수산화이온(OH^-)이 들어 있다. 수소이온과 수산화이온의 농도가 같으면 중성, 수소이온 농도가 높으면 산성, 수산화이온이 많으면 알칼리성이라 한다.

즉 수분을 함유한 용액만이 pH를 갖는다. 수분을 함유하지 않는 용액(기름, 알코올)은 pH를 가지지 않는다. pH 9가 pH 8보다 알칼리성이 10배라는 것을 뜻하고 pH 10은 pH 8보다 알칼리성이 100배라는 뜻이다. 즉 10×10을 의미한다. pH 7인 순수한 물은 pH5보다 알칼리성이 100배이다. 모발과 피부는 평균 pH 5 정도이기 때문에 중간 pH라 하더라도 물은 모발과 피부보다 알칼리성이 100배이다. 결과적으로 물은 모발을 20%만큼 부풀어 오르도록 할 수 있다.

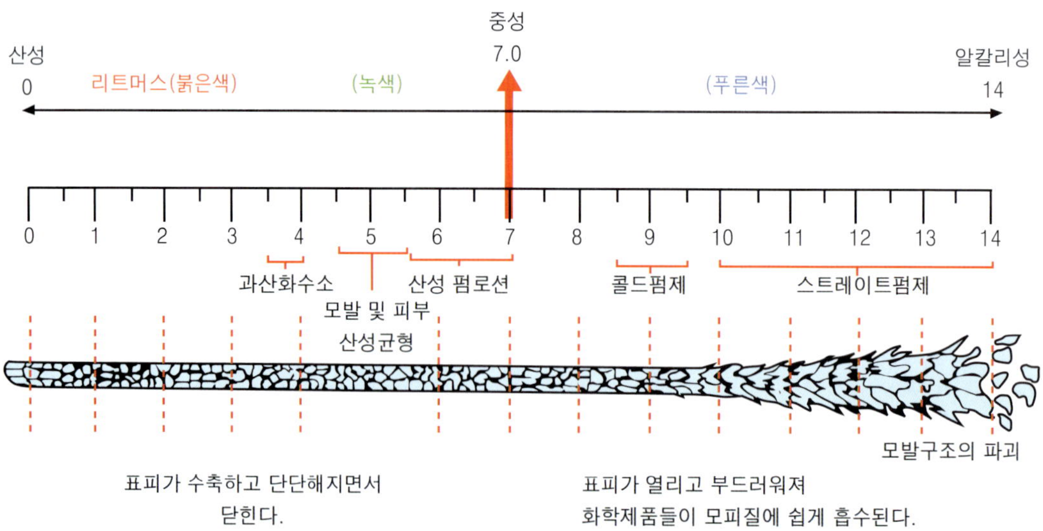

그림 4-17 모발의 pH에 의한 변화

읽을거리

모발 색상에 따른 Image

헤어스타일의 가장 중요한 요소 중의 하나는 바로 모발 색상이다.

뉴질랜드 샴푸 제조회사 씬실크가 7만 8천여 명을 대상으로 모발에 대한 설문조사를 실시했다. 남성들이 좋아하는 섹시한 여성상은 금발과 옅은 갈색머리로 나타났다. 반면에 빨간색 모발이 가장 낮았다.

90년대 우리나라에서는 너도나도 금발보다 조금 가벼워 보이는 브라운컬러로 염색하는 열풍이 일어났다. 비단 우리나라 뿐 아니라 이러한 현상은 금발이 많은 서양에서는 더하다. 실제로 모발의 색을 완전히 다른 색으로 바꿀 수 있다면 100명 중 90명은 금발을 택한다고 한다.

금발을 선호하는 이유는 촉각적인 효과와 시각적인 효과가 있다. 촉각적인 효과는 손으로 만졌을 때 부드러움이다. 금발은 다른 모발보다 가늘기 때문에 실제로 만졌을 때 더 부드럽고 바람에 흩날릴 때도 더 부드러워 보인다. 시각적인 효과는 금발은 실제 나이보다 어려보이게 한다는 것이다.

염색은 동안 연출이다. 창백해 보이는 피부에 금발을 하면 어려보이고, 보호본능을 자극하게 된다. 이에 비해 건강하고 윤기나는 갈색 피부를 가진 사람이 금발을 하게 되면 성숙미를 연출해 섹시함의 절정에 이르기는 하나 어려보이는 효과는 얻기 힘들다. 어두운 피부를 가진 사람은 모발이 손상되어 보이고 얼굴은 더욱 어두워 보인다.

요점정리

01 모간은 모발이 두피 바깥으로 나온 부분으로 단백질로 이루어져 있다. 모발이 자라서 길어지면 모발의 형태, 크기 그리고 모낭의 굽은 정도를 알 수 있다. 모낭의 단면이 타원형으로 약간 구부러져 있고 웨이브가 있으면 서양인의 파상모, 곱슬머리 또는 축모는 거의 단면이 편평하고 축모는 완전히 구부러져 있어 흑인들에게 많이 볼 수 있다.

02 모표피 세포는 상표피와 세포간 물질을 형성한다. 모낭속의 모표피세포는 내모근초 세포들과 단단히 결합하여 자라나는 모발을 모낭에서 잡아주는 역할을 하고 있다. 인종과 개인에 따라 5~15층으로 겹쳐 있다.

03 모피질은 모발에서 80~90%를 차지한다. 두께 1~6㎛에 대략 100㎛길이로서 모양과 크기가 다양하다. 모발의 탄력, 강도, 감촉, 질감 색상을 좌우하며 모발의 성질을 나타내는 중요한 부분이다. 결정영역인 피질세포와 비결정영역인 세포간 결합물질로 나눈다.

04 모수질은 부드러운 케라틴을 형성한다. 0.09mm 이상의 굵은 모발은 모수질이 있고, 0.02mm 이하의 가는 모발은 모수질이 없다.

05 모발의 기능은 외부의 충격과 땀, 먼지, 미생물과 세균의 침입으로부터 신체를 보호하는 작용과 체온을 조절하는 작용, 태양 빛을 흡수하여 비타민 D를 합성시키며 온도와 압력에 대한 감각작용과 촉각작용을 한다. 또한 비소, 수은, 아연 등의 중금속을 체외로 배출하는 배설기능도 있다.

06 모발의 종류에는 모모세포간의 동일한 세포분열로 모발단면이 원형을 띄는 직모와 직모와 축모의 중간 형태로 타원형의 모발단면을 띠는 파생모, 흑인종에게서 많이 보이는 곱슬모발인 축모가 있다.

07 인체는 탄소 18%, 산소 65%, 수소 10%, 질소 3%, 황 0.25% 인 1%의 6가지 원소가 95%이상 차지하고 칼슘을 비롯한 10여 종류의 필수 무기원소로 구성되어 있다. 모발의 주성분은 단백질 80~90%, 수분 10~15%, 멜라닌 색소 3%, 지질 1~8%, 미량원소 0.6~1%, 케라틴 80~90%로 되어 있다.

단원 종합문제

01 모낭이 구부러져 있어 웨이브가 있으며 서양인에게 많이 볼 수 있는 모발은?

① 축모 ② 결절모 ③ 염주모 ④ 파상모 ⑤ 발수성모

02 손상모의 진단으로 바르지 않은 것은?

① 감상적 진단: 모발을 눈으로 확인하여 진단한다.
② 인장력 진단: 모발을 당겼을 때 늘어나는 정도로 진단한다.
③ 팽윤도 진단: 모발에 수분을 제거하고 모발 내부에 흡수된 수분 함유량을 진단한다.
④ 알칼리 용해도 진단: 알칼리에 의해 용해된 모표피로부터 간충물질이 유실되는 정도를 진단한다.
⑤ 아미노산 조성 변화: 모발을 가수분해하여 아미노산의 양을 변화를 분석하여 시스틴 함량을 진단한다.

03 모표피에 대한 설명으로 바른 것은?

① 모간의 가장 최외측 부분으로 친수성이다.
② 유핵세포층으로 수분함량이 약 15% 정도이다.
③ 화학적 저항성이 매우 약하다.
④ 물리적 자극에 쉽게 손상되며, 트리트먼트로 재생이 가능하다.
⑤ 세포간 물질이 존재하여 모발의 인장력에 관여한다.

04 다음 괄호안에 알맞은 단어를 쓰시오.

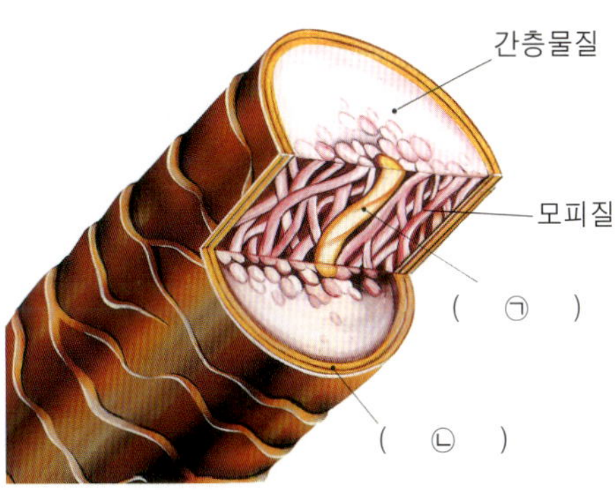

05 모발을 외부의 힘으로 당겼다가 놓았을 때 원 상태로 되돌아가는 성질은 (㉠)이고, 모발이 일정량의 수분을 함유하고 있어 건조하면 수분을 발산하는 것은 (㉡)이다.

06 모발 손상의 원인에 대하여 설명하시오.

가로세로 Quiz

〈세로열쇠〉

1. 모간의 가장 외측 부분으로 경단백질로 구성
2. 경단백질의 하나로서 모발, 손발톱, 피부 등의 구조 단백질의 총칭
3. 마이크로 피브릴이라 하며 다수가 모여 매크로 피브릴을 구성
4. 간충 물질의 Keratin은 짧은 polypeptide 주쇄로서 분자가 불규칙하게 구부려져 난잡하게 되어 실밥을 손으로 뭉친 듯한 상태로 불규칙한 배열로 되어 있는 부분
5. 모발은 10~15%의 OO을 함유하고 있으며 건조모, 샴푸 직후 등 조건에 따라 함유량이 달라진다.
6. 케라틴과 같은 단단한 형태의 단백질
7. 모발은 샴푸, 타월드라이, 브러싱 등으로 인해 손상을 입게 되는데 이를 OO에 의한 손상이라한다.

〈가로열쇠〉

8. 두피 바깥쪽으로 나온 모발의 줄기부분
9. 모발의 80~90%를 차지하며 탄력, 강도, 감촉, 질감, 색상을 좌우하는 부분

10. 매크로피브릴이라 하며 방추형의 섬유이다.
11. 주쇄 결합의 형태로 소량의 멜라닌을 함유하고 중앙에 마이크로 피브릴이라 불리는 방 추형 섬유상 구조로 되어있는 영역
12.. 모표피 층의 15%를 차지하며 케라틴으로 된 층으로 시스틴이 많이 포함되어 있는 층

Chapter V

탈 모

개요

탈모가 남성들만의 고민거리라고 생각하던 때에서 현재는 남녀노소를 불문하고 탈모로 스트레스를 받고 있는 인구가 1,000만을 웃돈다고 한다. 이러한 탈모가 어떠한 원인에 의해서 일어나는지와 예방법, 치유법에 대해 이 장에서 학습한다.

학습 목표	① 탈모의 원인을 설명할 수 있다. ② 탈모의 종류를 설명할 수 있다. ③ 탈모의 예방 및 치료를 설명할 수 있다. ④ 두피의 유형과 문제성 두피 유형을 설명할 수 있다.

01 탈모

1. 탈모

탈모란 성장기가 짧고, 휴지기에서 다음 성장기까지의 기간이 길어져서 다시 자라난 모발이 완전히 성장하지 못한 채 과다하게 빠지는 경우와, 세포분열이 왕성하지 못해 모발이 약해지고 가늘어지며 연모화되는 과정을 말한다. 탈모에는 생리적으로 발생하는 자연탈모와 병적으로 일어나는 이상탈모, 강압적인 힘에 의한 물리적인 탈모, 호르몬에 의한 탈모 등이 있다. 특히 남성이나 사춘기 또는 폐경 이후의 여성에게 나타나는 유전성 탈모를 남성호르몬 탈모라고 한다. 유전적 탈모는 부모 중 한 쪽 또는 양쪽으로부터 물려받아 탈모가 일어나는 유형이다.

2. 탈모의 원인(cause of hair loss)

탈모의 원인은 신경성과 유전성, 바이러스 감염, 나병, 독발성 모낭염, 외상 등으로 인한 세균감염, 혈관운동, 내분비 이상, 아토피 및 지루성 피부염 등에 의해서 일어나게 된다. 특히 모낭에는 박테리아와 모낭충이 모낭에서 나오는 세포 분비물을 먹고 기생하고 있어 염증유발의 원인이 되어 탈모가 일어나기도 한다. 남성은 황색포도상구균이라는 박테리아 감염에 의해 턱 주위에 종기가 생기고 그로인해 그 부위

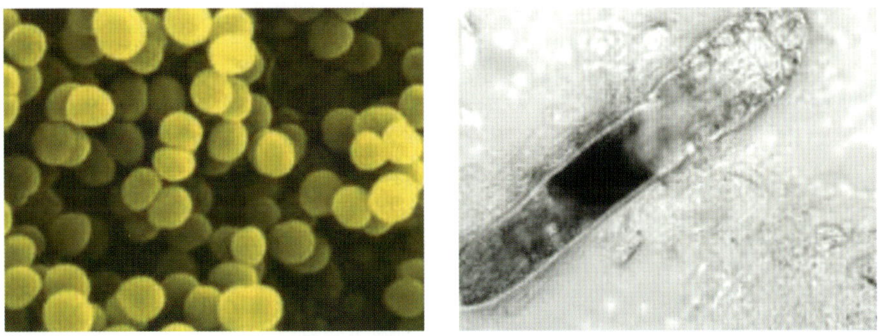

그림 5-1 황색포도상구균과 모낭충

Tip

▸ 독발성모낭염-모낭심부에서 만성 염증 반응이 일어나는 것으로 반흔성 탈모증이다.

의 모발은 빠지게 되지만 더 이상 확장은 되지 않는다. 또한 미생물에 의해 땀샘, 모낭, 피지샘, 림프관, 혈관, 피하조직 등에 손상을 입으면서 세균감염이 일어나 탈모가 일어나게 된다.

특히 남성호르몬인 안드로겐은 안드로스테론과 테스토스테론으로 나누어지며 정낭, 전립선, 음경 등을 발달시키고 남성화를 촉진시켜 모발과 수염을 성장시키지만 이에 반해 피지 생성을 활발하게 여드름을 유발시키는 등 호르몬의 과다 분비로 인한 탈모를 유발시키기도 한다.

탈모의 유전인자는 모계에서 남녀 모든 자녀에게로 이어지지만 특성상 남성호르몬에만 반응을 일으키므로 남성에게만 발현된다.

즉, 탈모증은 안드로겐 호르몬의 영향을 받아 모낭이 축소되고 모발이 가늘어지면서 탈모가 되는데 이를 안드로겐성 탈모증 또는 남성형 탈모증이라고 부른다. 여성보다도 남성들에게 털이 더 많이 자라는 이유는 남성호르몬 때문이며 신체 부위에 따라 털의 성장을 억제시키거나 촉진시키지만 여성은 난소기능이 저하되거나 갱년기에 들어서면서부터 모발이 가늘어져 탈모가 일어나게 된다.

탈모의 증상으로는 머리숱이 줄어들고 두피가 자주 가려운 증상이 있다. 또한 지루성 비듬이 많이 생기고 모발에 탄력이 없으며 잘 끊어지며 두피가 건조하고 당기는 증세가 생긴다.

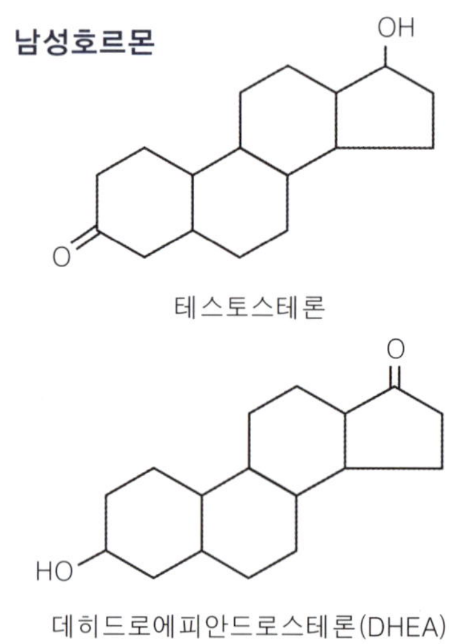

그림 5-2 남성호르몬의 종류

<탈모의 원인>

- 두피의 혈액순환장애 및 유전적 원인
- 스트레스나 심리적인 불안
- 지나친 각화현상으로 모공이 막힌 경우
- 다이어트, 불규칙적인 식사로 영양부족
- 지나친 자극, 압력으로 인한 모낭의 손상
- 땀, 피지 등이 모공을 막고 있는 경우
- 비누나 샴푸 등을 잘못 사용한 경우
- 과로나 고열, 냉증, 빈혈 등에 의한 경우
- 임신으로 인한 호르몬에 의한 경우
- 폐경이후 에스트로겐 호르몬의 감소와 테스토스테론 호르몬이 증가한 경우

PLUS

탈모의 사전증상

① 두피가 자주 가렵다.
② 비듬이 평소보다 많이 생겼다.
③ 모발이 잘 끊어진다.
④ 모발에 탄력이 없다.
⑤ 두피에 뾰루지가 자주 난다.
⑥ 두피와 모발에 유분이 많은 느낌이 든다.
⑦ 샴푸 후 빠지는 모발이 늘었다.
⑧ 빠지는 모발 중 가는 모발이 더 많다.
⑨ 모발이 푸석푸석하다.
⑩ 친척 중에 대머리가 있다.
⑪ 새로 올라온 모발이 가늘고 힘이 없다.
⑫ 육류를 좋아하는 편이다.
⑬ 술, 담배를 즐기는 편이다.

02 탈모의 종류

탈모는 반흔성, 비반흔성 탈모증으로 구분한다. 반흔성 탈모증은 모낭이 파괴되어 영구적인 탈모가 되며, 경피증, 편평태선, 종양, 외상, 홍반성 루프, 감염 등이 원인이 된다. 비반흔성 탈모증은 모낭이 손상되지 않고 그대로 보존되는 질환으로 원형 탈모증, 성장기 탈모증, 휴지기 탈모증, 유전성 안드로겐 탈모증 등이 있다. 이외에도 출산 후의 산후탈모증, 호르몬에 의한 탈모증인 남성탈모증, 여성탈모증 등이 있다. 또한 스트레스, 불안감 등으로 긴장상태가 계속되거나 영양결핍, 질병으로도 탈모증으로 연결될 수 있으며 스트레스에 의한 탈모는 남성보다는 여성에게서 더 많이 나타난다.

모발에 영양을 전달하는 모세혈관은 자율신경에 의해 움직이는 신경이며 신경세포는 교감, 부교감신경으로 나눈다. 교감신경은 모세혈관을 수축시키는 작용이 있어 모발이나 피부의 영양공급을 저지시켜 모발의 성장기를 단축시킴으로 탈모와 연결된다. 또한 뇌하수체에서 분비되는 갑상샘 호르몬에 의해 탈모가 일어나기도 한다. 이렇듯 현대인들은 후천적 또는 선천적인 탈모증에 노출되어 있다.

1. 호르몬에 의한 탈모

1) 남성호르몬에 의한 남성형 탈모

(1) DHT와 테스토스테론(dihydrotestosteron & testosteron)

탈모에 가장 영향을 미치는 호르몬으로 테스토스테론과 부신피질 및 생식샘에서 합성 분비되는 안드로겐이 있다. 난치성 탈모의 대다수를 차지하는 탈모유형은 안드로겐성 탈모이다. 이 유형의 탈모를 유발하는 안드로겐 호르몬은 스테로이드 호르몬 중 모든 남성호르몬을 총칭하는 말이며 그 중 탈모를 유발하는 주요 안드로겐 호르몬은 테스토스테론이다.

테스토스테론은 겨드랑이 털과 음모, 음낭의 성장 촉진에 영향을 미치는 반면, 5-α 리덕타아제의 영향으로 DHT로 바뀌어 남성호르몬 수용체와 결합해 특정 유전자 발현을 촉진 또는 억제시킨다. 전적으로 탈모가 이루어지며 모발이 많이 빠지는 시기는 사람마다 달리 나타난다. 남성호르몬인 DHT가 모낭 내에 있는 탈모 유전인자와 결합하여 남성형 탈모가 되는데 탈모 유전자가 없는 사람에게는 일어나지 않는다. 5-α 리덕타아제(reductase)는 주로 전립샘, 모낭, 피지샘 등에 분포되어 있다. 남성형 탈모 환자의 두피는 탈모 때문에 모낭이 위축되거나 죽더라도 피지샘은 그대로 남아있어 탈모 전보다 더 커지면서 5-α 리덕타아제를 많이 분포함으로서 DHT양은 증가되고 탈모는 더욱 촉진되어 두피가 번들거리는 경우를 볼 수 있다. 따라서 젊은 나이에 탈모가 시작되면 두피의 피지가 굳어 비듬이 생성되고 탈모가 촉진된다. 탈모는 백인 남성보다 황색인 남성에게서 더 많이 발견되며 지루성 두피인 경우 염증을 동반하므로 약용 샴푸로 피지를 제거하고 증상이 심할 경우에는 스테로이드 제제로 염증을 가라앉힌다.

황색인 남성은 백인 남성 보다는 5-α 리덕타아제가 더 적기 때문에 몸에 털이 적고 탈모가 될 가능성도 백인 보다 낮다. 여성들은 5-α 리덕타아제 효소를 남성의 1/2 정도 가지고 있으며 DHT의 형성을 감퇴시키는 아로마타아제라는 효소를 많이 가지고 있다.

안드로겐 탈모증은 테스토스테론 보다 DHT(dihydrotestosteron)라는 호르몬의 영향을 더 많이 받는다. DHT는 머리 부위의 모낭을 제외한 귀, 눈썹, 어깨, 등, 가슴부위의 모낭에 대해서는 성장을 촉진시켜, 탈모인 경우라 하더라도 눈썹과 수염 그리고 가슴, 털 등은 오히려 잘 자란다. 이러한 현상들은 지역과 인종에 따라 다소 차이를 보인다.

여성의 경우 난소에 존재하는 세포에서 만들어진 테스토스테론이 분비되어 혈류를 타고 표적기관인 모낭에 도착하여 모발생성에 영향을 끼치며 그 기능을 다한 테스토스테론은 간이나, 말초조직, 또는 표적기관에서 대사되어 그 생을 마감한다.

탈모는 남성호르몬의 과잉과 유전자와 관계가 많고 특히 남성호르몬의 영향으로 지루성 탈모가 되기 쉽다. 20~30대 장년 남자는 전두부 및 두정부에 탈모가 시작되어 점차적으로 확대된다. 개인에 따라 어느 정도의 차이는 있으나 전두부의 모발은 빠지지 않고 남아 있는 것이 보통이다. 특히 30대인 백인 남성의 경우 약 30%, 50대의 경우 약 50%의 남성형 탈모이다.

남성형 탈모증은 전체 탈모의 95%를 차지하며 크게 M형과 O형으로 나눈다. 특히 전두부와 두정부에 걸쳐 점차적으로 탈모되어가는 것이 특징이며 보통 40세를 전후로 일어난다. 탈모의 초기는 두껍고 긴 성장기 모가 휴지기 모로 변화되면서 점점 가늘고 부드러운 모가 되기 때문에 빠지는 모발이 눈에 띄지 않는다. 모낭의 수는 태어나면서 결정되고 나이가 들어감에 따라 모발의 성장기는 차차 짧아지고, 휴지기 모발의 비율이 높아지면서 탈모가 생긴다. 즉 남성형 탈모를 겪고 있는 모낭의 성장기는 정상에 비해 점점 짧아지고 휴지기는 상대적으로 더 길어진다. 결국 성장기의 모낭 대신 휴지기 모낭이 차지하게 되어 대머리로 이어지게 된다.

안드로겐은 19개의 탄소로 이루어져 있고 동화 스테로이드로 여성의 성호르몬인 에스트로겐의 전구체이기도 하며 부신피질에서 합성된다. 가장 잘 알려진 안드로겐으로는 테스토스테론 외에도 디하이드로에피안드로스테론, 안드로스테네디온, 안드로스테네디올, 안드로스테론, 디하이드로테스토스테론 등이 있다.

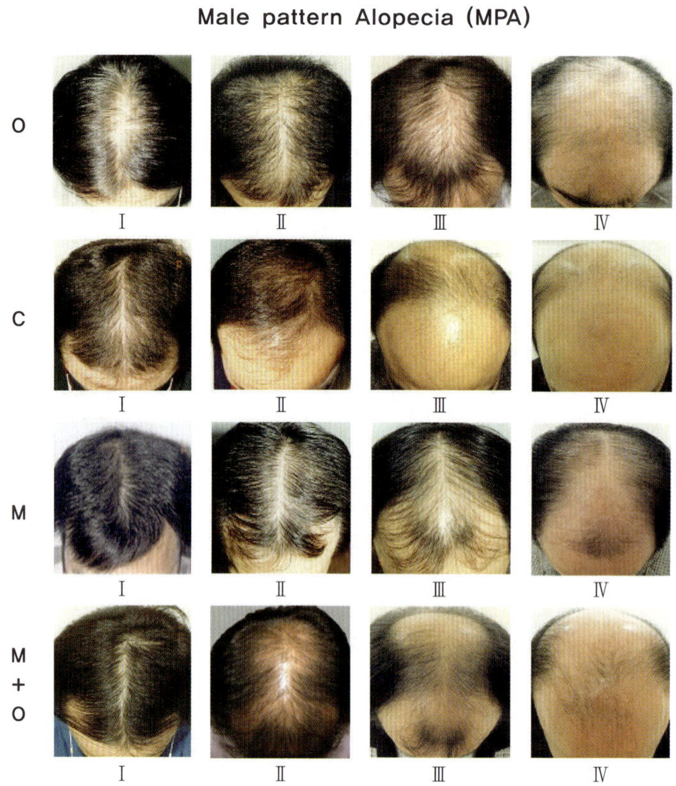

그림 5-3 YKS 남성형탈모증 분류법

② 5-α 리덕타아제(환원효소)

5-α 리덕타아제는 테스토스테론을 남성호르몬인 DHT로 환원시켜 주는 역할을 하는 호르몬으로 주로 모낭 피지샘과 함께 전립샘, 부고환, 정관, 정낭 등에 분포되어 있다. DHT가 생성되면 전립샘이 성장하여 탈모가 될 수도 있다. DHT는 앞이마와 정수리 부분의 모발은 성장을 억제하는 반면 수염, 가슴 털, 코털 등의 성장을 촉진시킨다. 탈모가 가장 잘 진행되는 부분은 리덕타아제가 많은 앞이마 정수리 부분으로 테스토스테론이 DHT로 바뀔 가능성이 많아 탈모가 잘 진행된다.

2) 여성호르몬에 의한 여성형 탈모

난소에서 분비되는 여성호르몬인 에스트로겐은 남성호르몬의 테스토스테론과 반대로 모발성장을 촉진시킨다. 여성들에게도 소량의 남성호르몬(DHT)이 생성되므로 유전적인 소인이 있으면 탈모가 진행된다. 여성탈모의 15% 정도는 남성형 탈모 즉, M자형의 탈모가 발생하기도 한다. 그러나 남성보다 DHT의 생성 양이 적으므로 치료 효과는 높은 편이나 난소 낭종과 같은 질환에 의해 남성호르몬의 비중이 증가되면 생리가 불규칙해지며 남성들처럼 신체의 다른 부위에 굵은 털이 나게 된다. 이는 난소에서 분비되는 안드로겐 호르몬이 모발을 빠지게 하는 호르몬이기 때문이다.

출산 후 또는 폐경의 여성들은 여성호르몬이 저하되고 남성호르몬의 기능이 왕성해지기 때문에 탈모가 심하게 이루어지는 경우가 많다. 또한 40세 전후가 되면 여성호르몬의 분비가 감소하기 때문에 남성호르몬의 영향을 받아 남성형 탈모와 같은 형태로 전두부와 두정부의 모발이 적어지고 가늘게 되는데 전체 탈모 환자의 40%는 여성이다.

모발이 빠지는 형태는 남성과 달리 여성의 경우, 얼굴 라인의 모발은 탈모가 되지 않고 정수리 부분이 탈모되는데 이전보다 모발이 가능어지면서 머리 전체에서 일정하게 빠지며 영구적이어서 치료에 어려움이 있다.

Female Pattern Baldness (FPB)

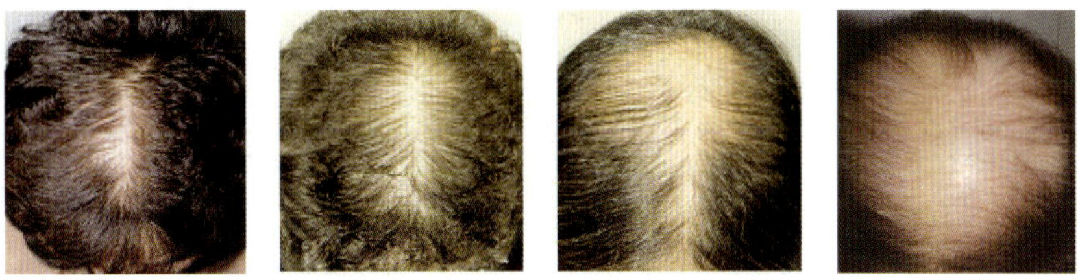

Ⅰ Ⅱ Ⅲ Ⅳ

그림 5-4 YKS 여성형탈모증 분류법

여성의 탈모는 임신과 폐경기 때 더욱 가속화 되며 주기적으로 변화가 심하여 호르몬의 변화, 병적인 요인, 외적 요인에 의해 영향을 받아 점진적으로 빠진다. 여성형 탈모를 겪고 있는 모낭의 성장기는 정상에 비해 점점 짧아지고 반면 휴지기는 상태적으로 더 길어진다. 또한 모낭 축소가 이루어지면 모발을 만드는 세포수도 적어지게 되어 남성형 탈모에서 관찰되는 것과 같이 모발이 가늘어진다.

여성 안드로겐은 피지분비를 억제하는 작용이 강해 남성과 같은 탈모는 없으나 갑상샘 기능 저하가 되는 갱년기 후의 여성호르몬 이상으로 탈모가 생긴다. 탈모를 유발하는 일반적인 의약품들은 경구 피임약, 갑상샘 치료약, 혈압약, 우울증 치료제, 혈액 희석제, 소염제, 과다한 비타민 A 투여 등이 있다. 그 밖에 스트레스로 인한 원형탈모증 및 임신과 출산, 다이어트 약의 복용, 잦은 화학적 시술 그밖에 저혈압, 냉한 체질, 빈혈증 등에도 탈모가 일어날 수 있다. 폐경기 여성들이 여성호르몬제를 복용을 하거나 출산이 끝난 뒤 호르몬 분비가 정상화되면 탈모가 줄어든다.

여성 항체 호르몬인 프로게스테론은 모발 성장에 직접적인 영향을 미치지는 않지만 모발의 성장을 억제시키고 체모의 성장을 촉진시킨다. 특히 자궁, 난소 등의 이상에 의해 여성호르몬의 분비가 쇠약해진 경우에는 굵고 거친 모발이 된다.

3) 갑상샘 호르몬

갑상샘은 부신피질을 자극하여 티록신이라는 호르몬을 분비시킨다. 부신피질에서는 남성호르몬도 분비되며, 모낭활동을 촉진시켜 휴지기에서 성장기로 전환됨으로 모발의 성장촉진에 효과가 있다.

갑상샘 호르몬은 모낭의 활성도를 촉진시키지만 갑상샘을 절제하거나 갑상샘 기능을 억제하는 약물을 투여하면 모낭의 활동이 억제되어 성장을 지연시키고 갑상샘 기능이 저하되며 두피 전체에 탈모를 일으킨다.

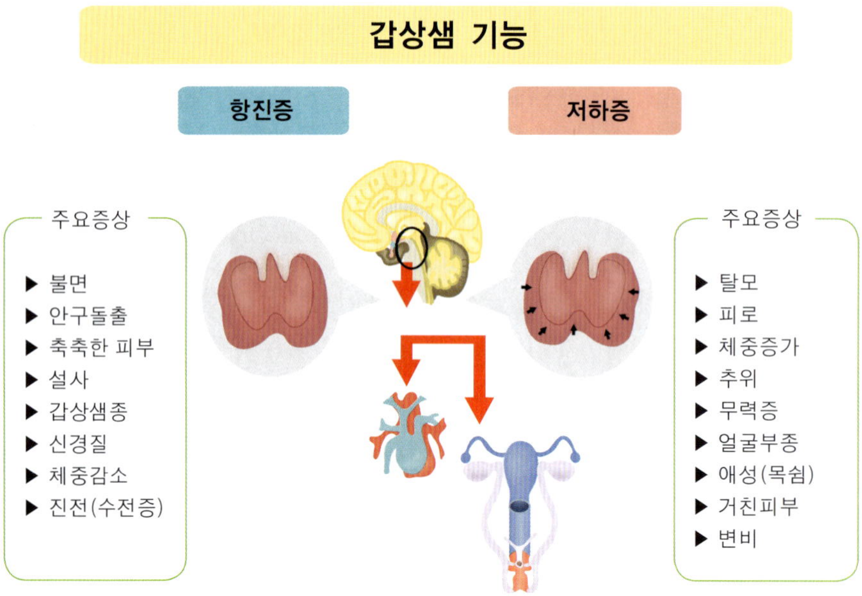

그림 5-6 갑상샘 기능

4) 스트레스성 탈모

현대인들은 일상생활에서 많은 스트레스에 노출되어 있고 예측 할 수 없는 상황에 처하게 되는 경우가 허다하다. 이때 이를 대처하기 위해 우리 몸의 내분비계와 자율신경계가 활성화 된다. 내분비계의 경우 대뇌에 존재하는 시상하부에서 부신피질자극호르몬방출호르몬(CRH)이 방출되어 뇌하수체를 자극하면, 뇌하수체는 부신피질호르몬(ACTH)을 방출하여 혈류를 타고 부신피질에 도달하여 자극한다. 자극 받은 부신피질은 코티솔 호르몬, 즉 스트레스 호르몬을 방출한다.

자율신경계는 온 몸에 퍼져있으며 그 중 부신수질에 연결되어 있는 신경이 부신수질을 자극한다. 자극받은 부신수질은 노르아드레날린(noradrenalin)이라는 또 하나의 스트레스 극복 신경전달물질을 방출한다. 즉, 시상하부, 뇌하수체, 부신피질과 자율신경의 경로를 통해 부신피질과 수질에서 스트레스 호르몬과 신경전달물질이 방출되고 방출된 이 물질은 혈류를 타고 몸 전체에 퍼져 스트레스에 대해 효과적으로 대처하게 된다. 이러한 과정 중에 모낭에 변화가 일어난다. 스트레스에 의해 활성화된 중추신경의 자율신경은 부신수질 뿐 만아니라 우리 몸에서 신경이 제일 많이 발달된 모낭에도 연결되어 있다.

우리가 스트레스를 받으면 모낭주위에 퍼져있는 교감신경 말단 부위와 그 인근에 분포되어 있는 통증감각 신경말단부위에서 여러 물질이 분비된다. 그 중 자율신경 말단에서 분비된 SP(substance P)물질이 인근에 존재하는 여러 세포 중 비만세포를 자극하여 여러 종류의 염증유발 물질 분비를 유도한다. 그 중 히스타민은 인근의 혈관을 이완시켜 여러 면역세포가 손쉽게 접근할 수 있도록 한다. 이 중에서 대식세포나 또는 이미 SP물질에 자극받은 비만세포는 염증 유발인자들을 분비하여 모낭에 있는 모발세포의 증식을 억제하거나 또는 모발세포의 세포자멸사를 유도한다.

부신피질에서 분비된 스트레스 호르몬은 혈관을 수축시켜 모낭에 산소와 영양분 공급을 억제한다. 결국 스트레스에 대처하기 위해 분비되는 여러 가지 호르몬, 신경전달물질 또는 각종 생리인자들에 의해 성장기의 모낭이 조기 퇴행기를 맞게 되어 탈모로 이어지게 된다.

Tip

▸ P 물질(substance P) : 중추신경계와 위장관 등의 말초에 널리 분포하는 신경펩티드로서, 1차 지각신경에서 통각 전달물질이다. 혈압강하, 평활근수축, 침(타액)분비 촉진 등의 다양한 생리작용을 나타낸다.

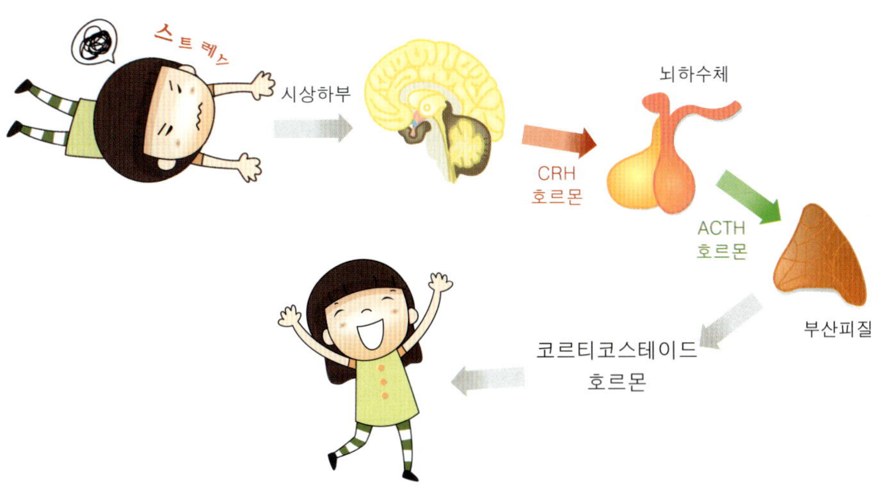

그림 5-7 스트레스호르몬 방출 과정

PLUS

부신 호르몬

갑상샘에서 분비되는 티록신 호로몬이 부신을 자극하면 부신 호르몬인 에피네프린과 코티솔이 분비된다. 이 호르몬은 자율신경계에 악영향을 미쳐 근육을 긴장시키며 두통, 성기능장애, 혈액순환 방해, 탈모를 일으키게 한다.

- 노르에피네프린 : 부신수질에서 나오는 교감신경 흥분제. 스트레스를 받게 되면 과도하게 분비되어 두피의 순환이 억제되면서 탈모가 발생한다.
- 코티솔 : 부신피질에서 나오는 혈당 증가 호르몬. 스트레스를 받으면 호르몬의 영향으로 모근으로의 영양공급이 차단되면서 탈모를 유발한다. 모발과 몸의 털 모두 성장 억제효과가 있다. 생식샘 제거술이나 부신 제거술을 받게 되면 생장기가 계속되어 모발 성장효과가 있으나 몸의 털은 여전히 성장억제효과가 있다.

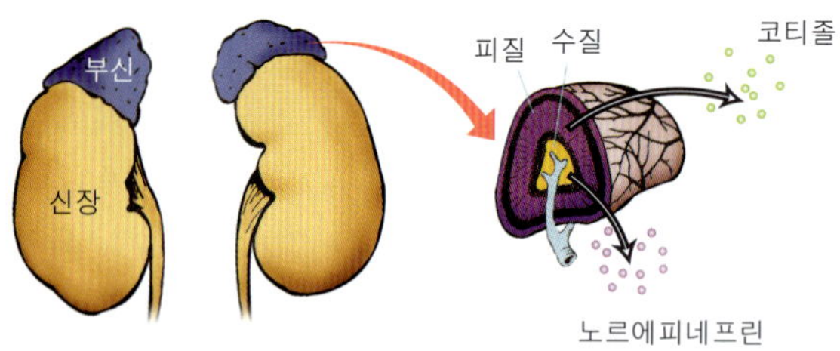

2. 반흔성 탈모증(cicatrical alopecia)

그림 5-8 반흔성 탈모증

반흔성 탈모증은 모유두 조직의 기능 저하 또는 모낭이 완전 파괴되어 일어나는 탈모를 말한다. 외상이나 화상으로 흉터가 생겨 모발이 자라지 않는 경우, 화학물질에 의한 피부손상, 또는 피부의 심각한 감염, 모낭염, 가성독발, 독발성 모낭염, 홍반성 루프, 경피증, 편평태선, 종양 감염 등의 원인으로 모낭이 파괴된 상태를 말한다. 영구적인 탈모가 되며 완치된 후에도 두피가 반들거리고 모발은 재생되지 않는다.

3. 비반흔성 탈모증

비반흔성 탈모증은 조직이 섬유화 되지 않고 모낭이 그대로 보존되는 질환으로서 휴지기 탈모증, 유전성 안드로겐 탈모증, 성장기 탈모증 등이 있다. 반흔성 탈모처럼 흉터가 생기지 않는 탈모이다.

4. 원형 탈모증(Alopecia areata)

원형탈모증은 모발을 만드는 모낭을 면역계가 공격하여 파괴하고 이로 인해 모발이 부분적으로 갑자기 소실되는 탈모질환으로 알려져 있다. 심할 경우 두피 전체의 탈모로 이어지고 더욱 심할 경우 눈썹과 음모를 포함해 몸 전체의 털이 빠지게 된다. 즉, 자기 자신의 면역세포가 모낭을 공격하는 자가 면역질환으로 알려져 있다. 유전적 요인과 정신적인 스트레스로 인해 자각 증상 없이 머리 한 가운데에 동전 크기 모양의 원형으로 탈모된다.

원형 탈모증은 주로 어린아이들과 20~30대의 젊은 층에서 많이 나타나며 정신적 외상, 자가 면역, 국소감염, 내분비장애 등의 원인으로 직경 1~5cm의 원형 또는 타원형의 모양으로 약간 함몰되어 탈모된다. 90% 이상은 6개월~1년 사이에 치료 없이도 좋아지게 되나 2년 이상 지속된 경우에는 모발이 다시 나지 않으며, 탈모된 부위가 심하면 점점 커지다가 두피 전체의 탈모로 확대되며 인설이나 다른 염증 증상은 볼 수 없다.

소아의 경우는 아토피성이 원인으로 치료가 힘들어 악성탈모로 진전되는 수가 있으며 눈썹, 속눈썹까지 빠지는 경우도 있다.

탈모의 정도에 따라 두상의 모발 전체가 탈락되면 전두 탈모증, 전신의 모발이 탈락되면 전신탈모증이라 부른다. 한 개 또는 수 개의 작은 탈모반은 보통 4~12개월에 모발이 재생되지만 재발하는 일이 많다. 대부분 동반되는 질환 없이 건강한 사람에게도 발생하지만 아토피 피부염, 다운증후군, 갑상샘염, 백반증 환자에게서 발생할 수 있으며 감별을 요하는 질환으로서는 두부 백선, 매독성 탈모증, 홍반성 루프스, 발모벽(trichotillomania) 등이 있다. 병변 부위에 타나나는 모발은 대부분 성장기 모발이며 모낭은 크기가 작고 다양하다.

모낭주기의 성장기에 있는 세포는 주조직적합성 항원수용체가 거의 발현되지 않는다. 따라서 모발 세포가 면역세포의 공격포인트인 항원이 존재한다 하더라도 면역세포에 제시할 방법이 없어 면역세포가 공격할 수 없게 된다. 가장 유명한 유전자는 바로 주조직적합성 항원수용체 유전자이다. 만약 유전자에 이상이 있다면 면역세포에 비정상적으로 공격 포인트인 자가항원의 정보를 제공하여 필요치 않은 면역반응을 야기 할 수 있다. 주조직적합성 항원수용체 유전자는 면역세포 활성 조절에 관여하는 유전자이다.

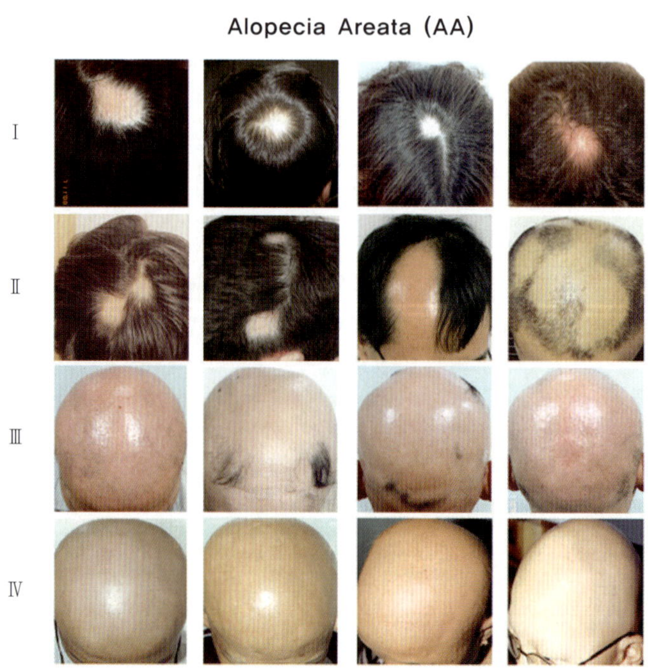

그림 5-9 YKS 남성형탈모증 분류법

원형탈모의 90%는 자연적으로 치유되고 강력한 면역억제제 또는 면역 환경을 조절하는 치료제 이용으로 원형탈모의 진행을 효과적으로 억제할 수 있으며, 부신피질 호르몬을 사용하여 치료를 하면 투여 중에는 회복되는 것 같지만 투여를 중지하면 다시 재발하기도 한다. 원형탈모증은 단발성과 다발성, 미만성, 범발성으로 나눌 수 있다.

1) 단발성 원형 탈모증

모든 연령층에서 불 수 있는 탈모증으로 남성보다 여성에게 많이 볼 수 있다. 탈모부위가 점차 늘어나면서 난치성 탈모증으로 발전 될 수 있다. 대부분 60% 정도는 모발이 자라면서 1~2개월 사이에 자연 치유될 수 있으며, 또한 두정부 전체에 큰 탈모를 형성할 수도 있다.

2) 다발성 원형 탈모증

탈모부위가 2군데 이상 생기는 것을 말하며, 탈모가 주변에 확대되면서 서로 합쳐져 다양한 형태의 크기로 탈모반을 형성한다. 하지만 6개월에서 2년 정도에서 치유된다. 다발성 탈모는 두피 전체 또는 온몸의 털이 탈모되는 경우도 있다.

3) 미만성 원형 탈모증

탈모된 부위의 모근 형상이 원형탈모증의 일종으로 두피 전체에 많은 양의 모발이 균등하게 탈모되지만 1~2년 정도 치료로 완치되는 경우도 있다.

4) 범발성 원형 탈모증

세포성 면역의 결손이나 자가 항체 및 내분비적 인자와 관련되는 탈모증이다. 전두부에서 유발되어 미모, 첨모, 수모, 액모, 음모, 사지 등의 경모 등으로 빠진다. 두부 이외의 탈모가 생기는 악성 탈모증 또는 난치성 탈모증이라 한다.

탈모 이외의 신체의 장애는 일어나지 않으며 모낭만 전신에서 소멸 또는 극도로 위축되는 질환으로서 자신의 면역에 대한 알러지라고 생각할 수 있다.

PLUS

다양한 원형탈모

원형탈모는 세포성 면역의 결핍이나 자가 항체 및 내분비적 요인과 관련하여 두부 이외에 턱수염, 눈썹 등에서도 발생할 수 있다. 또한 손톱이나 발톱에 가로세로 줄, 변형 등이 동반하는 경우도 있다.

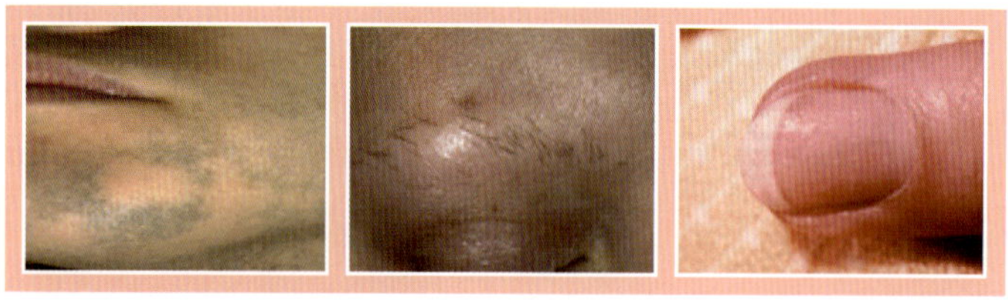

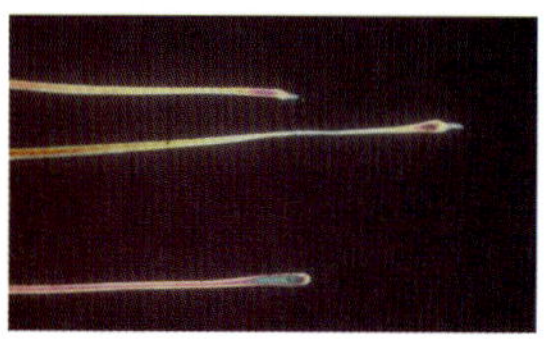

▶ **원형탈모부위에서 채취한 모발**
모간이 가늘고 모근 바로 위에는 색소가 거의 없는 것이 특징이다.

5. 성장기 탈모증(Anagen effluvium)

성장기의 모근이 파괴되어 가늘게 된 모발이 성장기 동안에 빠지는 탈모이다. 특히 X선 조사와 두피외상 및 압박, 여러 내분비 질환, 항 대사제 또는 체세포분열 억제제 같은 세포 독성이 있는 항암제를 투여한 직후 또는 1~2주 후에 두피 전체에서 심한 탈모가 나타난다. 모발은 약효가 지속되는 동안 가늘어지며 두피의 표면에서 부러지거나 빠지기도 하는데 이러한 손상은 성장기 모발에서만 일어나고 휴지기 모낭은 세포분열을 하지 않으므로 그대로 존재한다. 약제사용을 하지 않으면 수주 이내에 모발이 재생된다.

Anagen Effluvium (AE)

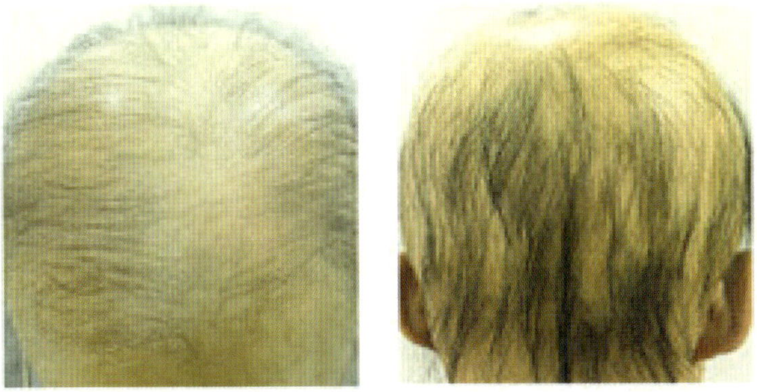

그림 5-10 성장기 탈모증

6. 휴지기 탈모증

휴지기 탈모는 탈모의 대다수를 차지하는 안드로겐성 탈모 다음으로 많이 발생되며 안드로겐성 탈모 그리고 원형탈모와 함께 가장 빈번하게 발생되는 3대 탈모 중 하나이다. 휴지기 탈모는 휴지기가 되면 자연 탈모하는데, 모발이 그 시기를 기다리지 않고 성장기에서 퇴행기와 휴지기로 가면서 모발이 빠지는 탈모이다. 하지만 모낭내의 염증은 나타나지 않는다. 건강인의 정상 휴지기 모발 비율은 14%이며, 25% 이상이 되면 휴지기 탈모증이라 볼 수 있다. 정상인의 1일 탈모 수는 나이, 성별, 인종에 따라 다소 차이는 있으나 보통 50~70개 이다. 휴지기 탈모환자는 120~140개 이상이 탈모된다. 여성의 산후 탈모는 성장기의 모낭이 여성호르몬의 영향으로 보통보다 빠른 속도로 휴지기로 가면서 휴지기 모가 갑자기 늘어나는 것이 원인으로 모모 자체의 장해는 적으며 남성형 탈모증도 같은 타입이다.

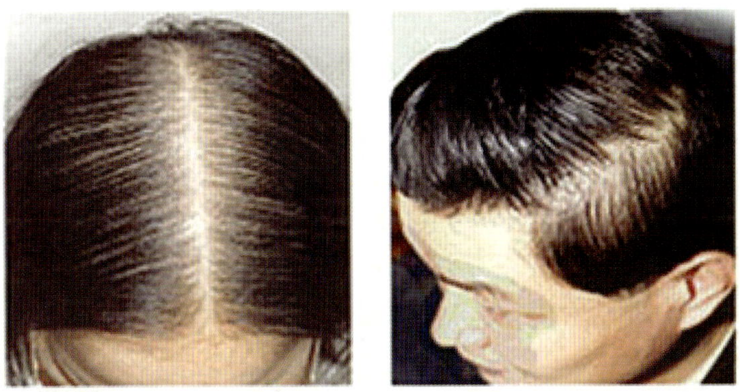

그림 5-11 휴지기 탈모증

휴지기 탈모에 대한 특별한 치료법은 없으며 산후 휴지기 탈모, 출생 후 휴지기 탈모, 열병 후 휴지기 탈모, 견인 휴지기 탈모, 약물성 휴지기 탈모, 만성 정신적 탈모, 영양결핍 만성두피질환 및 만성 원형탈모증 등으로서 원인 노출이 없으면 6개월 후에 자연적으로 호전된다. 산후 휴지기 모발 비율은 24~46%이며, 탈모는 산후 2~5개월에 나타나기 시작하여 주로 두상의 앞쪽 1/3부분에서 탈모가 일어나지만 머리 전체에서 나타기도 하며 모발의 재생은 생후 6개월에 시작된다.

7. 견인성 탈모증

강한 힘을 가하여 모발을 묶거나 또는 땋거나, 감아올릴 때 또는 기계적인 자극을 반복했을 때 모낭이 당겨져서 모낭의 혈류장해가 생기는 생리적 자극이 모유두 조직 주변에 가벼운 염증으로 축적되어 조직의 노화를 앞당긴다. 특히 물리적인 힘을 가해서 만성적 압박, 마찰, 견인 등에 의해 결발성 탈모, 유아기성 탈모, 발모벽(trichotillomania) 등의 탈모가 된다.

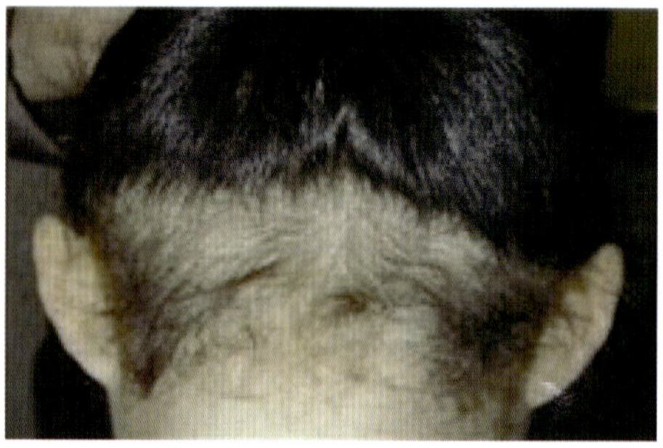

그림 5-12 견인성 탈모증

8. 비강성 탈모증

비강성 탈모증은 비듬균의 이상증식으로 인해 두피의 염증은 없으나 건조한 비듬이 많아지며, 모근은 가늘어지고 가려움이 생기면서 모발은 건조하고 광택이 없어진다. 비타민 A, D의 부족에 의한 두피 각화와 비정상 위장장애, 빈혈, 결핵, 신경쇠약, 자율신경 실조로 인한 두피 압박 및 건조상태이며 브러싱이나 샴푸 과정을 통해 탈락된다. 특히 사춘기 이후에 발생위험이 높다.

9. 지루성 탈모증

두피의 피지가 필요이상으로 생성되면서 심한 지루성 인설 및 지루성 피부염으로 탈모가 생길 수 있다. 이때 빠진 모근에는 하얀 피지 덩어리가 보이며 두피는 끈적끈적하고 모발은 가늘어지면서 부드러워진다.

두피를 청결하게 하지 않으면 미생물이 번식하여 비듬이 증가하며, 가려움증과 함께 염증을 유발한다. 염증이 심하게 되면 모낭염이나 지루성 습진이 되어 휴지기 모의 탈모가 많아지게 된다. 이를 지루성 탈모증이라 한다. 대체로 남성호르몬의 영향으로 남성에게 나타나며 간혹 여성에게서도 발생한다.

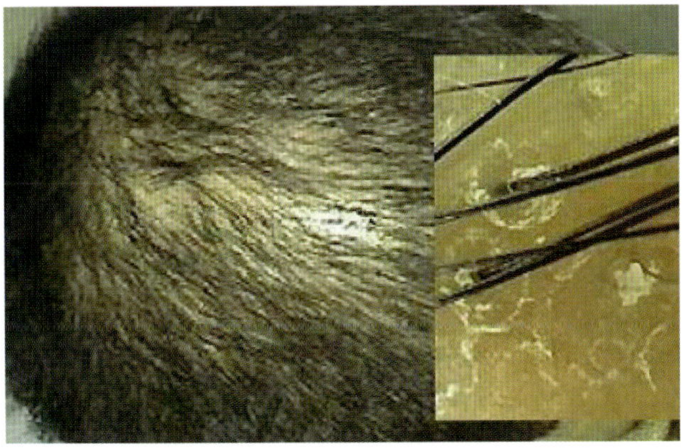

그림 5-13 지루성 탈모증

10. 두부 백선

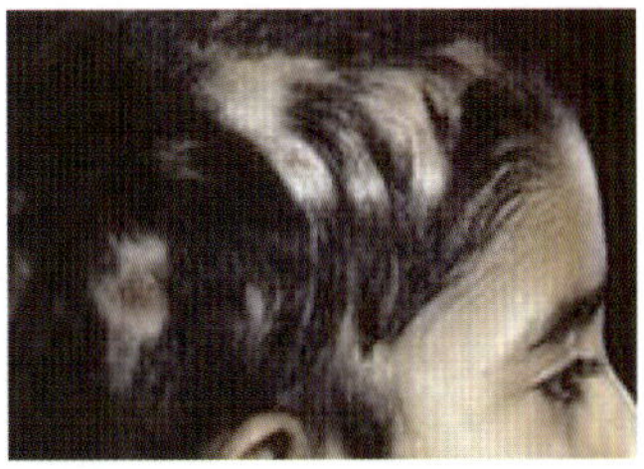

그림 5-14 두부 백선

두부가 백선균(*trichophyton*)에 감염되어 일어나는 전염성 피부병으로 모발이나 모근부위에 곰팡이 균이 기생하는 질환으로 모발이 끊어지거나 빠지고 진물이 나면서 둥그런 각질이 두피에 생기는 것이 특징이다. 두부백선의 원인균은 피부사상진균으로 주로 15세 미만의 소아에게 잘 생긴다. 염증형과 비염증형이 있으며 원형에서 타원형의 인설반이다. 모낭염과 함께 농포형성으로 영구탈모를 유발시킬 수도 있으며 두부 백선에서도 인설, 홍반, 농포와 함께 탈모의 증세가 나타난다. 모발을 짧게 자르면(crop cut)없어지기도 한다.

11. 접촉성 피부염에 의한 탈모

염모제, 퍼머용액 등의 화학적 시술과 헤어크림으로 인한 두피 접촉으로 피부염을 일으키는 경우로, 염증이 심해지면 탈모가 되며 염증 치료 후 수 주일이 지난 후 휴지기성 탈모를 일으키기도 한다.

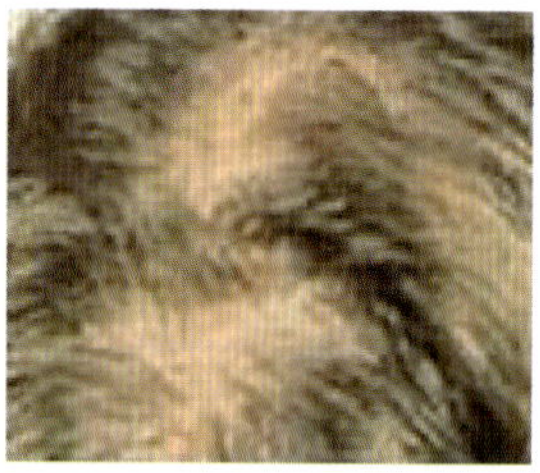

그림 5-15 접촉성 피부염에 의한 탈모

12. 발모벽

발모벽은 비정상적인 버릇으로 자신의 모발을 뽑는 정신증이다. 주로 10살 이하의 우울증이 있는 여자아이에게서 흔히 볼 수 있다. 성인 여성에서도 나타날 수 있으며 정신적인 치료가 필요하다. 전두부에서 측두부에 걸쳐 발현되므로 원형탈모증으로 오진하기 쉬우므로 주의한다. 탈모 부위에 남아 있는 모발을 관찰하면 성장기 상태로 뽑아 져있는 것을 볼 수 있다. 원인은 우울증 히스테리, 과도한 스트레스와 같은 심인성이 많고 무의식 중이나 사람이 없는 곳에서 탈모 과정이 이루어진다.

13. 영양 장애성 탈모증

다이어트나 단식을 할 경우 피부의 건조와 함께 탈모가 된다.

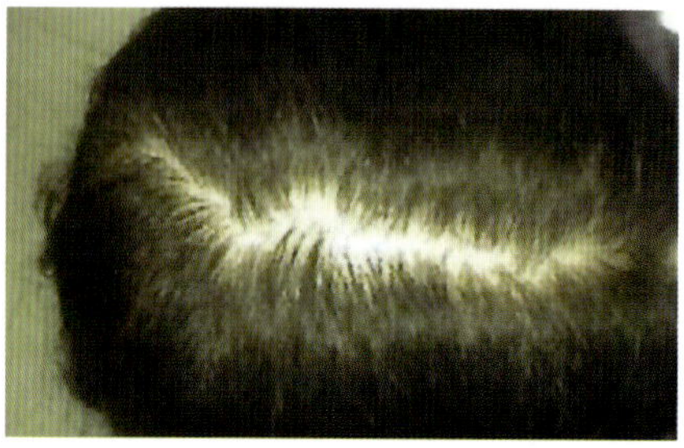

그림 5-16 영양 장애성 탈모증

14. 약제성 탈모증

갑상샘의 기능을 억제하는 약을 투여하면 휴지기성 탈모가 된다. 항정신제는 콜레스테롤 합성을 억제하므로 모발의 각화가 제대로 되지 않아 휴지기성 탈모증을 유발한다. 특히 항암제를 투여하게 되면 세포분열이 활발한 생식세포나 모모세포 등을 파괴하기 때문에 성장기성 탈모증을 유발한다.

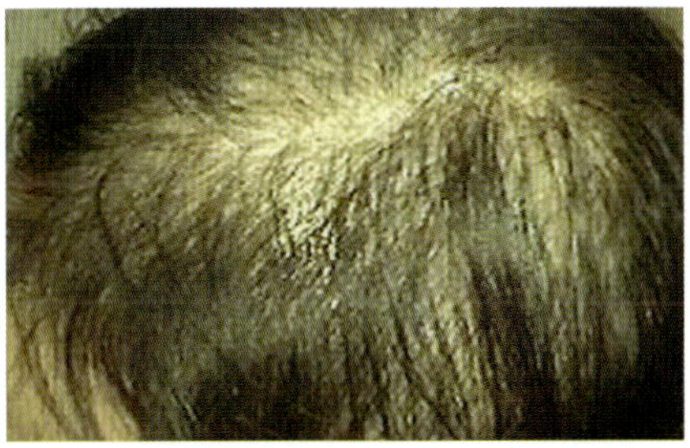

그림 5-17 약제성 탈모증

15. 비타민A 과잉에 의한 탈모

비타민A는 모발의 성장에 필요한 영양소이지만 과잉 복용할 경우 모낭에 염증을 유발하여 탈모가 될 수 있다.

16. 압박성 탈모증

머리에 지나친 압박이 가해지면 국소 혈류장애가 생겨 모발의 성장에 영향을 줄 수 있다. 특히 오랫동안 누워 있는 환자와 무거운 가발 착용 또는 수술 시 두부를 고정하고 난 후 받은 압박에 의해 2~6주후에 일어나는 탈모로 일반적으로 위축모의 형태로 빠지지만 경증인 경우는 휴지기 모로 빠진다.

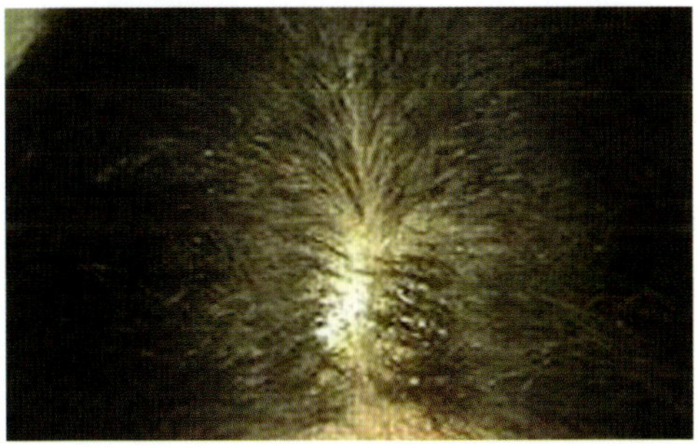

그림 5-18 압박에 의한 탈모

17. 장성지단 피부염에 의한 탈모증

장성지단 피부염(acrodermatitis enteropathica)은 5~6세의 유아에서 혈중 아연의 저하나 반응역치의 상승으로 일어나는 유전성 피부질환으로 손 · 발가락에 작은 수포나 농포를 동반한 홍반을 만들고 결국 손톱의 변형이나 손톱주위에 염증을 일으키기도 하며 두피에 전염되면 탈모가 일어난다. 아연의 투여로 완치된다.

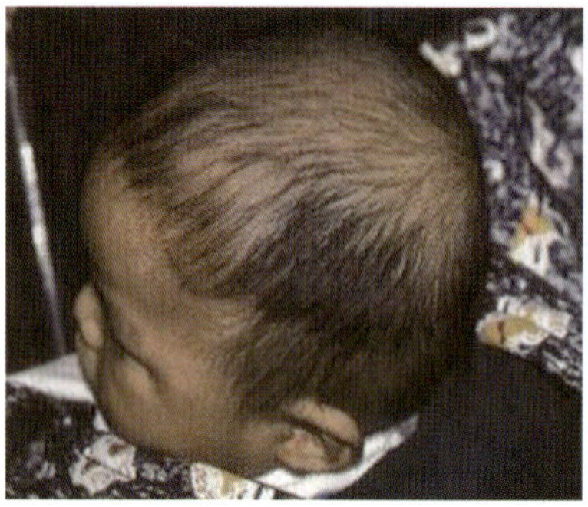

그림 5-19 장성지단

18. 매독성 탈모증

매독감염 후 발생하는 탈모증으로 후두부 또는 측두부에 원형이나 타원형으로 탈모가 된다.

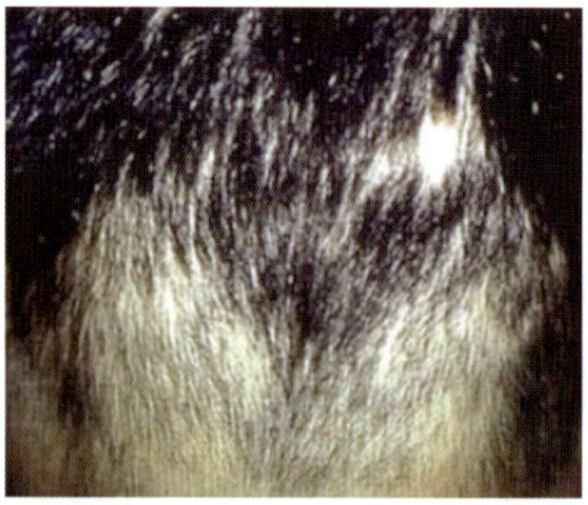

그림 5-20 매독성 탈모증

19. 모낭충에 의한 탈모

사람의 모낭에는 0.3mm 크기의 진드기류인 데모덱스 휘리큘럼(Demodex foliculorum)과 데모덱스 브레비스(Demodex brevis) 두 가지 종류의 모낭충이 기생한다. 이들 모낭충은 모낭과 피지샘에 기생하고 주로 밤에 활동하며 모공에 염증을 일으켜 탈모를 일으킨다.

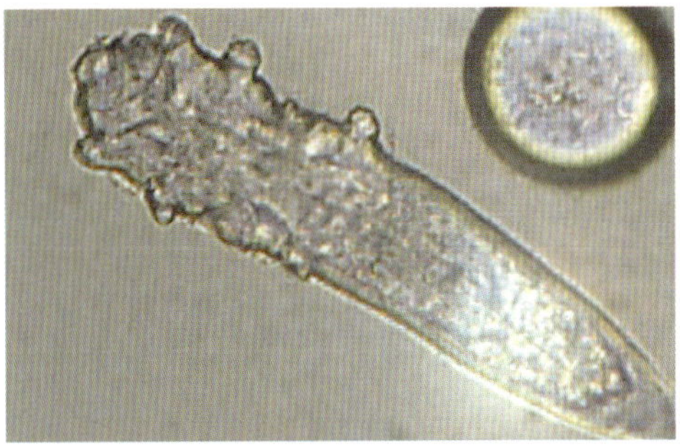

그림 5-21 모낭충에 의한 탈모

❖ 탈모를 예방하는 식습관

하루 세끼 식단
단백질 : 탄수화물 : 불포화지방 = 30 : 40 : 30

① 기름기가 제거된 **육식, 식물성 단백질(콩), 해산물, 과일**을 섭취한다.
② **술, 담배, 카페인, 매운 음식** 등은 최소화한다.
③ **인스턴트 음식**은 피하고 과식은 금한다.
④ 취침 **2시간 전**에 식사를 끝낸다.
⑤ 조리 시 불포화 지방이 많이 포함된 **식물성 기름**을 사용한다.
⑥ **탄산음료** 또는 단 음식은 피한다.

03 탈모의 예방 및 치료

1. 탈모 예방

탈모가 일어나지 않도록 사전 예방이 우선이지만 현대인의 일상생활에서 스트레스에 의한 탈모는 자신도 모르는 사이에 진행되고 있다. 평소에 탈모가 되지 않도록 균형있는 영양섭취와 충분한 수면, 적당한 운동과 과도한 스트레스를 피하는 것이 무엇보다 필요하다. 탈모가 시작되면 오랜 시간을 두고 꾸준한 관리와 치료가 지속적으로 필요하다.

특히 포화지방의 비율이 높은 동물성 기름은 남성호르몬의 혈중 농도를 높이고, 당분이 많은 음식은 인슐린 호르몬의 분비를 높여 필수 지방산인 아리키돈산 생성이 증가되므로 남성호르몬의 분비를 높여 주기 때문에 탈모의 원인이 된다. 탈모예방을 위해 DHT 생성을 억제하는 녹차를 마시는 식습관을 갖도록 하고 날씨가 건조한 봄, 가을, 겨울철에는 모발에 보습제를 사용하며 샴푸 후 타월로 충분히 물기를 닦아 낸 다음 완전히 말리는 올바른 샴푸가 습관화 되어야 한다.

2. 탈모 치료

탈모증의 병원치료 방법으로는 자가 모발이식과 약물치료 방법이 있다. 약물 요법은 미녹시딜, 피나스테리드를 투여하여 탈모를 일으키는 성분을 억제하여 남성호르몬을 억제하거나 5-α 환원효소를 억제시켜 탈모를 완화시켜 탈모를 예방하는 치료법이라 할 수 있다. 이에 반해 부작용으로는 발기부전, 성욕 감퇴 등을 일으킬 수 있다.

스트레스나 심리적 위축으로 인해 우울증이나 불안 증상을 동반하는 경우는 정신과 치료를 요한다.

1) 병원치료방법

(1) 자가 모발이식(Hair Transplantation)

탈모 환자의 자가 모발이식은 펀치법(punch method)과 미니그래프트법(mini graft method), 단일모이식술(single hair transplantation)이 있다. 시술시 탈모치료제(Finasteride)와 병행하여 시술한다.

단일모발이식술 (single hair transplantation)	• 모발을 모 단위로 이식하는 방법 • 모근이 굵은 동양인들에게 적합한 방법 • 흉터가 남지 않고 외관상 자연스럽다.
펀치법(Punch method)	• 직경 4mm의 펀치로 모 단위수 10개 이상을 이식하는 방법
미니그래프트법(Mini graft method)	• 직경 2mm의 펀치로 모 단위수 5개 전후로 이식하는 방법 • 흉터가 남고 부자연스럽다는 단점
마이크로 그래프트법(Micro graft method)	• 두세 개씩의 모 단위수로 이식하는 방법

(2) 식모술 순서

① 후두부에 원추형으로 절개 하여 이식할 모발을 채취한 다음 봉합한다.
② 식모할 부위를 디자인 한 후 국소 마취한다.
③ 모근의 분리와 식모를 동시에 진행한다. 분리된 모근은 식모침에 장치되어 바늘의 길이를 조절하면서 피부 속에 들어가도록 하며 식모한다.
④ 회복기에는 이식한 부위에 자극을 피한다.

2) 두피 절개술

두피 절개술은 넓어진 두피를 일부분 절개하여 꿰매는 시술로서 정수리 부분의 두피를 앞쪽으로 당겨서 시술하므로 흉터가 남지만 식모술보다 자연스럽다.

3) 냉동 치료법(crytotherapy)

원형 탈모 부위에 주 1회씩 냉동치료제를 피부 표면에 떨어뜨려 시술하는 방법으로 시술한다.

4) 조직 확장기를 이용한 두피 재건술

탈모부위의 두피에 조직 확장기를 삽입하여 팽창 시킨 후 시술하는 두피 재건술로 성형외과에서 시술되고 있는 방법이다.

5) 약물치료방법

탈모증 치료제로 가장 많이 사용되는 미녹시딜(Minoxidil)과 피나스테리드(Finasteride)의 의약품을 남성형 탈모증 치료제로 사용한다. 탈모 방지 의약품으로써 미국 FDA의 승인을 받은 치료제이다.

(1) 미녹시딜(Minoxidil)

미녹시딜은 혈압을 떨어뜨리는 국소 의약품이지만 남녀 모두에게 사용 가능한 두피 도포용의 남성형 탈모 치료제이다. 미녹시딜은 혈관을 확장시켜 두피의 혈류를 증가시키고 모모세포를 활성화시켜 탈모 진행을 더디게 하며 솜털을 자라게 한다. 하지만 굵은 털이 길게 자라는 효과를 기대하기는 어렵고 가늘어진 모발이 굵어지도록 하거나 빠지는 현상을 막아주는 역할을 하는 것이다.

두정부의 탈모에 효과가 있으나 지속적으로 사용을 해야 한다. 사용 중단 시에는 다시 원래 상태로 탈모가 되는 현상이 발생하게 된다. 사용 후 2~3개월 후 효과가 생기며 농도가 높을수록 효과가 상승하고 남성호르몬이 적게 분비되는 여성들에게서 더 효과가 있다. 여성 탈모에 있어서 유일한 약물 치료제이다. 이에 반해 부작용으로 두피가 건조해지며 소양감, 홍반 등의 두피 자극 증상이 나타난다. 또한 알러지성 접촉 피부염과 안면부 다모증도 나타날 수 있다.

(2) 프로페시아(Propecia)

Tip

▸ 프로페시아는 피나스테리드라는 명칭으로 판매되고 있다.

프로페시아(피나스테리드)는 전립선 비대증 환자의 치료를 위해 사용하는 경구용 약물로 남성호르몬을 억제시키기 때문에 의사처방이 필요한 의약품이며 남성에게만 해당된다. 프로페시아는 5-α 리덕타아제 효소의 활동을 억제시켜 탈모의 원인이 되는 DHT 호르몬의 현성을 감소시켜 탈모의 원인을 치료한다.

프로페시아는 사용하는 기간 동안에 두정부에서 모발이 빠지는 것을 방지하고 가는 모발을 굵게 나오도록 하는데 효과가 있다. 지속적으로 복용할 경우 1~2년에 가장 효과가 좋으며 이후에는 점차 감소된다. 1년 정도 사용하여 효과가 없을 경우에는 더 이상 사용하지 않는 것이 바람직하다. 사용 중지할 경우 2개월 정도 지나면 예전에 빠져야 할 모발까지 함께 빠지게 된다. 폐경기가 지난 여성이 사용할 경우 탈모를 방지하는 효과를 전혀 볼 수 없다.

피나스테리드는 미녹시딜보다 효과가 좋고 편리하지만 체중증가와 성적 욕구의 감소, 발기부전, 정액량의 감소, 유두에 멍울이 생기거나 통증이 생긴다. 특히 임산부는 선천적 기형아 출산의 위험이 있다.

PLUS

모발 이식술 과정

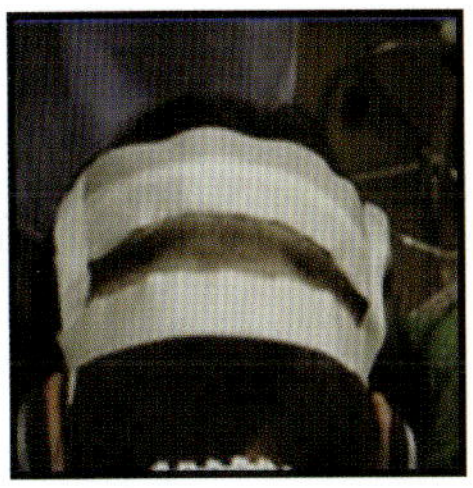

① 채취할 부분의 모발을 짧게 자른다.

↓

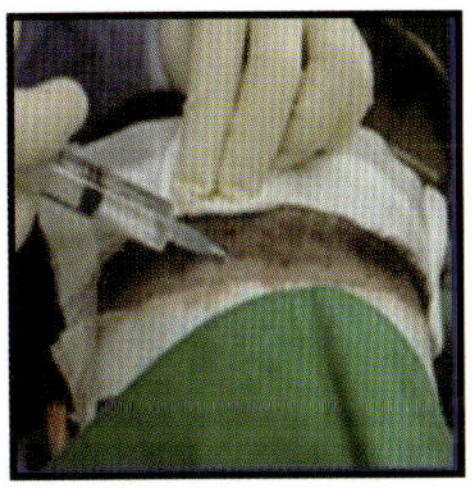

② 채취를 위해 국소마취한다.

↓

③ 채취부위를 절단한다.

↓

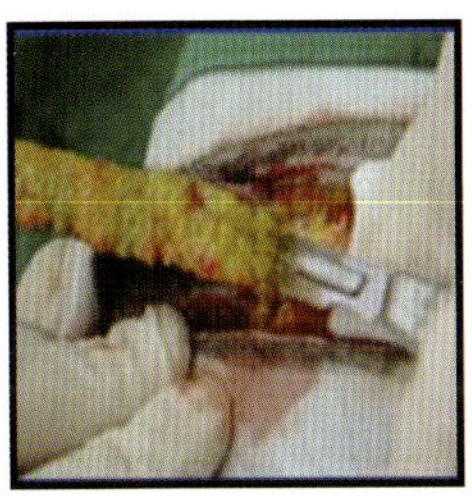

④ 채취부위의 모근을 분리한다.

⑤ 채취한 피부조직을 소독한다.

↓

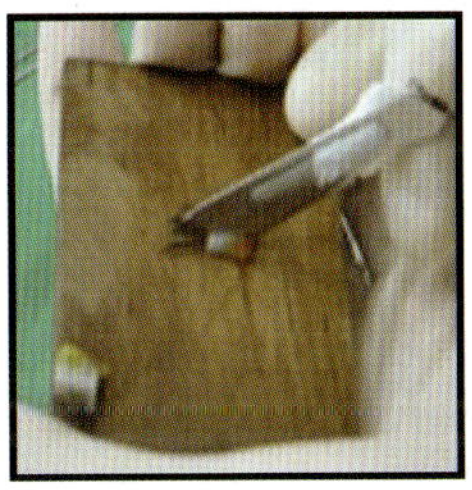

⑥ 모근을 하나씩 분리한다.

↓

⑦ 분리된 모근

↓

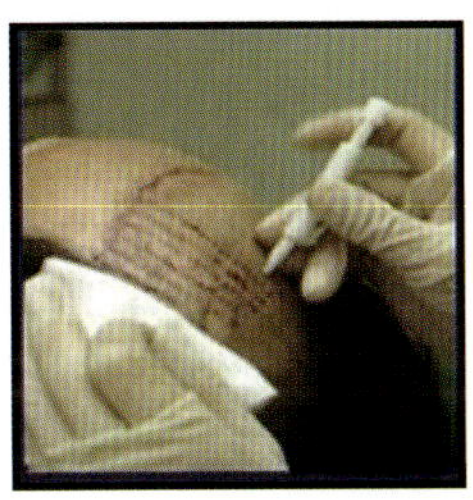

⑧ 이식할 부위에 식모한다.

04 두피유형과 문제성 두피유형

1. 두피유형

두피는 각질층의 수분량과 피지량, 두피의 색, 두피의 탄력성, 각질의 유, 무 등에 따라 정상, 건성, 지성두피로 분류할 수 있다.

1) 정상두피

가장 이상적인 두피로 모공의 주변에 각질과 불순물이 없이 깨끗한 상태로 열려 있고 두피의 색이 전체적으로 맑고 투명하다. 피지막이 적절하게 형성되어 모발에 윤기가 있으며 각화주기가 정상적인 상태이다.

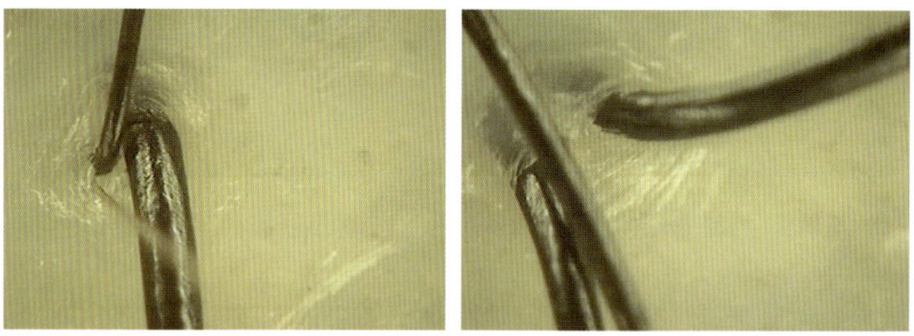

그림 5-23 정상두피

2) 건성두피

두피의 과다한 수분증발현상으로 인해 노화된 각질이 하얗게 쌓여있는 상태이다. 유분과 수분의 부족으로 외부로부터의 방어 능력이 없다. 특히 피지는 트리글리세라이드라는 지방물질의 혼합물인 천연오일로 두피와 모발의 마찰을 줄이며 피지가 피부의 수분을 유지하는 것을 도와주며 박테리아 균의 감염이 억제되도록 돕는다. 두피가 불규칙하게 갈라져 보이고 가려움증 및 영양 결핍 등으로 인한 두피 건조화현상도 관찰된다.

(1) 원인

- 잦은 화학적 시술 및 자극적인 요인
- 비누로 샴푸를 할 경우 건성비듬 생성

- 지나친 유분과 당분이 많은 음식물 섭취
- 영양공급 부족(Vit A, E, 단백질 결핍) 및 유전적인 요인
- 기후, 난방, 환경오염 등의 요인
- 스트레스 및 피지분비의 부족
- 두피 스케일링 및 세정 호르몬 밸런스 이상

(2) 두피상태

- 유분과 수분의 부족으로 건조함과 가려움증을 동반하며 각질이 일어난다.
- 모공 부위에 유분이 없어 세균, 먼지, 화학성분 등으로 인한 두피 이상.
- 피지분비 부족으로 피지막이 형성되지 않아 수분이 증발하여 손상모가 된다.
- 건성두피를 치유하지 않을 경우 예민성 두피가 된다.

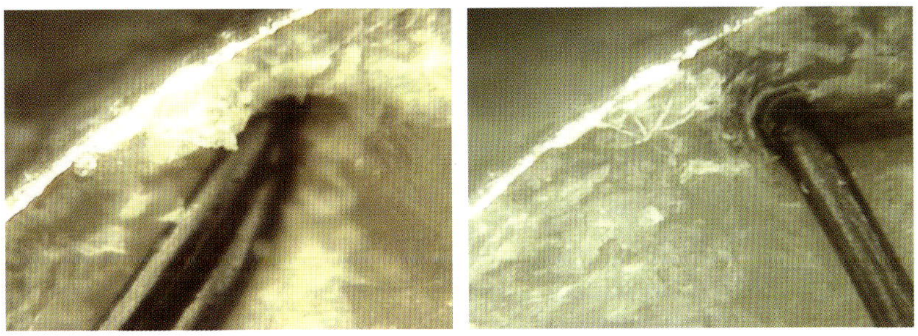

그림 5-24 건성두피

3) 지성두피

지성두피는 샴푸 후 3~4시간만 지나도 과다 분비된 피지로 인해 비듬과 각질이 서로 엉켜 모공을 막는다. 이로 인해 두피의 이물질 및 피지 잔류로 심한 악취를 동반한다.

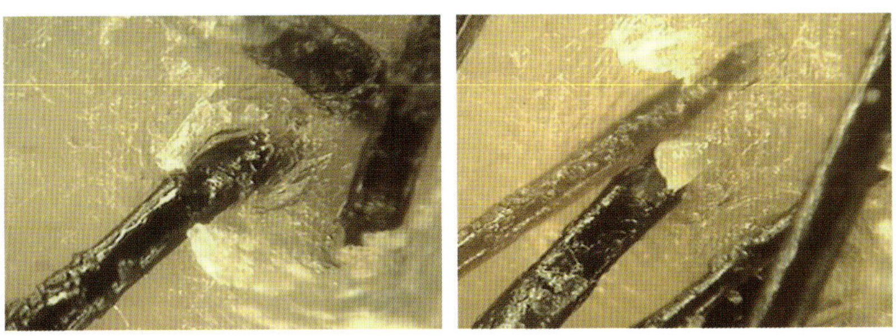

그림 5-25 지성두피

(1) 원인

남성 호르몬의 과다 분비로 모공의 부위가 피지와 그 응고물들로 거의 막혀있어 두피가 번들거리고 끈적이며 각질층의 두께가 두껍다.

- 막혀 있는 모공은 호흡작용의 이상으로 모발이 가늘어지고 탈모가 된다.
- 스트레스, 환경오염, 스타일링 제품의 과도한 사용
- 동물성 지방과 당분섭취 및 자극적인 음식섭취
- 비타민 B_2, B_6의 결핍과 기온의 영향
- 잘못된 마사지 테크닉과 비위생적인 두피상태

(2) 두피상태

지성두피 표면은 과다한 피지로 인하여 촉촉하고 투명감이 없이 둔탁해 보인다. 세정이 잘 이루어지지 않았을 경우 모공 주위가 피지와 그 응고물들로 거의 막혀 있다. 이로 인해 지성두피는 비듬과 가려움증을 동반하는 경우도 있으며 피지 분비 과다로 지루성 염증이 나타날 수 있다. 또한 과도한 빗질과 두피 마사지는 피지샘을 자극하여 두피를 더욱 지성화 시킨다. 두피에 상주하는 곰팡이의 작용으로 두피에 땀과 먼지 등이 달라붙고 모근주위에 각질이 엉켜 누렇고 끈적거리며 세균이 번식하기 쉽다.

2. 문제성 두피 유형

1) 예민성 두피

예민성 두피는 모세혈관 확장과 혈액순환 저하로 두피전체가 붉은 색을 띠며 약한 자극에도 반응이 쉽게 나타난다. 심한 경우에는 염증성 두피로 진행되기도 한다. 각종 세균의 번식 또는 화학제품에 의한 두피자극이 원인이다.

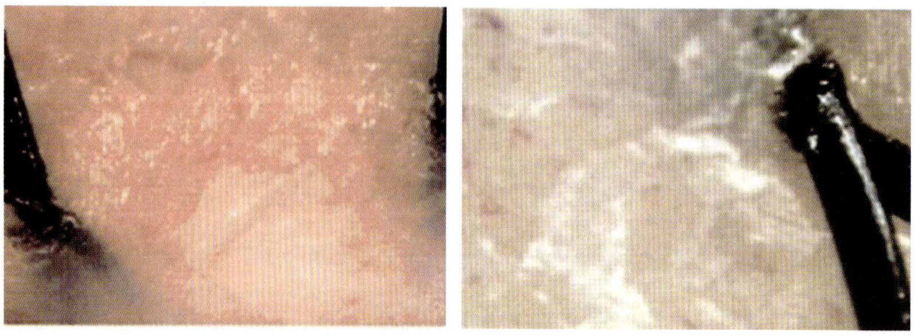

그림 5-26 예민성 두피

(1) 원인

- 과도한 스트레스와 잦은 화학적인 시술
- 건성두피를 오래 방치했을 경우
- 선천적으로 얇은 피부와 두피를 자주 긁는 경우
- 자극이 강한 두피 및 헤어 케어 제품의 오용과 남용
- 신체적 리듬이나 균형이 깨어졌을 때 또는 생리 전후, 출산 후
- 호르몬 밸런스 이상 및 피부질환과 세균 감염
- 영양 불균형

(2) 두피상태

- 과도한 스트레스로 인한 두피의 긴장과 혈액순환 장애로 홍반 및 충혈 상태
- 곰팡이, 박테리아, 바이러스 등 세균 감염으로 인한 염증과 트러블상태의 두피
- 두피가 투명하며 붉은 빛을 띠고 얇다.

2) 비듬성 두피

비듬성 두피는 비듬균의 번식으로 가려움이 동반되고 비듬이 쌓이는 두피이다. 각질세포가 새로운 세포에 의해 밀려 올라와 두피표면에서 각질화되어 두피로부터 떨어져 나오지 못하고 쌓여있는 상태의 두피이다. 관리하지 않고 오래 될 경우 비강성 탈모증을 유발하고 피지와 분해산화물의 혼합물인 비듬성 두피의 경우 피지분비 상태에 따라 건성, 지성, 혼합형 등으로 구분된다.

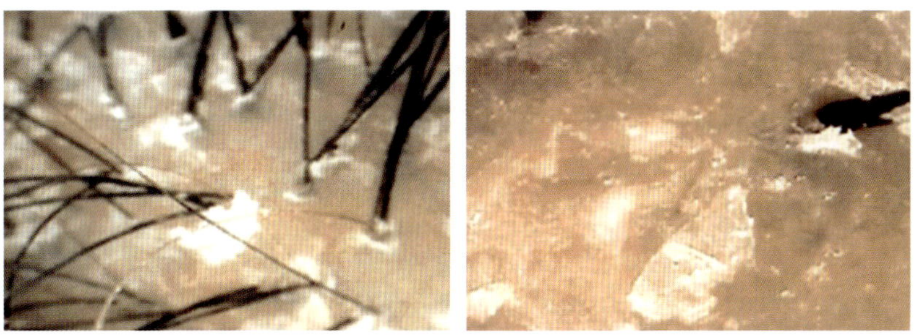

그림 5-27 비듬성 두피

(1) 원인

- 남성 호르몬의 불균형과 스트레스, 불규칙한 생활, 비듬균 증식
- 유전적 요인과 신경 이완제를 복용 했을 때
- 피지샘의 과다분비와 산화 및 각질 주기의 이상
- 과도한 땀 분비와 불충분한 수면을 취한 경우, 잘못된 식습관
- 불결한 두피와 환경오염 및 약품에 대한 염증

(2) 두피상태

- 비듬이 전체적으로 들떠 있는 상태이다.
- 비듬은 건성비듬과 지성비듬 등으로 구분한다.
- 비듬균은 남성 호르몬(안드로겐)의 영향을 받아 지성 비듬을 유발한다.

건성비듬성두피	지성비듬성두피	혼합비듬성두피
		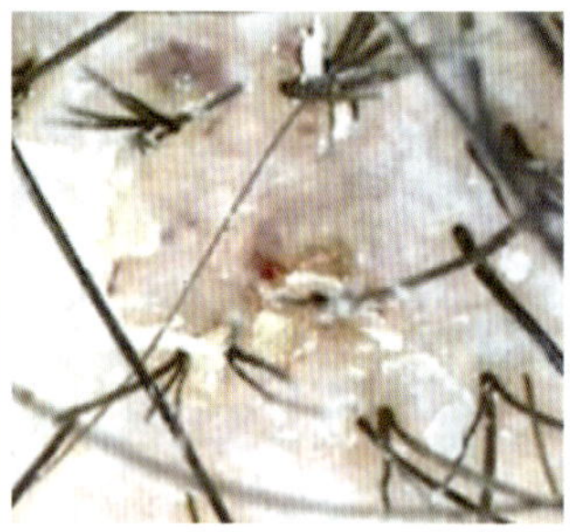

3) 지루성 두피

지루성 두피는 왕성한 피지분비로 인해 비듬과 염증이 생겨 비듬이 떨어지지 않는다. 염증으로 인해 두피가 붉고 모공주위가 붉게 부풀어 오르거나 곪고 가려워지며 이를 방치하면 탈모를 일으킨다. 피지샘의 활동이 증가된 부위, 머리, 얼굴, 앞가슴 등에 잘 발생하는 급성 만성의 염증성 질환으로 예민성 두피와 지성두피의 혼합으로 보면 된다.

(1) 원인

- 과도한 스트레스 및 호르몬의 불균형과 유전적 요인
- 잦은 화학적 미용 시술로 인한 원인
- 과도한 피지분비와 샴푸시 세정불량으로 인한 환경오염
- 지방과 당분이 많은 음식물 섭취

- 말라세시아(malassezia)균 이상증식
- 영양결핍, 비타민 B, 식생활, 유전, 호르몬 밸런스 이상과 비위생적인 두피
- 스트레스, 빈혈, 체내습열

(2) 두피상태

- 피지의 분비가 왕성해서 염증과 지성 비듬이 자주 생긴다.
- 두피의 염증으로 모공주위가 붉고 부풀면서 곪는다.
- 염증이 심한 경우 두부와 목 부위의 림프선이 부어오른다.

4) 탈모 진행형 두피

탈모 진행형 두피일 경우에 두피가 자주 가렵거나 비듬이 평상시보다 많고 피지 분비량이 증가된다. 이러한 피지의 증가로 모발의 성장이 중지되어 탈모가 된다. 모발 케라틴은 열과 산성에 특히 약하다. 여름철 자외선과 함께 산성도가 높은 비나 눈을 직접 두피에 맞지 않도록 주의해야 한다. 이는 자외선이 모발 성장을 촉진시키기도 하지만 너무 강하면 수분을 빼앗아 모발을 건조시키고 퇴색되게 한다.

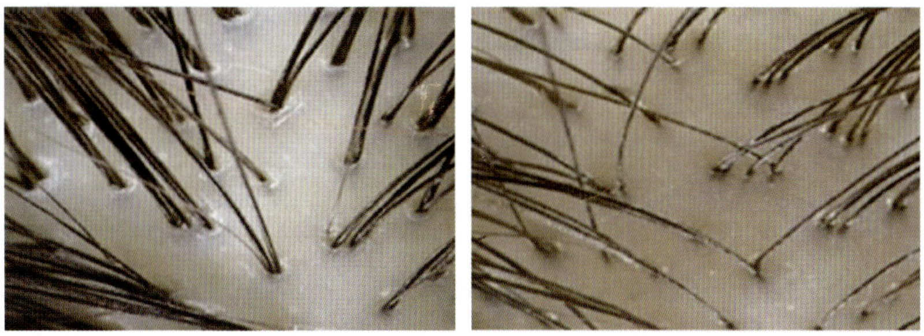

그림 5-28 탈모 진행형 두피

(1) 원인

- 유전, DHT, 나이, 호르몬 밸런스 이상
- 스트레스, 혈액순환 장애, 영양 불균형 및 피부질환
- 노화 내장기관 이상, 자가 면역체계 이상
- 피부질환 및 피부손상
- 질병 및 약물 과다복용
- 비위생적인 두피 및 화학시술

(2) 두피상태

- 생리적으로 발생하는 자연탈모 이외에 병적인 상태가 지속된다.
- 하루에 약 50~100개 정도 이상 빠지면 탈모라고 의심해 볼 수 있다.

5) 두부백선

두부에 발생하는 피부질환으로 대부분 진균류의 이상증식 및 감염 그리고 화학약품에 의한 접촉성 피부염이다.

백선은 피부사상균(무좀균)에 의한 피부감염으로 발생하는 것으로 두부 부위에 나타난다. 개, 고양이의 신체접촉으로 발생할 수 있으며 계절적으로는 주로 봄과 여름에 발생한다. 두부백선은 둥근 원형형태로 두상전체에 발생하는 버짐으로 인해 각질이 과다하게 일어나는 전염성 피부염으로 주로 어린아이에게 많이 나타난다. 원인 제거 후에 다시 발모되며 족부백선, 조갑백선, 두부백선, 완선, 체부백선, 안면백선 등이 있다.

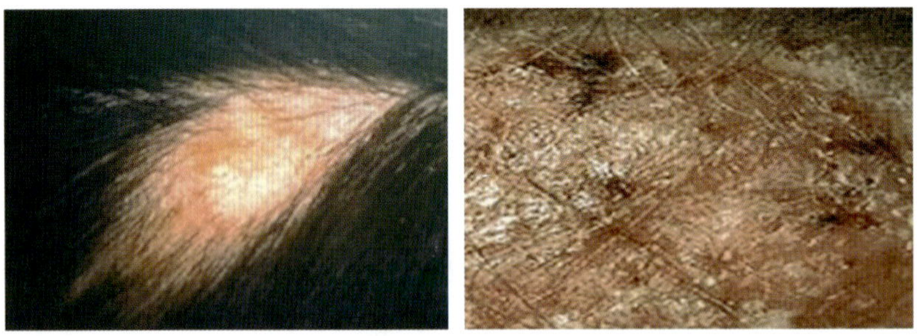

그림 5-29 두부백선

Tip

▸ 두피는 산성이 심해지면 건조해지고 활동성이 떨어진다. 염기성이 우세하면기름기가 흐르고 박테리아의 공격에 심하게 노출된다.

6) 두부건선

두부 및 인체에 발생하는 만성적인 피부질환 중의 하나로 두부건선은 세포분열의 촉진으로 두피전체에 은백색의 각질이 두텁게 쌓여 인설 형태로 이루어져 있다.

(1) 원인

- 정확한 원인은 알 수 없다.
- 유전적 요인
- 개인생활 및 환경적 요인
- 면역체계 이상

읽을거리

탈모 상식 OX

■ 두피를 두드리면 탈모를 막을 수 있다? X

두피를 가볍게 마사지하면 혈액순환을 도와 탈모 예방효과를 얻을 수 있지만 브러시로 두드리면 모세혈관이 파괴되어 모근이 제대로 영양을 공급받지 못하면서 오히려 탈모가 악화된다. 손으로 가볍게 두드리는 습관을 들여보자.

■ 머리를 자주 감으면 탈모가 심해진다? X

샴푸 시 빠지는 모발은 자연적으로 탈락되어야 할 모발이다. 정상적인 모발은 하루 50~100가닥 정도. 탈모가 두려워 머리를 자주 감지 않으면 두피에 기름기가 많아져 오히려 탈모를 심하게 만들 수 있으니 두피를 청결하게 유지하는 습관을 들여보자.

요점정리

01 탈모란 세포분열이 왕성하지 못하여 모발이 약해지고 가늘어지며, 성장기가 짧아지고 휴지기에서 다음 성장기까지 기간이 길어지면서 다시 자라나는 두발까지 완전히 성장하지 못한 채 과다하게 두발이 빠지는 경우나 연모화되는 과정을 말한다.

02 탈모의 원인은 크게 남성호르몬, 여성호르몬, 갑상샘호르몬, 지루성두피, 스트레스 등의 영향을 가장 많이 받는다. 남성호르몬인 테스토스테론이 5-α 리덕타아제에 의해 환원되면 DHT로 전환된다. DHT는 두발을 제외한 인체 전반에 있는 체모의 성장을 촉진하는 반면 앞이마와 정수리 부분의 모발 성장을 억제한다.
여성호르몬인 에스트로겐은 모발성장을 촉진시키는 호르몬으로써 출산 후 또는 폐경기에 급격하게 감소하게 되면서 탈모가 발생하게 된다. 갑상샘은 부신피질을 자극하며 호르몬을 분비시키는데, 이때 남성호르몬인 안드로겐도 함께 분비되며, 모낭활동을 촉진시키는 작용을 한다. 그러나 갑상샘 기능이 억제될 경우 모낭의 성장이 지연되어 탈모가 발생하게 된다.
남성형 탈모 환자의 경우 지루성 두피인 경우 피지가 모공을 막아 염증을 동반한 탈모가 발생할 수 있다. 인체가 스트레스, 불안감 등으로 긴장상태가 되면 교감신경을 자극해 모세혈관을 수축시키고, 이에 따라 모유두에 영양 공급이 원활하지 않아 탈모가 발생하게 된다.

03 탈모의 종류에는 M형과 O형으로 나뉘어 전두부와 두정부에 걸쳐 점차 탈모가 되는 남성형 탈모와 전두부와 두정부의 모발이 가늘어지고 적어지는 여성 탈모가 있다. 이밖에 모유두 조직 기능 저하 또는 모낭이 완전히 파괴된 경우 등의 반흔성 탈모증과 휴지기 탈모증, 유전성 안드로겐 탈모증, 성장기 탈모증과 같은 비반흔성 탈모증이 있다. 유전적 요인과 스트레스로 인한 원형탈모, 성장기 탈모, 휴지기 탈모, 견인성 탈모, 비강성 탈모, 지루성 탈모, 두부 백선, 신경성 탈모, 집촉성 피부염에 의한 탈모 등 많은 원인이 있다.

04 탈모를 예방하기 위해서는 균형적인 식단 섭취와 충분한 수변, 적당한 운동과 과도한 스트레스를 피하는 것이 중요하다.

05 탈모증의 병원치료방법은 자가모발 이식이 있으며 이밖에 두피절개술, 냉동치료법, 두피 재건술, 약물치료법이 있다. 약물요법은 미녹시딜을 도포하거나, 프로페시아를 경구투여하여 남성호르몬을 억제시킴으로 탈모를 완화시키는 방법이 있다.

단원 종합문제

01 탈모의 원인에 대한 설명으로 바른 것끼리 짝지어진 것은?

> ㉠ 두피의 혈액순환 장애 및 유전적 원인
> ㉡ 여성호르몬의 증가
> ㉢ 폐경 이후 남성호르몬의 증가
> ㉣ 갑상선 기능 항진으로 인한 부신피질 호르몬 이상
> ㉤ 지나친 자극, 압력으로 인한 모낭 손상

① ㄱ, ㄴ ② ㄱ, ㄴ, ㄷ ③ ㄱ, ㄷ, ㄹ ④ ㄱ, ㄷ, ㅁ ⑤ ㄱ, ㄷ, ㄹ, ㅁ

02 DHT의 영향을 가장 많이 받는 호르몬은?

① 프로게스테론
② 테스토스테론
③ 에스트로겐
④ 알도스테론
⑤ 안드로겐

03 세포주기에 대하여 바르게 나열한 것은?

① 5-알파 리덕타아제
② 프로테아제
③ 아로마타제
④ 아밀라아제
⑤ 리파아제

04 탈모의 원인으로 바르지 않은 것은?

① 남성호르몬
② 성장호르몬
③ 갑상샘 호르몬
④ 지루성 두피
⑤ 스트레스

05 다음 아래 설명에 해당하는 탈모증은?

> 유전적 요인과 정신적인 스트레스로 인해 머리 한 가운데 동전크기모양의 탈모가 진행된다. 소아의 경우 아토피성이 원인으로 치료가 힘들며 눈썹이나 속눈썹까지 빠지는 경우도 발생한다. 병병부위는 대부분 모발이며 모낭은 크기가 작고 다양하다.

① 성장기 탈모증
② 휴지기 탈모증
③ 견인성 탈모증
④ 비강성 탈모증
⑤ 원형탈모증

06 반흔성 탈모와 비반흔성 탈모에 대하여 설명하시오.

가로세로 Quiz

〈가로열쇠〉

1. 세포분열이 왕성하지 못해 성장기가 짧아지고 휴지기에서 다음 성장기까지 기간이 길어져 다시 자라난 모발까지 완전히 성장하지 못한 채 과다하게 모발이 빠지는 현상.
2. 남성호르몬인 안드로겐은 안드로스테론과 OOOOOO으로 나누어 진다.
3. 유전과 스트레스 등의 원인으로 머리 한가운데에 동전 크기의 원형 모양으로 모발이 빠지는 것.
4. 성장기의 모근이 파괴되어 가늘게 된 모발이 성장기 동안에 빠지는 탈모.
5. 바르는 탈모약의 대표적인 것으로 남녀 모두에게 사용 가능하다.

〈세로열쇠〉

6. 굵은 모발이 서서히 가늘어 지고 약해지는 현상.
7. 탈모의 원인 중 하나로 심리적인 불안을 말한다.
8. OOOOO탈모는 원형 탈모의 일종으로 두피 전체에 많은 양의 모발이 균등하게 빠진다.
9. 전염성 피부병으로 머리카락이나 모근부위에 곰팡이 균이 기생하는 질환.
10. 남성호르몬인 OOO가 모낭 내에 있는 탈모 유전인자와 결합하며 남성형 탈모가 된다.

Chapter Ⅵ
영 양

개요

인간의 기본적인 욕구 중의 하나는 아름다움에 대한 욕구이다. 건강한 육체와 건강한 정신이 깃든 아름다움의 유지에는 영양소의 섭취가 매우 중요하다. 그러나 많은 여성들이 무분별한 다이어트를 함으로써 영양의 불균형을 초래해, 피부 뿐 만 아니라 두피까지 건조해지며 각질이 조기 탈락되는 현상이 일어나게 된다. 이 또한 탈모를 일으키는 원인들 중 하나이다. 이 장에서는 두피에 영향을 미치는 음식과 탈모를 일으키는 중금속에 대하여 학습한다.

학습 목표	① 영양소가 인체에 미치는 영향을 설명할 수 있다. ② 두피에 이로운 영양소를 설명할 수 있다. ③ 두피에 해로운 영양소를 설명할 수 있다. ④ 탈모를 일으키는 중금속을 설명할 수 있다.

01 영양소

1. 영양소(nutrient)

인간이 생명을 유지하는데에는 약 45종, 탄수화물, 지방, 단백질, 물, 비타민, 무기질 등 6대 영양소가 필요하다. 이들 영양소는 체내에서 다양한 기능을 한다. 탄수화물과 단백질, 지방은 에너지를 공급하는 영양소이며 비타민과 무기질은 인체의 생장과 기능을 조절하는 역할을 한다. 또한 탄수화물, 단백질, 지방, 비타민은 유기 영양소이고 무기질과 물은 무기 영양소이다.

인간의 기본적인 욕구 중의 하나는 아름다움에 대한 욕구이다. 건강한 육체와 건강한 정신이 깃든 아름다움의 유지에는 영양소의 섭취가 매우 중요하다. 우리가 매일 섭취하는 음식물 속의 영양소가 소화, 흡수, 대사, 배설되는 과정의 다양한 경로를 거쳐 건강과 성장을 촉진시켜주고 아름다움을 유지시켜 주듯이 신체 부속기관의 하나인 두피 및 모발도 영양이 충분하게 공급되고 혈액의 순환과 노폐물의 배설이 원활해져야 건강한 상태를 유지할 수 있다. 그러므로 두피의 적당한 자극은 뇌의 중추시신경에 작용하여 호르몬 분비기전에 영향을 주며 마사지, 광선치료 등을 통해서도 효과를 얻을 수 있다.

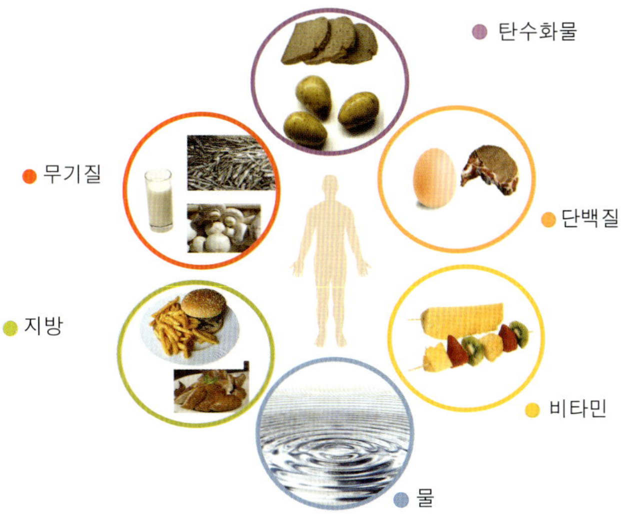

그림 6-1 6대영양소

인체의 영양을 고려하여 균형 잡힌 영양공급과 함께 특히 필수 아미노산을 함유한 양질의 단백질 및 필수 지방산, 비타민 A, B_1, B_2, C, E 와 철분, 섬유소, 칼슘의 적당한 균형을 이루며 섭취하는 것이 탈모방지를 위해서는 무엇보다 중요하다. Vit C는 우리 몸에서 합성할 수 없는 필수영양소이다. Vit C가 부족하면 사망에 이르기도 한다.

Tip

▸ 단백질(protein)이란 말은 기본을 뜻하는 그리스어 proteios와 으뜸 또는 일등을 뜻하는 protos에서 유래한다.

1) 단백질(protein)

단백질은 여러 개의 아미노산이 탈수축합중합반응을 통해 펩티드결합을 형성한 것이다. 단백질은 위장에서 분해되어 아미노산이 되며 혈액을 통해 각 조직으로 운반되어 그곳에서 필요한 단백질로 구성된다. 단백질은 단단하고 탄력있는 근육을 구성하며 머리카락, 손톱 및 발톱의 성장을 멈추지 않도록 한다. 또한 질환이나 외상으로 손상된 부분의 조직을 다시 만들어 낸다.

단백질은 세포의 구성 물질로서 중요한 유기분자이며 효소, 항체, 호르몬 등의 주성분으로도 이용된다. 탄수화물이나 지방이 부족할 때에는 에너지원으로도 사용되며 1g당 4Kcal의 열량을 낸다.

단백질은 아미노산의 연결 순서에 따라 종류가 결정되기 때문에 탄수화물이나 지방에 비해 종류가 훨씬 많다. 단백질은 열량을 공급하고 남는 분량은 탄수화물과 지방으로 전환되어 몸에 저장되며 이때 남아 있는 질소는 암모니아를 형성하여 간에서 요산, 요소 형성 과정을 거쳐 요로 배설된다.

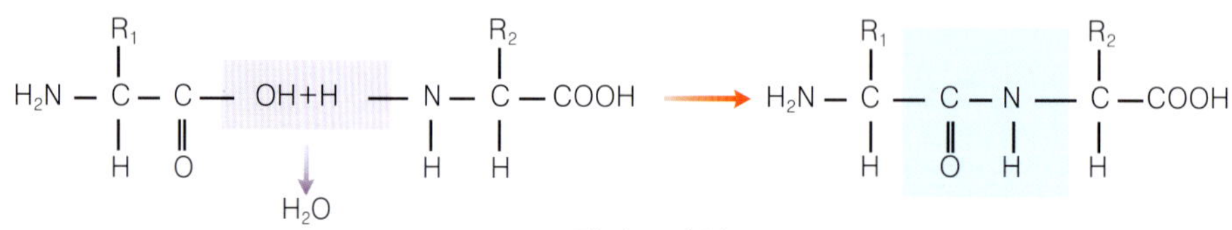

펩티드결합

(1) 아미노산(amino acid)

모발에는 20여 가지의 아미노산이 순서대로 연결되어 있다. 각 아미노산은 1개의 탄소원자가 4개의 다른 화학기와 결합하고 있다. 즉 수소, 질소를 가진 아미노기, 카복실기, 그리고 길이와 구조가 다양한 곁가지(R기)이다. 곁가지는 각 아미노산 마다 특수한 성질을 부여하는 역할을 한다. 이들 중 9가지의 필수 아미노산은 인체에서 합성할 수 없으므로 반드시 음식물을 통해서 공급받아야 한다. 나머지 11개의 불필수 아미노산은 인체 내에서 만들어 질 수 있고 음식물로 섭취하지 않아도 된다.

타이로신은 체내에서 만들어질 수 있는데 이는 필수 아미노산인 페닐알라닌으로부터 만들어진다. 만약 페닐알라닌의 섭취가 적게 되면 타이로신을 만들 수 없게 된다. 모발의 주성분인 시스틴도 우리 몸에서 만들어지는 불필수 아미노산이며 부족할 경우에는 메티오닌에서 전화되어 생체 내에서 합성된다.

모발에 영향을 주는 트레오닌과 시스틴이 많이 함유하고 있는 식품으로는 두부, 김, 잉어, 꽁치, 다랑어, 닭고기, 계란, 치즈, 소고기, 생선, 치즈, 우유 등이 있다.

필수 아미노산	불필수 아미노산
히스티딘(histidine)	알라닌(alanine)
이소류신(isoleucine)	아르기닌(arginine)
리신(lysine)	아스파라긴(asparagine)
류신(leucine)	아스파르트산(aspasrtic acid)
메티오닌(methionine)	시스테인(시스틴, cyctine)
페닐알라닌(phenylalanine)	글루탐산(glutamic acid)
트레오닌(threonine)	글루타민(glutamine)
트리톱판(tryptophan)	글리신(glycine)
발린(valine)	프롤린(proline)
	세린(serine)
	타이로신(tyrosine)

그림 6-2 단백질 식품

PLUS

아미노산의 효과

종 류	작 용
발린, 루신, 이소루신	피로회복, 활력증진, 수술 후 신체회복을 한다.
알라닌	신진대사를 촉매하고 간의 해독작용을 돕는다.
아르기닌	항체 생성 및 면역기능을 강화한다.
아스파라긴	간에서 알코올분해효소의 생성을 도와 숙취해소에 도움을 준다.
시스테인, 시스틴	콜라겐 생성을 촉진해 피부노화를 지연시킨다.
글루탐산	조미료의 원료, 다량 섭취 시 신경장애가 올 수 있다.
글리신	콜라겐에 주로 함유되어있다.
히스티딘	성장기 아동의 필수 아미노산으로 소염과 항산화 작용을 한다.
라이신	성장과 발육을 촉진시킨다.
메티오닌	탈모를 예방하고 간장과 신장의 세포를 재생시킨다.
페닐알라닌	인간의 성장발육과 건강유지에 필요한 필수아미노산이다.
프롤린	연골과 인대 등 관절을 튼튼하게 한다.
세린	항체생성을 도와 면역력을 높이고 피부의 NMF로 작용한다.

2) 지방(fat)

지방은 중성지방, 스테로이드, 인지질 등을 포함하는 유기분자이이며 음식과 인체에서 가장 중요한 지질은 콜레스테롤과 중성지방이다. 그러나 지나친 섭취로 인해 총 콜레스테롤 수치가 220mg/dL 이상, 중성지방 수치가 150mg/dL 이상인 경우를 고지혈증이라고 한다. 지방은 동물성과 식물성으로 구분하며 1g당 9kcal의 열량을 내는 에너지 공급원으로 당질, 단백질과 함께 주요 생체 구성 성분이다. 동물성 지방을 다량 섭취하면 체내에서 지방으로 축적되어 고지혈증을 동반한 각종 심혈관계 질환을 초래하고 비만의 주범이 된다. 또한 남성호르몬인 테스토스테론의 농도를 높여 남성호르몬의 증가로 인하여 피지선이 활성화되어 탈모현상을 초래한다.

식물성 기름에 들어있는 α -리놀렌산이나 생선유에 들어 있는 EPA와 DHA가 오메가3 지방산이다. 옥수수와 달맞이꽃씨유에 들어 있는 리놀레산이나 육류나 생선에 있는 아라키돈산은 오메가6 지방산의 대표적이다. 오메가3나 오메가6 지방산 모두 인체의 조절물질을 합성하는데 쓰인다. 이러한 물질들의 효능은 원재료의 지방산 구조에 따라 달라진다. 따라서 오메가3 지방산과 오메가6 지방산의 비율은 혈압, 혈액응고, 면역기능 등 인체를 조절하는데 있어 중요하다. 그러므로 식물성 지방인 올리브유, 참깨유 등을 섭취하는 것이 건강과 미용에 좋다. 지방은 탄수화물에 비해 가볍기 때문에 무게 대비 에너지의 발열량이 많아서 효율적인 저장물질이 된다. 따라서 체내에 쓰고 남은 에너지는 지방의 형태로 저장된다.

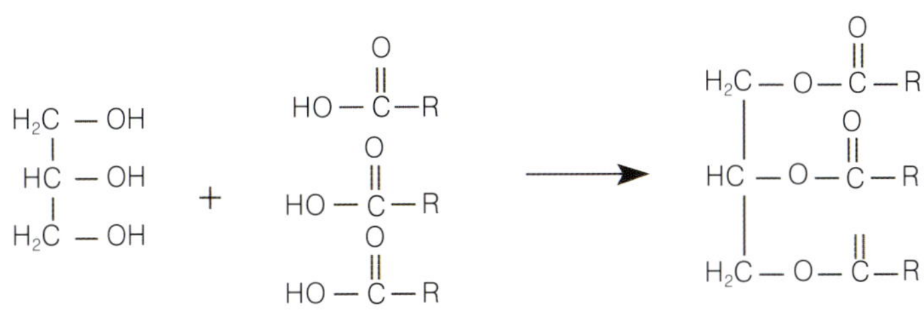

그림 6-3 중성지방의 구조

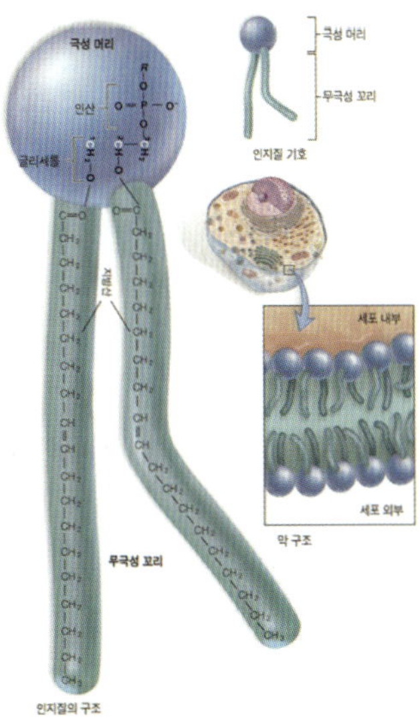

그림 6-4 인지질의 구조

포화지방 불포화지방

그림 6-5 포화지방과 불포화지방

3) 탄수화물(carbohydrate)

탄수화물은 단당류, 이당류, 다당류 등을 포함하는 유기질 분자로 자연계에 가장 풍부하게 존재한다. 두 개의 단당류가 탈수축합반응을 하여 글리코시드 결합을 형성함으로서 이당류를 생성한다. 여러 개의 단당류가 탈수축합중합반응을 하면 다당류가 생성된다.

탄수화물은 1g당 4kcal의 열량을 내는 에너지 공급의 필수 영양소로 활동에 필요한 충분한 양의 탄수화물을 섭취하여야 하며 곡류, 서류(감자, 고구마류), 채소류, 과일류, 당류에 의해 주로 공급된다. 탄수화물은 세포내에서 에너지를 발생시키기 위한 세포 호흡의 가장 중요한 기질로 이용된다.

탄수화물을 과다 섭취할 경우 다당류의 한 종류인 글리코겐으로 전환되어 대부분 체내에서 지방으로 축적되고 호르몬의 균형을 깨뜨려 모발에 안 좋은 영향을 미치게 된다.

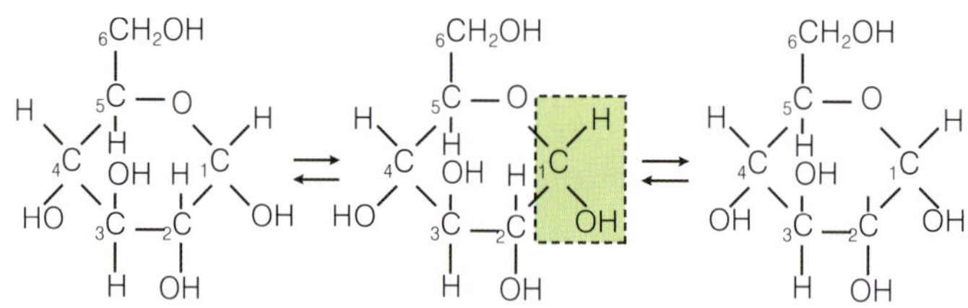

그림 6-6 탄수화물

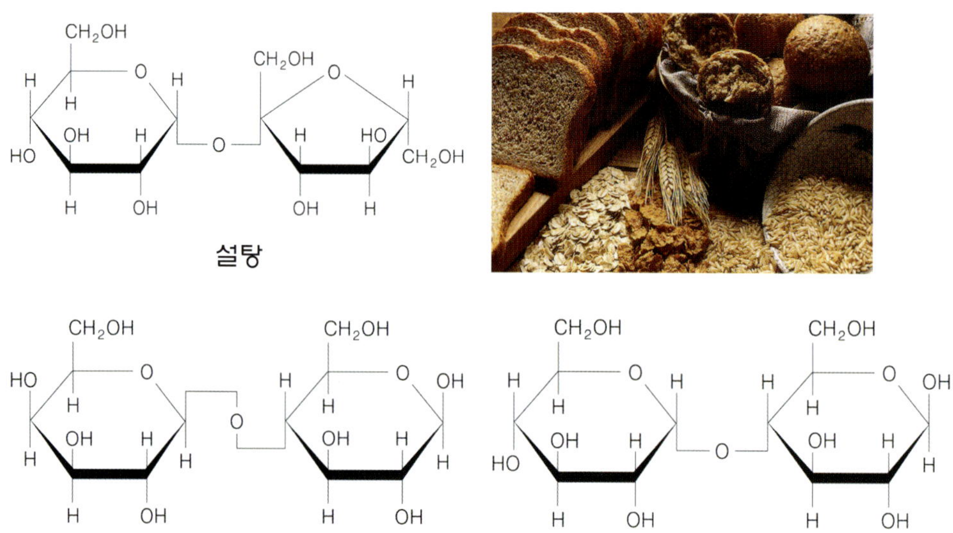

그림 6-7 이당류의 종류

PLUS

인체의 항상성

우리 몸에서 탄수화물이 소화 흡수되면 혈액 중에 포도당으로 전환되는데 이 때 췌장으로 분비되는 인슐린 호르몬이 작용하여 에너지원으로 사용된다. 인슐린은 혈액 내 포도당의 농도가 증가하면 평소보다 많은 양을 분비하여 혈액 내 포도당을 간과 근육세포로 이동시켜 혈당을 정상범위로 낮춰준다. 반대로 혈당이 정상범위 이하로 낮아지게 되면 췌장에서 글루카곤이 분비되어 간의 글리코겐을 분해하여 포도당을 만들어 혈액 내 포도당의 농도를 정상범위로 유지할 수 있게 한다. 그러나 너무 많은 양을 섭취하게 되면 포도당이 지방으로 변하여 우리 몸에 많은 지방을 저장하게 되고, 결핍시에는 지방과 단백질이 연소하여 저영양상태가 되므로 적절한 양을 섭취하는 것이 중요하다.

탄수화물 분해과정

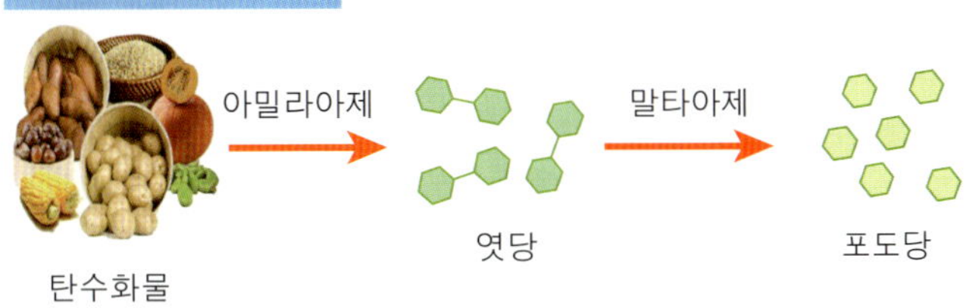

항상성 유지과정

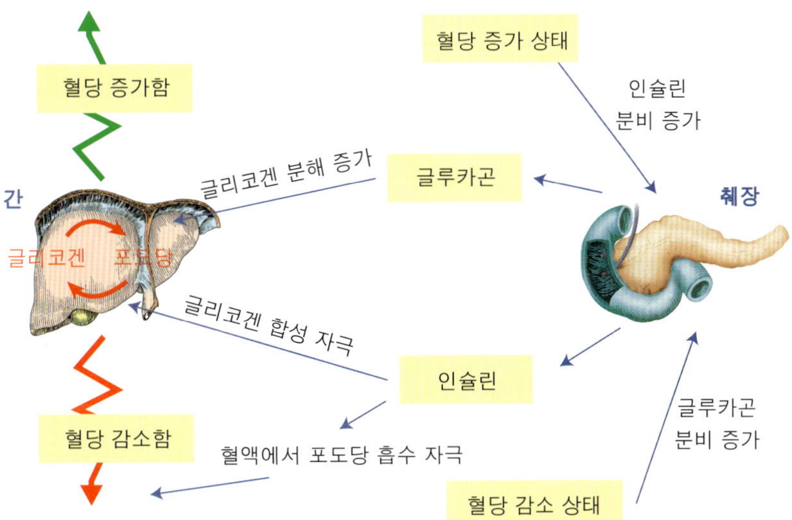

4) 비타민(vitamin)

(1) 지용성 비타민(fat soluble vitamin)

지용성 비타민 A, D, E, K는 지방에 용해되는 성질 때문에 지용성 비타민으로 분류한다. 이 비타민들은 흡수되면 혈액으로 가기 전에 림프계를 통해 지방과 함께 운반된다. 필요 이상으로 섭취한 여분의 지용성 비타민은 혈액에서 저장되었다가 필요할 때 사용할 수 있다. 하지만 개발도상국에서는 아직도 비타민 A와 D의 결핍증은 흔히 볼 수 있다.

현대인들은 실내에서 활동하는 시간이 길고, 외출 시에는 피부관리 차원에서 자외선 차단제를 사용하여 햇빛을 차단함으로서 적절한 비타민 D 합성을 제한하고 있다. 따라서 동물성 지방은 비타민 D와 비타민 A의 좋은 급원이고 식물성 지방은 비타민 E를 제공한다.

① 비타민 A(vitamin A)

Tip

- Vit A는 햇볕에 민감하므로 Vit A가 들어있는 제품 사용 시 자외선으로 부터 보호에 신경써야 한다.

우리가 섭취하는 음식물의 지방함량과 지방 흡수력은 비타민 A의 흡수 양에 영향을 줄 수 있다. 즉 지방이 매우 낮은 식사는 비타민 A의 흡수를 줄일 수 있으므로 비타민 A 결핍증이 나타날 수 있다. 또한 일부 약물이나 지방 흡수를 저지하는 질병은 비타민 A 흡수를 방해하여 결핍증을 일으킬 수 있다.

비타민 A는 아직 분화하지 않는 세포가 어떤 형태의 세포가 될 것인지 결정하며 간세포에서 효소를 만드는 유전자를 작동시킨다. 이 효소는 간에서 이루어지며 대사반응을 통해 간이 포도당을 만들 수 있도록 해준다.

세포 분화 시 비타민 A가 결핍되면 새로운 세포가 제대로 분화하지 못해 점액을 분비하는 세포가 죽고 케라틴을 생산하는 세포로 대체됨으로서 상피의 표면은 딱딱하고 건조해진다. 이 과정을 각질화라 한다. 모든 상피조직은 비타민 A결핍의 영향을 받지만, 눈은 손상을 받기 쉬워 결막상피세포가 변성되어 야맹증이 나타나며 각막건조증과 각막연화증 등이 발생한다.

비타민 A를 레티노이드라고도 하며 피지선과 한선의 기능을 조절해 큰 모공, 면포, 여드름을 감소시키고 땀 분비조절로 피부의 생리적 균형과 피부의 산성 보호막이 형성된다. 특히 햇빛을 받아 조기에 변성되는 것을 방지함으로써 피부의 탄력성 상실과 주름 형성을 방지한다. 비타민 A가 결핍되면 두피세포의 활동이 위축되고 피지의 분비가 감소하여 두피가 건조해져 모공의 각질화가 초래되며 탈모증이 유발된다. 또한 피부의 윤기가 없어지고 모발을 건성으로 변성시켜 부서지거나 빠지기 쉽다. 과다 섭취할 경우 모근을 둘러싸고 있는 모낭에 염증을 일으키기 쉬워 탈모를 초래한다.

식물성 식품에는 카로티노이드라 불리는 프로비타민 A가 들어있다. 카로티노이드는 노란색, 오렌지색, 적색을 나타내는데 과일과 채소의 색을 띠게 해주며, 대표적으로 시금치, 당근, 호방, 토마토, 무성, 동물의 간, 장어, 계란, 우유, 각종 잡곡과 육류, 버터, 간유, 살구, 감, 귤, 오렌지, 복숭아, 김 등 동물성 오일에 함유되어 있다.

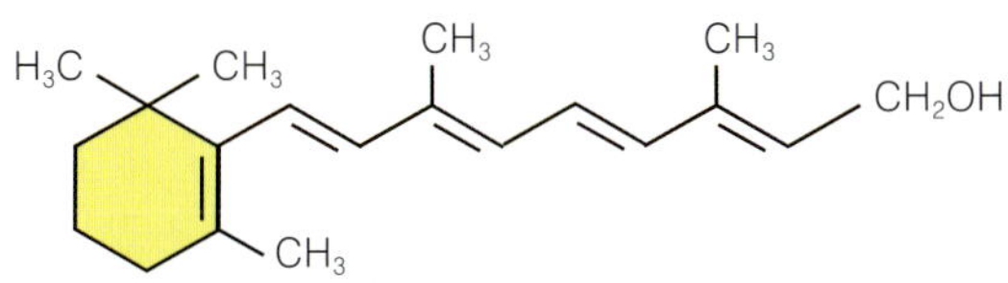

비타민 A (Retinol)

결핍	· 식욕감퇴 및 색소침착 · 성장 지연 및 골격 이상 현상 · 모발이 조기에 회색으로 변한다. · 모발 건조로 부스러지고 갈라지며 탈모 · 과도한 피부건조로 인한 피부각질화 및 노화 · 점액분비의 감소로 결막염, 각막연화증, 안구건조증 등이 발현 · 한선과 피지선의 활동이 저하되어 피부건조증이 된다. · 면역기전의 조절작용 이상으로 세균감염에 대한 저항력 저하 · 손톱에 세로로 홈이 생긴다.
과잉	· 과다 섭취하면 간의 장해 등 부작용 · 오심, 구토, 현기증, 두통, 무력감, 가려움증, 피부박리, 시력 불선명 · 두통, 탈모, 입술 균열, 피부 건조, 가려움증, 간의 비대, 뼈의 통증 · 임산부는 사산아, 기형아, 영구적인 학습장애아를 출산할 수 있다.

② 비타민 D(vitamin D)

비타민 D는 피부에서 만들어져 창자, 뼈, 신장에 영향을 주는 호르몬과 같은 방식으로 작용한다. 피부 내 에르고스테롤 자외선을 받으면 비타민 D가 합성되지만 햇빛에 노출이 제한되거나 비타민을 합성하는 체내 능력이 감소할 때는 음식물 섭취가 필수적이다.

비타민 D의 주요한 기능은 혈액에서 칼슘과 인의 농도를 일정하게 유지시켜 주는 것이다. 혈액 칼슘 농도가 많이 감소하면 부갑상선은 부갑상선 호르몬을 분비하여 효소를 자극하며 신장에서 비타민 D_3를 활성형 비타민 D로 전환시킨다. 활성형 비타민 D의 기능은 비타민 D 수용체 단백질과 결합하여 유전자발현에 영향을 준다. 즉 섭취한 칼슘이 부족하면 혈액의 칼슘 농도를 정상으로 유지시키기 위해 많은 양의 비타민 D가 부갑상선 호르몬과 함께 뼈와 신장에서 작용한다.

뼈가 약해지면서 인과 칼슘을 혈액으로 내보내는데 이때 비타민 D는 신장에서 부갑상선 호르몬과 함께 작용하여, 칼슘의 배설을 억제시켜 신장에 남아 있는 칼슘의 양을 증가시킨다. 이외에도 비타민 D가 부갑상선, 결장세포, 뇌하수체, 생식기, 면역체계, 피부와 관련이 있는 데도 불구하고 많은 사람들은 비타민 D의 합성을 95%이상 감소시키는 자외선차단제와 의복 등으로 자외선이 피부의 진피 통과하지 못하도록 방해하고 있다. 이로 인해 많은 성인들이 비타민 D가 결핍되어 발생하는 구루병인 골연화증에 노출되어 있다.

비타민 D는 칼슘과 인의 흡수를 촉진시켜 골격과 치아 형성에 필수적인 역할을 하며 모발 재생에 효과가 있다. 효모, 버섯, 동물의 피부조직, 어간유, 버터, 달걀, 정어리, 고등어, 꽁치, 연어, 송어, 미꾸라지 등에서 얻을 수 있다.

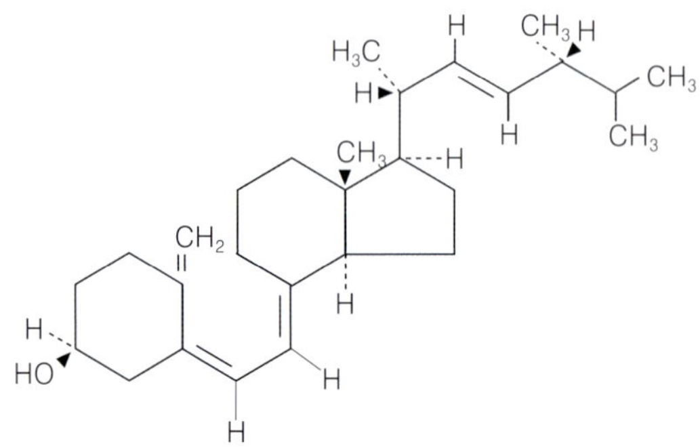

비타민D_2(ergocalciferol)

결핍	· 유아구루병, 성장장애 및 골격구조의 변형이 생긴다. · 성인골격의 약화로 골연화증이 생긴다. · 여성폐경기 이후 골다공증이 생긴다. · 피부에 습진, 건선, 경화증이 생긴다.
과잉	· 과잉섭취로 인한 독성이 발생 · 건강한 사람은 햇빛에 과다 노출시 비타민 D의 독성이 유발되지는 않는다. · 피하층의 칼슘과 인의 침착, 골력의 석회화, 신장결석, 두통, 식용부진, 구역질, 설사, 체중감소, 탈모등

③ 비타민 E(vitamin E)

비타민 E는 항산화 기능을 가진 지용성 비타민으로 불포화 지방산의 산화를 방지한다. 특히 세포막에 존재하는 불포화 지방산은 유리 라디칼에 의해 쉽게 산화되는데 비타민 E가 유리 라디칼을 제거하므로 항산화제 기능을 할 수 있다. 비타민E는 유리 라디칼을 제거하는데 사용된 후 비타민 C에 의해 항산화 기능이 복구될 수 있다.

비타민 E는 세포막을 보호함으로써 적혈구, 신경조직세포, 면역체계의 세포가 손상되지 않도록 유지시킨다. 또한 두피의 혈액순환을 촉진시켜 모근과 모구에 각종 영양분과 산소를 공급하여 탈모를 예방할 수 있다.

비타민 E가 결핍되면 세포막에 변화가 생기며 신경조직과 적혈구 세포가 쉽게 영향을 받지만 다른 지용성 비타민에 비해 몸 전체에 골고루 분포, 저장되므로 지방을 잘 흡수하지 못하는 환자를 제외하고는 비타민 E가 결핍되는 경우는 드물다.

근육계와 신경계의 장애를 방지하여 주며 뇌하수체 기능의 조절체로서 성호르몬의 생성과 분해 그리고 임신 등 생식기능에 영향을 미친다. 각종 곡물의 배아와 식물성 유지, 우유, 계란 노른자, 땅콩, 푸른 잎채소, 아스파라거스, 콩기름, 녹색채소, 견과류 등에 함유되어 있다.

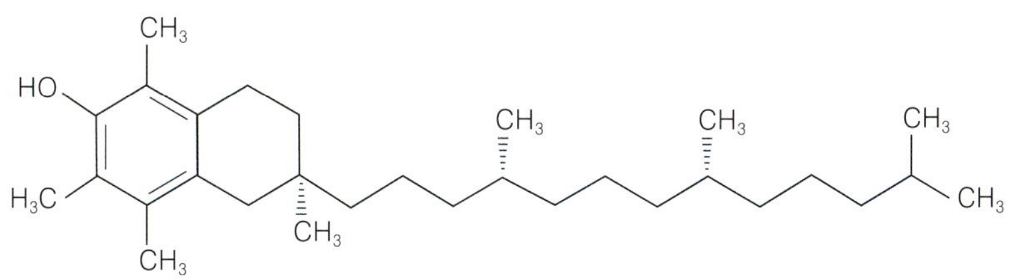

비타민E(α –토코페롤)

결핍	· 유분, 수분 부족으로 인한 건성 피부 · 지루성 여드름 피부 및 자외선에 의한 피부병 · 혈액순환 이상으로 빈혈, 수족냉증, 피부가 튼다. · 신진대사장애, 성기능감퇴, 불임, 유산, 갱년기의 호르몬 불균형 · 근육수축으로 목덜미, 어깨 등의 결림
과잉	· 500mg 이상 섭취 시 면역기능 손상

④ 비타민 K(vitamin K)

혈액응고에 필요한 인자인 프로트롬빈(prothrombin)의 생성에 필요한 조효소이며 세포 신진대사의 산화, 환원반응에 관여한다. 혈액응고 인자는 비활성 형태로 혈액을 순환하는 단백질이다. 일단 활성이 되면 혈액 응고를 일으키는 단백질인 피브린(fibrin)을 형성하게 된다.

장내 박테리아에 의해 합성이 가능하므로 정상적 성인에게는 결핍증이 없으며 지용성 비타민이지만 체내에서 빨리 배설되므로 거의 독성이 보이지 않는다. 부족 시에는 혈액의 응고기능이 저하된다. 비타민 K는 빛에 노출되거나 강한 산성 상태, 약한 산성 상태에서 파괴된다. 간, 녹색채초, 브로콜리, 콩류, 차 등에 함유되어 있다. 1일 권장량은 70~140mg이다.

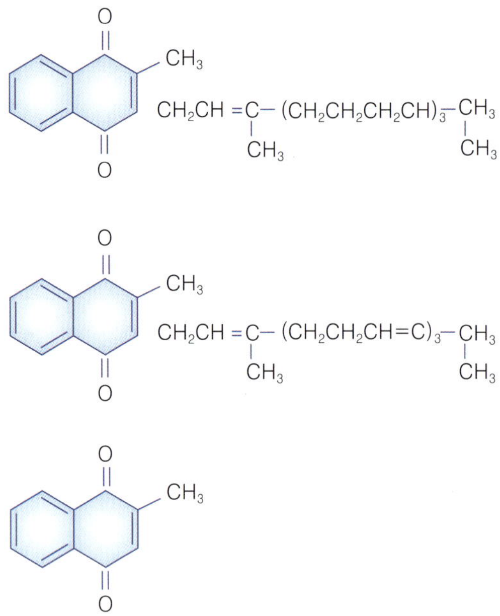

비타민 K

결핍	· 혈액응고에 걸리는 시간이 지연된다.
과잉	· 섭취한 대부분의 비타민 K는 하루가 지나면 체내에서 없어진다.

(2) 수용성 비타민

① 비타민 B_1(thiamin)

자율신경계의 신경기능을 정상으로 유지시키고 체내의 당질대사에 관여하는 효소들의 보조효소로서 작용하여 당질대사를 촉진시킨다. 비타민 B_1은 열, 산소, 산성 환경에 민감하며 물에 쉽게 용해되고 열에 의해 파괴가 쉽다. 비타민 B_1의 생체이용률은 비타민을 파괴하는 항티아민 인자들에 의해 영향을 받는다. 날 조개와 민물고기에는 비타민 B_1을 파괴하는 효소가 들어 있어 가열하여 이 효소가 파괴되도록 해야 한다. 즉 익혀 먹지 않을 때에만 문제가 된다.

식품 섭취 시 당질의 양이 많을수록 비타민 B의 요구량이 증가한다. 임산부, 수유부, 열성질환 환자 등에서도 요구량이 높아져 결핍될 수 있으며 백미를 주식으로 하여 탄수화물 위주의 식사를 하는 사람들에게서 많이 발병한다.

비타민 B_1 함유식품으로는 두류, 효모, 돼지고기, 곡물의 배아, 견과류를 들 수 있으며 비타민 B_1은 에너지를 공급하지는 않지만, 체내에서 에너지를 생산하는 반응에 관여하므로 중요하다.

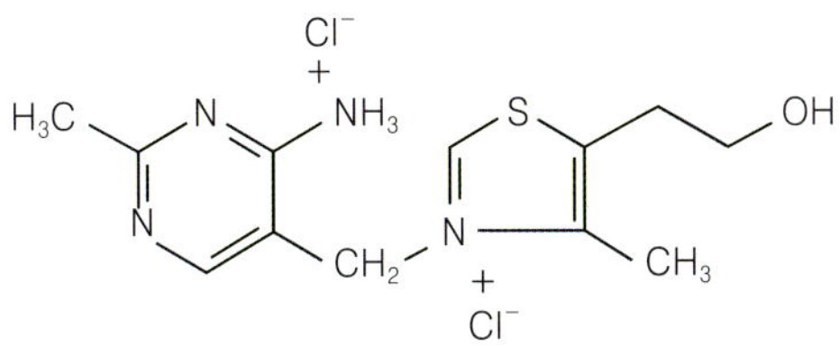

비타민 B_1(타이아민)

결핍	· 알코올 과잉 섭취 시 비타민 B_1의 흡수 저하로 안근마비, 정신혼란, 비틀거림 증상이 있다. · 근육이 약화되고 신경염 증세와 손발이 저리게 되며 근육의 마비증상까지 초래하는 각기병이 발생. · 식욕 상실, 피로감 및 과민성 심부전증, 피부부종, 말초혈관의 확장현상이 나타난다. · 산 과다증과 혈액 및 조직 내의 알칼리 함량이 감소. · 홍반 및 여드름 형태의 피부발진이 나타난다.

② 비타민 B_2(riboflavin)

비타민 B_2는 빛에 노출되면 파괴되어 식품에 들어 있는 양이 감소한다. 탄수화물, 단백질, 지방의 대사를 도우며 성장, 발육 촉진에 관여한다. 또한 피지 분비를 조절하여 건강하고 윤기 있는 피부를 유지시켜 준다. 적당한 비타민 B_2는 탄수화물, 지질, 단백질로부터 에너지를 생성하는데 있어 중요하다. 또한 비타민 B_2는 엽산 나이아신, 비타민 B_6, 비타민K가 활성 형태로 전환하는데 관여한다. 부족하면 피부가 건조하고 딱딱하게 됨으로 모공이 확대되고 모발이 쉽게 빠진다. 체내의 산화 환원 작용의 역할을 한다.

우리나라에서는 B_2가 가장 많이 함유되어 있는 우유나 유제품의 섭취량이 낮아 결핍상태가 되기 쉬우므로 하루에 1ℓ 정도 섭취하여야 한다. 간, 효모, 우유, 계란, 육류, 채소에 많이 함유되어 있으며 자외선에 의해 파괴되기 쉽다.

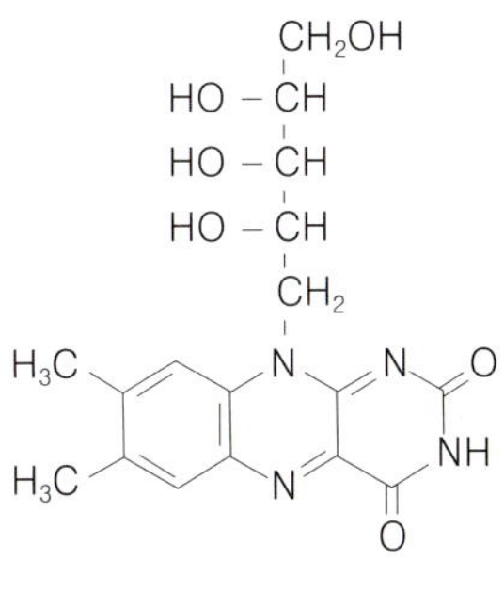

비타민 B_2(라이보플라빈)

결핍	· 결핍 시 성장부진, 피부각질이 나타난다. · 피부발진, 구순 구각염, 설염의 증상이 나타난다. · 민감성, 지루성 피부염이 나타난다. · 각막염, 결막염, 백내장 등이 나타난다. · 습진, 비듬, 탈모, 마른버짐이 발생한다.

③ 비타민 B_6(pyridoxine)

피지선의 기능을 조절하여 피지분비 억제작용을 하며 피부 염증을 방지하지만 부족하면 피지 분비가 많아지고 지루성 탈모의 원인이 된다. 비타민 B_6은 생물체의 세포에 존재하며 체내 지방, 탄수화물의 대사와 단백질과 아미노산의 대사에도 관여한다.

B_6는 아미노산 과정에서 조효소로 작용한다. 특히 B_6가 부족하면 불필수 아미노산이 합성될 수 없고 시스테인이 메티오닌으로부터 합성될 수 없다. 또한 적혈구에 산소를 운반해 주는 단백질인 헤모글로빈을 합성하는데 필요하며 면역기능에 중요한 백혈구 형성에도 필수적이다. 트리토판이나 나이아신으로 전환되는 과정, 글리코겐의 대사과정, 신경전달물질 합성, 지방합성에도 필요하다. 특히 신경조직을 정상화하여 류마티스, 갱년기 장애 등에 사용한다. B_6는 동물성 식품과 식물성 식품에 있다. 밀의 배아, 동물의 근육조직에 저장되어 있으며 육류, 생선류 등에 함유되어 있다. 영양실조, 고령자, 알코올 중독자, 결핵약, 경구 피임약 복용자는 비타민B_6가 결핍되기 쉽다.

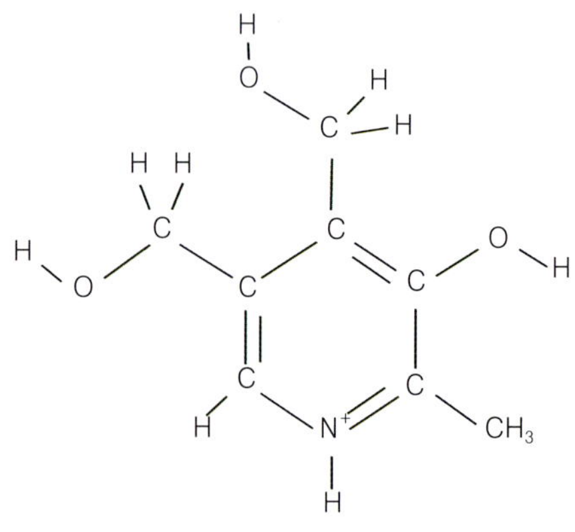

비타민 B_6(피리독신)

결핍	· 지루성 여드름 피부가 된다. · 근육통과 신경통, 신경장애를 초래한다. · 작열감 및 소양증을 동반한 피부염 발생. · 설염, 구각염, 점막의 염증 발생. · 우울증, 두통, 의식장애, 무기력, 흥 분, 발작

④ 비타민 C(ascorbic acid)

비타민 C는 콜라겐과 보습물질인 히알루론산의 형성에 영향을 준다. 혈관벽, 치아, 뼈를 건강하게 하고 피부에 탄력을 주며 모근과 모구를 강하게 하여 두피의 혈액순환을 활발하게 하므로 탈모를 예방하는 데 큰 도움이 된다.

비타민 C는 항산화제로 작용하여 반응 산소 분자에 의해 생기는 산화적 손상을 방지하는 물질이며, 산화스트레스는 암과 심장질환뿐 아니라 노화와 관련이 있다. 항산화제는 유리 라디칼이 손상을 주기 전에 반응 산소 분자를 파괴시키는 작용을 한다. 즉 비타민 C는 DNA가 손상되기 전에 과산화 라디칼과 유리라디칼을 제거할 수 있다.

비타민 C는 유해산소의 생성을 억제시켜 햇빛, 약물오염 등으로 발생되는 멜라닌 색소의 형성을 억제하여 기미, 주근깨 등의 색소 침착 및 피부손상과 조기 노화를 방지한다. 1일 1,000mg 이상의 비타민 C를 섭취하면 피부색을 희게 하고 모세혈관의 저항성을 강화하여 출혈을 방지하는 항괴혈 작용을 하며 감기, 암, 고콜레스테롤증의 예방 및 감염에 대한 저항력을 강화시켜 준다.

철분의 흡수를 촉진시켜 엽산의 체내이용을 원활하게 하여 빈혈을 예방하고 질병 치료에 효과가 있다. 비타민 C를 필요로 하는 많은 생화학 반응에서 수산기(OH)가 다른 분자에 첨가된다. 이와 같은 반응은 체내에서 모든 결합조직을 구성하는 단백질인 콜라겐 형성에 중요하다.

비타민 C는 불안정하고 산소 빛, 열에 의해 파괴되기 때문에 조리 중에 쉽게 손실되며 특히 구리나 철로 된 조리기구와 산성 조건은 비타민 C의 손실을 가속시킨다. 비타민 C는 수용성으로 결합조직의 합성과 유지에 필요하며 생화학 반응에서 전자를 내놓으며 산소 분자로부터 몸을 보호하는 항산화제로서의 중요한 역할을 한다. 또 면역체계를 유지하고 철의 흡수를 돕는다.

하루에 1~2g을 섭취할 경우 독성을 나타내지 않고 대변이나 소변을 통하여 배설된다. 과일류인 딸기, 감귤, 사과, 레몬 등과 피망, 풋고추, 시금치, 배추, 무청, 콩나물 등과 같은 야채종류에 많이 함유되어 있다. 열에 약하여 쉽게 산화되므로 저장과 조리에 주의해야 비타민 C의 손실을 줄일 수 있다.

Tip

▸ Vit C가 없으면 프롤린과 라이신의 하이드록시화는 이루어지지 않고 나선형 구조나 콜라겐 섬유의 안정화가 이루어지지 않는다. 이로 인해 결체조직 이완과 괴혈병에 걸린다.

Tip

▸ 산화 스트레스란 반응하는 반응산소 분자의 양과 항산화 방어의 효율성 사이에 생기는 심각한 불균형을 의미한다.

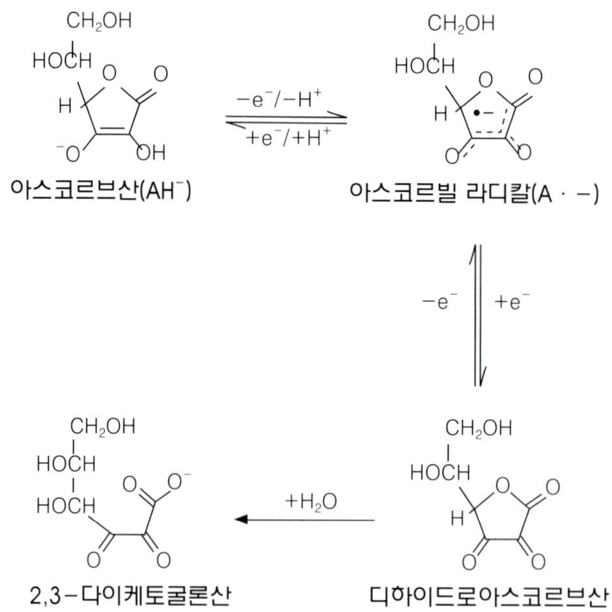

비타민 C(아스코르브산)

결핍	· 색소침착, 각화증 과민 증상이 나타난다. · 항체 생성의 감소로 병원균에 대한 저항력이 감소된다. · 골격, 치아 형성에 저해가 온다. · 피부 점막, 잇몸에 출혈이 일어난다.

5) 무기질(minerals)

무기질이란 신체의 구성요소로서 신체반응의 조절인자 역할을 한다. 무기질은 비타민과는 달리 열이나 산소, 산에 의해 파괴되지 않는다. 대부분의 음식은 자연적으로 무기질을 포함하고 있다. 무기질은 신선한 과일, 통곡, 채소, 저지방 유제품, 살코기뿐만 아니라 강화식품 등 다양한 음식을 통해 섭취할 수 있으며 인체에서 생명유지에 필요한 다양한 구조적, 조절적 역할을 한다.

뼈의 구조와 강도에 칼슘, 인, 마그네슘, 불소가 영향을 준다. 요오드는 대사 속도를 조절하는 갑상선 호르몬의 구성 성분이며 크롬은 혈중 포도당 농도를 조절하는 역할을 하고, 아연은 유전자 발현에 중요한 역할을 한다. 이처럼 많은 무기질들이 효소 작용에 필요한 보조인자(cofactor)로 작용하고 있다.

(1) 칼슘(Ca)

칼슘은 우유섭취량이 적은 한국인에게 가장 결핍되기 쉬운 영양소로 근육의 수축 이완 작용 조절과 골격 및 치아를 형성하고 유지하는 주성분으로 중요한 생리적 조절기능을 담당하고 있으며 상처를 입었을 때 혈액응고를 촉진시키고 혈액의 알칼리성 유지에 필요하다. 칼슘은 인체에 가장 많은 무기질이다. 뼈와 치아의 구조를 형성하며 조절기능을 담당한다. 혈중 칼슘 농도가 감소하면 뼈로부터 칼슘이 용출되는데 장기간 칼슘이 부족하면 뼈의 칼슘이 감소하고 골다공증으로 인한 뼈의 골절 위험이 증가한다.

특히 부갑상선 호르몬과 칼시토닌, 비타민 D가 혈액의 칼슘 농도를 조절하는 주요 호르몬으로서 호르몬에 따라 흡수율이 다르다. 비타민 D가 부족할 때 칼슘 흡수는 10%아래로 감소하는데 비타민 D가 부족하지 않을 때에는 25%가 흡수된다. 또한 혈액 내 에스트로겐 농도가 정상일 때 골격대사에 균형이 이루어지며 칼슘 흡수율은 연령에 따라 큰 차이를 보인다. 성장기 어린이는 75%까지 흡수하고 노년기, 특히 폐경기 여성의 경우 25% 정도 흡수하므로 골격 손실로 인한 골다공증의 주된 발병인인은 바로 이러한 에스트로겐 분비 감소로 인한다.

칼슘은 신경의 흥분작용을 억제하는 기능이 있으며 칼슘농도가 정상 이하로 내려가면 신경의 흥분이 유도되며, 근육세포 내의 칼슘농도가 정상보다 높으면 근육 강직 상태가 나타난다. 칼슘함량이 높은 식품으로 뼈째 먹는 생선, 해조류, 굴, 우유 및 유제품 등이 우수하다.

결핍	· 어린이의 구루병, 성인의 골다공증, 골격 치아 손톱이 약해진다. · 소양증, 습진 등 만성 피부 트러블이 생긴다. · 혈액순환이 잘 되지 않는다. · 신경자극으로 인한 근육경련이 일어난다. · 모발이 빠진다.
과잉	· 1일 2,400mg의 칼슘 섭취는 무해하다. 경우에 따라 신장결석의 우려가 있다.

(2) 마그네슘(Mg)

마그네슘은 신경의 안정과 근육의 수축 및 이완작용을 조절하고 마취제나 항경련제의 성분으로 이용되기도 하며 골격과 치아의 구성 성분의 되기도 한다. 탄수화물 대사의 효소작용에 조효소로 관여하고 체액의 알칼리성 반응 유지에 관여하며 삼투압을 조절한다.

심한 구토나 설사 또는 일상 식사를 통한 마그네슘의 흡수가 충분치 못하거나 무더운 기후에서 수주일 동안 심하게 땀을 흘리는 경우, 아연을 지나치게 과잉 섭취하여 마그네슘의 흡수율이 상당히 감소한 경우에는 신경근육의 경련 및 결핍증상이 발생한다. 신경, 폐, 신장이 제대로 작용하기 위해서는 마그네슘이 필요하나 마그네슘의 과잉 섭취로 과축적 상태가 되면 호흡곤란 등 치명적인 상태에 이를 수도 있다. 섭취한 마그네슘 중 약 50%가 흡수되며, 칼슘 섭취량이 증가하면 마그네슘의 흡수는 감소하기 때문에 칼슘 보충제를 복용하면 마그네슘의 흡수가 감소될 수 있다. 마그네슘은 엽록소의 구성 성분으로 시금치나 케일 같은 녹색 채소와 식물성 식품, 콩, 전곡, 코코아, 견과류, 해조류, 시금치 등에 풍부하다.

결핍	· 신경이나 근육에 심한 경련, 정신착란 · 허약, 근육통, 발작 등을 수반하며 심부전증 심장마비 · 피로, 불면증, 월경 전 후 증상, 고혈압, 당뇨병, 천식, 탈모, 백발 등에 관련이 있다.
과잉	· 구역질 및 호흡이 느려지고 혼수상태가 된다.

(3) 나트륨(Na)

나트륨(Na)은 체액의 산, 알칼리 평형을 유지시키며, 신경세포의 전달 작용과 근육의 수축작용이 원활하게 이루어지도록 한다. 또한 세포의 물질 대사기능에 중요한 역할을 하고 식염의 상태로 체액 중에 존재하며 세포 내외의 삼투압을 조절하여 물질대사 기능을 한다. 나트륨은 인체에 필수적인 물질이지만 과잉 섭취할 경우 오히려 고혈압, 신장병, 심장질환 등의 순환기계 질병에 나쁜 영향을 미치므로 나트륨(식염) 섭취의 제한이 필요하다. 부신피질의 기능 부진 및 심한 설가, 구토, 땀 등에 의하여 체내 나트륨 농도가 감소하여 혈액량 감소로 혈압을 떨어뜨린다. WHO의 1일 나트륨 권장량은 2,000mg 미만이다.

간장, 김치, 젓갈, 각종 장아찌 등과 같은 가공 식품 및 육류에도 나트륨 함량이 많다.

결핍	· 무력감, 정신불안, 식욕감퇴, 두통, 피로감, 근육경련 증세를 보인다.
과잉	· 신장병, 부종, 고혈압 등에 관련된다.

(4) 포타슘(K)

포타슘(칼륨)은 나트륨의 2배 정도로 체내에 존재하며 소금의 과잉 섭취로 인하여 발생하는 혈압상승 방지 및 체액의 산, 알칼리 평형을 유지하게 한다. 신경세포의 전달 작용과 근육의 수축 작용이 원활히 이루어지도록 하며, 물질대사 기능에 중요한 역할을 한다. 또한 당질 및 단백질 대사과정에서도 생화학적 기능을 담당한다. 신장기능이 약할 경우 혈중 포타슘이 높아져 심장기능을 방해함으로 포타슘 섭취에 주의하여야 한다. 포타슘은 전곡류, 감자, 콩류, 시금치, 단호박, 오렌지, 바나나, 우유 등에 풍부하다.

결핍	· 구토, 설사, 식욕부진, 생식력 감퇴, 신장기능 저하, 소화관의 이완 쇠약, 근육 긴장의 저하
과잉	· 근육과빈, 호흡곤란, 사시마비, 불규칙적인 심장운동

(5) 유황(S)

유황은 인체조직중의 케라틴이라는 단백질을 형성하는 아미노산 중 시스틴, 시스테인, 트레오닌, 메티오닌 등에 있다. 특히 인체의 피부, 손톱, 모발 등에도 존재한다. 일상생활에서 충분히 섭취하면 피부미용에도 도움이 된다. 육류, 우유, 달걀, 두류, 등에 풍부하다.

결핍	· 손톱, 머리카락, 피부 등이 윤기가 없고 거칠다.

(6) 인(P)

인은 성인 인체에서 체중의 1%정도를 차지하고 있다. 그중 85%가 뼈와 차아에 존재하며 일부는 세포체액 속에 함유되어 체액의 pH를 조절한다. 인은 연조직의 구조적 기능과 조절 기능 모두를 행하고 있으며, 대부분 산소와 결합된 인산의 형태로 존재한다.

인은 칼슘보다 쉽게 흡수되며 흡수율은 보통 60~70%정도이다. 혈중 인의 농도는 칼슘처럼 엄격하게 조절되지는 않지만, 뼈의 석회화를 위한 칼슘과의 비율이 유지되도록 조절된다. 혈중 인의 농도가 낮을 때는 활성형 비타민 D가 합성된다. 이것은 장에서 인과 칼슘 모두의 흡수를 증가시키고 뼈로부터의 용출을 증가 시킨다.

인은 나이아신, 티아민, 비타민 B_6 등의 활성화와 세포 내의 반응에 작용하는 효소들의 활성성분으로 작용하며 탄수화물과 지방대사에 관여한다. DNA, RNA 등 핵산의 구성 성분이다. 곡류 및 콩류, 호박, 미꾸라지, 해조류에서 섭취가 높다.

결핍	· 피부건조, 피곤, 식욕저하, 근육약화, 내분비 장애, 콜레스테롤의 증가, 뼈의 약화로 인한 구루병 등이 나타난다.
과잉	· 인의 인체 내 축적은 칼슘, 비타민 D 대사, 마그네슘 등의 섭취량을 저해하여 부갑상선 호르몬의 증가로 골격의 손실이 온다.

(7) 망간(Mn)

망간은 효소의 활성화 및 생식작용과 갑상선호르몬, 성호르몬, 스테로이드 호르몬 등의 생산에 관여하고 세포의 호흡과 지방질 및 탄수화물 대사 등에 관여한다. 해조류, 견과류, 인삼, 통곡류 등에 함유되어 있다.

결핍	· 알레르기, 당뇨병, 피로, 두통, 손톱과 모발의 성장지연 · 피부염, 체중감소, 현기증, 천식, 이명, 청력 저하, 지방대사 이상 초래 · 관절, 허리장애, 골다공증, 콜레스테롤 증가, 저혈당증 · 면역력 저하, 불임증, 생식기능 저하, 선천적 기형

(8) 철(Fe)

철은 적혈구의 헤모글로빈을 형성하는 구성성분으로 체내의 모든 세포 내에 존재하며 혈액에 함유되어 있다. 철의 결핍은 헤모글로빈의 생산을 저하시키며, 성장기 어린이들과 임신 중의 여성 과반수가 철분 결핍증에 걸려 있다. 철분은 세포로 산소를 운반하는데 필수적이며, 체내에서 대부분의 철분은 헤모글로빈의 형태이다. 적혈구의 헤모글로빈은 체세포에 산소를 운반하고 이산화탄소를 폐로 운반한다. 철분이 부족할 경우 안색이 나빠지고 피로감을 초래하여 얼굴에 윤기가 없어지고 빈혈 증상이 온다. 해조류, 아스파라거스, 토마토, 육류, 어패류 등에 함유되어 있다.

결핍	· 빈혈, 탈모, 판단력 저하, 호흡 곤란, 손톱연화, 피로, 변비, 성장장애, 생리불순, 면역력 저하, 두통, 작업능률 저하 등
과잉	· 간, 심장 등 기관에의 손상, 심부전증, 당뇨병

(9) 구리(Cu)

구리는 철이 헤모글로빈 생성에 관여할 때 체내에서 생화학반응의 촉매제 역할을 하며 멜라닌 생성에 조효소로 작용한다. 혈관 벽의 탄력성을 주며 신경 막의 보호 작용을 하는데 매우 중요한 물질이다. 식사에 들어 있는 구리의 30~40%가 흡수된다. 구리의 흡수는 식사 중 다른 무기질과 비타민의 영향을 받으며, 식사 중 아연의 함량은 구리의 흡수에 영향을 미치는 주요 인지이다.

간, 뇌, 신장, 심장, 피부 등에 존재하며 기능적인 면에서 철과 유사한 점이 많은 미량원소이다. 우유를 먹는 영아, 조산아, 환자 또는 아연 섭취량이 높은 경우 구리 결핍증이 발생하기 쉽다. 육류, 콩, 녹색채소, 소간, 돼지간과 견과류, 두류, 굴, 가재, 패류 등의 해산물 등을 섭취하면 도움이 된다.

결핍	· 콜레스테롤의 신진대사가 잘 이루어지지 않는다. · 빈혈, 골다공증, 콜레스테롤 상승, 동맥경화, 혈관파열, 면역력 저하, 갑상선 기능 저하, 조직노화, 피부염, 허약증세, 탈모, 저혈소성 빈혈증, 백혈구의 감소, 뼈의 손실, 성장장애, 심장질환, 모발 성장장애, 색소 형성의 이상, 부종, 피부탄력성 상실
과잉	· 복통, 오심, 구토, 설사, 간세포 손상, 혈관질환 및 사망

(10) 요오드(I)

요오드는 이온 형태로 소화관에서 빠르게 완전히 흡수되고 나서 소변으로 배설된다. 요오드는 갑상선과 부신의 기능을 향상시켜 피부를 아름답게 해주며, 모세혈관의 활동을 강화시켜 주고 성장발달을 촉진시키는 티록신이라는 갑상선 호르몬의 주성분으로 체내의 기초 신진대사율을 조절한다.

티록신(thyroxine)은 체내의 각종 화학반응을 촉진시키는 호르몬으로 과잉분비되면 바세도우씨병(Basedow's disease)을 일으키고 부족하면 고콜레스테롤 혈증과 크레틴병(cretinism)을 일으킨다. 40세 이상 연령층에서 과잉 섭취할 경우 기초대사율을 증가시켜 자율신경계에 장애를 유발한다. 미역, 김, 다시마, 파래, 해조류나 해산물에 풍부하다.

결핍	· 갑상선 비대, 태아의 뇌 발달장애, 정신박약, 성장지연, 왜소증 등의 크레틴병, 갑상선 기능이 저하, 갑상선종, 신진대사율이 저하, 부종, 탈모, 체중증가, 피부가 거칠고 두꺼워진다.
과잉	· 갑상선기능 항진증, 바세도우씨병, 붉고 예민한 피부, 지루성 여드름

(11) 아연(Zn)

아연은 체내 대사에서 생체내 여러 효소의 활성제와 보조인자로 작용하는 매우 중요한 미네랄로서 체내의 주요 대사과정인 반응을 조절하며 단백질의 대사와 핵산의 합성을 조절한다. 또한 DNA와 RNA의 합성, 산-염기평형, 탄수화물대사, 식품에서 엽산을 흡수하는 필수적인 반응 등의 효소 반응에 필요하다.

아연은 인슐린의 저장과 방출 간에서의 비타민 A대사, 세포막의 안정화 등에 기능한다. 상처회복의 필수인자이며 또한 정상적인 성장이나 면역기능에 관여한다. 모발에 아연의 수치가 높게 나타낼 때에는 아연이 포함된 샴푸 사용 또는 외부의 오염이나 비활성 아연의 침착으로 본다. 동물성 단백질에 아연의 함량이 많으며 콩류, 전곡류 등으로 섭취할 수 있다.

결핍	· 피로, 식욕감퇴, 설가, 빈혈, 야맹증, 관절염, 면역력 저하, 건조한 피부, 여드름, 피부염, 각막염, 원형탈모증, 성장장애, 성기능 장애, 여성 불임증, 알코올 중독, 당뇨병, 간경화 등이다. · 손톱 성장장애, 상처치료 지연, 피부질환, 면역기능 저하, 탈모증, 식욕 부진, 미각과 후각 감퇴
과잉	· 철분이나 구리의 흡수가 저해되어 빈혈증세가 나타난다. · 구토, 설사, 식욕저하, 소화기 장애, 면역기능의 감소

(12) 셀레늄(Se)

셀레늄은 한 번 흡수되면 셀레늄의 항상성은 소변으로 배설되는 것을 조절하여 유지되며 기초대사를 조절하는 갑상선 호르몬의 합성에도 필요하다. 필수 미네랄로서 버터, 우유, 오렌지 주스 등에 함유되어 있다.

결핍	· 체중 감소, 원형탈모증, 근육통, 골격과 근육 퇴화, 성장 지연, 면역기능 감소, 생식능력 저하
과잉	· 독성이 나타난다.

PLUS

티록신이란?

티록신은 갑상선 내의 단백질 중 티로신으로부터 형성된 호르몬으로서 간뇌의 시상하부에 티록신의 농도를 감지하는 조직이 있어 티록신이 부족하면 갑성선자극호르몬 방출호르몬(TRH)이 분비되고 이 호르몬이 갑상선 자극호르몬(TSH)의 분비를 촉진시킨다. 반대로 티록신의 농도가 증가하면 시상하부의 갑상선 자극호르몬 방출호르몬(TRH)의 분비량이 감소하여 갑상선 자극호르몬(TSH)의 분비량이 줄어들어 티록신의 합성량이 감소한다.

티록신은 포도당의 분해를 증가시키고 체내 열 발생을 가져오며 신경세포 분화와 성숙에 작용하고 단백질 합성을 촉진시켜 생장을 왕성하게 해주는 역할을 담당한다.

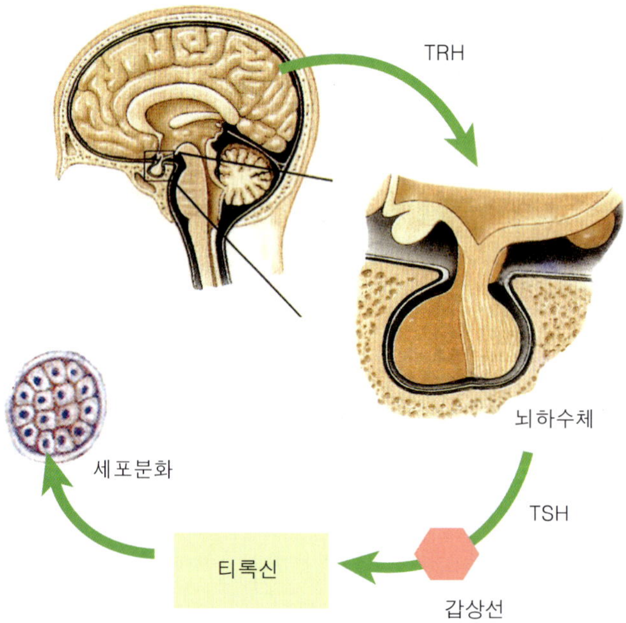

02 두피에 영향을 미치는 음식

1. 두피에 이로운 음식

인체는 하루 2.5리터의 물이 필요하며 적게 섭취할 경우 두피가 얇아지고 혈액순환이 저하되어 지성과 건성두피로 변해 비듬과 탈모가 심해진다. 그러므로 비타민 A와 항산화능이 탁월한 비타민 C가 많이 함유 되어 있는 녹차를 마시면 두피와 모발을 건강하게 해준다. 녹차의 카페인은 중추신경의 작용을 활발하게 하고 이뇨작용을 촉진시켜 노폐물 배출 및 혈액순환을 도와주며 모세혈관을 확장시켜 두피의 피로를 풀어준다. 또한 마늘과 고추의 매운 맛은 지방을 분해한다. 이들이 함유하고 있는 비타민 B는 흡수된 당질을 에너지로 바꾸어 피로를 회복시켜 준다. 검은콩은 비타민 B_1과 B_{12}를 많이 함유하고 있어 해독력이 뛰어나며 이상이 있는 인체조직의 회복을 촉진시킨다. 특히 콩에 함유된 폴리페놀과 단백질은 두피건강에 탁월한 효과가 있으며 계란에는 비오틴을 함유하고 있어 비듬성과 지루성 피부염 등의 치유에 도움이 된다.

비타민이 많이 함유되어 있는 동물의 간에는 모공이 각질화 되어 탈모되기 쉬운 상태를 막아주는 비타민 A와 피부의 신진대사에 중요한 비타민 B_2, 모발의 성장을 돕는 비타민 B_6가 함유되어 있으며, 지방의 함량이 적은 반면 단백질은 많아 탈모를 방지하는데 이로운 식품이다.

모발의 성장촉진과 두피의 각질	조개류, 육류, 생선류, 마늘, 양파, 고추, 계란, 시금치, 과일, 당근, 호박, 토마토, 우유 각종 잡곡, 견과류
두피의 혈액순환	야채류, 뿌리채소, 과일, 육류, 생선류, 조개류, 풋고추, 참치, 멸치, 꽁치, 고등어
두피의 미세혈관	각종 잡곡류, 녹황색 채소, 현미
모발의 건강	검은깨, 검은콩, 현미, 호두, 잡곡, 구기자, 다시마, 미역, 김, 녹차

2. 두피에 해로운 음식

기름에 튀긴 음식은 혈중 과산화 지질을 증가시키고 인체를 산화시키며 두피에 영향을 미친다. 폭식과 과식 또는 탄수화물이나 동물성 단백질 식품을 과잉 섭취하면 비만과 성인병이 나타나게 되며 두피에 이상을 일으켜 모근의 활동을 저해하고 비듬이 생기며 피부가 거칠어지고 모발의 성장에도 지장을 준다.

밀가루 음식을 섭취하면 바로 당분 형태로 흡수되어 인슐린 분비를 촉진시키므로 과잉 섭취 시 호르몬의 균형을 깬다. 또한 염분을 과잉 섭취하게 되면 혈압이 올라가게 되고, 나트륨의 수분 보존 성질로 인하여 신장과 심장에도 부담을 주게 되어 성인병이나 혈액순환에 장애를 일으켜 탈모가 발생된다. 너무 맵거나 짠 자극적인 음식을 섭취할 경우 심장과 산장에 부담을 주며 혈액순환에 장애를 일으켜 이 또한 탈모를 촉진시킨다.

커피와 담배의 카페인은 혈압을 올리고 스트레스 촉진과 혈액부족을 유발시키며 청량음료나 빙과류 또는 인스턴트 가공식품을 섭취할 경우 모발이 쉽게 빠지지만 DHT 생성을 억제하는 녹차를 이용하면 탈모예방에 효과가 있다.

밀눈, 땅콩, 효모 등에는 남성호르몬이 미량 함유되어 있어 많이 섭취하면 모발 건강에 좋지 않으므로 탈모증세가 있는 사람은 피하는 것이 좋다. 비듬이 많은 사람은 쇠기름, 돼지기름, 초콜릿, 치즈, 비스켓, 케이크, 음료수 등 지방질과 당분이 많은 음식의 섭취를 삼가는 것이 좋다.

<두피와 탈모에 이로운 음식, 해로운 음식>

이로운 음식	쑥갓, 두부, 녹황색 채소, 물, 콩, 검은깨, 찹쌀, 우유, 생선류, 미역, 다시마, 김, 조개류, 사과, 포도, 복숭아, 배, 밤, 오렌지, 호두, 토마토, 옥수수, 시금치, 미나리, 참깨, 파, 생각, 마늘, 녹차, 구기자, 꿀, 버섯, 새우류
해로운 음식	라면, 빵, 햄버거, 피자, 돈가스, 커피, 케이크, 생과자, 설탕, 아이스크림, 담배, 자극적인 음식, 기름진 음식, 콜라

03 탈모를 일으키는 중금속

모발은 머리(head)를 보호하는 기능 외에 신체에 불필요한 수은, 비소, 카드늄 등의 중금속을 흡수하여 체외로 배출하는 기능이 있으므로 미네랄 테스트로 체내의 중금속 축적량과 미네랄의 적절한 균형을 체크하여 어떤 요소에 의해 탈모가 일어나는지 알아보는 검사이며 중금속에 따른 영향은 아래와 같다.

표 6- 탈모를 일으키는 중금속

중금속	영향	해소음식
알루미늄 (Al)	· 신장기능이 약하거나 결석이 있는 사람은 알루미늄의 수치 상승 → 구리, 철, 아연의 흡수를 제한 · 탈모, 위장장애, 복통, 식욕상실, 기억력 감퇴, 건망증, 치매, 신장결석 등이 나타난다.	요구르트, Vit B
수은 (Hg)	· 모발 내 수은의 양은 인체 내 축적의 지표가 된다. · 신경정신계통, 심장혈관계통, 근육조직계통, 면역계통, 알레르기에 영향을 준다. · 손톱변색과 탈모 현상을 일으킨다.	콩, 마늘, 양파, 계란, 셀레늄, 아연, 비타민C
납 (Pb)	· 낮은 양의 축적에도 칼슘, 마그네슘, 아연의 체내 이용을 방해 · 장기간 축적은 기억력과 사고력에 영향을 미친다. · 10ppm 이상의 축적 아동은 학습능력에 문제가 있다.	굴, 전복, 클로렐라
카드늄 (Cd)	· 근육과 골격의 이상이 생긴다. · 미네랄의 흡수 방해 및 아연의 작용을 방해 · 칼슘이 부족하면 카드늄 흡수가 증가한다. · 피로 식욕감퇴, 피부염, 건성피부 등이 나타난다. · 이따이이따이 병(카드늄 중독)	숙주나물, 콩나물, 클로렐라
비소 (As)	· 탈모, 권태감, 피로, 두통, 근육통, 어지러움, 구토, 설사, 변비 등이 나타난다.	항산화 성분포함 식품 섭취

읽을거리

운동과 탈모

① 심한 운동은 금물!

근육 운동을 하면 남성호르몬인 테스토스테론의 분비가 증가하는데 심하게 운동을 하게 되면 이 물질이 과다 분비되기도 한다. 탈모를 일으키는 직접적인 호르몬은 테스토스테론이 아니라 DHT라는 대사물질이다. 테스토스테론의 양이 많다고 해서 DHT의 양도 많다고 볼 수는 없지만 탈모인자가 있는 사람에게는 테스토스테론이 과다분비되면 그만큼 DHT로 변환되는 양이 많아질 수 있으니 탈모를 예방하기 위해서 과도한 운동은 삼가하자!

② 영양 공급은 충분히!

하루에 소모되는 칼로리는 정해져 있는데 일반적인 생활 이외에 추가로 칼로리 소비가 많아지면 그만큼 두피에 영양공급이 원활해지지 않아 탈모를 일으킬 수 있다. 탈모가 있는 사람들에게는 유산소 운동 위주로 하는 것이 좋으며 충분한 영양 공급이 이루어져야 함을 명심하자!

요점정리

01 인간이 생명을 유지하는데 약 45종의 영양소가 필요하고, 그 중 탄수화물, 지방, 단백질, 물, 비타민, 무기질이 체내에서 다양한 기능을 한다. 탄수화물과 단백질, 지방은 에너지를 제공하는 영양소이며 비타민과 무기질은 소량 필요하며 음식물 내 함량도 적다.

02 단백질은 단단하고 탄력 있는 근육을 구성하며 머리카락, 손톱 및 발톱의 성장을 멈추지 않도록 한다. 뼈 골절과 피부질환에 의해 손상된 부분의 조직을 다시 만들어 낸다. 단백질은 세포의 구성 물질로서 중요한 유기분자이며 효소, 항체, 호르몬 등의 주성분으로도 이용된다.

03 지방은 1g당 9kcal의 열량을 내는 에너지 공급원으로 당질, 단백질과 함께 주요 생체 구성 성분이다. 동물성 지방을 다량 섭취하면 체내에서 지방으로 축적되어 고지혈증을 동반한 각종 심혈관계 질환 초래와 비만의 주범이다. 남성호르몬인 테스토스테론의 농도를 높여 남성호르몬의 증가로 피지선이 활성화되어 탈모현상을 초래한다.

04 탄수화물은 1g당 4kcal의 열량을 내는 에너지 공급의 필수 영양소이다. 세포내에서 에너지를 발생시키기 위한 세포 호흡의 가장 중요한 기질로 이용된다. 탄수화물을 과다 섭취할 글리코겐으로 전환되어 체내에서 지방으로 축적되고 호르몬의 균형을 깨뜨려 모발에 안 좋은 영향을 미치게 된다.

05 필수 아미노산을 함유한 양질의 단백질 및 필수 지방산, 비타민 A, B_1, B_2, C, E 와 철분, 섬유소, 칼슘의 적당한 균형을 이루며 섭취하는 것이 탈모방지를 위해서는 무엇보다 중요하다. 비타민 C는 우리 몸에서 합성할 수 없는 필수 영양소이다. 비타민 C가 부족하면 사망에 이르기도 한다.

단원 종합문제

01 탄수화물을 과다섭취 한 경우 무엇으로 전환되는가?

① 아미노산 ② 포도당 ③ 글리코겐 ④ 글리고당 ⑤ 비타민 D

02 우리 몸에서 만들어지는 시스틴이 체내에서 부족할 경우 무엇으로 전환되어 합성되는가?

① 트립토판 ② 메치오닌 ③ 히스티딘 ④ 아르기닌 ⑤ 트레오닌

03 지방을 과다하게 섭취할 경우 어떤 호르몬이 영향을 받는가?

① 에스트로겐 ② 프로게스테론 ③ 안드로겐
④ 테스토스테론 ⑤ 알도스테론

04 비타민의 결핍 증상으로 바르지 않은 것은?

① 비타민 A – 식용감퇴, 색소침착, 손톱에 세로 흠
② 비타민 D – 구루병, 성장장애, 골격 약화
③ 바타민 K – 혈액 응고 지연
④ 비타민 B_1 – 구순 구각염, 각막염, 습진, 비듬
⑤ 비타민 C – 색소침착, 면역력 저하, 잇몸 출혈

05 아래 설명에 해당하는 음식은?

> 카페인 성분이 함유되어 있어 중추신경의 작용을 활발하게 하고 이뇨작용을 촉진시켜 노폐물 배출 및 혈액순환을 도와주며 모세혈관을 확장시켜 두피의 피로를 풀어준다.

① 녹차 ② 고추 ③ 미역 ④ 검은콩 ⑤ 시금치

06 두피에 해로운 음식을 설명하시오.

가로세로 Quiz

〈가로열쇠〉

1. 원소기호 S로 표시하며 육류, 우유, 달걀, 두유 등에 풍부
2. 헤모글로빈 생성의 촉매제이며 멜라닌 생성에 조효소로 작용한다. 육류, 콩, 녹색채소, 간, 가재 등에 풍부
3. 칼슘, 마그네슘, 나트륨 등을 칭하는 말
4. 음식물을 섭취하면 OO,흡수, 대사, 배설의 과정을 통해 생체를 유지하게 한다.
5. 원소기호 Mg로 표시하며 신경의 안정과 근육의 수축 및 이완작용을 조절하고 칼슘의 배출과 흡수에 중요한 역할을 한다.
6. 적혈구의 헤모글로빈을 형성하는 구성성분으로 혈액에 함유되어 있다.
7. 비타민 A, D, E, K를 총칭하는 말

〈세로열쇠〉

8. 위장에서 분해되어 아미노산으로 되는 것
9. 음식물을 통해 섭취하는 OOO. 탄수화물, 단백질, 지방, 비타민 등
10. 필수 미네랄로서 버터, 우유, 오렌지 주스 등에 함유. 원소기호 Se
11. 소금의 과잉 섭취로 인해 발생하는 혈압상승 방지 및 체액의 산, 알칼리 평형을 유지하게 함

12. 동물체의 주 영양소가 아니면서 동물의 정상적인 발육과 생리 작용을 유지하는 데 없어서는 안 되는 유기 화합물을 통틀어 이르는 말. 비교적 소량이 필요하지만 체내에서 생성되지 않는다. 크게 수용성 비타민과 지용성 비타민으로 나누어지고, 부족하면 특유의 결핍 증상이 나타난다.

Chapter Ⅶ

상 담

개요

최근에는 물리 · 화학적 시술로 인한 손상된 모발과 탈모로 두피 · 모발관리에 대한 관심이 고조되고 있고 많은 사람들이 관리실을 찾고 있다. 이때 고객을 응대하는 관리사들의 역할에 따라 고객의 만족도가 달라진다. 이 장에서는 전문 관리사로서 갖추어야 할 소양과 고객 상담법 및 두피 진단법을 학습하고 상담 카드를 작성할 수 있다.

학습 목표

① 고객과의 상담을 설명할 수 있다.
② 전문 관리사의 자세를 설명할 수 있다.
③ 전문 관리사의 위생을 설명할 수 있다.
④ 두피 및 모발진단을 설명할 수 있다.
⑤ 상담 카드 및 진단 카드를 작성할 수 있다.

01 고객 상담

1. 고객 상담이란

고객 상담이란 고객과의 상담을 통해 생활습관이나 건강상태, 나이, 유전력 등을 체크하여 고객의 두피 및 모발에 발생된 문제점을 제시한다. 또한 이와 관련된 정보와 지식을 전달하여 고객의 의견을 존중한 적절한 관리프로그램과 건강한 생활습관을 실천 유지할 수 있도록 적극적으로 관리하는 것을 말한다. 관리를 원하는 대부분의 고객들은 자신에게 발생된 두피 및 모발의 문제를 부끄럽게 생각하거나 혹은 매우 예민하게 반응할 수 있으므로 고객과의 상담이 매우 중요하다.

· 친절하고 부드러운 분위기로 대화하여 고객의 거부감이 들지 않도록 한다.
· 고객의 질문에 정확하게 대답을 하고 고객에게 적절한 정보를 제공함으로써 신뢰감을 형성한다.
· 고객마다 다른 성향을 보이기 때문에 이에 맞는 표현으로 효과적인 이해를 할 수 있도록 한다.
· 심리상태, 건강상태, 생활습관, 식사, 두피와 모발 손상의 원인 등을 꼼꼼하게 체크하여 고객관리 카드를 작성한다.

2. 상담 과정

1) 고객 상담

고객과 상담사의 신뢰가 높을수록 결정이 수월하다. 이 단계에서는 상담을 통해 고객의 심리적 특성, 건강 상태, 가족 관계 등을 체크하고 상담사의 도움이 필요함을 인식시켜준다. 고객 스스로 두피 및 모발의 문제에 대한 정보나 지식이 부족함을 인지하게 하여 구체적으로 어떠한 행동 변화가 요구되는지와 발생한 문제에 대한 해결의 필요성이 크다는 것을 인식시켜준다.

2) 두피 진단

상담사는 고객의 두피를 진단하여 문제가 발생된 부위를 확인하고, 상담을 통해 얻어진 정보를 토대로 문제의 원인을 파악하여 상담차트를 작성한다. 이때 고객에게 문제 발생의 이유를 분명하게 설명해야 고객으로부터 신뢰감을 얻을 수 있으며, 두피관리 프로그램을 원활하게 진행할 수 있다.

3) 진단 결과 후 프로그램 선택

두피 진단 후 고객의 두피 상태에 따른 적절한 관리 방법을 파악하고, 이에 대하여 고객에게 사용되는 제품 및 시술 방법, 시술 효과 등을 구체적으로 설명함으로써 고객이 관리를 받아야 할 필요성을 인식하게 하여 보다 효과적으로 관리가 이루어질 수 있도록 한다.

4) 시술

고객에게 맞는 두피관리 프로그램을 선택 후 본격적으로 두피관리 프로그램을 진행한다. 두피 마사지, 두피 스케일링, 두피 클린징, 두피 영양제 도포 등 고객의 두피 상태에 적절한 제품을 사용하여 시술한다. 이때 고객의 불편 사항이 있으면 바로 확인하여 고객이 편안한 분위기에서 시술받을 수 있도록 한다.

5) 홈 케어 지도

두피관리 프로그램을 종료하면 관리사는 고객의 두피상태를 최종 점검한 후 시술하고 변화된 결과를 설명한다. 한 번의 시술로는 두피상태가 회복되지 않으므로 고객의 생활습관 및 사용 제품 등에 대하여 올바른 방향을 제시해주고, 지속적인 관리 프로그램을 이용할 수 있도록 적극적으로 지도해준다.

두피 및 모발에 관한 전문적인 지식을 습득하여 고객의 두피 상태를 정확하게 진단함으로써 보다 유익한 정보를 제공하고, 적절한 관리를 통해 고객이 신뢰감을 가질 수 있도록 한다.

02 전문 관리사의 자세

고객이 불쾌함을 느끼지 않고 편안한 분위기에서 관리가 진행될 수 있도록 하기 위해서는 관리사의 자세가 매우 중요하다.

· 고객에게 예의를 갖추고, 정중하게 대한다.
· 고객과의 약속을 지키고 책임을 다함으로써 고객에게 신뢰감을 준다.
· 고객의 상담에 적극적이고, 진지한 태도를 보인다.
· 고객에게 심리적으로 편안함과 안락함, 만족감을 줄 수 있도록 주변 환경을 청결하게 유지한다.
· 고객에게 친절한 상담 및 조언을 할 수 있어야 한다.
· 두피 및 탈모와 관련된 전문 지식을 습득하여 고객에게 정확한 정보를 제공한다.
· 치료를 목적으로 하는 의료행위는 하지 않는다.
· 고객 상담 후 차트를 작성한다.
· 고객의 두피 및 모발 상태에 따라 필요한 미용 기기와 프로그램 및 제품을 적절하게 선택 활용하여야 한다.
· 관리 전과 후의 두피 상태를 정확하게 비교 분석함으로써 고객의 심리적 안정을 취하도록 한다.
· 두피 관리 후 지속적인 효과를 유지할 수 있도록 주기적인 상담과 관심을 갖는다.

03 전문 관리사의 위생

고객 상담과 두피 관리에 앞서, 전문 관리사는 주변 환경 및 복장, 신체를 위생적으로 청결하게 해야 한다. 자칫 고객이 불쾌함을 느낄 수 있으며, 세균 감염 등과 같은 심각한 문제가 발생할 수 있으므로 기본적으로 전문 관리사는 위생관리에 철저해야 한다.

· 시술하기 편안한 복장을 착용하되 너무 요란하거나 거부감이 드는 복장은 피해야한다.
· 고객이 신뢰감을 갖도록 명찰을 부착하여 관리사의 신분을 명확히 한다.
· 구취, 체취 등이 나지 않도록 신체를 청결하게 유지하여 고객이 불쾌감을 느끼지 않도록 한다.
· 상담 또는 관리 시 고객의 피부에 상처를 입히거나 혹은 시술 시 방해가 될 우려가 있으므로 손톱을 깨끗이 하며, 모발을 항상 단정하게 유지하도록 한다.
· 고객의 모발이 엉키거나 피부에 상처를 입을 수 있으므로 악세서리를 착용하지 않도록 한다.
· 신발은 편안한 것을 신고, 고객이 편안한 감정을 유지할 수 있도록 구두소리는 최대한 나지 않도록 한다.
· 주변을 깨끗하게 정돈하고, 관리에 사용된 도구 및 기기는 소독을 하여 위생적으로 청결함을 유지함으로써 세균에 감염되지 않도록 한다.

04 두피 및 모발진단

두피 및 모발 진단은 고객의 두피 상태에 대한 기초자료를 마련하는 것으로써 고객 상담을 통해 얻은 정보를 바탕으로 고객에게 발생한 문제를 이해하고, 문제의 원인과 관리 프로그램 선정 및 관리 후 효과 등을 파악하기 위한 기본적인 과정이다. 두피 및 모발을 진단하는 과정은 크게 문진, 시진, 촉진, 두피진단기 측정으로 구분된다.

1. 문진

상담 카드 및 진단 카드를 작성하기 위한 여러 가지 질문사항으로 고객의 건강 상태를 사전에 파악할 수 있다. 고객의 식사 습관과 식사의 내용, 흡연과 신체 활동 사항, 결혼 유무, 평소 두피 및 모발 관리방법, 사용하는 제품 등을 체크한다. 문진은 나이, 성별, 병력 등을 통해 신체 건강도를 사전에 평가함으로써 미래의 건강을 예측할 수 있다.

2. 시진

시진은 문진만으로 정확한 원인을 예측하기 어려울 경우 두피 및 모발을 육안 또는 두피 진단기로 관찰하여 파악하는 것으로써, 크게는 고객의 자세나 표정 등도 같이 보면서 진단하는 것이 효과적이다. 이 때 두피의 색상, 두피의 각질 상태, 두피의 피지분비량의 여부, 모발에 묻어있는 피지 상태, 모발의 손상여부, 홍반과 발진 유무를 육안 또는 두피 진단기로 파악하여 설명할 수 있다.

3. 촉진

손가락을 이용하여 피부조직 및 모발을 관찰하는 방법으로 피지상태, 땀의 분비량, 긁어서 일어나는 각질 상태와 두피의 탄력, 경직 상태 등을 촉각으로 인지하는 방법이다.

4. 두피 측정기 진단

두피의 색상과 모발의 굵기, 모발의 밀집도, 두피의 예민도 및 문제성과 피지량, 땀의 분비량, 모공 상태와 각질 상태를 측정하고 모발의 손상도를 파악한다.

모발의 경우 모근 부위에서 모발 끝 부분까지 확인한다.

고객으로부터 얻은 정보를 상담 카드에 기록하고, 관리사는 이를 참고함으로써 고객의 두피 상태에 따른 적절한 서비스를 제공할 수 있다.

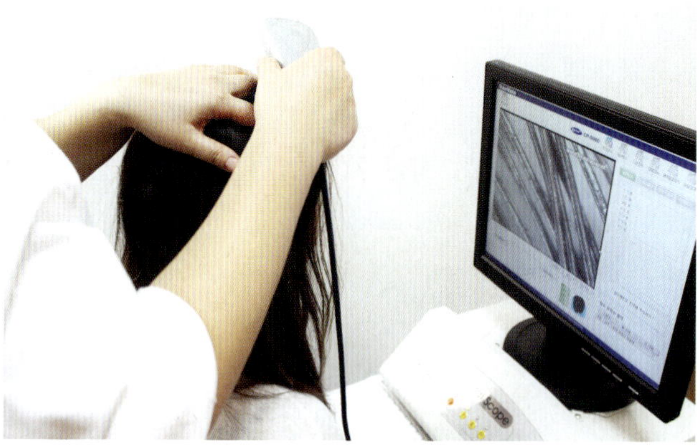

PLUS

모주기 검사

성장기 모발과 휴지기 모발의 비율을 검사하는 방법으로 모주기 검사를 통해 고객의 탈모 진행정도를 파악할 수 있으며 모주기 변화를 현미경 화면에서 비교하여 개선효과를 확인할 수 있다.

■ **검사방법**

커트 전 현미경 진단 → 커트 후 현미경 진단(모발 수 확인) → 3일 후 현미경 진단(덜 자란 휴지기 모발 수 확인)

■ **정상두피**

모발 30~40개, 휴지기 모발 비율은 10~14%, 모발 굵기는 0.07~0.08 ㎜

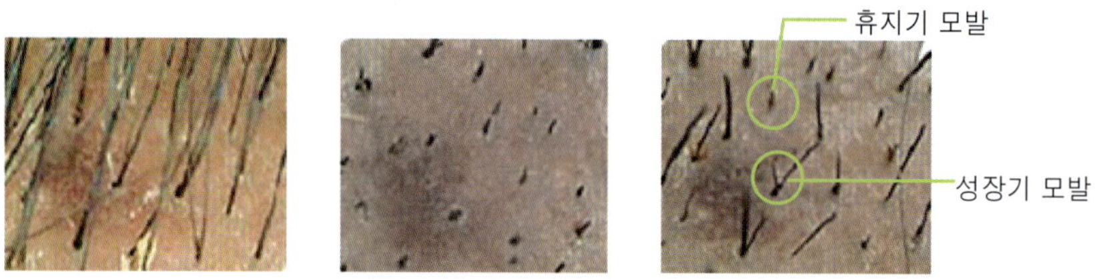

커트 전   커트 직후   3일 후

05 상담 카드 및 진단카드 작성

1. 상담 카드 작성법

· 기본적인 인적사항을 기재한다.
· 사용하는 샴푸, 린스, 헤어제품, 모발 건조 습관을 기재한다.
· 화학시술 경험 및 시술 종류, 시술 기간을 기재한다.
· 하루 식사 횟수, 식단 및 다이어트, 음주, 흡연, 커피 등의 사항을 기재한다.
· 취침 및 수면 시간, 숙면 여부를 기재한다.
· 운동여부와 운동시간, 운동종목을 기재한다.
· 출산 여부와 자녀 수, 생리 주기와 상태 등을 기재한다.
· 약 복용 및 과거 두피 관련 치료 여부와 기타 병력을 기재한다.
· 고객 상담과 두피 진단 후 탈모의 원인을 기재한다.
· 두피의 상태와 비듬, 모공, 두피 톤 등을 기재한다.
· 모발의 굵기, 피지량, 화학시술 상태를 기재한다.
· 고객의 두피상태에 따른 제품 선택 및 관리 방법을 기재한다.
· 건강한 두피를 유지하기 위하여 구체적인 조언 사항을 기재한다.

PLUS

상담 카드 작성 시 확인사항

종 류	내 용
과거 두피, 모발 문제점	과거의 두피와 모발 문제에 대한 원인과 치료사항 확인
병력과 징후	질병여부, 과거와 현재의 건강상태 확인
의약품	항생제, 수면제, 진통제 등과 같은 약물의 장기복용여부 및 흐르몬에 영향을 주는 피임약 등 복용 확인
기호식품	카페인 함유 음식물 섭취와 흡연여부 파악
식습관	일상적인 식생활 파악
생리주기와 상태	생리시 피부상태나 신경이 예민해지는지 파악, 출산여부 확인
다이어트여부	다이어트 시 영양부족으로 모낭의 영양결핍이 나타날 수 있으며 모발이 가늘어지고 탈모가 진행되기도 한다
운동량	혈액순환, 신진대사에 이상이 있을 경우 탈모가 나타나기도 한다
냉난방 노출정도	각질층의 수분함유량에 따라 건조, 예민, 노화현상 확인
알레르기	특정 성분 알레르기 여부 확인, 아로마 및 금속 알레르기 확인
스트레스	스트레스 원인파악, 호르몬 분비에 따라 피부상태가 달라진다
사용제품과 관리습관	홈케어용 제품 확인, 성분과 사용법 파악

DIAGNOSIS AND PERSONALIZED HAIR CARE PROGRAM
르네 휘테르 헤어케어 프로그램 고객 카드

RENE FURTERER PARIS

담당 관리자: 20 년 월 일 요일

이름(Name)____________ (여/남) 전화번호(phone number):____________ (직장/자택)

생년월일(Date of birth):____________ ____________ (H.P)

신장:______cm 체중: ______kg 직업: □직장인 □주부 □학생 □자영업 □기타

주소(Adress): 결혼여부: □기혼 □미혼

르네휘테르를 알게된 동기: □잡지 □살롱추천 □친구 □기타

생활 패턴 진단(Your general life style)
□기존사용제품:____________
□샴푸 횟수: ____________
□펌 · 염색 주기: ____________
□가려움증:____________
□평균 수면시간:____________
□식생활습관:____________
□운동: ____________
□특이사항:____________
□약물복용:____________

두피 진단(Your scalp diagnosis)
□두피타입: □정상 □지성 □건성 □비듬
□탈모 □민감성 □건선
□유전여부: □유 □무 (□부계 □모계)
□탈모시기:____________
□증상:____________
____
____
____
□모근의 손상 여부: ____________

진단결과 및 특이사항

무료 시술시 사용 제품	

고 객 상 담 카 드

담당 관리자: 20 년 월 일 요일

고객 정보			
고객명(Name)		결혼(Marriage)	□미혼 □기혼
나이(Age)		유전(Heredity)	□부계 □모계
직업(Occupation)		전화번호	
이메일 및 주소		측정시간	샴푸 세정 후 ( )시간

생활 패턴 진단			
샴푸 종류		식생활 및 다이어트	
샴푸 시간대와 횟수		취침 및 수면시간	
모발 건조 습관		흡연 및 음료	
스타일링제 사용여부		운동	
화학적 시술 주기 (펌, 염색 등)		약복용 및 병력	

상담 정보			
탈모 원인	□유전성 □스트레스성 □피부질환 □산후탈모 □호르몬과다분비 □약물복용 □외상 □견인성 □기타		
두피 상태	두피상태	□약지성 □지성 □정상 □건성 □악건성 □경직 □유연 □비듬(지성/건성) □각질 □염증 □민감성	
	비듬	□전체 □특이 □부분	
	모공상태	□열림 □보통 □막힘 □심한더러움	
	두피톤	전두부	□투명 □홍반 □염증 □기타( )
		측두부	□투명 □홍반 □염증 □기타( )
		후두부	□투명 □홍반 □염증 □기타( )
모발 상태	□굵은모 □중간모 □가는모 □지성 □건성 □직모 □파상모 □곱슬모 □염색 □탈색 □펌(웨이브/스트레이트)		

특이사항 체크	
전면부	두부후
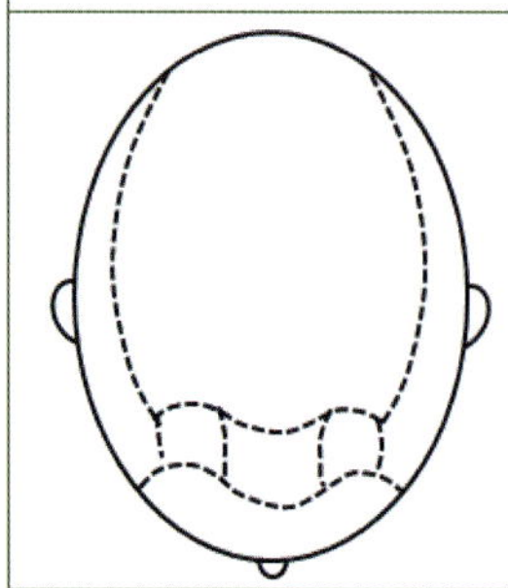	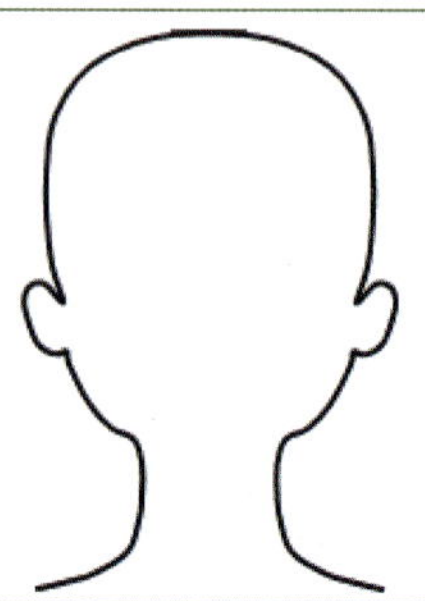
○비듬각질 △홍반 ×염증 ☆탈모 □기타	

처방 및 관리방법
홈케어(어드바이스)

2. 자가 진단 카드

고객 시술 기록표(Rene Furterer Program Record)			
1회		시술자	
비고:			
2회		시술자	
비고:			
3회		시술자	
비고:			
4회		시술자	
비고:			
5회		시술자	
비고:			
6회		시술자	
비고:			
7휘		시술자	
비고:			
8회		시술자	
비고:			
9회		시술자	
비고:			
10회		시술자	
비고:			
11회		시술자	
비고:			
12회		시술자	
비고:			
13회		시술자	
비고:			
14회		시술자	
비고:			
15회		시술자	
비고:			

읽을거리

탈모 없는 사람들의 4가지 습관

■ 음식을 통해 영양분을 섭취한다.

부작용을 걱정하지 않아도 되고, 부수적으로 전신적인 좋은 효과를 얻을 수 있다. 식이요법의 핵심은 음식을 통해 내분비계에 작용하여 호르몬의 분비에 영향을 주어 남성호르몬 생성과 활성화를 되도록 억제한 것이다. 양질의 필수지방산인 알파 리놀렌산이 함유된 음식을 복용하면 테스토스테론을 DHT로 변형시키는 5-α-리덕테이스 효소를 억제하고 차단하여 탈모를 예방한다.

■ 두피를 시원하게 마사지한다.

두피를 마사지하면 혈액순환을 촉진시키면서 모발에 영양이 골고루 공급되기 때문에 두피 건강과 탈모예방에 좋다. 손가락의 도톰한 부분을 이용하여 두피를 부드럽게 비벼주는 것이 마사지의 기본적 요령이다. 어떤 경우든 모발의 기초 손질로서 마사지는 반드시 해 주는 것이 좋다. 특히 모발이 건조하고 거칠거나 숱이 적은 경우, 지성두피, 비듬성 두피 예방 및 완화에 마사지는 매우 효과적이다.

■ 두피와 모발을 항상 청결하게 한다.

모발에서는 본래 두피에서 잘 떨어지지 않는 지방분이 분비된다. 자동차의 매연가스와 먼지, 공장에서 내뿜는 화학물질 등 도심의 대기는 모발에 최악의 환경을 제공하고 있다. 이러한 오염된 공기가 피부를 망가뜨리고 먼지가 모발에 흡착되어 건강한 모발 생산을 방해한다. 이 더러움이 탈모의 근원이다. 모공이 더러움에 의해 막히면 두피는 피부 호흡을 못하게 되고, 모근이 쇠약해지는 것이다. 그렇게 되지 않도록 하기 위해서도 정성스럽게 세발을 하고 끊임없이 머리를 청결하게 유지하는 것이 중요하다.

■ 과로하지 않는다.

과로는 우리 몸의 정상적인 신진대사를 깨고 질병을 발생시키기 때문에 모발 건강에도 역작용을 한다. 피로의 누적은 정서불안으로 이어져 자율신경이나 교감신경을 계속 자극한다. 이렇게 되면 아드레날린이 계속 분비되어 혈관이 수축된다. 결국 혈액의 흐름이 좋지 않으면 모근에 산소나 영양분 공급을 제대로 하지 못하게 된다. 따라서 충분한 휴식과 혈액을 촉진하고 피로를 풀기 위해 따뜻한 물에서 하는 목욕은 탈모 방지에 큰 도움을 준다.

요점정리

01 고객 상담은 고객의 두피 및 모발에 대한 문제점을 제시하여 두피, 모발, 탈모에 관한 정보를 전달하고, 고객에게 적절한 관리 프로그램을 선정하여 건강한 두피를 유지할 수 있도록 하는 것이다.

02 전문 관리사는 고객이 신뢰감을 갖도록 예의를 갖추고, 항상 주변 환경을 청결하게 유지하며, 두피 및 모발 생리학에 대한 전문 지식을 습득해야 한다. 또한 관리 전과 후의 정확한 비교분석과 두피 관리 후 주기적인 상담과 고객에 대한 지속적인 관심을 가져야 한다.

03 전문 관리사는 시술이 용이하도록 편한 복장을 하되 요란한 색상을 피하고, 손톱, 두발을 단정히 하며, 구취, 체취가 나지 않도록 한다. 구두소리가 나지 않도록 하며 시술도구는 항상 소독을 하여 세균 감염을 예방해야 한다.

04 두피 및 모발진단에는 문진, 시진, 촉진, 두피 진단기 측징이 있다.

05 두피 관리에 앞서 고객 상담 카드와 진단 카드를 작성하여 보다 효과적이고, 정확하게 두피관리 프로그램을 선정할 수 있도록 한다.

단원 종합문제

01 두피 전문 관리사의 자세로 바르지 않은 것은?

① 친절하게 사담 및 조언을 한다.
② 두피 및 모발 유형에 따른 미용 기기와 프로그램을 선택한다.
③ 두피 질환을 치료하기 위한 의료 시술을 병행한다.
④ 관리 전, 후를 정확하게 비교분석한다.
⑤ 지속적인 관리효과를 위해 주기적으로 상담한다.

02 고객 상담 시 체크해야하는 것으로 바르지 않은 것은?

① 심리상태 ② 건강상태 ③ 대인관계 ④ 식사습관 ⑤ 생활습관

03 두피 전문 관리사의 위생에 관하여 바르게 짝지어진 것은?

㉠ 시술하기 편한 복장을 착용한다. ㉡ 구취, 체취가 나지 않도록 마스크를 착용하고 상담한다. ㉢ 시술시 방해가 되지 않도록 반지와 시계는 착용을 금한다. ㉣ 실내에서는 편안한 실내화를 신고, 구두 소리가 나지 않도록 한다. ㉤ 시술한 도구는 매 시술 마다 소독한다.

① ㄱ, ㄴ ② ㄴ, ㄹ, ㅁ ③ ㄱ, ㄷ, ㄹ ④ ㄷ, ㄹ, ㅁ ⑤ ㄱ, ㄹ, ㅁ

04 두피 관리 순서는 고객상담 → (㉠) → 진단 결과 후 프로그램 선택 → 시술 → (㉡) 순으로 진행된다.

05 두피 및 모발을 진단하는 방법 4가지를 설명하시오.

가로세로 Quiz

〈가로열쇠〉

1. 두개골을 감싸고 있는 피부.
2. 두피를 진단 할 때에는 두피에 예민도 및 문제성과 피지량, 땀의 분비량, 모공상태, 모발의 굵기와 OOOO를 측정하고 모발의 손상도를 파악한다.
3. 전문 관리사는 고객을 OO바르고 정중하게 대해야 한다.
4. 시진으로는 OOOO과 두피의 각질 상태, 피지분비량, 피지상태, 손상여부, 홍반과 빌진상태를 육안으로 관찰할 수 있다.
5. 두피 관리의 순서는 고객상담-OOOO-진단결과 후 프로그램 선택-시술-홈케어 순서이다.
10. 시술 후 고객이 건강한 생활 습관을 신천 유지할수 있도록 정보를 제공하여 고객 스스로 집에서 관리를 하게끔 하는 것.

〈세로열쇠〉

6. 전문 관리사는 관리 전과 후의 정확한 비교분석으로 고객이 OOOOO을 갖도록 한다.
7. 고객과 대화로 두피 및 모발의 상태를 파악하는 단계.
8. 전문 관리사는 고객과의 약속을 지키고 OO을 다하여 고객에게 신뢰감을 준다.
9. OOOO의 방법으로는 시진, 촉진, 문진이 있다.

Chapter Ⅷ

두피 · 모발 관리법

개요

모발과 두피의 생리적, 화학적, 물리적, 환경적 요인에 의해 발생하는 질병에 대한 전문적인 지식과 관리방법을 습득하여 건강한 모발과 두피를 개선 · 유지할 수 있도록 관리실 측면에서의 시술방법을 이 장에서 학습하고 실습한다.

학습 목표

① 두피 · 모발관리의 목적을 설명할 수 있다.
② 두피상태를 분석하고 관리할 수 있다.
③ 두피타입별 스케일링을 할 수 있다.
④ 모발상태를 분석하고 관리할 수 있다.
⑤ 두피관리 기기를 설명할 수 있다.

01 두피 · 모발관리의 목적

두피 · 모발관리는 모발과 두피의 생리적, 화학적, 물리적, 환경적 요인에 의해 발생하는 질병을 연구 · 분석하고 전문적인 지식과 관리방법을 습득하여 건강한 모발과 두피를 개선 · 유지할 수 있도록 하는 것을 말한다. 특히 손상모발의 개선 및 예방과, 두피의 혈행 촉진 및 이상증상, 두피의 정상화와 모발성장의 저해가 되는 환경을 개선하여 탈모 등을 극복하고 모발이 잘 자라 수 있도록 한다. 또한 두피의 피로, 스트레스, 과다한 화학적인 미용시술로 인하여 붉게 변하고 피지분비의 불균형과 여러 가지 미생물, 모낭충 등으로 비듬과 염증이 수반되는 것을 완화시키기 위한 목적으로 한다.

두피와 모발의 건강한 관리를 위해서 먼저 두피에 쌓여 있는 노폐물을 제거하고 청결하게 하여 두피의 신진대사와 산소공급을 원활하도록 해야 하며 잦은 화학적 시술을 자제할 필요가 있다.

두피와 모발은 상태와 특성에 따라 나눌 수 있으며 그에 따라 관리를 하게 된다. 두피는 민감성 두피, 염증성 두피, 비듬성 두피 등으로 나누고 모발은 관리차원에서 크게 손상모와 건강모를 나눌 수 있다. 또한 탈모의 상태에 따라 적정한 화장품과 기기 및 관리 테크닉을 적용하여 지속적인 관리를 할 수 있다.

1. 두피 · 모발의 손상원인

건강과 영양 상태에 따라 두피의 상태와 모발의 굵기 및 모질이 다르기 때문에 효과적인 관리를 위해서는 두피와 모발의 정확 한 분석과 여러 가지 손상요인들로 인해 나타나는 이상 현상들을 잘 파악하여 두피 · 모발 손상을 사전에 방지하여야 한다. 특히 두피나 모발의 손상은 모발 기능의 상실은 물론 탈모나 여러 가지 이상 장애로 연결되기 때문에 그 원인의 조기 파악과 대처할 수 있는 관리가 필요하다. 이에 따라 두피 내 노화된 각질이나 피지 산화물 등을 두피스케일링으로 제거하여 각화 주기를 정상화시키고 모공 내 제품의 침투력을 높여 두피의 신진대사 기능을 향상시킨다. 또한 마사지를 통해 혈액순환을 촉진시켜 문제성 두피와 탈모를 사전에 예방한다.

만약 관리를 소홀히 할 경우, 땀과 피지의 분비로 인해 탈락된 각질과 미생물 번식으로 인하여 악취와 비듬, 가려움증을 동반하며 지루성 비듬, 두피 염증, 모낭염, 탈모증 등을 초래한다. 관리방법에는 물리적인 방법과 화학적인 방법으로 나눈다.

1) 내적 요인

두피손상의 가장 큰 원인은 호르몬 분비의 이상과 식생활 습관, 소화기관 이상 및 스트레스로 인한 손상이다. 이런 내적인 손상은 호르몬이나 라이프스타일 및 건강상태의 호전, 식생활 개선 등으로 효과를 볼 수 있으며 제품이나 기기만으로는 효과를 보기 어렵다.

2) 외적 요인

두피 및 모발손상의 외적인 요인으로는 물리적, 화학적, 환경적요인 등을 들 수 있다. 외적 요인으로 인해 두피에 외상이 타나는 것은 대부분 내적 요인으로 인한 손상보다 더 크다.

지속적인 손상이 가해지거나 또는 치명적인 손상을 받게 되는 경우에는 회복할 수 있는 능력이 없으므로 더욱 더 두피 및 모발관리에 주의하여야 한다. 특히 여성의 경우 잦은 화학적인 시술로 인해 두피의 건조화와 염증, 모발의 손상이 가중되고 있다. 두피나 모발의 손상은 모발기능의 상실과 탈모 등의 이상장애가 나타나므로 이들의 손상 원인을 정확히 파악해야 조기에 대처할 수 있게 된다.

(1) 물리적 요인에 의한 손상

일상적인 요인으로 잘못된 샴푸시술, 커트, 브러싱, 드라이 등 잦은 열기구 사용으로 두피에 자극을 주거나 두피에 상처가 생겨 두피가 예민해지고 모발의 큐티클층이 박리된다.

(2) 화학적 요인에 의한 손상

잦은 퍼머, 염 · 탈색, 헤어스타일링제의 사용 등으로 화학약품과 모발 및 두피의 화학반응으로 인해 발생하는 두피, 모발손상을 말한다. 대부분 제품사용의 변화나 관리 후 충분히 개선될 수 있다.

물리적 방법	빗, 브러싱, 스캘프 머니플레이션, 드라이어, 헤어스티머, 습열, 자외선, 적외선
화학적 방법	양모제, 헤어토닉, 헤어로션, 헤어크림, 스캘프 트리트먼트제

(3) 환경적 요인에 의한 손상

자외선 노출과 수영, 바닷물, 건조한 기후, 대기오염 등으로 손상이 된다. 특히 자동차에서 분출되는 배기가스는 황산화합물, 질소산화물 등의 화학물질로 두피와 모발을 손상시키고 있다. 오염원인을 신속히 제거하고 손상이 더디게 진행되도록 정기적인 관리를 해주게 되면 충분한 관리효과를 볼 수 있다.

· 비듬과 가려움을 제거한다.
· 혈액순환을 왕성하게 하여 두피의 생리기능을 높인다.
· 두피를 항상 청결하게 하며 모근에 자극을 주어 탈모를 방지하고 모발의 발육을 촉진시킨다.
· 항상 샴푸와 병용하는 스캘프 트리트먼트를 해야 한다.
· 두피에 찰과상이나 질병이 있는 경우와 퍼머넌트 웨이브 및 염색 탈색 등을 하기 직전에는 시술을 피하도록 한다.

Tip

▸ 수용성 물질과 지용성 물질은 서로 잘 혼합되지 않기 때문에 두피관리용품에는 유화제를 포함하고 있다.

PLUS

화학적 요인에 의한 모발 손상

종 류	원 인
퍼머넌트 웨이브	퍼머넌트 웨이브 1제는 pH가 높은 알칼리 성분으로 구성되어 있기 때문에 모표피를 부풀게 하고 모피질안의 시스틴 결합을 절단함으로써 모발의 손상을 일으킨다. 또한 2제의 처리 불량 및 방치 시간 부족 또는 초과시 모발이 1제로 환원된 형태로 있게 되어 모발이 매우 약해지거나 시스틴 결합이 변성되어 모발 손상이 심각해진다.
염색	과산화수소의 농도가 너무 높은 경우 모발의 결합력이 약화되어 멜라닌색소가 파괴된다. 염색의 횟수가 많을수록 모표피의 팽윤작용이 반복되어 손상이 심화된다.
탈색	알칼리에 의한 작용은 모표피에 매우 나쁜영향을 주게된다. 산화작용에 의해 모발의 황결합이 절단되고 모발의 멜라닌 색소를 빼내면서 심각한 손상이 발생한다. 탈색 횟수가 많을수록 모표피층이 얇아지고 심하면 모피질층이 드러나는 경우도 있다.

02 두피 · 모발관리의 과정

1. 관리실

1) 상담

고객을 상담실로 안내한 후 자연스러운 대화를 통한 고객관리카드를 작성하며 10~15분 정도의 상담이 적당하다.

2) 진단

두피 · 모발진단기기를 이용해 정확한 진단을 한다. 모니터로 고객에게 진단결과를 보여주며 상세히 설명한다.

3) 관리프로그램 선택

두피의 유형에 맞는 적절한 매뉴얼을 선택한다.

4) 마사지단계

관리 시작 전에 릴렉스와 고객의 안정을 위해, 아로마와 음악을 이용하여 편안한 분위기를 조성하면 관리의 효과를 증대시킬 수 있다. 10~20분 정도 마사지하여 혈액순환을 촉진시킨다.

5) 스케일링

두피의 각화주기 정상화를 위해 모공세척을 들 수 있다. 압축 솜이나 면봉 등을 이용해 두피를 골고루 스케일링한 다음 관리제품을 사용할 경우 두피세정의 효과로인해 제품 흡수가 좋아진다. 염증이 있는 부위나 예민한 부위는 세심한 관리가 필요하다.

6) 샴푸

두피와 모발의 상태에 맞는 샴푸제를 선택하여 시술하고 고객이 불편하지 않게 편안하게 관리해준다.

7) 두피 및 헤어트리트먼트

손상된 모발이나 건조한 두피에 영양공급을 해줌으로써 모모세포를 활성화시켜 건강한 두피 및 건강한 모발을 만든다.

8) 마무리

토닉으로 두피를 진정시키고 모발에는 에센스로 영양을 공급한 다음 고객에게 홈 케어 요령을 알려준다.

PLUS

손상모발 샴푸방법

손상모발은 샴푸 사용 시 주의를 해야한다. 간혹 지성두피에 손상모발인 경우 지성두피를 케어하기 위해서 한쪽으로 치우쳐진 관리를 하게 되는 경우가 있다.

지성두피용 샴푸를 자주 사용하면 두피의 청량감을 느낄 수 있지만 모발이 다소 푸석푸석하고 윤기가 없어 보일 수 있다. 반면에 모발에 광택과 탄력을 주기 위하여 유분기가 많은 샴푸를 사용하게 되면 두피의 과다피지분비로 인해 지성두피가 더욱 악화되면서 모공이 막히고 모발이 가늘어져 탈모로 연결될 수 있다. 따라서 두피와 모발전용 샴푸를 적절히 번갈아 사용해주는 것이 좋다.

또한 손상모발에 린스나 트리트먼트제 도포 후 깨끗이 헹궈내지 않아 유분기가 남아있는 경우에도 마찬가지로 두피에 안좋은 영향을 줄 수 있으며, 너무 뜨거운 물로 헹구는 것보다는 미지근한 물로 헹구는 것이 손상을 방지하는데 효과적이다.

2. 홈 케어

두피 관리사로부터 정기적인 상담 및 관리를 받은 다음 고객이 그것을 어떻게 유지하고 관리하느냐에 따라 효과가 달라질 수 있다. 보다 상승된 효과를 보기 위해 자택에서 관리를 하여야 하며 두피 관리에 있어서 필수적인 요소라 할 수 있다. 그러나 고객들은 바쁜 일상으로 홈 케어를 간과할 수 있으므로 관리실 방문 시 세심한 확인이 필요하다.

1) 홈 케어의 효과

· 관리의 효과를 증대시켜준다.
· 림프순환을 도와주며 혈액순환을 촉진시켜준다.
· 간단한 동작으로 근육의 긴장을 완화시켜줄 수 있다.
· 도구가 필요 없으므로 좁은 공간에서도 쉽게 할 수 있다.

2) 홈 스트레칭

· 이완시키기 위한 동작이다.
· 승모근 이완을 위해 한손을 어깨높이까지 올려 손바닥을 제쳐준다. 다른 한손을 이용해 승모근 부위가 자극이 될 때까지 당겨준다.
· 두개골 밑 근육이완의 효과를 위해 후두부에 양손을 깍지 껴서 대고 팔의 힘을 이용하여 가볍게 팔꿈치를 중앙으로 모아준다.
· 목의 근육이완을 위해 턱을 양손으로 고정하고 가볍게 뒤로 제쳐준다.
· 근육이완과 뇌에 산소공급을 위해 한쪽 손을 반대편 머리 측면에 대고 어깨쪽으로 당긴다. 이때 각도를 달리하여 목 전체 근육을 이완시켜주며 반대편 쪽도 실시한다.
· 목뒤와 경추 이완을 위해 목뒤를 양손으로 받쳐 가볍게 뒤로 제쳐주며 점점 높이를 달리한다.
· 팔, 목 근육이완을 위해 한 손을 위로 올려 귀에 댄 후 뒤로 제쳐 다른 한 손으로 스트레칭을 시켜준다.
· 상완의 근육, 승모근 이완을 위해 한 손을 수평으로 들고 반대쪽 방향으로 잡아당긴다.

3) 목뒤와 어깨풀기

· 두개골 밑부터 목의 반대편과 어깨의 선을 따라가며 손가락으로 주무른다(목 근육, 어깨 근육이완, 두통에 효과).
· 목 전체를 손으로 감싸서 가볍게 주무른다(두개골밑 이완, 두통에 효과).
· 엄지를 이용해 목뒤경혈을 지압한다(두통, 스트레스 완화에 효과).
· 손을 승모근에 대고 주무른다.
· 견정혈, 견료혈, 견우혈을 풀어 준다(어깨경직, 근육의 뭉침을 풀어주는데 효과).
· 머리의 정중앙의 백회부분에 손바닥을 올려놓고 회전시켜준다(기의 순환을 원활하게 한다).
· 지문을 이용하여 두피를 긁어 준다. 이때 너무 강한 힘으로 두피를 긁으면 두피에 상처가 나서 민감해질 수 있다.
· 새끼손가락은 머리 선에서 시작하고 나머지 손가락은 약 1cm 간격으로 벌린 채 한 손의 네 손가락 끝을 머리 중앙선에 올려놓고 일정한 압력으로 누른다(두피 전체를 이완시켜준다).
· 주먹을 살짝 쥔 채 손가락 관절로 두피를 자극하면 두피경직에 효과적이다.
· 손가락 끝으로 머리 전체를 톡톡 친다.
· 손가락을 벌린 채 손을 두피 가까이 머리가락 안으로 밀어 넣어 당긴다.
· 머리카락을 하나하나 쓰다듬는다.
· 태양혈을 가볍게 자극시킨다(두통에 효과).
· 눈 두덩이를 가볍게 문질러준다(눈의 피로를 풀어준다).
· 귀를 가볍게 자극시켜준다(귀에는 모든 장기의 경혈점이 있으므로 전신에 좋다).

Tip

- 림프순환은 조직액-모세림프관-림프관-가슴관(흉관=좌림프관)과 우림프관-정맥-심장
- 혈액순환은 혈관을 따라 순환한다.

03 두피상태에 따른 관리

건강한 두피는 부드러운 탄력성과 외부로부터의 자극에도 저항성을 가지고 있다. 정상적인 두피의 색깔은 맑고 투명하며 두피의 생리작용 또한 활발하다. 두피의 피지량과 각질층의 수분량, 두피 톤, 두피의 탄력성, 각질 유, 무 등에 따라 정상, 건성, 지성두피로 분류하며 그에 따른 관리를 한다.

두피 마사지는 두피에 감염이 있는 경우, 빨갛게 부풀어 오른 경우, 종기가 있거나 혈액순환 계통이나 심장병이 있는 경우와 두피에 유분이 많은 경우, 펌이나 블리치 염색 전인 경우에는 부작용이 있을 수 있으므로 삼가야 한다.

두피에 이상이 없을 경우 마사지를 시행하여 신경과 근육을 자극하고 혈액순환을 원활하게 한다. 특히 두피의 피지선을 자극함으로서 모유두에서 분비되는 영양분이 두피의 건강상태를 향상시키게 된다. 또한 비듬으로 인한 가려움증을 최소화하고 스트레스로 누적된 피로를 풀어 최상의 컨디션을 유지하도록 도와준다.

두피관리를 위해서 우선 두피상태를 파악하고 피지 분비량을 측정하여 한다. 200배율 확대 모발 진단기로 두피를 관찰해 보면 정상적인 두피의 색은 맑고 투명한 우유빛을 띠지만 지루성 두피는 붉은색, 탈모성 두피는 황색으로 나타난다. 또한 기존모와 신생모의 굵기가 같은지를 확인하여 신생모가 가늘게 자라면 모발성장에 이상이 있는 것을 의미하며 장차 탈모로 갈 수 있으므로 정확한 두피 측정이 요구된다.

시술순서	시술방법
경찰법	손바닥과 손가락을 이용하여 가볍게 문지른다.
강찰법	피부를 누르면서 강하게 문지른다.
유연법	손바닥을 전체적으로 사용하고 약지와 검지를 이용하여 근육을 주물러서 풀어준다.
진동법	피부와 하부조직에 진동을 전달한다.
고타법	손바닥을 계란 모양으로 하여 두드린다.

1. 정상두피

정상두피는 모공이 열려있고 각질과 불순물 없이 깨끗한 상태의 가장 이상적인 두피다. 두피 톤이 전체적으로 맑고 투명하며, 적당한 유분으로 모발이 윤기 있고 각화주기가 정상적인 상태이다.

잦은 화학적 미용시술은 피하고 올바른 식생활과 올바른 샴푸 등으로 건강한 두피상태를 유지하는 주기적인 관리가 필요하다. 두피관리실에서의 관리는 두피와 모공에 쌓인 각질과 피질을 스켈링으로 제거해주어야 한다. 이때 스켈링제는 pH3 정도의 산도이므로 두피에 자극이 있을 수 있으므로 시술시 주의 한다.

1) 스켈링 방법

· 두피 진단기로 두피 타입을 판별한다.
· 두피 마사지로 혈액순환을 촉진시킨다.
· 스켈링제는 자극성이 있어 패치 테스트 실시 후 시술한다.
· 스켈링제를 도포하고 10분 정도 자연 방치한 후 스팀 타월 또는 스티머를 10분 정도 사용한다.
· 아쿠아 펀치로 스켈링 용액을 씻어낸다.
· 모발 진단기로 시술 후 두피상태를 확인한다.

2) 관리방법

· 두피의 각질제거로 깨끗하고 건강한 상태를 지속적으로 유지할 수 있도록 청결하게 한다.
· 어깨 근육을 풀어 혈액순환이 잘 되도록 한다.
· 샴푸는 매일 또는 격일로 한다.
· 영양공급의 균형을 맞추어 준다.

<정상두피 특징 및 판별법>

두피 톤	청백색, 투명 톤으로 연한 살색을 띤다.
모공 상태	모공라인이 선명하게 열려 있다.
모발 상태	매끄럽고 윤기 있다.
모발의 굵기	0.15mm~0.2mm 정도로 모공 내 모발의 굵기는 일정하다.
모발의 개수	인종에 따라 약간 다르다.
노화각질 및 피지 산화물	거의 존재하지 않는다.
한선	부분적으로 소한선을 확인할 수 있다.
예민도	pH 5.5 내외이다.
수분 함량	10~15% 정도이다.
제품의 흡수정도	원활하게 흡수된다.

3) 정상 두피의 관리실 케어

상담 → 두피 진단(문진, 시진, 촉진, 검진) → 브러싱 및 마사지 → 1차 헤어 스티머(5~10분 정도) → 두피 세정(정상 두피용) → 타월 드라이, 두피 건조 → 두피 영양 공급(앰플) 영양효과 → 스케일링제 도포 → 2차 헤어 스티머(10분 정도) → 1차 적외선 조사 → 마무리

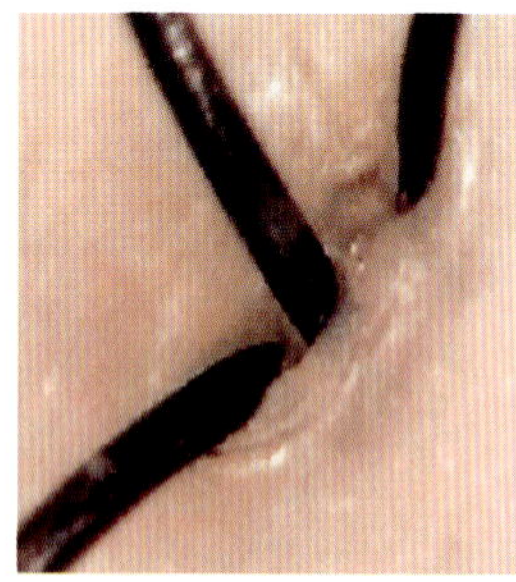

그림 8-1 정상두피

4) 정상두피 홈 케어

5분 정도 헤어 브러싱 → 일반 샴푸 → 타월, 헤어드라이어 등으로 수분제거 → 크림, 오일 영양제 도포 → 적외선등 5분간 조사 → 10~20분간 두피 마사지 → 가볍게 샴푸 → 타월로 수분 제거

2. 건성두피

건성두피의 두피상태를 모발 진단기로 보면, 피지분비 부족으로 피지막 형성이 되지 않아 두피 표면이 갈라지고 비늘 모양의 각질이 많이 보인다. 이는 유분과 수분의 부족으로 두피의 수분이 과다 증발하여 노화된 각질이 하얗게 쌓여있는 것이며, 이로 인하여 외부로부터의 방어 능력이 없어지고 두피가 불규칙하게 갈라져 보이며 가려움증을 동반하게 된다. 특히 모공 부위에 유분이 없어 세균, 먼지, 화학성분 등으로 인해 두피에 이상이 생긴다.

건성 두피는 잘못된 샴푸와 과도한 미용시술, 건조한 실내외 공기로 인하여 자극을 심하게 받게 되면 두피의 산성막이 파손되어 두피가 당기며 가려움증, 염증, 피부박리 등으로 두피 손상을 일으킨다.

건성두피를 정상화 하려면 두피의 오래된 각질, 비듬 제거와 혈액순환 및 산소공급이 원활하게 이루어지도록 마사지와 두피를 자극하는 관리를 병행하면서 살균제품을 사용하여 두피와 모발 위생을 철저히 한다.

1) 두피상태

- 피지분비 부족으로 건조하며 가려움증을 동반한다.
- 유분과 수분이 없어 피부 표면이 건조하고 거칠며 각질이 일어난다.
- 모공 부위에 피지막이 형성되지 않아 세균, 먼지, 화학성분 등으로 인해 두피에 이상이 생긴다.
- 피지막이 없어 수분 증발로 인해 손상모를 만든다.
- 두피의 가려움증과 따가움을 치유하지 않을 경우 예민성 두피가 된다.

2) 원인

- 잦은 화학적인 시술과 샴푸 및 드라이 등의 자극적인 요인
- 비누로 샴푸를 할 경우 건성비듬이 생긴다.
- 지나친 유분과 당분이 많은 음식물 섭취
- Vit A, E, 단백질 결핍 등 영양공급 부족 및 유전적인 요인
- 기후, 난방, 환경오염 등의 요인
- 스트레스 및 피지분비의 부족
- 두피 스케일링 및 세정 호르몬 밸런스 이상

3) 스켈링 방법

- 어깨, 목, 두피에 릴렉스 마사지를 한 후 브러싱을 한다.
- 두피 스켈링을 하고 액티브 로션을 도포한다.
- 헤어 스티머를 10분간 사용한다.
- 두피 마사지를 한다.
- 영양 앰플을 바르고 적외선을 조사하여 흡수를 높인다.

4) 관리방법

- 두피의 각질 제거로 혈액순환을 촉진시킨다.
- 관리 후 영양공급으로 두피가 건강해지도록 한다.
- 건성 두피용 샴푸를 사용하고, 유분과 알코올 성분이 많은 헤어제품 등은 피한다.
- 샴푸 후 두피용 토닉을 사용하여 두피를 진정시키고 과도한 열로 말리지 않는다.
- 두피와 어깨 마사지로 혈액순환이 잘 되도록 한다.
- 유 · 수분을 공급하여 들떠 있는 각질 세포를 진정시키고 유지막 형성으로 외부의 자극으로부터 보호한다.

<건성 두피 특징>

두피 톤	불투명한 백색이다.
모공 상태	약간의 모공이 막혀 있다.
모발 상태	건조한 모표피가 들떠 각질화 되어 있다.
모발 밀도	수적 밀도의 변화가 보인다.
한선	모양이 불분명하다.
예민도	두피의 pH이상 현상이 있고 외부자극에 약하다.
수분 함량	각질층의 수분은 10%미만 존재.
각질 상태	얇게 갈라지고 들떠있다.

5) 건성 두피의 관리실 케어

상담(피지 조절에 중점을 둔다) → 두피 진단(문진, 시진, 촉진, 검진) → 브러싱 및 마사지 → 1차 헤어 스티머(약 40℃) → 스켈링제 도포 → 2차 헤어 스티머(약 10분 정도) → 두피 세정(건성 두피용) → 타월 드라이, 두피 건조 → 두피 영양공급(앰플) → 1차 적외선 조사 → 마무리

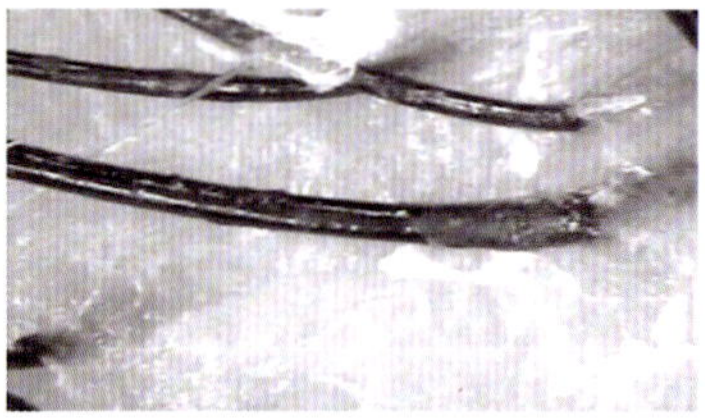

그림 8-2 건성두피

6) 건성두피 홈 케어

5분 정도 헤어 브러싱 → 건성 전용 샴푸제로 샴푸 → 헤어드라이어나 수건 등으로 수분 제거 → 10~20분간 두피 마사지 → 10~20분간 캡을 씌운다 → 건성 전용 샴푸제로 가벼운 샴푸 → 타월건조 후 무지방, 무알코올 로션도포 → 고주파를 이용해 5분 정도 관리

3. 지성두피

지성두피는 트리글리세라이드가 많은 피지가 과도하게 분비되는 두피로, 모발은 매끄럽고 윤기가 나지만 두피는 투명감이 없이 둔탁해 보인다. 샴푸를 며칠 하지 않으면 피지와 각질이 엉켜 모공을 막아 피지 분비가 원활하지 못함과 동시에 피지가 안으로 역류하여 심하면 탈모를 유발한다.

지성두피는 비듬과 가려움증을 동반하는 경우도 있으며 피지 분비 과다로 지루성 염증이 나타날 수 있으며 무리한 빗질과 과도한 두피 마사지는 피지선을 자극하여 두피를 더욱 지성화 시킨다. 또한 피부에 상주하는 곰팡이의 작용으로 두피에 땀과 먼지 등이 달라붙어 모공주위에 각질이 엉켜 누렇고 끈적거리며 세균이 번식하기 쉽게 된다.

샴푸 후 3~4시간만 지나도 과도한 피지 분비에 의해 두피의 비듬과 각질이 피지와 엉켜 모공을 막고 두피의 이물질 및 피지 잔류로 심한 악취를 동반하며 막혀 있는 모공의 호흡작용 이상으로 모발이 가늘어지고 탈모가 된다.

그러므로 지성두피는 청결한 관리가 무엇보다 필요하며 1~2일에 한 번 샴푸를 하도록 권하고 피지 분비를 조절할 수 있는 성분이 함유된 제품을 사용하도록 한다.

1) 두피 상태

- 과다한 피지로 인하여 축축하고 투명감이 없이 둔탁하다.
- 과도한 빗질과 두피 마사지는 피지선을 자극하여 두피를 지성화 한다.
- 지나친 피지분비로 모공주위에 각질이 엉켜 끈적거리며 세균번식으로 염증화 된다.

2) 원인

- 남성호르몬의 과다 분비로 모공주위에 피지가 과다 형성된다.
- 두피가 번들거리고 끈적이며 피지 응고물들로 인해 각질층의 두께가 두껍다.
- 자극적인 음식, 스트레스, 환경오염, 스타일링 제품의 과다 사용이 원인이다.
- 모공이 막혀 호흡작용 이상으로 모발이 가늘어지고 탈모가 된다.
- 동물성 지방과 당분섭취 및 음식섭취가 원인이 된다.
- 비타민 B_2, B_6의 결핍과 기온의 영향.
- 잘못된 마사지 테크닉과 비위생적인 두피.

3) 스켈링 방법

· 어깨, 목, 머리에 릴렉스 마사지 후 브러싱을 한다.
· 두피 스켈링을 하고 액티브 로션을 도포한다.
· 고주파기를 이용하여 살균, 소독을 하며 관리한다.
· 지성용 앰플을 도포한다.
· 두피에 10분간 광선기를 조사한다.
· 세정 후 헤어스타일링 한다.

4) 관리방법

· 두피 세정과 피지 조절에 중점적인 관리를 한다.
· 염증이 있는 두피는 치료 후 관리에 들어간다.
· 모공을 열어 피지 응고물을 제거한다.
· 피지를 산성화시켜 두피를 보호하고 신진대사를 원활히 하여 세균에 대한 저항력을 키운다.

<지성두피 특징>

두피 톤	약간의 황색톤이며 얼룩현상을 보인다.
모공 상태	다수 막혀 있다.
모발 상태	과다하게 피지에 젖어 있다.
모발 밀도	밀도의 굵기 변화를 보인다.
한선	확인하기 힘들다.
수분 함량	각질층의 수분이 20% 이상 존재한다.
각질 상태	pH 밸런스 이상 확률이 높고 홍반 및 염증확률도 높다.

5) 지성 두피의 관리실 케어

상담 (피지 제거 및 조절) → 두피 진단(문진, 시진, 촉진, 검진) → 브러싱 및 마사지 (강한 지압금물) → 1차 헤어 스티머 (약 40℃) → 스켈링제 도포 → 2차 헤어 스티머 → 두피 세정 (지성 두피용) → 냉 드라이 두피 건조 → 두피 영양 공급(앰플) : 피지조절 → 적외선 및 광선요법 (두피와의 50cm) → 마무리

6) 지성두피 홈 케어

미온수로 지성 두피용 세정제로 샴푸하며 세정 후 드라이로 가볍게 두피 및 모발을 건조시킨다. 강한 두부지압은 피한다.

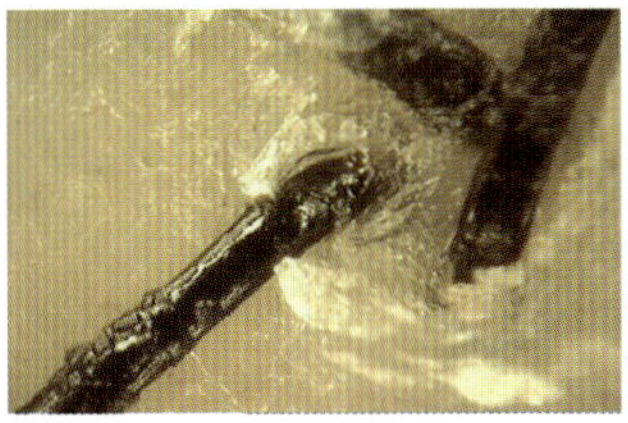

그림 8-3 지성두피

5분 정도 헤어 브러싱 → 지성 전용 샴푸제로 샴푸 → 헤어드라이어나 타월 등으로 수분 제거 → 컨디셔너제 두피에 도포 → 5분간 적외선 조사 → 10~20분간 두피마사지 한다. → 가벼운 샴푸 후 타월 건조 → 고주파를 이용해 3~5분 정도 관리 → 지성두피 전용 스캘프 토닉 도포

4. 예민성 두피

예민성 두피는 피부조직이 섬세하고 얇으며 피부표면이 투명하면서 붉은 빛을 띤다. 작은 자극에도 염증이나 홍반이 나타나므로 자극적인 마찰은 피해야 한다. 모세혈관 확장과 혈액순환 저하로 두피전체가 붉은색을 띠며 약한 자극에도 반응이 쉽게 나타난다. 심한 경우에는 염증성 두피로 발전하기도 한다. 예민성 두피의 표면은 혈관이 비춰지거나 원형 또는 육각형 형태의 경화된 부분이 나타나므로 두피의 자극을 최소화하는 관리를 하여야한다.

1) 두피상태

· 스트레스로 인해 두피의 긴장과 혈액순환 장애로 홍반 및 충혈 상태
· 곰팡이, 박테리아, 바이러스 등 세균의 감염으로 염증과 탈모진행
· 두피조직이 섬세하고 얇으며 표면이 투명한 붉은 빛을 띤다.

2) 원인

· 영양 불균형
· 선천적으로 얇은 피부
· 자주 두피를 긁는 경우
· 건성두피를 오래 방치했을 경우

· 과도한 스트레스와 잦은 화학적인 시술
· 호르몬 밸런스 이상 및 피부질환과 세균 감염
· 자극이 강한 두피 및 헤어 케어 제품을 오용, 남용했을 경우
· 신체적 리듬이나 균형이 깨졌을 때 또는 생리 전 · 후, 출산 후

3) 스켈링 방법

· 어깨, 목, 머리에 릴렉스 마사지를 하고 브러싱을 한다.
· 처음 스켈링은 5분을 하고 점차적으로 늘린다.
· 액티브 로션을 도포한다.
· 적외선을 조사한다.
· 육모형 앰플을 도포한다.
· 두피에 10분간 광선기를 조사한다.
· 세정 후 헤어스타일링 한다.

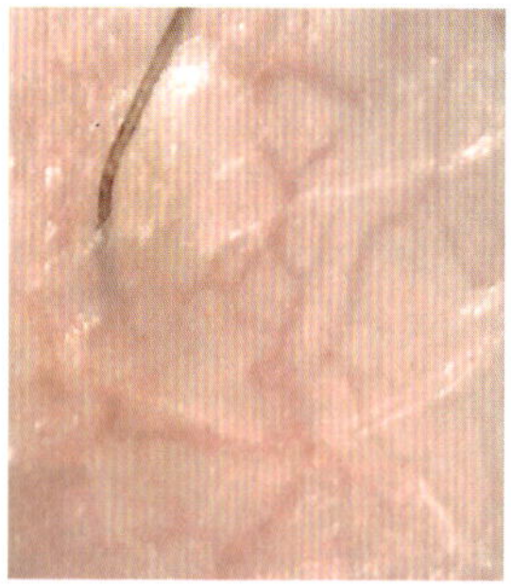

그림 8-4 예민성 두피

4) 관리방법

· 두피의 자극을 최소화 한다.
· 두피의 청결로 세균번식을 억제하고 탈모로 진행되지 않도록 관리한다.
· 내부적, 외부적인 환경요인을 제거하여 두피의 기능을 정상화시킨다.
· 스트레스를 줄이고 어깨와 목뒤 부분을 마사지하여 혈액순환이 원활하게 한다.
· 화학적인 시술 및 헤어제품 사용을 자제한다.
· 저자극성 샴푸사용으로 두피를 정상화시킨다.

<예민성 두피 특징>

두피 톤	붉은 색을 띠고 얼룩이 있다.
모공 상태	다양하게 보인다.
모발의 굵기	굵기적 밀도가 낮다.
노화각질 및 피지 산화물	얇고 두피타입에 따라 다르다.
피지분비량	다양하다.
한선	불분명하다.
예민도	가려움증, 염증, 홍반이 생기며 민감도도 높다.
수분함량	다양하다.
모발 탄력도	낮은 편이다.

5) 예민성 두피의 관리실 케어

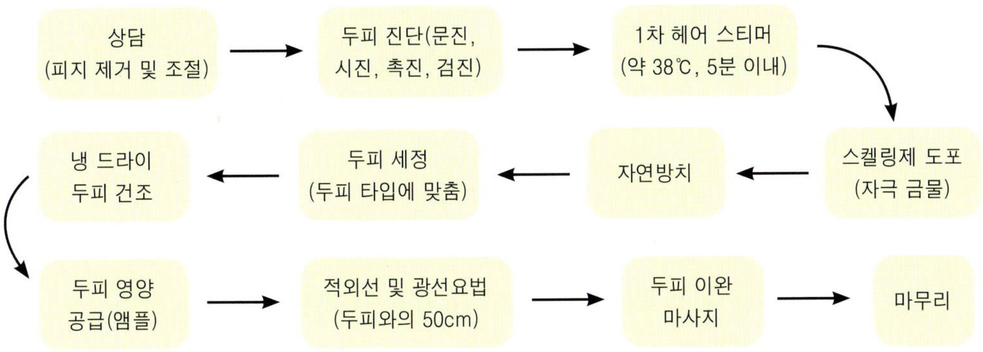

6) 예민성 두피 홈 케어

홈 케어 시 저자극성의 식물성 샴푸를 이용한다. 스팀타월이나 사우나 등은 가급적 피하는 것이 좋다. 관리를 소홀히 할 경우 염증성 두피로 전환될 우려가 있으므로 각별히 신경을 써야 한다.

5. 비듬성 두피

비듬성 두피는 비듬균 피지의 산화와 세균 등에 의해 발생 · 번식하여 비듬이 쌓이고 가려움이 동반되는 두피이다. 각질세포가 새로운 세포에 의해 밀려 올라와 두피 표면에서 각질화 되어, 두피로부터 떨어져 나오지 못하고 쌓여있는 상태로 오래 될 경우 비강성 탈모증을 유발한다.

피지와 분해산화물과의 혼합물인 비듬성 두피의 경우 피지분비 상태에 따라 건성, 지성, 혼합형 등으로 구분되어진다. 특히 지성 비듬은 남성호르몬(안드로겐)의 영향을 받아 유발되며 끈적이는 넓은 판 모양으로 되어있다. 비듬의 자연적인 각화는 25~30일 정도가 걸린다.

1) 두피상태

- 두피 전체에 비듬이 들떠 있는 상태이다.
- 건성, 지성에 따라 비듬의 유분과 수분 상태가 다르게 관찰된다.

2) 원인

- 스트레스와 불규칙한 생활
- 남성호르몬의 불균형과 비듬균 증식

· 유전적 요인과 신경 이완제를 복용했을 때
· 불결한 두피와 환경오염 및 약품에 대한 염증
· 피지선의 과다분비와 산화 및 각질 주기의 이상
· 과도한 땀 분비와 불충분한 수면, 잘못된 식습관

3) 스켈링 방법

· 어깨, 목, 머리에 릴렉스 마사지를 하고 브러싱을 한다.
· 충분히 연화가 될 수 있도록 스켈링 방치시간을 늘린다.
· 액티브 로션을 도포한다.
· 적외선을 조사한다.
· 비듬용 앰플을 도포한다.
· 두피에 10분간 광선기를 조사한다.
· 비듬균을 억제하기 위해 고주파기를 이용한다.

4) 관리방법

· 특수 관리와 제품을 사용하여 적절한 스켈링과 제품 흡수가 이루어져야 한다.
· 두피에 영양제를 공급하여 유 · 수분 비율을 적절하게 유지하게 한다.
· 혈액순환 촉진을 위해 마사지를 병행하며 과도한 세정은 피한다.
· 주1~2회 정도 비듬 샴푸만 사용한다.
· 피지 조절과 균에 감염되지 않도록 살균해 주는 것이 효과적이다.
· 알칼리 제품은 피한다.

5) 비듬성 두피의 관리실 케어

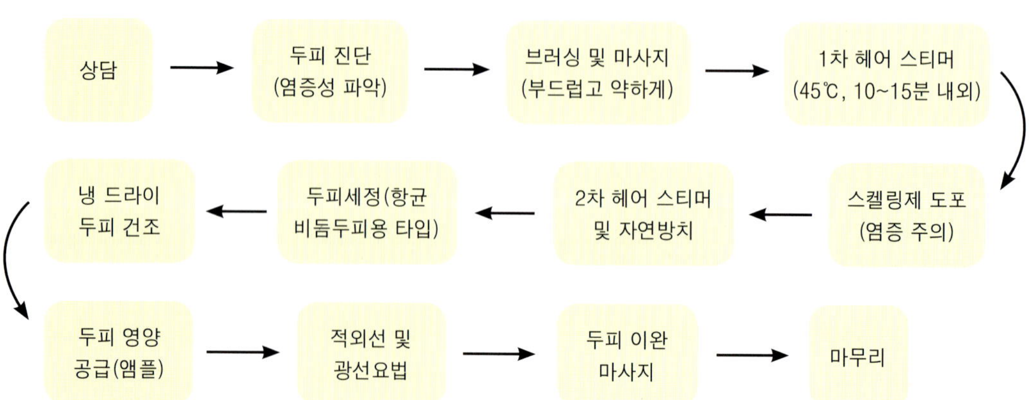

6. 건성 비듬성 두피

두피가 건조해지면서 하얀 각질이 일어난 비듬 형태로 심한 가려움증을 수반한다. 영양실조나 잘못된 샴푸 등에 의해서 두피가 자극을 받아 자각현상이 이루어진 경우이다.

관리실에서의 케어는 비듬성 두피와 동일하다.

그림 8-5 건성 비듬성 두피

<건성 비듬성 두피의 특징>

두피 톤	모공 주위가 백색 톤으로 얼룩져 있다.
모공 상태	막혀 있다.
모발 밀도	불규칙적으로 연모화되었다.
노화각질 및 피지 산화물	모공 주변을 막고 들뜬 각질이 형성된다.
피지분비량	적다.
예민도	부분적인 염증으로 예민하다.
수분함량	10% 미만으로 가려움, 당김이 심하다.
모발 탄력도	점차 감소

1) 관리방법

유 · 수분의 공급과 비듬균의 증식억제 및 두피의 살균 소독에 맞추어 관리한다. 홈 케어 시 취침 전에 식물성 성분의 기능성 샴푸로 샴푸 후 두피부분의 물기를 완전히 제거한 다음에 수면을 취하는 것이 좋다.

7. 혼합 비듬성 두피

오랜 시간 지속된 피지의 산화작용으로 인해 생긴 비듬은 피지 산화물의 건조와 과각화에 의해 일어난다. 입자가 작고 가벼우나 건성 비듬에 비해 쉽게 떨어지지 않는다.

원인으로는 알칼리성의 퍼머, 염색제, 탈색제, 비누, 샴푸 등의 잔유물로 인해 발생할 수 있다.

그림 8-6 혼합 비듬성 두피

1) 원인

· 수면부족과 신진대사의 불균형
· 샴푸 후 완전히 헹구지 않은 경우
· 잘못된 헤어 케어 제품을 사용한 경우
· 비듬균의 이상증식, 건조한 기후, 영양상태 불량

2) 관리방법

· 두피에 수분과 영양공급을 위해 과도한 세정은 피한다.
· 지용성 비타민이 함유된 오일 또는 크림 도포 후 두피 마사지 실시
· 비듬과 가려움을 방지해주는 성분이 함유된 약용샴푸를 사용한다.

<혼합 비듬성 두피 특징>

두피 톤	붉은 톤으로 얼룩이 있다.
모공 상태	다양하다.
모발의 굵기	굵고 밀도가 낮다.
노화각질 및 피지 산화물	얇은 층으로 구성, 두피 타입에 따라 다르다.
피지분비량	다양하다.
한선	불분명하다.
예민도	높고 가려움과 염증, 홍반을 유발한다.
수분함량	다양하고 가려움 당김이 심하다.
모발 탄력도	낮다.

8. 지성 비듬성 두피

피지분비의 조절과 비듬균의 살균 및 소독에 힘쓰며 염증관리도 병행하여 관리하는 것이 효과적이다.

1) 관리방법

· 자극적인 음식의 섭취는 가급적 피한다.
· 살균력이 있는 기능성 샴푸를 아침, 저녁으로 사용한다.
· 샴푸 후 두피부분은 세균이 번식하지 못하도록 건조한다.
· 충분한 수면을 취한다.

Tip

▸ 인체는 잠을 잘 때 모공이 열린다. 취침 전에 샴푸를 해야 낮 동안 두피의 피지와 이물질이 제거되고 두피가 산소호흡을 할 수 있다.

<지성 비듬성 두피 특징>

두피 톤	불투명한 황색톤
모공 상태	막혀있다.
모발 밀도	불규칙적이다.
노화각질 및 피지 산화물	눅눅하고 두껍다.
피지분비량	많다.
모발 탄력도	낮다.
예민도	부분적으로 예민하고 염증성이 있다.
수분함량	20% 정도로 심한 가려움과 당김이 있다.
피지 향	강하다.

9. 지루성 두피

지루성 두피는 왕성한 피지분비로 비듬과 염증이 생겨 비듬이 잘떨어지지 않는다. 염증으로 인해 두피가 붉고 모공주위가 붉게 부풀어 오르거나 곪고 가려워진다. 이를 방치하면 머리와 목 주위의 림프선이 부어오르면서 탈모를 일으킨다. 피지선의 활동이 증가된 부위와 머리, 얼굴, 앞가슴 등에 잘 발생하는 급 · 만성의 염증성 질환으로 예민성 두피와 지성 두피의 혼합으로 보면 된다.

1) 두피상태

· 과다 피지 분비로 염증과 지성 비듬형성
· 모공주위가 붉고 부풀면서 곪는다.
· 심한 염증으로 머리와 목 주위의 림프선이 부어오른다.

2) 원인

· 말라세시아균 이상증식
· 스트레스 혈허, 체내습열
· 지방과 당분이 많은 음식물 섭취
· 잦은 화학적 미용 시술로 인한 원인
· 과도한 스트레스 및 호르몬의 불균형과 유전적 요인
· 과도한 피지분비와 샴푸 시 세정불량으로 인한 환경오염
· 영양결핍, 비타민 B, 식생활, 유전, 호르몬 밸런스 이상과 비위생적인 두피

3) 관리방법

· 전문의와 상담하여 관리한다.
· 피지선에 자극을 주는 브러싱과 샴푸제 사용은 피한다.
· 모낭염의 악화와 염증이 확대되지 않도록 살균과 세정을 철저히 한다.
· 화학적 시술과 헤어 스타일링 제품의 사용을 최소화한다.
· 노폐물 및 독소배출을 촉진시켜 피지선의 분비를 정상화시킨다.

<지루성 피부염 특징>

두피 톤	황색, 적색으로 보인다.
모공 상태	막혀 있다.
피지분비량	많다.
예민도	균으로 인한 염증으로 예민하다.
모발 탄력도	낮다.
탈모률	점차 증가한다.
각질 두께	두껍고 황갈색 빛을 띤다.
	가려움, 염증, 탈모 동반 가능성이 높다.

10. 탈모진행형 두피

탈모진행형 두피는 두피가 자주 가렵거나 비듬이 평상시보다 많다. 피지분비량이 증가된 상태로 모발의 성장이 중지되어 탈모가 되는 것을 말한다. 자외선은 모발 성장을 촉진시키기도 하지만 너무 강하면 수분을 빼앗아 모발이 건조하고 퇴색된다. 특히 모발의 케라틴은 열과 산성에 약하기 때문에 여름철 자외선과 함께 산성도가 높은 비나 눈을 직접 두피에 맞지 않도록 주의해야 한다.

1) 두피상태

· 생리적으로 발생하는 자연탈모 이외에 병적인 상태가 지속된다.
· 하루에 약 50~100개 정도 이상 빠지면 탈모 의심.

2) 원인

· 유전, DHT, 나이, 호르몬 밸런스 이상
· 노화 내장기관, 자가 면역체계 이상

· 피부질환 및 피부손상, 질병 및 약물 과다복용
· 스트레스, 혈액순환 장애, 영양 불균형 및 피부질환
· 비위생적인 두피 및 모발의 화학적 시술

원형 탈모증	스트레스나 긴장감 또는 내분비 장애
지루성 탈모증	호르몬의 불균형, 피지분비 과잉, 과도한 스트레스
비강성 탈모증	비듬균, Vit.A, Vit.B 부족으로 두피의 각화에 영향을 미침
결발성 탈모증	외부의 물리적인 힘
신경성 탈모증	스트레스나 긴장감 또는 내분비 장애
장년성 탈모증	남성호르몬의 과잉, 유전자의 작용
노인성 탈모증	모유두 조직의 노화, 두피 경화현상

3) 관리방법

· 두피와 모발에 영양을 공급해 준다.
· 두피마사지를 통하여 혈액순환과 신진대사를 원활하게 한다.
· 두피 상태에 맞는 샴푸와 두피 스켈링으로 신진대사를 촉진시킨다.
· 지방과 당분이 많은 음식, 자극적인 음식은 피하고 신선한 야채와 과일 등을 섭취

<탈모 진행형 두피 특징>

두피 톤	얼룩이 심하다.
모공 상태	다수 막혀 있다.
모발 밀도	낮다.
모발의 굵기	가늘고 0.09mm 이하의 연모로 진행된다.
피지분비량	높은 편이다.
예민도	높다.
모발 탄력도	현저히 약하다.
발생 부위	서서히 정수리 및 두정부에서 발생한다.

4) 탈모진행형 두피 홈 케어

정상적인 두피보다 탈모되는 두피가 매우 약하므로 홈 케어시, 화학 성분의 샴푸제 보다는 저자극 식물성의 샴푸제를 이용하여 샴푸하고 깨끗이 헹구어 준다. 또한 두피 마사지를 충분히 하여 혈액순환이 지속될 수 있도록 신경을 쓴다

11. 두부백선, 두부건선

두부백선은 두상 전체에 둥근 원형 형태로 발생하는 버짐이다. 각질이 과다하게 발생하는 전염성 피부염으로 주로 어린 아이에게 많이 나타난다. 두부건선은 세포분열의 촉진으로 두피전체에 은백색의 각질이 두텁게 쌓여 인설 형태로 이루어져있다.

대부분 진균류의 이상증식 및 감염 그리고 화학약품에 의한 접속성 피부염으로 두부에 발생하는 피부질환이다. 전문의의 진단 후 관리에 들어간다.

1) 백선

백선은 피부사상균(무좀균)에 의한 두피감염으로 발생한다. 개, 고양이와의 신체접촉으로 발생할 수 있다. 계절적으로는 주로 봄과 여름에 발생하고 족부 백선, 조갑 백선, 두부백선, 완선, 체부백선, 안면 백선 등이 있다.

<두부백선 특징>

두피 톤	회백색의 인설이 보인다.
모공 상태	막혀 있다.
모발 탄력도	문제부분에 단모가 있고 윤기가 없어진다.
각질정도	두껍다.
가려움 현상	부분적으로 발생한다.
진물 및 염증	문제부위에 염증이 있다.
버짐의 형태	동전 크기의 원형 형태다.

2) 두부건선

정확한 원인은 알 수 없지만 유전적 요인, 개인생활 및 환경적 요인, 면역체계 이상으로 생기는 질환이다.

<두부 건선 특징>

두피 톤	은백색의 인설이다.
모공 상태	막혀 있다.
모발 탄력도	낮다.
예민도	높다.
각질두께	두껍게 쌓여있다.
두부 발생부위	백선에 비해 광범위하게 전체적으로 나타난다.
	· 예민하고 통증, 염증이 있다. · 염증성 탈모와 모발이 연모화 된다. · 심각한 경우 반흔성 탈모화가 된다.

PLUS

헤어 스티머의 효과

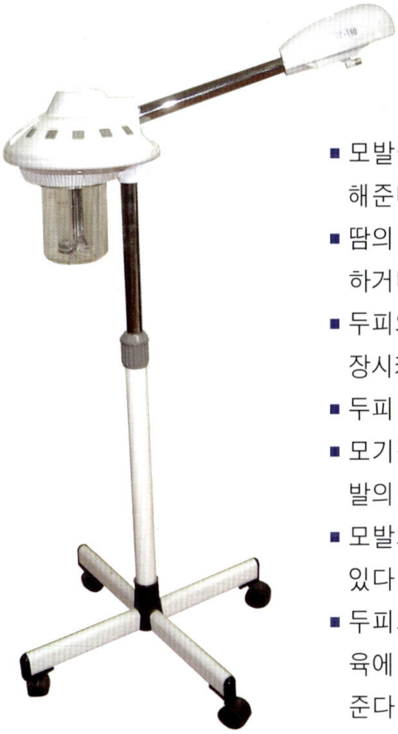

- 모발을 부드럽게 하며 두피를 유연하게 해준다.
- 땀의 분비를 촉진시켜 피지 농도를 옅게 하거나 배출을 증대시킨다.
- 두피의 온도를 상승시킴으로서 혈관을 확장시켜 혈액순환을 원활하게 해준다.
- 두피 케어 제품의 흡수를 돕는다.
- 모기질 상피세포 분열을 활성화시켜 모발의 성장을 돕는다.
- 모발의 불결한 냄새를 제거하는 효과가 있다.
- 두피의 이완작용이 인체 전신의 신경근육에 영향을 주어 심리적으로 안정감을 준다.

04 두피 스케일링

두피의 노폐물과 피지 및 각질을 깨끗하게 위생적으로 제거하고, 두피 케어를 하기 위해 두피의 모공을 열어주는 단계를 두피 스케일링이라고 한다. 두피는 피지, 각질, 먼지 등의 오염물질 때문에 쉽게 산화되어 곰팡이, 박테리아 등의 번식으로 염증이 쉽게 일어난다. 두피관리로 두피기능을 정상화시키고 두피질환으로부터 예방하기 위해 두피 스케일링을 한다.

1. 두피 타입별 스케일링제

보통 두피 스케일링 제품에는 페퍼민트와 멘톨 같은 시원한 느낌의 성분이 들어 있어 두피를 시원하게 한다. 액상 타입과 크림 타입 등이 있으며 두피 타입에 맞춰 적당한 스타일링 제품을 선택해야 한다.

Tip

▸ 혈액순환이 잘 되지 않으면 두피에 열이 생기고 모근이 느슨해져 탈모가 되며 모낭충 발생률 또한 높다.

(1) 민감성 두피

민감한 두피에는 두피와 모발에 유 · 수분 균형을 고려하고 두피를 진정시키고 혈액순환을 도와주는 활성 성분이 들어 있는 제품을 고른다.

(2) 비듬성 두피

비듬과 각질이 많은 두피는 미생물이나 곰팡이가 증식하지 못하도록 피지 조절을 하여 각질을 감소시키는 성분이 들어 있는 것을 고른다.

(3) 지성 두피

유분이 많은 두피에는 과다한 피지 형성을 방지하기 위해 두피의 피지 밸런스를 맞춰주며 두피를 깨끗하게 할 수 있는 성분이 들어 있는 제품을 고른다.

2. 스케일링제의 종류

스케일링제는 두피 상태에 따라 여러 종류로 구분된다. 특히 일반적인 각질과 피지 제거에는 젤타입을 사용한다. 가벼운 각질과 피지제거는 액상타입을 사용하고 심한 각질과 피지제거는 크림타입을 사용한다.

(1) 액상타입

가벼운 각질 및 피지를 제거할 때 사용되며 두피 스케일링시 피부로 흘러내릴 수가 있기 때문에 주의해야 한다.

그림 8-7 액상타입

(2) 겔 타입

일반적인 각질과 피지를 제거할 때 사용된다.

그림 8-8 겔 타입

(3) 크림타입

심한 각질 및 과다 분비된 피지를 제거할 때 사용되며 두피 스케일링시 모발에 부착될 수 있기 때문에 두피에 정확히 도포해야 한다.

그림 8-9 크림타입

3. 스케일링 도구

스케일링시 두피에 사용하는 도구로는 압축 솜, 스틱면봉, 스포이트 등이다.

주의사항으로는 시술 전 관리사는 손과 시술도구를 소독하여 고객에게 세균 전이를 막는 것이 무엇보다 중요하다.

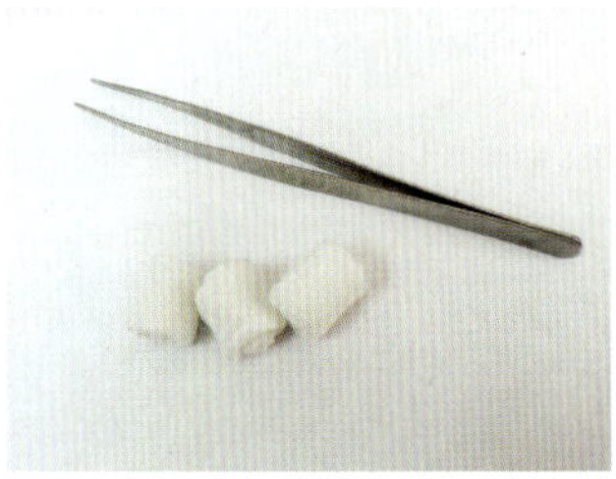

그림 8-10 압축솜

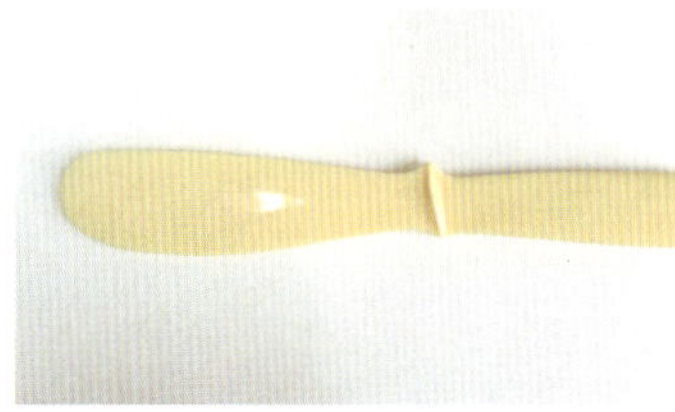

그림 8-11 스파출라

그림 8-10 비커

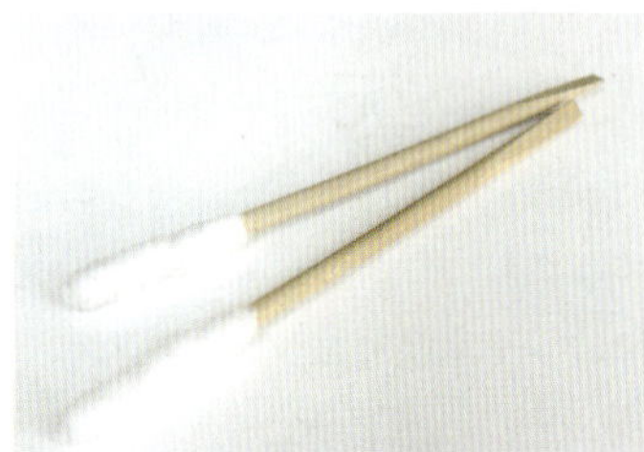

그림 8-11 스틱면봉

4. 도포방법

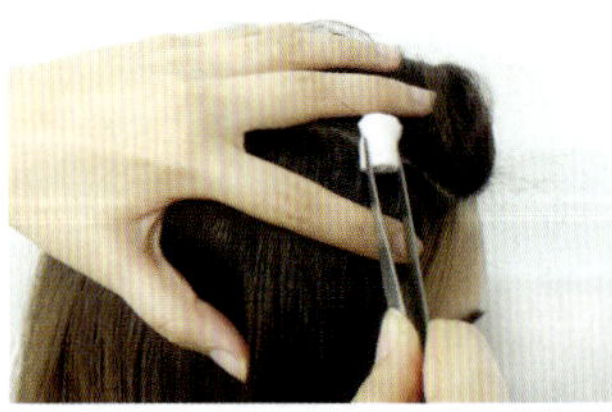

그림 8-12 압축 솜으로 도포

그림 8-13 손으로 도포

그림 8-14 스틱면봉으로 도포

5. 스케일링 시술방법

· 모발은 모류의 반대방향으로 빗질한다.

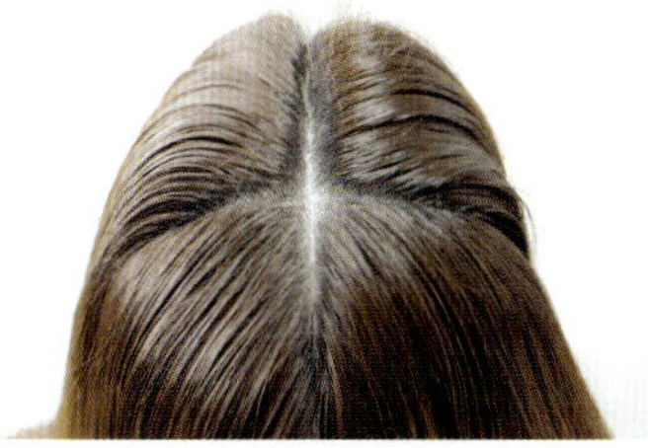

· 두부를 4등분으로 나눈다.

· 섹션을 1~1.5cm를 유지한다.

· 전두부부터 시작하여 측두부로 이동한다.

· 후두부 부분을 센터 방향으로 향하여 시술한다.

· 헤어라인을 마무리 후 모발을 정리한다.

그림 8-15 스케일링 시술방법

6. 주의 사항

· 꼬리빗을 사용하여 정확한 섹션을 나눈다.
· 도포 시 모발이 엉키지 않게 주의한다.
· 크림타입의 경우 충분히 유화한 뒤 헹구어 낸다.
· 제품 별 사용법을 숙지한다.
· 시술 전 · 후 사용도구는 소독을 한다.
· 주변 정리를 한다.

05 모발상태에 따른 관리

젖은 모발은 화학적, 기계적 손상을 쉽게 받아 모발을 약하게 하여 손상시킨다. 이때 트리트먼트제를 손상된 모발에 사용하면 모발을 회복시키기도 하며 보호하기도 한다. 트리트먼트제를 전혀 사용하지 않고 계속해서 알칼리성 제품류를 사용하면 모발 속의 단백질 성분의 결핍으로 펌이나 헤어 세팅 등의 웨이브 형성을 어렵게 한다. 또한 모발이 탄력성을 잃고 윤기가 없고 건조해지면서 모발 끝이 갈라지게 된다.

1. 정상모발 관리방법

정상모는 물리적, 환경적, 화학적 요인으로부터 손상되지 않은 자연 상태의 건강한 상태이다. 모표피가 촘촘하게 배열되어 있으며 윤기있고 탄력적이며 부드러우면 건강한 모발이다.

모발은 한번 손상되면 회복능력이 없다. 잦은 화학적인 시술을 피하고 적당한 수분과 유분의 공급이 필요하다. 정상모발에 적합한 샴푸와 트리트먼트를 사용하여 지속적으로 정상모발을 유지하기 위한 노력을 한다. 소량의 고급 왁스와 양이온 계면활성제, 양이온 폴리머를 사용하며 저분자량의 실리콘 오일을 사용하여 모발을 가볍게 코팅해준다.

2. 지성모발 관리방법

모발의 지질은 1~5% 정도이다. 모공에서 분출되는 피지는 샴푸 후 2~3시간 경과된 후 피지에 고이기 시작하여 모발의 하단부분이 피지로 덮혀 지성 모발이 된다.

모발은 모공 내에서 분비되는 피지로 인해 각질과 먼지, 오염물질 등이 흡착되어 쉽게 더러워진다. 그러므로 샴푸는 매일 하는 것이 좋으나 샴푸 시 손톱으로 두피를 긁거나 심하게 문지르는 것을 피해야 한다. 타월로 모발을 비벼서 건조하게 되면 손상을 초래하므로 가볍게 두드려서 건조하는 것이 좋다.

3. 건성모발 관리방법

잦은 물리 · 화학적인 미용시술로 두피와 모발이 건조되어 윤기가 없고 푸석거리며 모발이 손상된다. 샴푸를 하고 난 다음 영양분을 공급하고 앰플, 영양크림 순으로 관리한다.

4. 손상모발 관리방법

손상모는 부분적으로 큐티클층이 벗겨지거나 갈라져있어 윤기와 탄력이 없다. 이때 관리를 하지 않으면 악화되어 지모나 단열모가 되어 회복이 불가능하다.

손상된 모발은 높은 함량의 고급 왁스와 양이온 계면활성제, 양이온 폴리머가 함유되어 있는 트리트먼트를 사용하게 되면 실리콘 오일성분으로 인해 모발의 윤기와 차분함을 부여한다.

1) 가늘고 힘이 없는 모발

선천적으로 모표피가 약하기 때문에 힘이 없는 상태이거나 손상되기 쉬운 모발로 가늘고 정전기가 잘 생기며 서로 엉키기도 쉽다. 특히 드라이어로 건조할 경우 헤어로션을 모발에 도포한 후 약한 바람으로 건조해야 한다. 수분유지 단백질과 유분공급 트리트먼트 시술을 해주며 화학적 시술은 삼간다. 축 처지고 힘없는 모발은 샴푸 후 모근부터 말린다. 이때 모발을 거꾸로 뒤집어서 건조시키면 볼륨이 형성된다.

자외선의 영향으로 멜라닌의 분해가 쉽기 때문에 외출 시 자외선 차단제가 함유된 에센스를 사용한다.

2) 굵고 뻣뻣한 모발

큐티클 간격이 좁고 비늘 층이 두꺼워 쉽게 손상되지 않는다. 단백질이 풍부하고 튼튼한 모발이므로 일상적인 보습효과를 주는 것이 포인트다. 30% 정도의 수분이 모발에 남아있을 때 바람의 방향을 위에서 아래로 건조시키면 모발이 차분하고 윤기 있어 보인다.

3) 끈적이는 기름진 모발

하루에 2회 정도 샴푸를 하더라도 저자극성 샴푸제나 수분을 보충해 줄 수 있는 보습 샴푸제를 사용해야 한다. 잦은 샴푸는 두피나 모발에 더욱 자극을 주므로 손상될 수 있다.

4) 갈라지고 끊어지는 모발

잦은 화학적 시술로 인한 손상이 가속화 되지 않게 영양공급에 중점을 두고 스타일링제도 모발에 흡수율이 좋은 에센스를 사용한다. 모발에 자극을 주지 않도록 끝이 둥근 브러시나 빗살이 엉성한 브러시를 사용하고 손상이 심한 부분의 모발은 잘라 주는 것이 가장 현명한 방법이다.

PLUS

트리트먼트의 원리

양이온 계면활성제가 포함된 헤어 트리트먼트는 전기적으로 양성을 띄고 있으며, 우리 모발은 전기적으로 음성을 띠고 있다. 특히 손상이 심한 모발은 음성이 더욱 강하여 양이온을 끌어당기는 힘 또한 강한 특성을 가진다. 따라서 모발에 트리트먼트를 바르게 되면 큐티클이 손상된 부분에 양이온 트리트먼트가 부착되면서 큐티클 표면이 매끄러워지므로 모발이 차분해지게 된다.

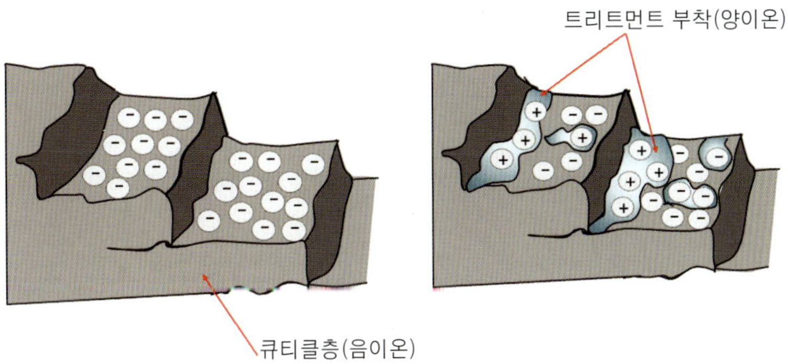

손상모발 트리트먼트 후 모발

Tip

- 모든 모발은 샴푸 후 찬 바람으로 건조시켜야 모발손상을 줄일 수 있다.

06 헤어트리트먼트의 종류

1. 크림 타입

크림타입은 일반적으로 가장 많이 사용하는 타입이다. 손상모발에 유분과 수분, 광택, 유연성을 부여하고 빗질이 잘되게 도와준다. 또한 트리트먼트를 사용할 경우 건강모를 손상되지 않도록 한다. 유성성분 양이온 계면활성제와 습윤제 등을 배합시켜 유화시킨 것과 폴리펩타이드를 배합한 것 등이 있어 모발의 상태에 따라 사용한다.

2. 로션 타입

로숀 타입은 가는 모발에 탄력과 강도를 주고 지모를 예방한다. 고분자 실리콘 휘발성의 유분이 주성분으로 실리콘에 의한 코팅 효과와 수분, 유분을 동시에 공급한다.

3. 에어졸 타입

헤어스타일이 세트된 모발 표면에 분사하여 유분과 광택을 주며 빗질이 잘 되도록 하는 목적으로 사용한다. 성분으로는 피막형성제로 고급 알코올, 실리콘, 라놀린 유도체가 첨가되어 있으며 실리콘류로 광택을 부여한다.

4. 오일 타입

모발에 유분을 공급하고 유연성과 광택을 부여하기 위해 사용한다. 오일 타입의 성분으로 점도가 낮은 동백류, 올리브류, 유동 파라핀의 광물류를 주성분으로 고급 지방산에 에스테를, 스쿠알렌, 실리콘류를 배합되어 있다.

5. 액상 타입

약한 모발에 탄력을 주기 위해 고농도 폴리펩티드를 배합하여 샴푸 후, 펌, 컬러링 시술시 전처리용으로 사용하는 것이 많다.

6. 앰플

두피관리 시술의 마지막 단계로 두피에 도포함으로써 영양흡수를 통해 두피에 활력을 주며 모든 모발의 특성에 맞도록 사용할 수 있다. 특히 문제성 두피 예방 및 관리 목적으로 많이 사용된다. 유리병인 경우 개봉할 때 손이 다치지 않도록 하며, 이때 유리조각이 병 안으로 들어가지 않도록 주의한다. 두피 이외에 피부에 닿지 않도록 주의한다.

지성 두피용 앰플	피지 조절 및 지성 두피 완화 작용으로 사용된다.
비듬 두피용 앰플	비듬균 조절 및 각화주기 정상화 목적으로 사용된다.
탈모 두피용 앰플	모근강화 및 영양공급, 모발 성장, 혈액순환을 목적으로 사용된다.

Tip

▸ 요즘 두피 클리닉센타에서는 모근을 강화시키기 위해 샴푸 후 도포하는 냉각스프레이를 사용하고 있다.

1) 화장품의 성분

성 분	작 용
글리세린	물과 결합하는 성질이 있어 공기 중의 수분을 흡수하는 휴멕턴트 성분. 피부가 수분을 유지하도록 도와준다.
글리코스 아미노글리칸	수분 공급을 증가시키고 피부의 탄력과 유연성 증가, 보습, 탄력 성질이 있다.
대나무출출물	수분과 결합하는 능력이 있는 습윤제
디메티콘	실리콘 오일의 일종으로 제품의 윤활제로써 부드러운 느낌을 준다.
디옥시벤존	자외선 차단 성분으로 3% 이하로 사용된다.
라놀린	보습성질이 있는 연화제이자 높은 수분 흡수력을 가진 유화제
레티노산	비타민 A 유도체, 콜라겐 합성을 바꾸고 섬유아세포와 세포 밖 세포질의 성장을 촉진한다.
레티놀	피부에 광택부여, 잔주름 등 만성적 노화, 여드름, 여포성 뾰루지, 지성 피부 등에 사용. 정상적인 각질세포 성장과 분화, 콜라겐 합성의 조절에 사용
메칠 파라벤	방부제의 일종으로 자극적이고 독성이 적다.
뮤코 다당	점액형태로 아미노당을 함유하는 다당. 수분 결합 능력을 높이며, 표피의 수분 손실을 줄이고 수분 흡수 촉진
밀납	항염, 항알러지, 항산화, 항박테리아, 살균, 피부유연, 탄력 증가 등의 성질을 가지고 있음
벤조페논-2	자외선 흡수
부틸 파라벤	항곰팡이 방부제
비타민 A	각질층을 조정하여 피부의 질감과 탄력 부드러움을 개선하는 비타민 A는 피부세포의 재생과 기능에 필수적임
비타민 E	방부제 사용, 유용성 항산화제. 피지샘 활동저하, 색소 침착을 줄인다.
살리실산	각질을 녹여 피부를 매끄럽게 한다. 피지샘의 막힘을 줄여준다.
실리콘	수분 증발을 막아주는 보호력을 증가한다.
알긴산	농축제, 안정제, 젤 작용
알란토인	치유, 진정효과를 주는 식물 성분. 민감성, 여드름 피부에 사용
토코페롤	식용 식물성 오일로부터 진공추출로 얻어지는 항산화제
파라벤	방부제의 일종, 박테리아와 곰팡이류에 작용
판테놀	세포재생 촉진
프로필 파라벤	방부제와 박테리아, 곰팡이 제거제로 사용
히아루론산	수분을 흡수하는 능력, 부드러운 표피, 유연성과, 긴장감 유지

07 두피 · 모발 관리기기

1. 기기의 사용 목적

모발 및 두피관리를 할 경우 두피의 혈액순환을 원활하게 하여 제품의 침투를 도와주기 위해서 사용한다. 적절한 기기의 선택과 사용은 두피 질환 및 탈모를 예방하여 준다. 만약 기기를 잘못 선택하여 사용할 경우 탈모의 가속화와 각종 두피 질환이 생길 수 있다.

2. 기기의 종류 및 사용방법

1) 두피 · 모발 진단기

두피 · 모발 진단기는 탈모의 진행 여부 및 정도, 모발의 굵기, 피지 및 각질의 양 등 두피의 상태와 문제점을 배율 렌즈를 사용하여 두피 상태나 모발 상태를 체크하는 기기이다. 두피의 상태는 80~250배로 모발의 상태는 대략 800배로 관찰한다.

진단기를 사용할 경우 렌즈가 두피나 모발 등의 관찰면과 수직이 되도록 하여 렌즈를 천천히 움직이며 관찰한다. 두피, 모발 클리닉에 필요한 분석 및 처방을 하여 체계적인 고객관리를 위한 차트를 작성한다. 또한 프린터기가 연결되어있는 진단기는 고객의 두피나 모발의 상태를 진단기로 관찰한 다음 출력하여 자료화 할 수 있도록 도와주는 기능을 한다.

그림 8-16 두피 모발 진단기

2) 모발 현미경

고배율의 렌즈를 사용하여 모발의 표면 상태나 손상된 정도를 체크하는 기기이다.

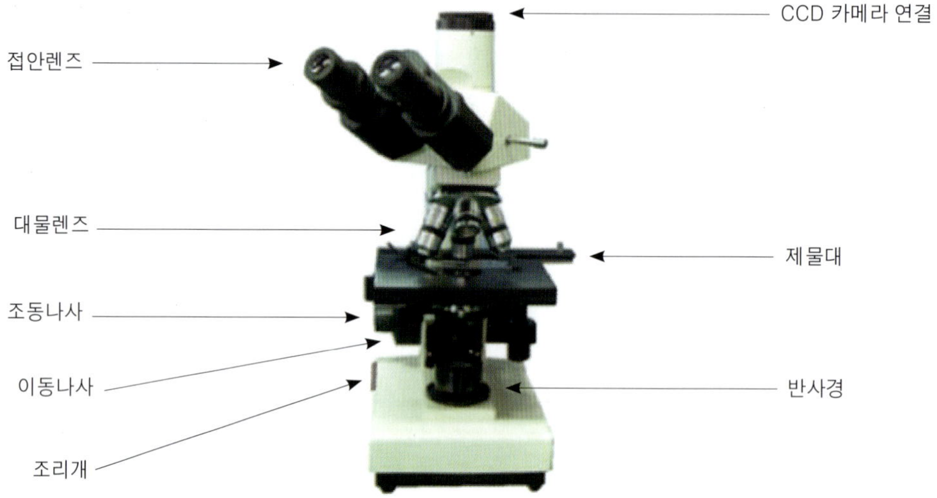

그림 8-17 모발 현미경

3) 소프트 바이오 빔(soft biobeam)

레이저의 원리를 이용하여 혈액순환 및 호르몬 촉진과 모발의 재생 및 성장을 촉진 시키며 두피 · 모발 관리제품의 침투 및 모세포의 활성화와 재생을 도와주고 탈모, 비듬 개선에 효과적이다. 특히 두피의 독소 배출을 유도해준다.

항체와 콜라겐 섬유를 증가시키고 DNA, RNA와 단백질 합성을 촉진하여 모발을 증대시키는 기기로서 문제가 있는 분위에 사용할수록 효과가 높다.

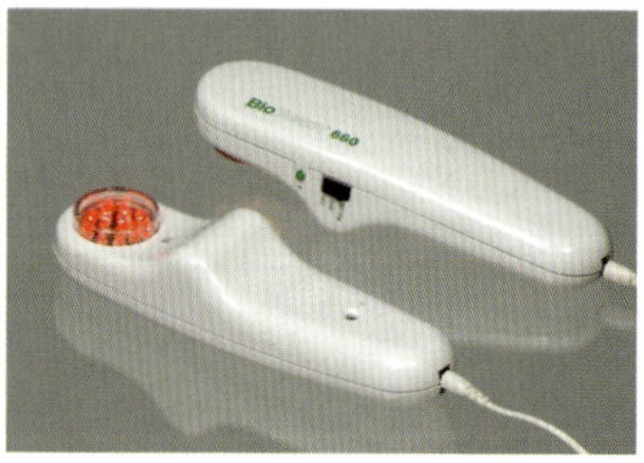

그림 8-18 소프트 바이오 빔

4) 뷰티콤(Beauty comb)

뷰티콤은 고주파 교류전류를 발생시키는 브러시 형태의 유리관으로 두피에 기생하는 모낭충이나 세균 또는 곰팡이균, 바이러스 등을 살균, 소독 진정시킨다. 또한 뷰티콤은 비듬을 제거하는 효과를 주는 기기로 강도의 조절을 이용하여 사용한다.

5) 진동 마사지기

진동 마사지기는 피부를 자극하여 혈액순환을 촉진시킨다. 목, 어깨 등의 근육을 마사지하여 긴장된 근육을 풀어준다. 사용시간을 강도의 강약과 텝의 증감을 피부상태에 따라 5~15분 정도로 한다. 뼈가 있는 곳의 사용은 피하여야 한다.

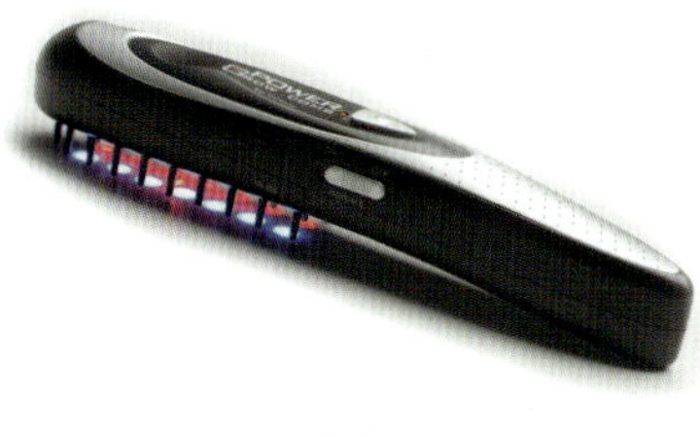

그림 8-19 진동 마사지기

6) 워터 펀치(Water punch)

두피나 모공의 오래된 각질과 노폐물을 효과적으로 제거하는 기기이다. 모공을 열어 모근의 호흡작용을 촉진하고 영양분 도포 시에 흡수가 잘 되도록 한다. 수압은 3단계로 조정가능하며 모발의 길이나 양에 따라서 노즐을 선택하여 사용할 수 있다.

그림 8-20 워터 펀치

7) 고주파 전류기

고주파 교류전류(초당 100,000사이클 이상)를 이용하는 기기이다. 유리봉 내에는 매우 적은 양의 공기와 네온, 수은 등이 들어있다. 기기를 사용할 경우에 모발이나 두피의 물기를 제거한 후에 사용해야 한다. 고주파 전류기는 두피의 자극이나 각질, 비듬제거 살균, 진정작용이 있다. 특히 제품의 흡수를 도와주는 역할을 하지만 고주파기의 사용 시 소리가 나며 유리봉은 깨어지기 쉬우므로 조심해야 한다.

그림 8-21 고주파 전류기

8) 두피 세정기

높은 수압으로 모공 속에 깊이 박혀있는 먼지 등의 이물질이나 각질을 제거해주는 기기로 물상의 회전과 수압을 이용하여 노폐물 제거를 용이하게 한다.

9) 미스트기(오존기)

미스트기는 수증기보다 작은 3미크론의 미세한 입자인 오존을 발생시킨다. 관리제품을 도포한 후 미스트기를 사용하면 오존이 모표피를 통과해서 모발 내부에 수분과 영양분을 공급하여 손상된 모발을 관리해준다. 또한 O_3로 인해 산화를 촉진시켜 중화작용을 돕는다.

퍼머와 염색 후 남아있는 알칼리 성분을 99% 제거하고 불쾌한 약품냄새를 제거해준다. 살균작용, 음이온 발생, 육모 촉진, 탈모예방, 공기정화작용, 비듬제거에 탁월한 효과가 있다.

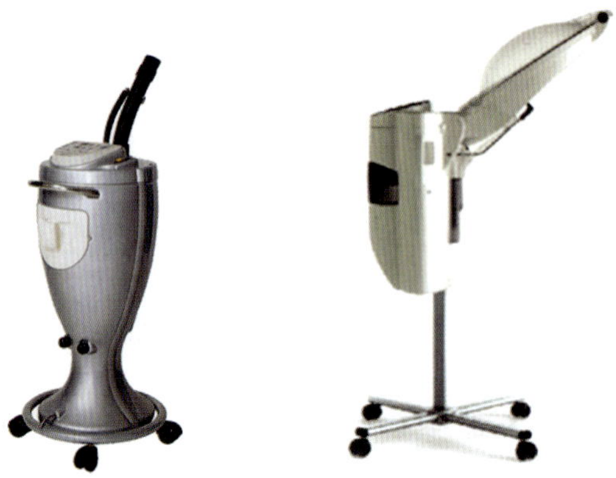

그림 8-22 미스트기

10) 선 레이기(Sun Ray)

선 레이기는 햇빛과 가장 유사한 빛이 380~810mm의 파장을 이용한다. 이는 탄소봉을 이용한 광선으로 두피와 모발의 재생 및 피지 분비 조절과 혈액순환 촉진의 기능을 가지고 있다.

11) 적외선 열처리기

적외선의 빛을 이용하여 두피의 기능이 활성화 되도록 한다. 온열효과가 있어 제품의 도포 시 흡수를 도와 두피 대사의 활성화와 혈액순환을 촉진시킨다. 모모세포에 영양과 산소를 공급한다. 적외선기기는 이동이 가능하고 높낮이 조절이 용이하며 타이머가 부착되어 있어 관리가 쉽고 강약조절이 가능하다.

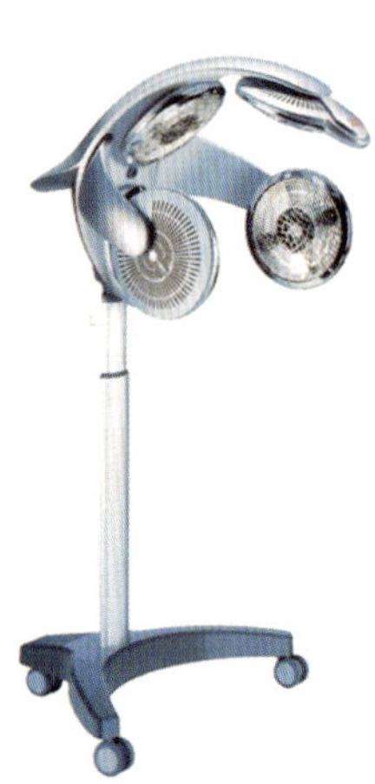

그림 8-23 적외선 열처리기

12) 헤어 스티머기(hair steamer)

헤어스티머기는 스켈링시에 미립자의 수증기를 발생시킨다. 이 수증기가 두피의 각질 및 이물질 등을 부드럽게 연화하여 제거한다. 또한 모발과 두피에 부족한 수분 공급을 해주는 기기로서 사용시간은 건성두피 10분, 비듬성 15분, 민감성 7분 정도로 처리하고 열이 있는 경우 시간을 단축시킨다.

13) 클리닉 전용의자

두피 및 모발 클리닉 전용의자로 360° 회전하는 전자동 기능이 있다. 고객의 두피나 모발 상태를 원하는 부분에서 의자를 고정하여 두피진단기의 모니터를 정지화면으로 고정 관찰할 수 있다.

14) 확대경

렌즈의 배율을 20배로 확대하여 두피의 각질이나 비듬상태 염증 등 전체적인 두피와 모발의 상태를 육안으로 확인할 수 있다.

15) 두피 마사지기

두피 마사지기는 피지선을 자극하여 두피를 윤택하게 하고 긴장된 근육과 신경을 풀어주며 혈액순환 촉진시켜 두피를 상태를 개선해준다. 피부조직에 맞는 강도로 조절하여 간편하게 사용하도록 되어있다. 관리시간은 5~15분 정도이다.

① 합성전자기파(TDP)

30여종의 필수원소로 구성된 TDP Plate에서 방사되는 특성전자파와 열파로 인체의 혈액순환을 촉진하여 탈모를 방지하고 지루성 습진이나 염증을 완화시키는 효과가 있다.

■ **TDP Plate에 도포된 원소**

철(Fe), 아연(Zn), 카드뮴(Cd), 스트론듐(Sr), 불소(F), 구리(Cu), 붕소(B), 브롬(Br), 요오드(I), 바륨(Ba), 망간(Mn), 세레늄(Se), 크롬(Cr), 비소(As), 코발트(Co), 바나듐(V), 산소(O), 수소(H), 탄소(C), 질소(N), 칼슘(Ca), 인(P), 유황(S), 칼륨(K), 나트륨(Na), 염소(Ci), 마그네슘(Mg), 규소(Si)

② LPL(Lipo-Plastic-Laser)

지방융해용 레이저기(Lipo-Plastic-Laser)란 특수 파장의 레이저를 조사하여 지방세포막의 파괴를 유도하여 융해하는 최첨단 지방성형 레이저이다. 50MW의 고출력으로 균일한 파장이 형성되기 때문에 열 전달율이 높아 지방세포 깊숙이 침투하여 지방을 분해하는 효과가 높다.

LPL (Lipo-Plastic-Laser)의 장점은 시술 시 통증이 전혀 없고 단시간에 빠른 효과를 확인할 수 있다는 점이다.

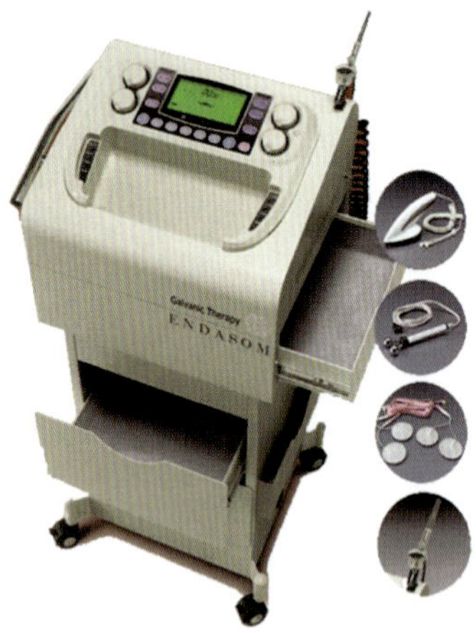

그림 8-24 갈바닉(Galvanic, oxy Touch)

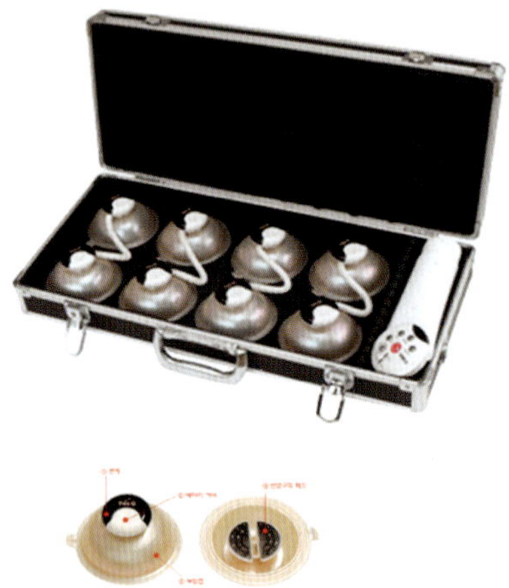

그림 8-25 저주파 물리치료기

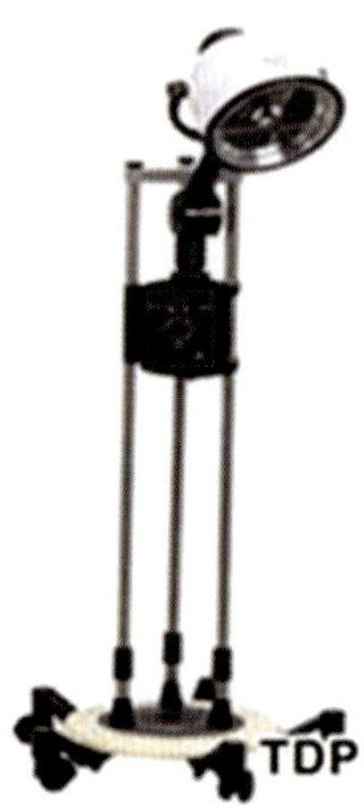

그림 8-26 합성전자기파(TDP)

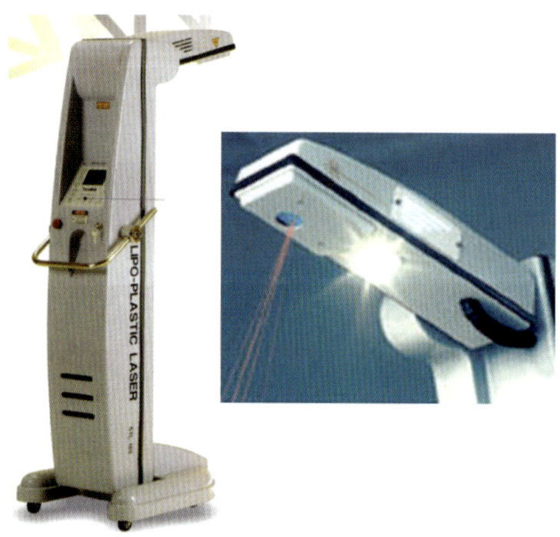

그림 8-27 지방융해술용 레이저(LPL Laser)

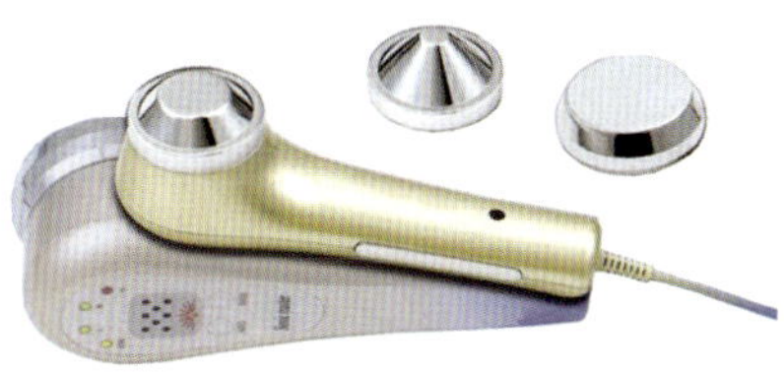

그림 8-28 초음파(Ultra-soric generator)

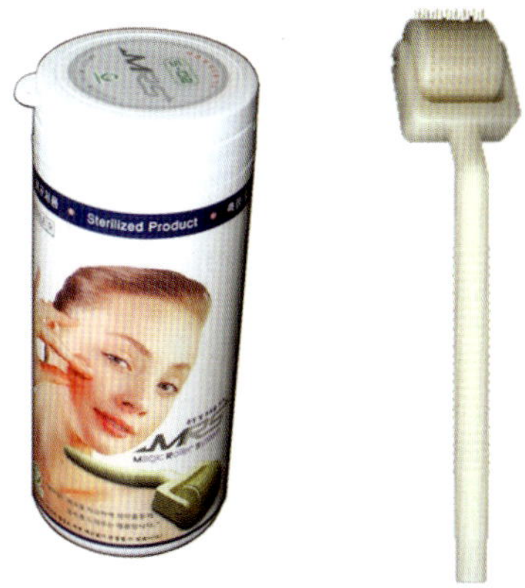

그림 8-29 메조롤러

PLUS

갈바닉 기기의 원리

피부의 노폐물과 독소를 제거하고 영양성분을 공급시켜주기 위한 기기로써 갈바닉의 음극과 양극 전류를 이용한 원리이다.

갈바닉 기기를 음극으로 조절하여 음이온인 갈바닉젤을 피부에 도포 후 전류를 보내면 밀어내는 힘에 의해 갈바닉젤이 음이온 상태인 피지와 노폐물에 부착된다. 이때 갈바닉 기기를 양극으로 조절한 뒤 영양성분이 함유된 양이온 갈바닉 젤을 도포하여 전류를 보내면 당기는 힘에 의해 음이온의 노폐물이 빠져나오고 반대로 양이온의 영양성분이 피부에 침투하게 된다. 이러한 원리를 이용하여 보다 효과적으로 피부 깊숙이 영양공급을 해줄 수 있다.

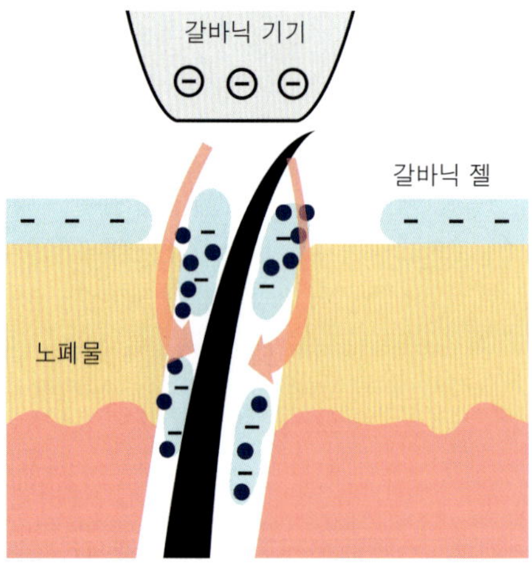

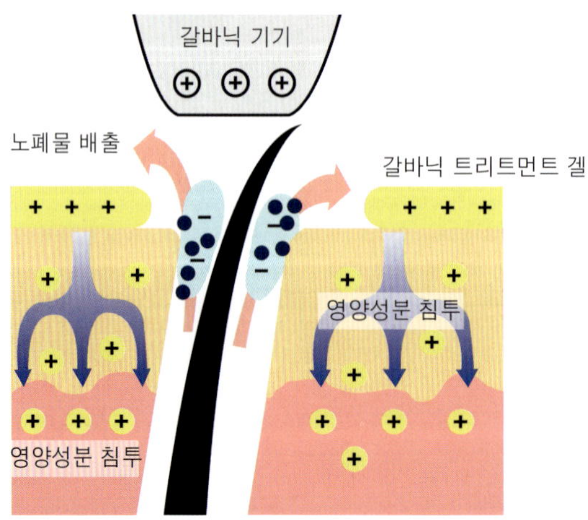

읽을거리

'이'에게 괴멸당한 나폴레옹 군대

1812년 여름 나폴레옹은 약 50만명 군대를 이끌고 러시아의 국경인 네멘깅으로 향했다. 8만여명의 기병과 전쟁경험이 풍부한 병사들, 최고의 명장이 이끄는 프랑스군에 비해 러시아군은 30만명의 오합지졸 뿐이었다. 어느 누가 봐도 나폴레옹이 승리할 것으로 예상했던 전쟁이었다.

하지만 누구도 미처 예상하지 못한 복병이 나폴레옹군을 기다리고 있었다. 나폴레옹 원정군이 러시아로 가기 위해서는 폴란드를 가로질러 가야만 했는데 문제는 여기서 시작된다.

19세기 유럽과 러시아의 주민들 몸에서 '이'를 찾기는 그다지 어려운 일이 아니었다. 몸을 자주 씻기가 힘들었던 병사들의 몸에는 빈대, 진드기, 이가 득실거렸다. 폴란드를 통과하던 나폴레옹 군대에 열병이 돌기 시작했다. 병사들은 심한 두통과 고열에 시달렸고 붉은색 발진이 겨드랑이에서 시작되어 온몸으로 퍼졌다. 죽을 무렵에는 발진이 있던 자리에 출혈과 괴사가 동반하면서 살 썩는 냄새가 진동했다.

나폴레옹군은 2만 2천여명의 병사만이 겨우 살아남아 퇴각하는 최악의 전과를 기록했다. 나폴레옹이 러시아 정벌에 실패한 이유는 러시아의 추운 날씨 탓이라고 흔히 알려져 있다. 그러나 러시아의 혹독한 겨울을 맞이하기 전에 나폴레옹군은 '이'를 통해 전염되는 발진티푸스와 같은 전염병과 굶주림으로 수많은 병사들을 잃은 상태였기 때문에 러시아 침공에 실패한 셈이다.

유럽 역사를 바꾼 나폴레옹의 앞길을 가로막은 것은 다름아닌 인간의 몸에 기생하는 조그마한 벌레 '이'였다.

요점정리

01 두피 및 모발관리의 목적으로는 손상모발의 개선 및 예방과, 두피의 혈행 촉진 및 이상증상, 두피의 정상화와 모발성장의 저해가 되는 환경을 개선하여 탈모 등을 극복하고 모발이 잘 자랄 수 있도록 한다.

02 두피 및 모발의 손상 원인은 호르몬 분비 이상, 식생활 습관, 스트레스 등과 같은 내적인 요소와 물리 · 화학 · 환경적 요인 등의 외적요인으로 구분된다.

03 두피 및 모발 관리를 위한 과정은 관리실 케어와 홈 케어 과정이 있다. 관리실에서는 상담, 진단, 관리프로그램 선택, 마사지단계, 스케일링, 샴푸, 두피 및 헤어 트리트먼트, 마무리 과정으로 진행되며, 홈 케어는 가벼운 스트레칭이 있다.

04 정상두피는 모공이 열려있고 두피톤이 맑고 투명하다. 건성두피는 충분한 영양을 공급해서 건강해지도록 한다. 지성두피는 세정과 피지조절에 중점적인 관리를 해야 한다. 예민성 두피는 자극을 최소화 하면서 세균번식 억제 및 탈모 진행을 지속적으로 관리한다. 비듬성 두피는 적절한 스켈링과 제품을 사용하며 유 · 수분을 유지시키고, 탈모진행형 두피는 혈액순환을 원활하게 하는 두피마사지와 적절한 샴푸 및 두피 스켈링을 한다. 두부백선과 두부건선은 악화되지 않도록 전문의와 진단 후 관리를 진행한다.

05 두피 스케일링은 두피의 노폐물과 피지, 각질을 정리하고 두피의 모공을 열어주는 단계이다. 두피 타입에 따라 액상, 겔, 크림 타입을 쓸 수 있다. 스케일링은 모발빗질, 두부 구분하기, 전두부 스케일링, 측두부 스케일링, 후두부 스케일링, 헤어라인의 순으로 진행한다.

06 모발의 상태에 따른 관리에는 가늘고 힘이 없는 모발은 수분, 단백질, 유분을 공급해주는 트리트먼트 시술을 하며, 화학적인 시술은 삼간다. 굵고 뻣뻣한 모발은 단백질이 풍부하고 튼튼한 모발이므로 일상적인 보습효과를 주는 것이 좋다. 끈적이는 기름진 머리는 하루 2회 샴푸를 하더라도 저자극성 샴푸를 사용해주어야 한다. 갈라지고 끊어지는 모발은 영양공급에 중점을 두고 에센스를 이용하여 꾸준한 모발 관리를 해주어야 한다.

단원 종합문제

01 두피 및 모발 관리의 목적으로 바르지 않은 것은?

① 두피의 노폐물을 제거하여 청결하게 유지하기 위함이다.
② 손상 모발 개선 및 예방을 위함이다.
③ 각화주기를 앞당겨 노화된 각질을 제거하기 위함이다.
④ 모발 성장의 저해가 되는 환경을 개선하기 위함이다.
⑤ 탈모를 예방하기 위함이다.

02 두피 및 모발의 손상원인 중 내적인 요인으로 바르지 않은 것은?

① 화학약품 ② 호르몬 이상 ③ 식생활 습관 ④ 스트레스 ⑤ 유전

03 두피 및 모발 관리 과정을 바르게 나열한 것은?

① 상담-관리프로그램 선택-진단-스케일링-마사지-두피 및 헤어트리트먼트-샴푸-마무리
② 상담-샴푸-관리프로그램 선택-진단-스케일링-마사지-두피 및 헤어트리트먼트-마무리
③ 상담-관리프로그램 선택-진단-샴푸-두피 및 헤어트리트먼트-스케일링-마사지-마무리
④ 상담-진단-관리프로그램 선택-마사지-스케일링-샴푸-두피 및 헤어트리트먼트-마무리
⑤ 상담-관리프로그램 선택-진단-샴푸-스케일링-마사지-두피 및 헤어트리트먼트-마무리

04 두피 타입별 관리 방법에 대한 설명으로 옳은 것은?

① 정상 두피- 정상적인 상태를 유지하도록 따로 관리 할 필요가 없다.
② 건성 두피- 두피 세정을 자주 해주어 비듬을 예방한다.
③ 지성 두피- 모공을 열어 피지 응고물을 제거한다.
④ 예민성 두피- 두피의 청결과 세균 번식을 억제하기 위해 하루 2회 샴푸한다.
⑤ 비듬성 두피- 매일 또는 격일로 샴푸하며, 이 때 비듬 샴푸를 사용하는 것이 좋다.

05 다음의 내용은 어떤 상태에 관련된 두피 상태인가?

- 두피톤: 얼룩이 있고 붉은 톤을 띤다.
- 모발밀도: 밀도가 낮다.
- 노화각질 및 피지 산화물: 얇은 층 구성과 두피타입에 따라 다르다.
- 예민도: 가려움, 염증, 홍반을 유발한다.

① 정상두피
② 지루성두피
③ 예민성두피
④ 비듬성두피

06 두부백선의 증상을 설명하시오.

가로세로 Quiz

〈가로열쇠〉

1. 홈케어의 방법 중 하나도 경직된 근육을 이완시키기 위한 동작.
2. 두피의 과다한 수분증발현상으로 노화된 각질이 하얗게 쌓여 있고 유수분이 부족한 두피상태.
3. 지성두피는 각질층에 OOO이 20% 이상이다.
4. 건성두피의 OOO은 불투명한 백색이다.
5. 지성두피는 OO과 가려움증을 동반하는 경우도 있으며 피지 분비 과다로 지루성 염증이 나타날 수 있다.
6. 모발 손상의 요인 중 잘못 된 샴푸나 브러싱, 드라이 등으로 손상되는 것을 OOO손상이라 한다.

〈세로열쇠〉

7. 두피 관리의 효과를 상승시키기 위해 자택에서 관리를 하도록 하는 것.
8. OOOO는 두피 톤이 황색톤이며 모공이 막혀있고 과다하게 피지가 분비되는 특징이 있다.

9. 두피 및 OOOO의 과정은 상담-진단-관리프로그램선택-마사지-스케일링-샴푸-트리트먼트-마무리 순으로 실시한다.
10. 관리 시작 전에 고객의 안정을 위해 편안한 분위기에서 10~20분 정도 마사지를 실시하여 OOOO을 촉진 시킨다.
11. 지성두피는 두피의 이물질 및 피지의 잔류로 심한 OO를 동반한다.
12. 모발 손상의 요인 중 잦은 퍼머나 염색, 헤어 스타일링제의 사용 등으로 손상되는 것을 OOO손상이라 한다

Chapter IX

두피경혈 관리

개요

모발은 인체 내부의 영향을 받아서 성장발육을 하지만 한의학적 견해에서 기가 허하면 모발의 성장발육에 많은 장해를 가져 온다. 특히 신경이 예민하면 모발이 윤기를 잃고 손상되며 스트레스를 많이 받으면 원형탈모증이 생긴다. 또한 기가 부족하면 모발에 탄력과 힘이 없어져서 노인의 모발처럼 가늘어지게 되고, 기운이 뜨거우면 모근이 아프게 된다. 이러한 증세를 완화시킬 수 있는 경락과 경혈요법을 이 장에서 학습하여 실습한다.

학습 목표	① 경락과 경혈을 설명할 수 있다. ② 정기혈과 모발을 설명할 수 있다. ③ 장부와 모발을 설명할 수 있다. ④ 두피경락 관리를 할 수 있다.

01 경락(經絡)과 경혈(經穴)

1. 경락

경락은 기혈의 운행 통로로서 인체의 기혈을 연결하여 인체 활동을 유지하게 한다. 세로의 흐름인 경맥과 가로의 흐름인 락맥(絡脈)을 경락이라 한다. 즉 인체의 경혈과 경혈을 연결하여 기혈순환을 하는 생체반응 계통 노선이다. 오장육부의 기능이 이 통로를 통하여 피부, 모발, 두피까지 통하게 된다. 오장육부에 생명의 에너지인 기가 흐르는 경락에는 14경락이 존재한다.

오장	간, 심장, 비장, 폐장, 신장
육부	담, 위, 소장, 대장, 방광, 삼초

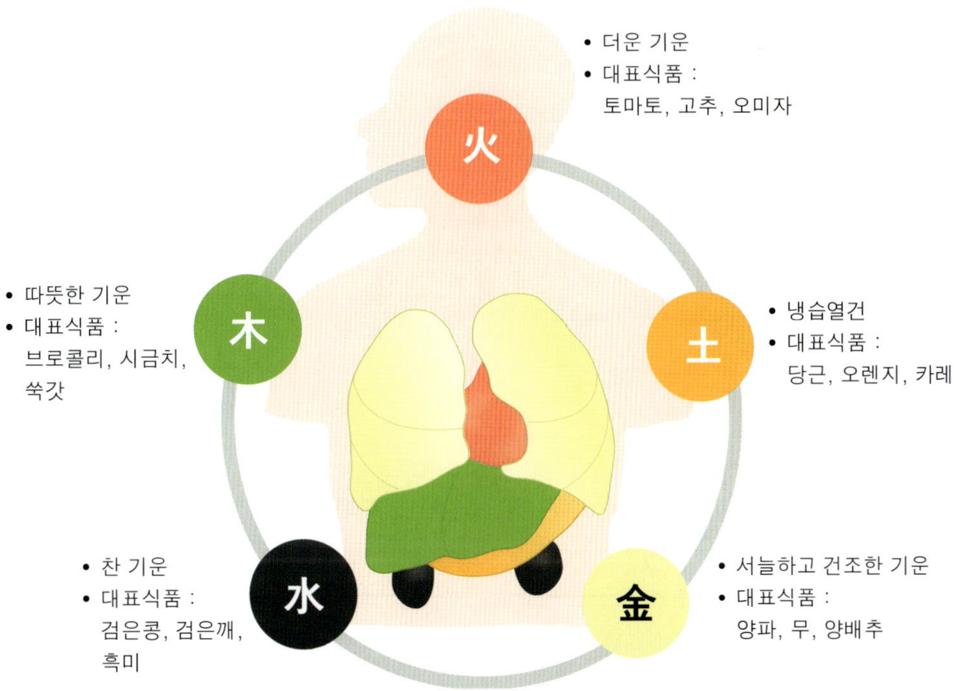

그림 9-1 오행의 기본속성도

Tip

▸ 삼초는 흉부를 상초, 복부를 중초, 배꼽아래를 하초라 하여 3부분으로 나누어진다.

2. 경혈

우리 몸의 기혈운행 통로인 경락의 각 지점이 신체의 표면에 모여 통과하는 부분으로 약 365개의 주 경혈이 있다. 이는 신체 내부의 장부(臟腑)의 생리 또는 병리 변화에 대하여 일정한 반응을 일으킨다. 인체의 생명 에너지를 순화시키는 14경락에 문제가 생기면 기가 막히게 된다. 이런 증상이 있을 때 경혈을 자극할 경우 오장육부의 장기에 전달되어 민감한 반응을 나타내며 경락마사지를 하여 막힌 경혈을 풀어주면 각 장부 조직 기관에 영양분을 공급하고 피부, 골격, 근육을 건강하고 아름답게 유지하게 한다.

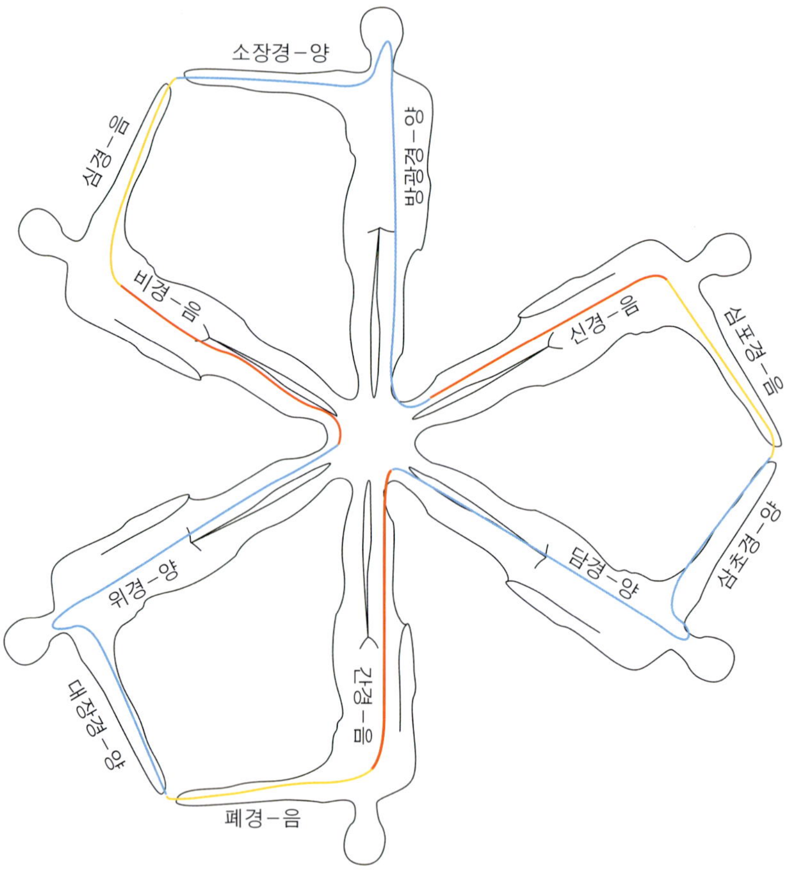

그림 9-2 12경락(임맥과 독맥제외)

PLUS

14 경락

번호	종류	효과
1	수태음폐경	표피의 방어기능 조절, 피부색소침착, 피부병, 비듬 효과
2	수소음심경	피부조직 건강하게 유지, 얼굴 윤기 부여
3	수궐음심포경	신진대사 원활, 순환 및 흡수관 주관
4	수소양삼초경	인체의 기화작용 주관, 근육, 뼈, 피부 등의 영양 공급, 체온 유지
5	수태양소장경	영양분흡수, 노폐물배출기능
6	수양명대장경	배설기능 주관, 대장경 이상 유무에 따른 탈모 원인이 되기도 함
7	족소음신경	두피나 모발에 수분공급, 모발손상 예방
8	족태음비경	혈액순환, 이상 유무에 따라 자궁출혈, 두피건조 원인이 됨
9	족궐음간경	혈액의 양 조절
10	족양명위경	소화흡수 주관, 이상 유무에 따라 두통, 탈모의 원인이 됨
11	족소양담경	담즙 저장, 소화를 도움
12	족태양방광경	수분생성 및 체외 배출
13	임맥	생식기계통 질병 조절, 노화방지, 다이어트
14	독맥	피부와 모발 증상 다스림

02 정기혈(精氣血)과 모발

1. 기의 생성

예전부터 이 세계를 형성하는 기본적인 물질을 기라고 생각하였다. 기의 운동과 변화로 모든 사물이 생겨나는 것으로 인식하였다. 이와 마찬가지로 한의학에서도 인체를 구성하는 기본물질을 기라고 본다. 기의 운동과 변화로 생명활동이 발현하는 것으로 보고 있다. 기는 인간 생명활동, 즉 조직기관이 생리활동을 하는데 필요한 물질적 기초이다.

선천의 정기	선천적으로 부모로부터 받은 기.
후천의 정기	음식물의 영양분, 비위의 운하기능, 수곡정기, 자연의 청기

2. 기의 종류

1) 원기(元氣)

Tip

- 온후작용-인체의 내외를 따뜻하게 하는 작용

- 생성 : 원기는 신장의 기운으로 저장한 정기인 선천의 기로서 인체의 기본이 되는 중요한 기이다.
- 원기의 주요기능 – 생명활동의 원동력으로 모발의 생장작용을 촉진시키는 기능을 한다. 심신의 흥분과 안정을 조절하며 기화작용 및 몸을 따뜻하게 하는 온후(溫煦)작용을 촉진한다.

2) 종기(宗氣)

- 생성 : 흉부에 모인 기. 폐가 흡수한 청기(淸氣)와 비위가 생성한 수곡정기(후천의 기)가 폐에서 결합하여 만들어진다.
- 기능 : 폐를 도와 호흡을 주관하며 언어, 소리, 호흡의 강약과 직접 관여한다. 심을 도와 혈을 순행하며 심장박동, 심률 등과 관련

3) 영기(營氣)

- 생성 : 맥중에서 순행하는 혈맥 중의 영양작용이 있는 기를 뜻하며 수곡정기가 맥에 들어가 변화한 것이다.

- 기능 : 혈액의 구성부분인 영기와 진액은 맥에서 혈액을 생성한다. 전신의 영양분을 공급한다. 장부, 경락, 두피모근골에 영양을 제공한다.

4) 위기(衛氣)

- 생성 : 수곡정기가 폐에서 폐의 작용을 받아 활동력이 강하고 유동이 빠른 부분이 경맥 밖으로 나와 만들어진 것이다. 위기는 경맥 밖에서 끊임없이 운행한다.
- 기능 : 면역기능과 한선의 조절기능과 피부는 각 부위의 근육에서 활동하며 모발의 온도와 영양의 작용을 담당한다. 또한 외부로부터의 침입을 막는다.

3. 모발과 기

모발은 인체 내부의 기에 의하여 많은 영향을 받아서 성장발육을 하나 기가 허하면 모발의 성장발육에 많은 장해를 가한다. 신경이 예민하면 모발이 윤기를 잃고 손상되며 스트레스를 많이 받으면 원형 탈모증이 생긴다. 기가 부족하면 모발에 탄력과 힘이 없어져서 노인의 모발처럼 가늘어지게 되며 기운이 뜨거우면 모근이 아프게 된다.

4. 모발과 혈(血)

혈액의 생성은 수곡정미와 영기, 정 등이 기초가 된다. 혈액은 순행하는 영양이 풍부한 홍색의 액체상태의 물질이고 인체를 구성하고 생명활동을 유지하는 기본 물질이다. 혈은 음식물의 정화(精華)가 기화작용을 거쳐 생긴 붉은 물질로 중초의 비위에서 근원한다.

여러 가지의 내부 장기 중에서 신(콩팥)이 모발의 성장 및 쇠퇴와 직접적인 관련이 있다고 본다. 혈기가 왕성하면 모발도 왕성해지고 혈기가 부족하면 모발도 윤기를 잃고 모발의 수가 줄어들거나 빠지게 된다. 빈혈이 발생한 것처럼 두피가 긴장하거나 어깨와 목이 시큰하고 아파도 혈관에 영향을 미쳐서 혈액의 원활한 흐름을 방해하게 된다.

폐(肺)는 기가 발생하는 근원으로 피부와 모발을 만든다. 즉 폐는 비장에서 흡수된 진액과 영양분을 전신에 공급하여 피부와 모발을 만들게 한다.

수곡정미	제일 기본적 물질이다.
영기	혈액의 구성부분이다.
진액	혈액의 구성부분이다.
정수	혈액을 생성하는 기본물질이다.

혈이 성하면 모발에 윤기가 있고 혈이 쇠하면 모발이 거칠어지고 가늘어 진다. 혈에 열이 있으면 모발이 황색이 되고 혈이 패(敗)하면 모발이 흰색으로 변한다. 청 · 장년기에 혈기가 충만할 때는 모발이 치밀하며 색이 검고 광택이 있는 반면 노년기에 접어들면 혈기가 부족해져 모발이 윤기를 잃고 탈색되며 탈락하게 된다. 장정(藏情)이 소멸될 때는 모발이 창백해지고 탈락되기 쉽다.

월경이 오래 가거나 출산 후 출혈이 과하면 혈액이 부족하게 되고, 이로 인해 모발의 영양 부족으로 탈모 된다. 또한 혈이 뜨거워지면 두피 모근에 열이 나서 모발의 생장 환경이 좋지 못하기 때문에 탈모를 일으키기도 한다.

비장의 기능이 정상적이면 모발이 정상적인 성장 기능을 하며 충분한 영양 상태를 얻게 된다. 이에 반해 기능이 감퇴하면 기, 혈, 정의 화생이 부족해져 영양 결핍으로 탈모된다.

5. 모발과 정(精)

- 정(精)의 생성 – 인체의 구성과 생명활동을 유지시키는 기본적인 물질이다. 선천의 신기(腎氣)와 후천의 수곡지기(水穀之氣)가 결합하여 생긴다.
- 정(精)의 기능 –생식기능, 생장발육, 수(髓)를 생성하고 혈을 생성한다. 정(精)과 혈(血)은 근본이 같다. 즉 정혈동원(精血同源)이다. 따라서 정이 부족하면 혈이 부족해지고, 혈이 부족하면 정도 부족해 진다.
- 정(精)의 상태와 모발 – 다정(多情)하면 머리카락이 가늘고 부드러우며 빽빽하고, 다혈(多血)하면 굵고 부드러우며 옅다. 다기(多氣)하면 굵고 단단하며 짙어진다.

PLUS

머리와 눈을 맑게 하는 경락 요법

다섯손가락으로 머리를 빗질하듯이 긁어주는 요법

경락이론에 따르면 인체의 경맥은 모두 머리에 몰려있다고 쓰여있다. 독맥, 방광경, 담경, 위경이 머리를 지나는 경락으로서 특히 독맥은 전신의 양맥을 통하므로 인체 기혈음양의 평형과 밀접한 관계가 있다. 다섯손가락으로 머리를 빗질하듯이 긁어주면 정신을 맑게할 뿐만 아니라 두피에 쌓여있는 비듬을 제거하고 두피를 자극하여 모세혈관을 확장시켜 두피의 혈액공급을 개선하고 모발의 생장을 촉진한다.

손바닥으로 눈을 살포시 눌러주는 요법

두손을 비벼 열이 나도록 한 후에 눈을 세 번 가량 눌러주되 손 틈으로 양쪽 눈가를 눌러주면 눈이 맑아지고 가운데 손가락을 비볐다가 눌러주면 눈이 침침한 것을 완화할 수 있다.

03 장부와 모발

인체의 모발은 각 부위와 연관된 모발을 책임지는 오장육부가 다르다. 이를 책임지고 있는 것은 혈과 기이다. 곧 혈기가 충만하면 모든 장기들의 조화를 통하여 각자 상태를 표현하는 모발을 생성하기 때문에 모발이 건강하다. 특히 한의학에서는 건강한 모발의 성장에는 신장의 관여가 크다고 한다. 신기가 왕성하면 모발도 잘 자라며 신기가 쇠약하면 모발이 약해지면서 빠지게 된다. 그러므로 탈모는 정혈부족으로 일어난다고 볼 수 있다.

1. 신장과 모발

- 신장 정기가 혈액으로 화생(化生)하여 모발에 영양을 준다.
- 신장의 정기가 원기를 만들어 모발의 성장을 도와준다.
- 신장이 모발에 영양분을 제공한다. 하지만 공급이 부족할 경우 모발이 마르고 가늘어지며 윤기가 없고 탈모가 된다.

2. 폐와 모발

한의학에서 피부와 밀접한 장기를 폐라고 한다. 폐는 오장육부에서 만들어진 진액을 전신에 순환시키고 피부에 영양분을 공급하는 원동력이 된다. 또한 막힌 경락을 기운으로 소통시키고 정상적인 모발의 생장을 유지할 수 있도록 한다.

- 폐는 기를 주관하며 피모(皮毛)를 주관한다.
- 털에 영양을 주어 그을린 피부, 건강한 몸, 윤기 있는 모발을 만든다.
- 폐가 약하거나 병이 있는 사람은 모발이 거칠고 윤기가 없다.

Tip

- 피모 - 피부와 모발
- 진액 - 음식물에서 얻어지는 물질

3. 비장과 모발

비장은 후천적인 영양분으로 기혈을 만들며 화를 운반하고 모발을 성장시키는 신의 정기가 충실하도록 한다. 그러므로 비장기능이 정상적이면 충분한 영양분을 공급받아 모발의 성장이 정상적이지만 비장의 기능이 감퇴되면 기혈과 정기 모두 나빠져 모발의 영양부족을 낳고 모발이 건조하거나 딱딱해지며 탈모를 일으킨다.

4. 간, 심장과 모발

간의 기능이 원활하면 모발이 부드럽고 윤택하게 된다. 이에 반해 기능이 저하되면 모발이 거칠고 메마르며 회백색으로 변한다. 심장은 혈맥을 담당하는데 혈액의 정상적인 움직으로 혈액의 양을 조절한다. 또한 영양을 책임지며 모발의 성장에 기여한다.

Tip

- 간의 뇌는 몸무게의 2% 정도이지만 전체 혈액의 15%, 산소 소비량의 20%, 전체 에너지의 25%를 사용한다(간 30%, 전신 30%, 신장 20%, 심장5%).

5. 경부의 경직

스트레스는 혈액순환을 원활하지 못하게 하여 경부(목)가 경직되게 하고 이로 인해 기혈의 흐름을 원활하지 못하게 하여 탈모의 원인이 되기도 한다. 따라서 경부경직에 좋은 견정혈과 혈액순환을 촉진시켜주는 풍지혈, 합곡, 외관혈을 눌러준다.

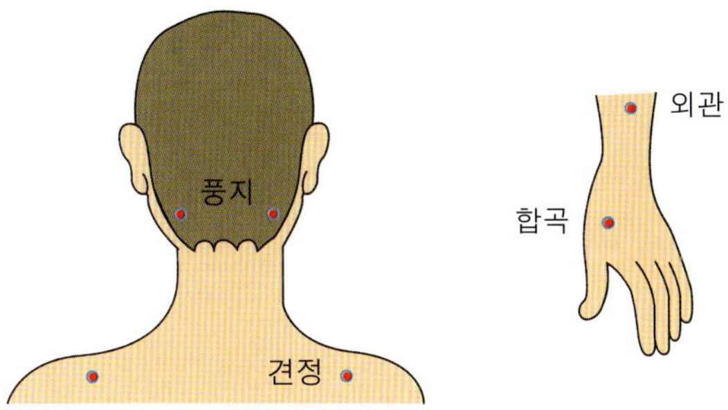

그림 9-3 경부경직을 풀어주는 경혈점

04 두피경락 관리 및 효능

경락은 인체의 조직과 각 장기에 밀접한 관계가 있어, 신체의 이상증상을 나타내거나 외부로부터의 자극을 내부로 전달시키는 역할을 한다. 즉 에너지를 각 기관과 장기로 운반하여 체내의 육장육부와 피부조직에 영양 공급을 해줌으로써 세포를 활성화시켜 모발의 성장을 돕고 피부에 윤기를 부여한다.

이러한 두피와 모발건강을 관리하기 위해 경락마사지를 한다. 특히 두부의 경혈을 중심으로 하는 두피 마사지는 신체의 정상적인 생리 활동을 돕고 혈액순환을 촉진하며, 모발의 성장과 재생을 촉진하는 효과가 있다. 이에 반해 경부의 수축과 긴장은 동맥과 정맥의 순환장애를 일으켜 혈액순환을 방해한다. 그러므로 이를 완화시키기 위해 두피와 신체의 중요 경락이 흐르는 부분을 엄지손가락의 제 2관절을 사용하여 지압한다. 이때 효과를 높이기 위해 지압 부위의 경혈을 손가락 압으로 눌러 주어야 한다.

두피 마사지는 승모근까지의 뒷목 근육을 먼저 풀어주고 후두부 헤어라인과 경락라인을 따라 풀어주는 느낌으로 행한다. 문지르기, 가볍게 두드리기, 주무르기, 쓰다듬기 등의 기법으로 손바닥이나 손가락 하부 조직의 힘이 근육 조직에까지 도달하도록 근육을 풀어 주어 피로회복, 근육회복이 되도록 한다.

1. 경혈의 위치

경혈의 위치는 일반적으로 인체도에 촌단위로 표시되어 있으며 사람마다 다소 차이가 있다. 손가락은 보통 사람의 몸의 크기에 비례하기 때문에 개인의 손가락 폭 만큼을 측정단위로 한다. 누를 때 아프거나 통증이 있는 곳이 가장 정확한 지점이다.

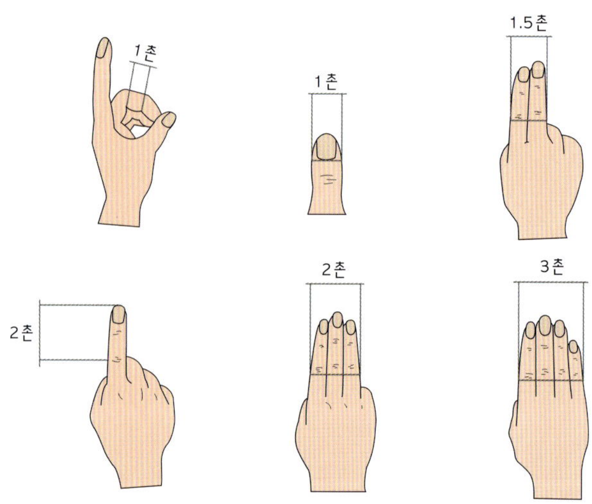

그림 9-4 지촌법

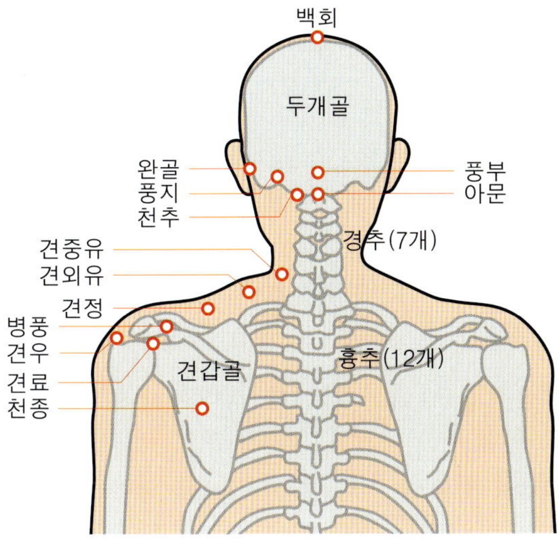

그림 9-5 경혈의 위치

표 9-1 경혈점 위치와 효능

명칭	위 치	효 능
두개골	두상의 뼈로 전두골과 후두골로 나뉜다.	
경추	7개의 목뼈로 이루어져 있다.	
흉추	경추 밑으로 12개가 횡격막과 이어져있다.	
견갑골	흉곽 뒤 좌우대칭으로 제2흉추~제7흉추에 걸쳐 있다. 길이는 9~10cm의 삼각형.	
백회	양쪽 귀의 중간지점인 정수리에 위치	두통, 현기증, 고혈압, 노이로제, 불면증
풍부	외 후두골 융기 바로 아래에 존재	두통, 현기증, 목의 통증
아문	후두골 아래 목뼈의 끝(경추 1번 밑)	두통, 목의 통증, 정신병, 뇌성마비, 언어장애
천주	후두골 모발선에서 위 0.5촌 중간선 양측에서 각 1.3촌	후두부 두통 목부위의 경직 및 통증
풍지	후두부 모발선의 오목한 곳	감기, 현기증, 불면증, 두통, 고혈압
완골	유양돌기와 두개골이 만나 움푹 파인 곳	얼굴부종, 턱선 늘어짐, 목이 두꺼워짐, 어깨경직
견정	경추 7번 극돌기에서 견봉까지, 겨드랑이 줄기 끝지점 위 1촌	목통증과 뻣뻣한 증상, 견갑통, 귀울림
견료	쇄골 밑 어깨와 팔의 연결선	근육의 뻣뻣함, 근육통에 효과
견우	팔을 위로 올렸을 때 앞부분에 움푹 들어간 곳(어깨 끝의 함몰된 부분)	관절 통증, 근육의 뻣뻣함, 축농증, 비염
견중유	경추 7번 극돌기에서 2촌 옆	어깨와 등 통증, 목의 경직, 기관지염
천종	견갑골의 중앙지점	어깨 및 견갑골 부위 통증, 팔의 마비
병풍	천종에서 수직선상에 있는 견갑골 끝부분에 위치	어깨통증

2. 두피 경혈 기본 마사지법

1) 경찰법(effleurage)

경찰법은 손바닥 전체로 가볍게 쓰다듬거나 문지르는 동작이다. 이 방법은 지각 신경을 자극하고 모세혈관을 확장시켜 혈액순환을 촉진시켜준다. 마사지 시작과 마지막 그리고 마사지 중간 중간에 행하며 근육이완에 효과가 크다.

2) 강찰법(friction)

두피를 가볍게 누르듯이 행하며, 강하게 문지르는 동작으로 물질대사 촉진과 노폐물을 제거한다.

3) 유연법(petrissage)

엄지와 검지를 사용하여 집어주듯이 주물러 근육을 풀어준다. 정맥과 림프관의 작용을 높이는데 효과가 있다.

4) 진동법(vibration)

손바닥을 이용해 피부조직에 진동을 전달해 근육이 뭉친 곳을 풀어준다. 한 곳에 오랫동안 하는 것은 안된다.

5) 고타법(tapotement)

두피조직을 두르려주는 동작이다. 손바닥이나 주먹 등을 이용하여 근육수축과 신경기능 조절에 효과가 있다.

3. 두피경혈 마사지의 효과

- 두피에 윤기를 주며 노화를 예방한다.
- 두피의 열을 제거하여 탈모를 예방한다.
- 림프계통의 자극으로 노폐물을 체외로 배출시키고 면역력을 증가시킨다.
- 내분비계통의 자극은 호르몬 분비의 균형을 이루어 모발손상을 개선시킨다.
- 신체의 경락과 지압점을 자극하여 체내 기관의 에너지 균형을 이룬다.
- 인체의 생리기능을 활성화시켜 자연치유력을 높인다.
- 혈액순환을 원활하게 하여 모발손상 및 성장을 촉진시킨다.
- 근육을 강화하고 스트레스와 긴장을 풀어주며 자율신경의 밸런스를 조절한다.

4. 두피 경락마사지 시 주의사항

- 시술하기 전에 과정과 효능을 설명한다.
- 아픈 곳이 있는지 사전에 확인한다.
- 아로마향을 피워 심신안정에 도움을 준다.
- 실내를 따뜻하고 안락하게 하고 조명은 너무 밝지 않게 한다.
- 부드럽게 시작해서 점차적으로 힘을 가하다 서서히 힘을 빼준다.
- 상처나 염증이 생긴 피부에 직접 시술하지 않는다.
- 항상 고객의 표정이나 반응을 살피면서 시술한다.
- 시술자는 활동하기 편한 복장으로 장신구를 제거하고 손톱을 짧게 한다.
- 관리사는 시술 후 손을 반드시 차가운 물로 씻는다.
- 시술 후 고객의 마음을 안정시키며 따뜻한 차를 권한다.

5. 마사지 실시

1) 두피 마사지 준비단계로 손님의 어깨에 가볍게 손을 얹고 릴렉스 시켜준다.

시술과정과 효능을 설명한다. 불편하거나 아픈 곳이 없는지 확인한다.

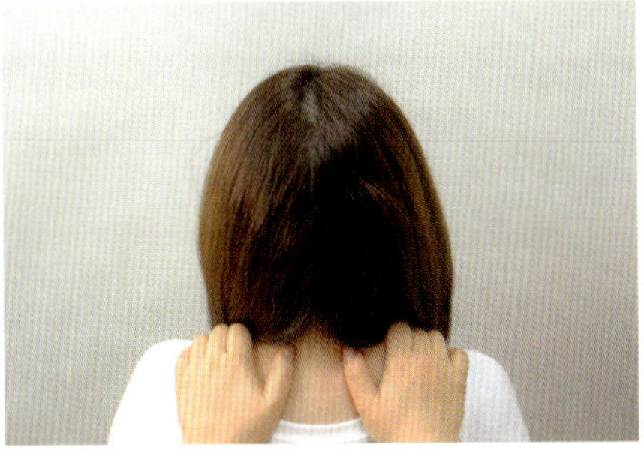

2) 한손은 어깨에, 다른 한손은 머리에 두고 스트레칭 시켜준다(방향을 바꾼다).

지나친 힘을 가하지 않도록 주의하며 서서히 힘을 준다.

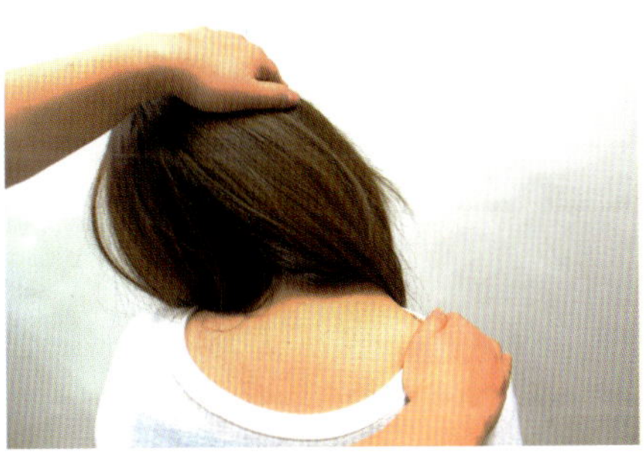

3) 승모근을 중심으로 손바닥 전체를 밀착시켜 집어준다.

약한 압 → 강한 압 → 약한 압 순서를 반복한다.

4) 3번의 위치에서 마찬가지로 엄지와 검지사이의 근육을 이용해 집어준다.

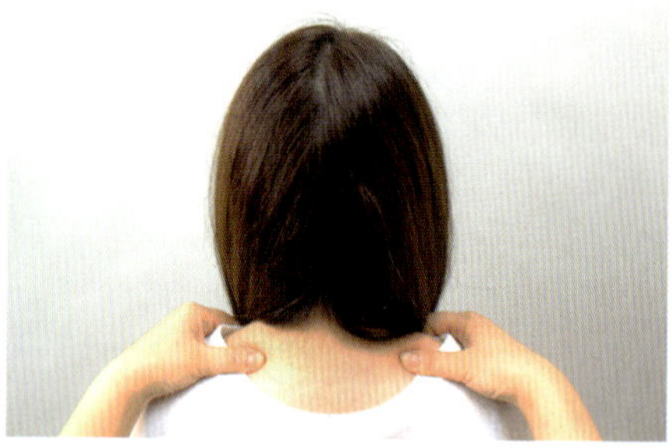

5) 경혈 누르기(견정)

7번 경추 극돌기에서 어깨뼈 뒷부분(견봉)까지 연결선의 중앙에 위치 – 목의 통증과 뻣뻣한 증상, 어깨통증에 효과가 있다.

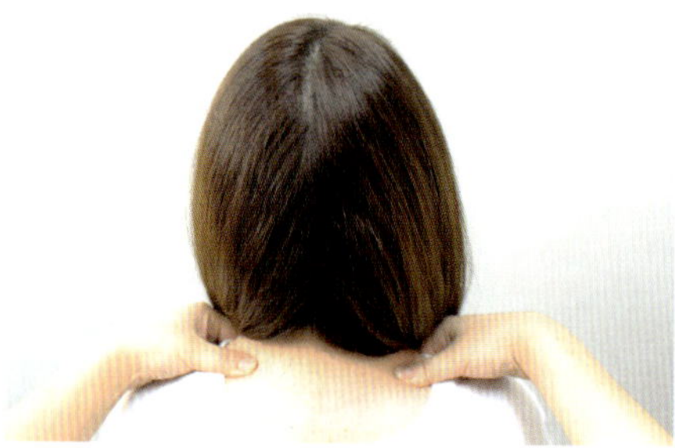

6) 경혈누르기(견료)

팔을 올렸을 때 뒤쪽에 움푹 들어간 곳으로 근육의 뻣뻣한 증상과 근육통에 효과가 있다.

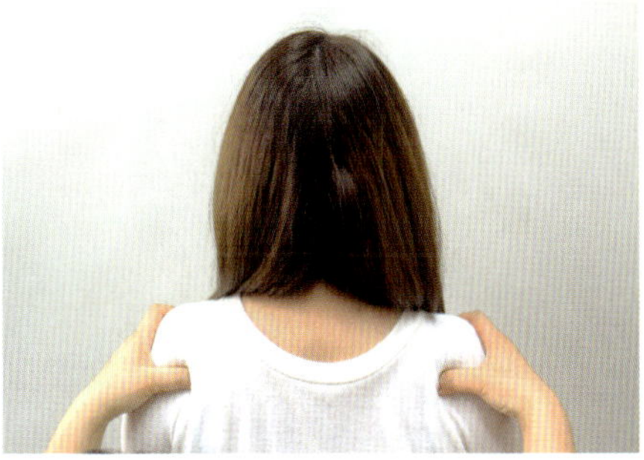

7) 경혈누르기(견우)

팔을 들어 올렸을 때 앞쪽에 움푹 들어간 곳으로 관절의 통증이나 근육의 뻣뻣한 증상에 효과가 있다.

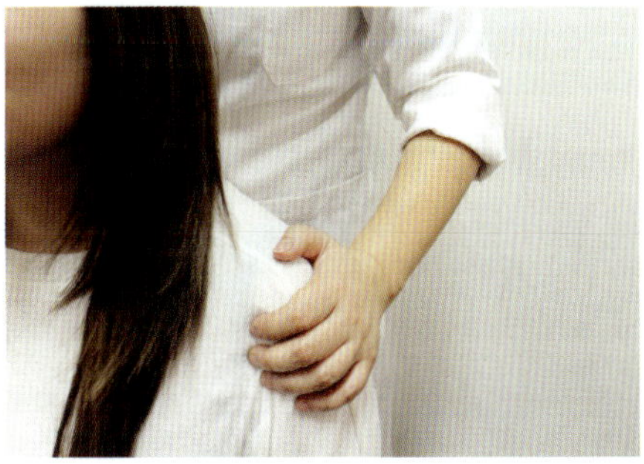

8) 경혈누르기(천종)

견갑골의 거의 중앙에 있는 오목한 부분이나 견갑골 하면에 위치하며, 어깨통증과 견갑골 사이의 통증에 효과가 있다.

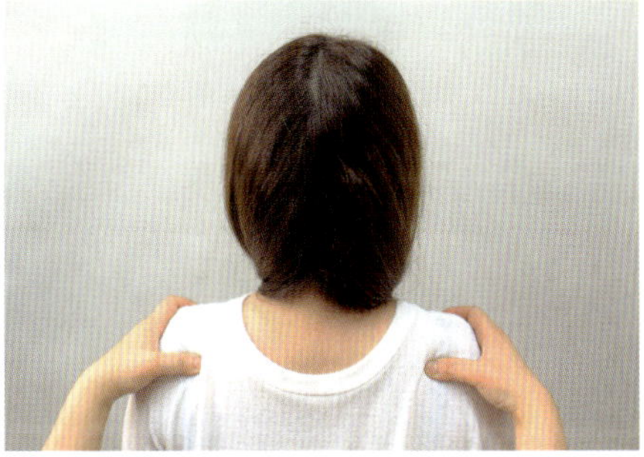

9) 경혈누르기(병풍)

천종에서 수직선상으로 위쪽에 있다. 어깨통증, 견갑골의 통증에 효과가 있다.

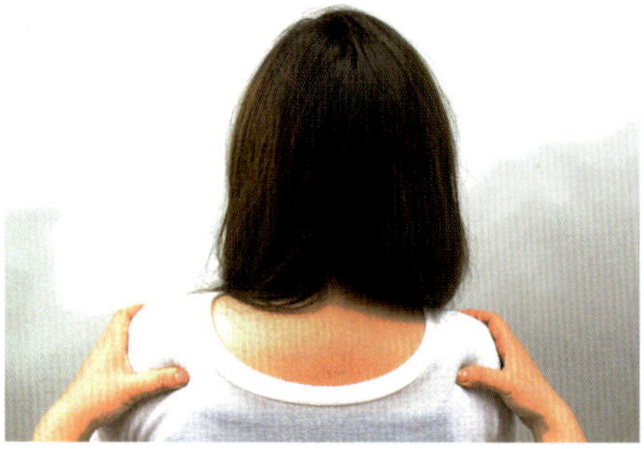

10) 경혈누르기(견중유)

대추에서 2촌 거리에 위치하며 어깨통증, 목이 뻣뻣한 증상, 견갑골 사이 통증에 효과가 있다.

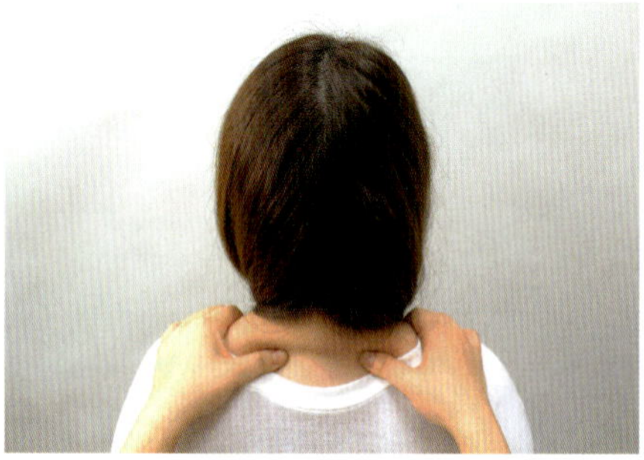

11) 경혈누르기(견외유)

흉추 1번에서 3촌 거리에 위치하며 어깨통증과 목의 경직에 효과가 있다.

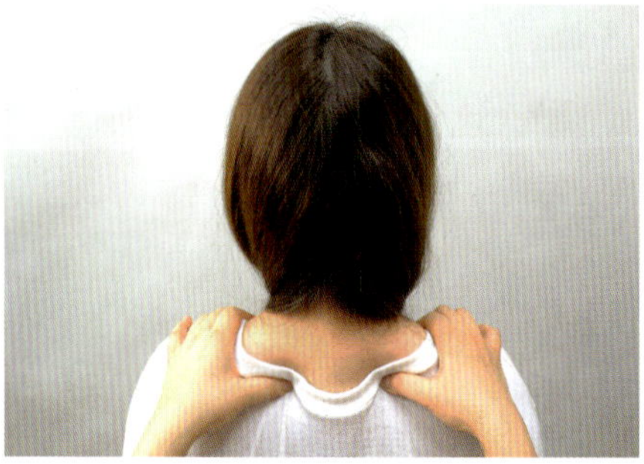

12) 가볍게 쓰다듬기

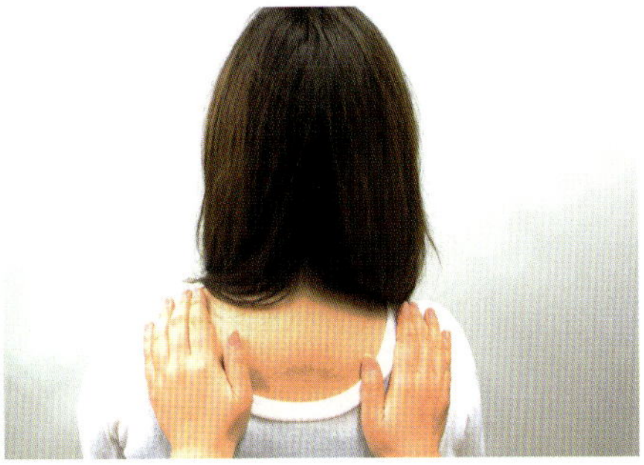

13) 견갑골 주위 풀어주기

폐 부위 자극은 호흡기 질환에 좋다. 주먹이나 엄지를 이용하여 풀어준다.

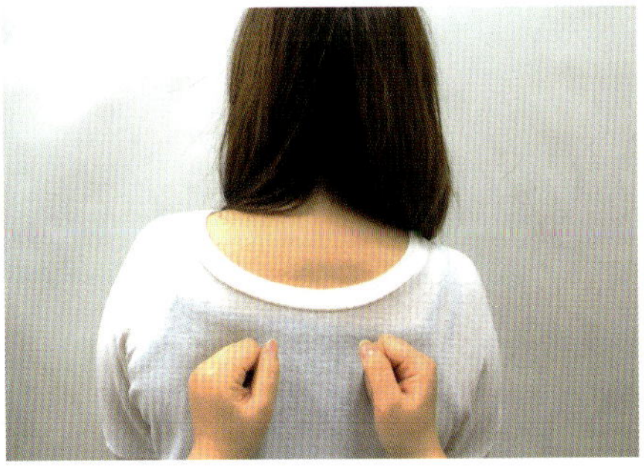

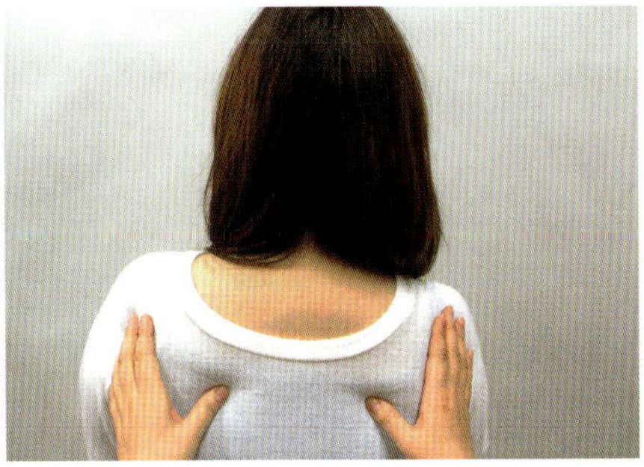

14) 척추 옆을 가볍게 풀어준다.

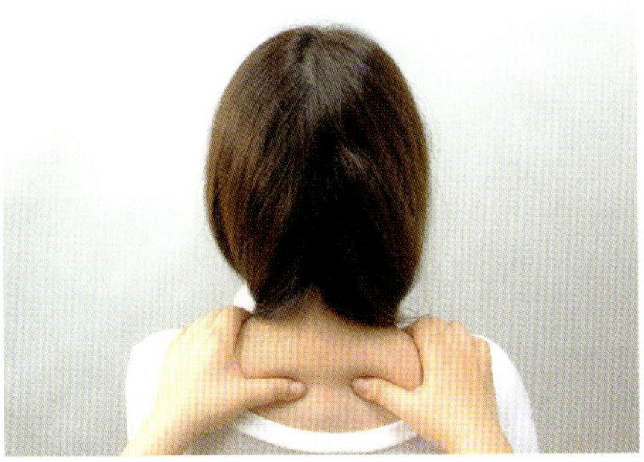

15) 승모근을 부드럽게 풀어준다.

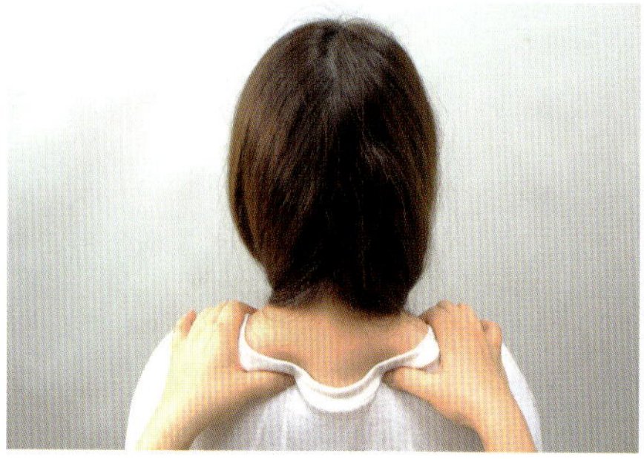

16) 주완 부위를 이용해 근육을 풀어준다(단 뼈끼리 닿지 않게 주의한다).

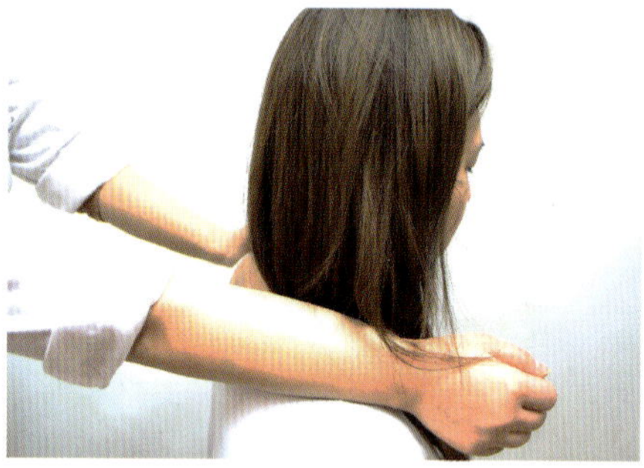

17) 쓰다듬기

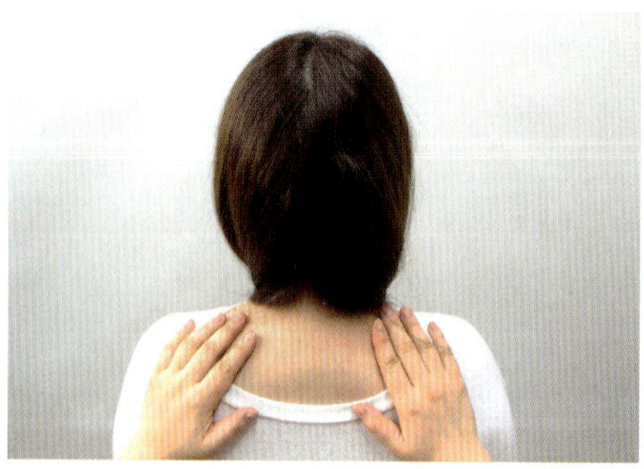

18) 한 손은 이마를 받치고 나머지 한 손의 엄지를 이용해 아문, 풍부혈을 자극 시키며 끌어올려준다.

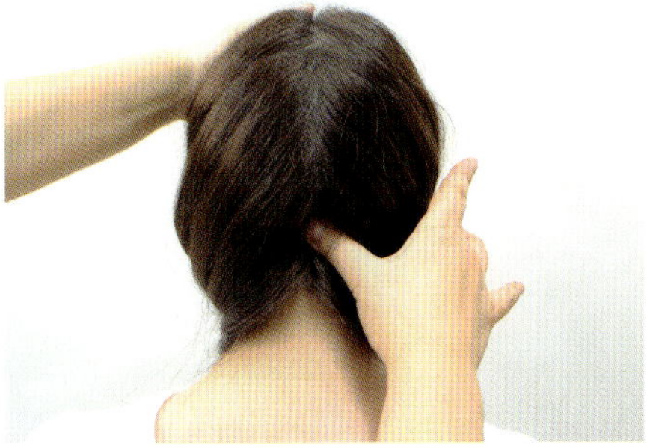

19) 양손의 엄지를 이용해 천주, 풍지, 완골을 풀어준다 (이때 4손가락은 머리를 받쳐준다).

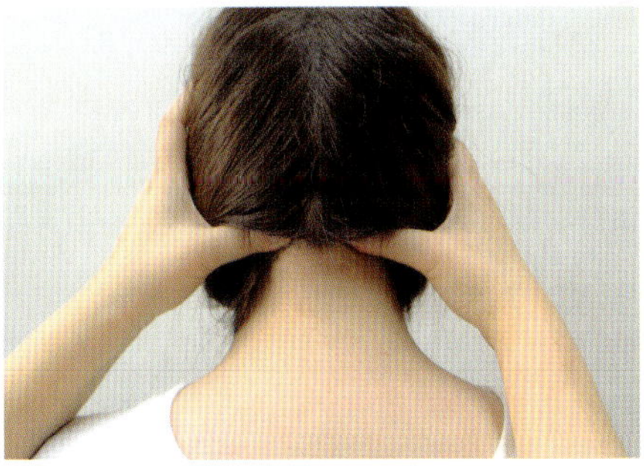

20) 한손으로 이마를 받치고 다른 한 손의 엄지, 검지, 중지를 사용하여 경추 좌측과 우측의 근육을 조여준다(약 - 강 - 약).

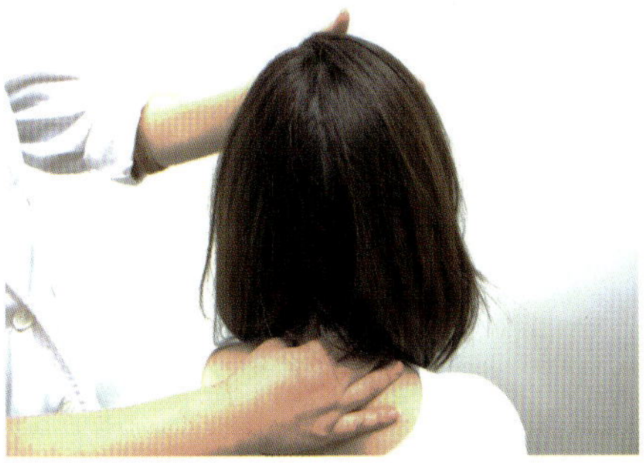

21) 두개골 바로 아랫부분을 집중적으로 풀어준다.

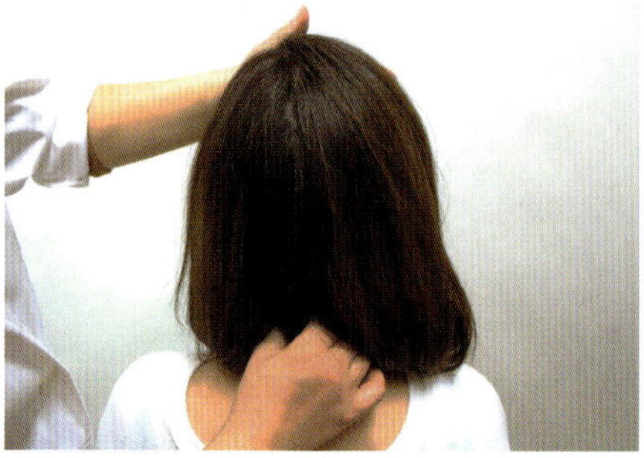

그림 9-6 마사지 시술방법

6. 통증 및 문제성 완화 경혈 마사지

1) 두통

두통은 혈관수축으로 순환기의장애가 생겨 일어난다. 스트레스가 많은 사람은 경부가 경직되어 혈액순환을 방해함으로 두통을 일으킨다.

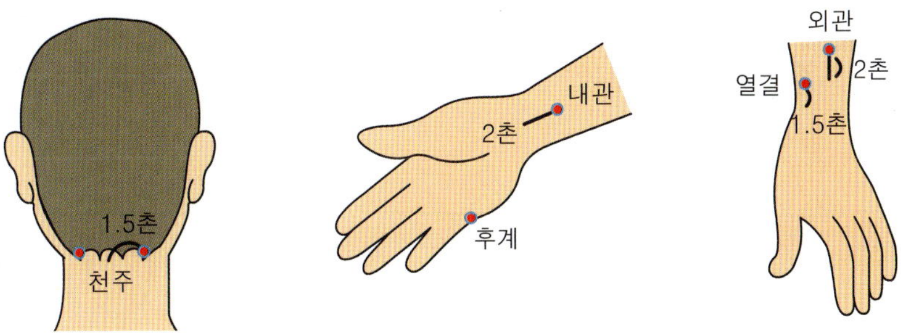

〈후두부 두통〉

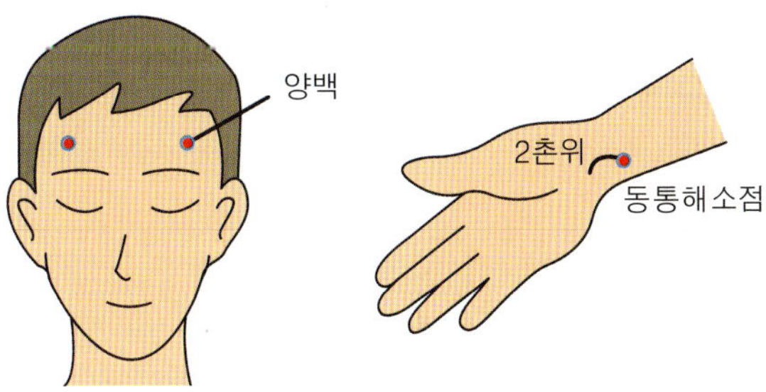

〈전두부 두통〉

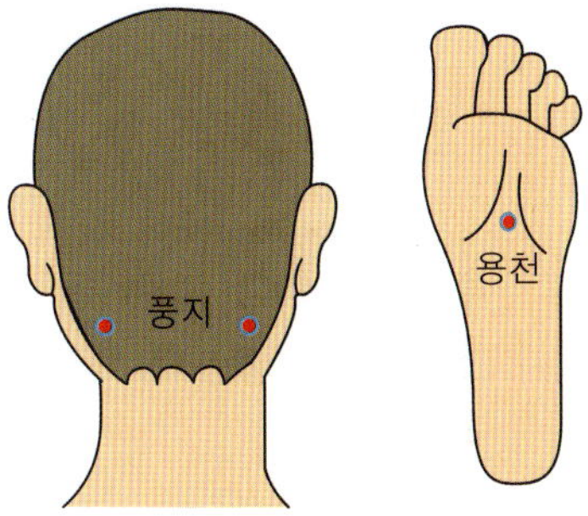

〈스트레스 두통〉

그림 9-7 두통 완화 혈

2) 윤기 나는 머릿결

모발의 손상은 외적인 요인 외에 내적인 요인에 의해서 모발이 거칠고 푸석거리는 현상이 일어난다. 특히 우리 몸의 혈액순환이 원활하지 못하고 호르몬의 불균형 등이 원인이 된다. 두피와 모발에 영양을 공급해주며 머릿결을 윤기 있게 하는 백회혈과 부신의 기능을 좋게 하는 신혈, 혈액순환을 촉진시켜주는 용천혈을 지압함으로 건강하고 윤기 있는 머릿결을 유지할 수 있다.

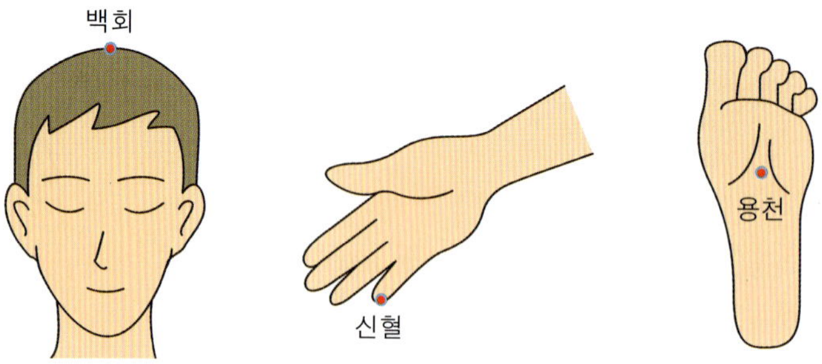

그림 9-8 윤기나는 모발

3) 흰모발 예방

흰 모발은 신장의 기가 원활하지 않을 때 생긴다. 신장의 기를 좋게 해주는 신유혈을 자극시켜 혈액순환을 촉진시켜주며 노폐물을 배출시켜주는 백회혈을 지압함으로 흰모발을 예방할 수 있다.

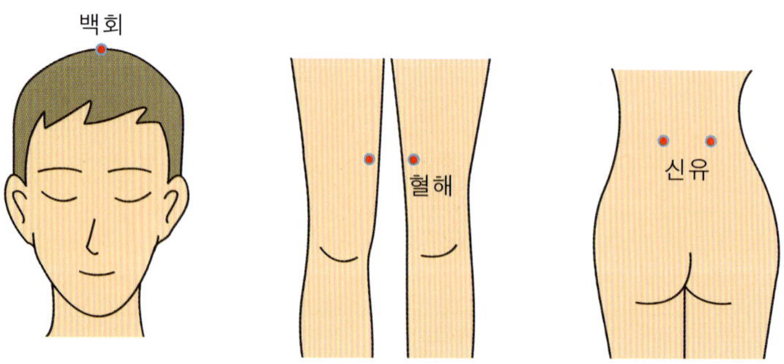

그림 9-9 흰모발 예방

4) 탈모 예방

탈모는 두피의 통기성과 모근의 영양 부족에서 나타난다. 주원인은 스트레스와 혈액순환 부족으로 나타나므로 호르몬을 조절하고 탈모를 예방하기 위해 백회, 합곡, 태충혈을 지압해준다.

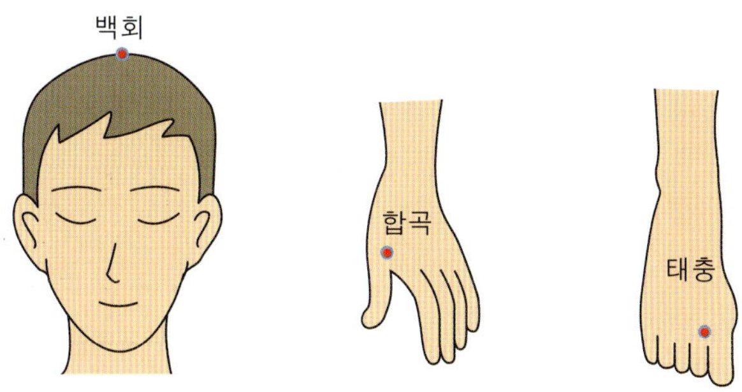

그림 9-10 탈모 예방

5) 비듬 없는 두피

두피와 모발을 청결하게 해주고 수분을 공급해주는 천주혈을 자극한다. 또한 두피의 열을 제거하고 스트레스로 인한 혈액순환을 촉진시키는 백회, 현로혈을 자극시켜 비듬을 예방한다.

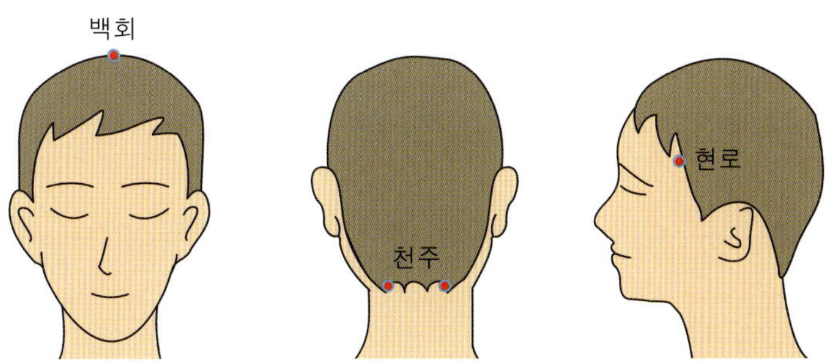

그림 9-11 탈모 예방

읽을거리

기를 살리는 생활

샴푸하면서 두피마사지 하기

머리를 감을 때 두피를 주물러주거나 손가락으로 가볍게 두드려서 자극을 주거나, 백회혈을 살짝 쥔 주먹으로 두들겨 주는 것도 좋다. 단, 마사지를 과하게 하면 머리로 피가 몰리므로 장시간 목욕을 하면 안되는 사람은 오래 마사지하지 않도록 한다.

샤워하면서 경락마사지 하기

샤워를 할 때에도 기의 흐름을 촉진시켜주듯이 경락을 의식하면서 해보자. 비누로 몸을 씻을 때 기의 흐름을 따라 마사지하듯 씻어주고, 샤워기를 경락에 따라 대주면 기의 흐름을 촉진시켜준다.

요점정리

01 경락은 인체의 기혈을 연결하여 인체활동을 유지하게 하는 것으로 세로흐름을 말하는 경맥과 가로흐름인 락맥을 합쳐 '경락'이라 한다.

02 경혈은 경락의 각 지점이 신체의 표면에 모여 통과하는 부분으로 약 365개의 주 경혈이 있으며, 인체의 생명 에너지를 순환시키는 14경락에 문제가 생기면 기가 막히게 된다.

03 기는 인체를 구성하는 기본 물질로서 운동과 변화로 발현되는 것으로 보고 있다. 기의 종류에는 신장의 기운인 원기, 흉부에 모인 종기, 혈맥의 기운인 영기, 경맥 밖의 위기가 있다. 특히 모발은 인체 내부의 기에 많은 영향을 받아 성장하는데 기가 허하면 모발의 성장발육에 이상이 생긴다.

04 혈은 음식물의 정화가 기화작용을 거쳐 생긴 붉은 물질로 혈기가 왕성하면 모발도 황성해지고 부족하면 모발도 윤기를 읽고 수가 줄어들거나 빠지게 된다.

05 두피 경혈 마사지는 근육을 강화하고 스트레스와 긴장을 풀어주며 노폐물을 체외로 배출시키고 호르몬 분비의 균형을 이루게 하여 모발 손상을 개성시킨다. 두피의 열을 제거하여 탈모를 예방하고 혈액순환을 원활하게 하여 모발 성장을 촉진시킨다.

06 두피 경혈 기본 마사지법은 가볍게 문지르는 동작인 경찰법, 가볍게 누르는 강찰법, 근육을 집어주는 유연법, 손바닥으로 진동을 전달하는 진동법, 손바닥이나 주먹을 이용해 두드리는 고타법 등이 있다.

단원 종합문제

01 기에 대한 설명으로 바르지 않은 것은?

① 인체에서 기는 운동과 변화로 생명 활동이 발현된다.
② 심장의 기운으로 저장한 정기는 원기이다.
③ 흉부에 모인 기를 종기라 한다.
④ 활동력이 강하고 유동이 빠른 것을 위기라 한다.
⑤ 혈맥 중의 영양작용이 있는 기를 영기라 한다.

02 경부가 경직되었을 때 어떤 혈을 지압하면 효과가 있는가?

① 경추, 견갑골, 백회
② 백회, 아문, 천추
③ 풍지, 완골, 아문
④ 풍지, 합곡, 외관
⑤ 천종, 병풍, 완골

03 피부를 가볍게 누르듯이 행하며 강하게 문지르는 동작을 무엇이라 하는가?

① 경찰법
② 고타법
③ 강찰법
④ 유연법
⑤ 진동법

04 각 경혈점의 효능에 대한 설명으로 바른 것은?

① 풍부 – 관절의 통증이나 근육이 뻣뻣한 증상
② 천종 – 축농증, 비염
③ 병풍 – 어깨통증
④ 풍지 – 어깨 및 견갑골 부위 통증
⑤ 백회 – 얼굴부종, 목이 두꺼워짐

05 다음 경혈점의 빈칸에 알맞은 답을 쓰시오.

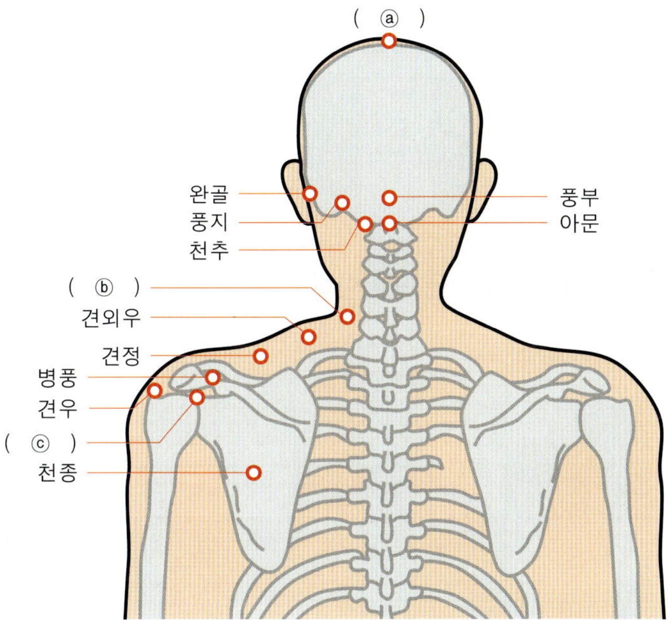

06 두피 경혈 마사지의 효과에 대하여 설명하시오.

가로세로 Quiz

〈가로열쇠〉

6. 신장의 기운으로 저장한 정기인 선천의 기.
7. 손바닥 전체로 가볍게 쓰다듬거나 문지르는 동작.
8. 혈은 음식물의 OO가 기화작용을 거쳐 생긴 붉은 물질이다.
9. 신장의 정기를 말하며 한의학에서는 OO가 왕성하면 모발이 잘 자란다고 한다.
10. 상부두통이 있을 때는 OOO과 삼음교, 용천혈을 눌러준다.
11. 견갑골의 중앙지점에 있는 혈.
12. 음식물의 영양 물질.
13. 경추 7번 극돌기에서 2촌 옆에 위치하는 혈.

〈세로열쇠〉

1. 흉부에 모인 기. 폐가 흡입한 청기와 비위가 생성한 수곡정기의 결합.
2. 천종에서 수직선상에 있는 견갑골 끝부분에 위치하는 혈.
3. 피부를 가볍게 누르듯이 행하며 강하게 문지는 동작.
4. 선천의 정기와 후천의 정기를 통틀어 부르는 말.
5. 전두부 두통에는 OOO과 동통 해소점을 눌러준다.

Chapter X

샴푸 & 린스

개요

건강한 두피 및 모발 유지와 탈모를 예방하기 위하여 평소 관리의 중요성이 대두되고 있고 이에 각각의 기능을 달리하는 제품들이 현재 시중에 많이 나와 있다. 그러나 어떤 제품을 써야 적합한지 알고 사용하는 경우가 그리 많지 않다. 이 장에서는 계면활성제의 종류별 특성과 두피 타입별 샴푸와 린스의 사용법을 학습하고 샴푸 실습을 한다.

학습 목표

① 계면활성제의 기능을 설명할 수 있다.
② 두피에 따른 샴푸제를 설명할 수 있다.
③ 샴푸를 할 수 있다.
④ 린스의 종류를 설명할 수 있다.

01 계면활성제(active agent)

계면활성제의 사전적 의미는 성질이 다른 두 물질이 맞닿을 때 경계면에 잘 달라 붙어서 표면장력을 크게 감소시키는 물질이다. 특히 젖은 모발 표면에서 효과적이고 적극적으로 작용하는 성질을 가지고 있으며, 기포작용과 세정작용이 강한 활성제로 유화제 또는 침투제라고도 한다.

계면활성제는 수성 용해제 안에서 용해작용과 유화작용 과정을 도와주는 미셀구조로 변하기 쉬운 성질이 있다. 즉 계면활성제의 세정 과정에서 필수적인 요소가 세정액에 있는 계면활성제 분자인 미셀의 존재에 따른 것이며, 두피와 모발에 있는 때는 미셀과의 접촉으로 인해 미셀구조 속으로 용해되어 들어가 결국에는 제거되는 것이다.

계면활성제는 같은 분자 안에 친유기를 만드는 원자의 집합과 친수기를 만드는 원자단으로 결집된 물질을 가지고 있다. 야자유 등 식물성기름을 수산화나트륨에 반응시켜 만든다. 식물성 기름은 지방산과 글리세린이 결합된 주성분으로 오일과 수산화나트륨 용액을 가열하면 지방산 나트륨이 만들어지면서 글리세린이 따로 떨어져 나온다. 수산화나트륨 대신에 수산화칼륨을 사용할 경우에는 칼륨 비누가 되며 최근에는 석유계통의 파라핀이나 광물성 기름을 사용하고 여기에 친유성 물질을 화학 결합시켜 중성세제를 개발하였다.

Tip

▸ 수산화나트륨은 나트륨 이온과 수산기가 연결되어 있는 화합물질로 가성소다라고도 한다.

1. 계면활성제의 성질

계면활성제는 습윤, 유화, 분산, 가용화, 기포 등의 특성이 있지만 이들 작용은 모두 세정력과 밀접한 관계가 있다. 계면활성제의 한쪽엔 물과 친화력이 큰 친수기가 있고 다른 한쪽에는 기름과 친화성이 큰 친유기를 가지고 있다. 친수기와 친유기의 종류에 따라 각기 다른 특성이 있다. 머리와 꼬리를 갖는 분자에서 머리는 극성(친수기), 꼬리는 비극성(친유기)을 의미한다.

친유기가 발달되어 있으면 기름에 대한 친화성이 커서 기름에 잘 용해되지만, 물과는 친화성이 없어서 계면활성제 분자들은 물속보다도 표면이나 계면에서 안정된 상태가 된다. 친수기가 발달되면 물과 화합하는 성질을 가지고 있어 물에 잘 용해된다.

성질이 다른 이 두 가지 물질이 서로 접하고 있을 때 물과 기름을 섞으면 두 물질이 혼합되지 않고 아래에는 물 층이 위에는 기름 층이 생긴다. 이때 물과 기름사이에 이루어지는 경계면을 계면이라 한다.

계면활성제 분자는 액체의 표면에 모여와서 친수기는 액체의 내부로 향하고 친유기는 액체의 밖으로 향하며 규칙적인 배열을 하게 된다. 계면활성제의 용액은 용액의 내부보다는 표면이나 계면에서 농도가 높아진다. 이것을 계면 흡착이라 한다.

2. 계면활성제의 분류

모든 계면활성제는 비극성 탄화수소 사슬 형태인 꼬리를 공통적으로 가지고 있다. 계면활성제는 원자단의 특성에 따라 음이온 활성제, 양이온 활성제, 양성 활성제, 비이온 활성제가 있으며 계면활성제가 물 중에서 전리되어 활성제의 모체가 되는 쪽이 (-), 즉 음이온 활성제이고 (+)이온이 되는 것은 양이온 활성제라 한다. 활성제 액의 pH에 따라서 (+) 또는 (-)가 되는 것을 양성 활성제라 하며 이온화가 전혀 되지 않는 것을 비이온 활성제라 한다. 비이온성 활성제는 에스테르형, 에테르형, 에스테르 에테르형 등이 있으며 이들은 화장품 분야에서 사용되고 세제로서는 사용하지 않는다.

1) 음이온 계면활성제(anionic surface active agent)

음이온 계면활성제는 물에 녹았을 때 친수기의 부분이 음이온에 전리하는 머리를 가지고 있다. 머리에는 카복실(COO^-)기가 들어있지만, 술폰산(SO_3-)기 또는 황산(SO_4^{2-})기가 들어 있을 수도 있는 계면활성제이다. 샴푸나 비누에 가장 많이 사용되는 계면활성제로 기포력과 세정작용 및 유화, 분산성이 뛰어나다. 두피에 자극을 주고 모발이 거칠어지는 단점이 있다. 이러한 피부의 자극을 감소시키기 위하여 다른 종류의 계면활성제와 성분들이 첨가된다.

동 · 식물유를 원료로 하는 지방산계 계면활성제와 석유를 원료로 하는 고급 알코올계 계면활성제로 나뉜다.

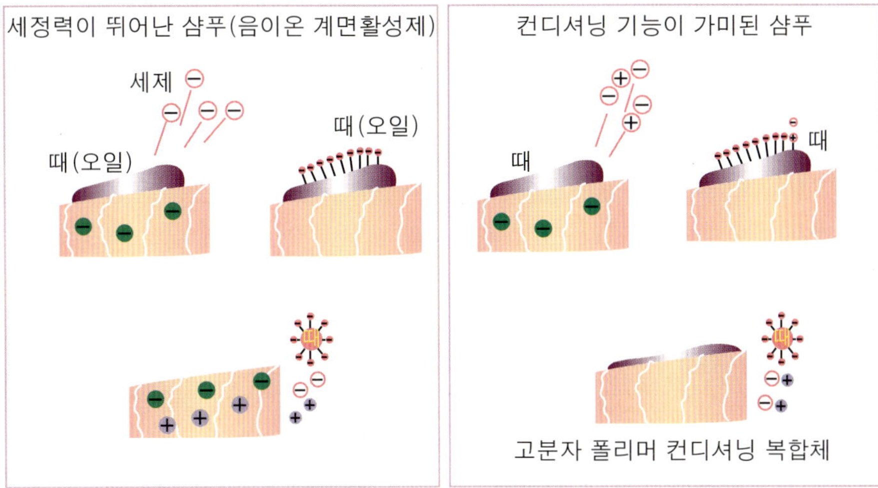

그림 10-1 음이온 계면활성제

2) 양이온 계면활성제(cationic surface active agent)

물에 녹았을 때 친수기 부분이 양이온에 전리하는 계면활성제이다. 양이온 계면활성제를 역성비누라고도 하며 항균성을 지니고 있어 살균 및 소독작용을 한다. 양이온 계면활성제의 양전하 때문에 음전하로 대전된 모발의 표면과 함께 이온결합을 형성하므로 보습작용 및 부드러움과 광택을 유지할 수 있게 된다. 모발에 흡착하여 살균과 대전방지 효과가 뛰어나므로 헤어 린스나 트리트먼트, 유연제, 소독제로 이용된다.

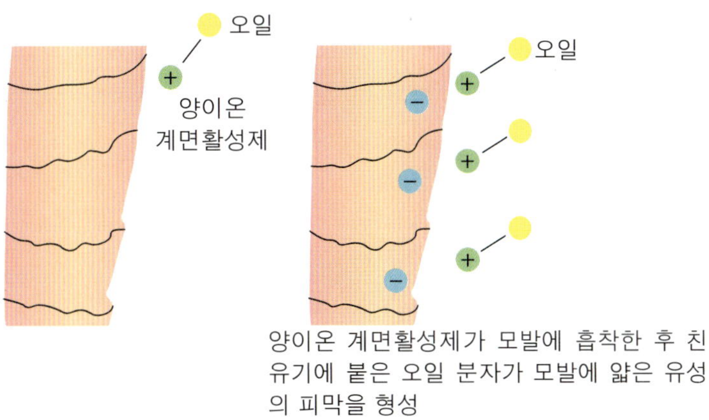

그림 10-2 양이온 계면활성제

3) 양쪽성 계면활성제(ampholytic active agent)

양쪽성 계면활성제는 카복실(COO^-)기와 암모늄(NH_3^+)기를 모두 지니고 있다. pH가 5보다 낮은 샴푸에서는 양이온 계면활성제처럼 양전하로 대전되며 이때는 살균효과가 좋고, 이보다 높은 pH에서는 음이온 계면활성제처럼 음전하로 대전되어 세정작용이 좋다. 양성 계면활성제는 눈과 피부의 자극성이 낮고 세정력이 적당하며 살균력, 정균력, 기포력 및 유연효과를 갖고 있어 무자극성 샴푸제로 사용된다. 안정성이 높고 자극이 적어 베이비용 제품 및 에어로졸 제품에도 사용한다. 음이온 계면활성제보다 고가이므로 고품질의 샴푸를 만드는데 첨가물로 사용한다.

4) 비이온 계면활성제(nonionic surface active agent)

물에 녹았을 때 이온화 하지 않는 친수기를 가지고 있는 계면활성제이다. 즉 양이온과 음이온을 가지고 있지 않는 계면활성제이며 화학약품들의 천연 상태를 말한다. 모든 샴푸에 사용되고 대개 자극을 줄이고 부드러운 음이온 계면활성제를 만들기 위하여 첨가된다. 비이온 계면활성제는 다른 계면활성제나 전해질과도 마음대로 혼합할 수 있으며 세정성, 습윤성, 유화작용이 뛰어나 헤어크림 및 트리트먼트 등 화장품 유화제에 많이 사용된다.

Tip

- 서로 섞이지 않아 계면장력이 생긴 두 액체를 매개(잘 섞이게 하는)하는 물질을 유화제라 한다.

02 샴푸(shampoo)

1. 샴푸의 목적

두피와 모발은 세균, 매연, 바이러스, 미생물, 두피의 노화로 생긴 각질, 피지, 외부환경으로부터 유래된 오염물질, 모발화장품 등으로 불결해지고 피지와 땀으로 인해 생리기능이 악화되어 탈모의 원인이 될 수 있다. 샴푸는 이러한 원인을 제거하여 각종 질병을 예방하고 생리기능을 원활하게 하여 모발의 성장을 촉진하기 위하여 한다.

샴푸는 수성 성분을 바탕으로 한 에멀전 형태의 조제품으로서 세정 성분, 향, 방부제, 모발 강화제 그리고 거품생성 요소 등을 함유하고 있다.

이러한 샴푸제로 두피와 모발의 상태에 따른 두피 마사지를 병행하여 혈액순환과 모근을 강화시켜 생리적인 작용과 모발의 성장 촉진을 돕는다.

2. 샴푸의 기능

샴푸의 pH는 중성이며 주성분은 음이온 계면활성제로 샴푸의 기능을 향상시키기 위해 정전기 방지제, 거품제, 중점제(점도를 높이는 물질), 활성제, 향료, 보습제, 색소 조정제 등을 배합한다.

샴푸제는 모발과 두피의 이물질을 연화시켜서 노폐물과 함께 제거한다. 또한 모발과 두피를 깨끗하고 부드럽게 하는 세정작용을 할 뿐 아니라 모발을 윤기 있도록 한다. 즉 샴푸는 세정작용과 기포작용이 강하며 유화작용, 침투작용, 습윤작용, 가용화, 표면장력의 저하, 흡착성 등으로 모발의 피지와 때를 제거해준다. 그러나 지나친 세정작용은 모발을 건조하고 거칠게 하여 윤기가 없어지게 되며 두피에 질병을 일으키는 수도 있다. 이로 인해 모발의 손질 또한 어렵게 된다.

- 두피 및 모발의 과도한 탈지를 억제하며 세정력이 적당해야 한다.
- 적당한 기포성으로 모발의 마찰을 막고 지속성이 있어야 한다.
- 샴푸 후 깨끗하게 헹구어 져야한다.
- 눈과 두피 및 모발에 자극을 주지 않는 저자극의 성분이어야 한다.
- 모발에 광택과 유연성을 주며 빗질이 용이해야 한다.
- 샴푸 후 비듬이나 가려움, 염증 등의 현상이 나타나지 않아야 한다.
- 샴푸의 pH가 약산성 또는 중성이어야 한다.

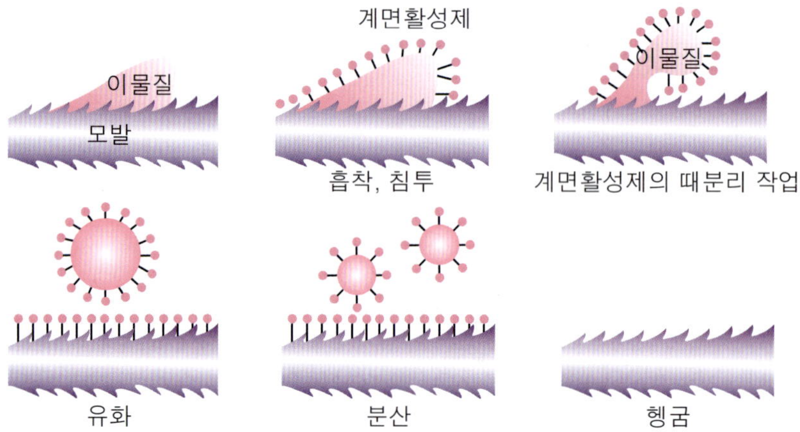

그림 10-3 샴푸의 기능

<세정작용의 원리>

흡착	계면활성제의 친유기가 모발에 있는 때의 표면으로 모아진다.
침투	계면활성제의 작용으로 모발 사이에 샴푸를 침투시켜 때를 제거한다.
유화	때를 모발로부터 떨어지게 한다.
분산	때가 다시 모발에 붙지 않도록 한다.

PLUS

샴푸 첨가제

종 류	효 능
세정제	두피와 모발의 먼지, 헤어제품 잔유물, 피지, 각질을 제거한다.
기포제	거품을 발생시켜 두피와 모발에 골고루 퍼지게 한다.
컨디셔너	세정제로 푸석하고 거칠어진 모발에 부드러움과 윤기를 준다.
모발강화제	모발의 점도를 높이고 모발색을 더욱 진하게 보이게 한다.
pH조정제	모발의 알칼리화를 막고, 중성을 유지하여 펌이나 염색 모발이 잘 유지되도록 한다.
향료	샴푸 사용시 청량하고 편안한 기분이 들게 하는 효과가 있다.
방부제	내용물의 변질을 방지한다.
살균제	두피와 모발에 세균을 제거하여 청결하게 유지시켜준다.
자극 억제제	두피에 자극을 주지 않는 성분이다.

3. 샴푸제의 종류

샴푸제는 기능에 따라 일반 샴푸와 기능성 샴푸로 구분한다. 일반 샴푸는 석유계 계면활성제를 사용하여 세정효과가 높지만 두피를 자극할 수 있다. 반면 기능성 샴푸의 경우는 두피 및 모발의 상태에 따라 분류되어 있어, 타입에 맞는 제품을 선택하여야 한다. 예를 들어 샴푸의 기능 향상을 위해서는 유분이 배합된 오일 샴푸 또는 크림 샴푸를 사용한다. 모발의 손상을 막기 위해서는 컨디셔닝 샴푸를 사용하고, 비듬과 가려움 방지를 위하여 항비듬성 샴푸를 사용한다.

1) 두피 상태에 따른 샴푸

(1) 지성 두피용 샴푸

지성용 두피 샴푸는 음이온 계면활성제(1.5배~2배)를 사용하여 높은 세정력과 효과적인 피지제거로 피지량을 조절하고 세균번식을 막아 염증을 예방한다. 또한 두피와 모발에 흡착되어 있는 먼지, 노폐물 등을 제거해야 한다. 세정력이 강하기 때문에 두피를 심하게 자극하는 것은 금물이다. 장기간 사용할 경우 두피를 건조화시킴으로 세정력이 약한 샴푸와 병행하여 사용하는 것이 더욱 효과적이다.

샴푸의 횟수는 1일 2회로 저녁에는 샴푸를 하고 아침에는 미온수로 헹구어주는 것이 바람직하다. 헹굼 시 부드러운 느낌을 주는 오일 폴리머 등의 컨디셔닝 제재들은 최소 함량만 사용함으로서 샴푸 시 모발의 엉킴을 방지한다. 양쪽성 이온 계면활성제(보조 세정제)는 눅눅하고 무거운 감을 줄 수 있기 때문에 사용하지 않는다.

(2) 건성 두피용 샴푸

건성 두피용 샴푸는 건조하고 푸석푸석한 모발을 위한 컨디셔닝 기능이 있는 음이온 계면활성제이다. 마일드한 세정력과 풍부한 기포력이 있으며 샴푸 시 보습성분을 보충하여 두피의 이상 현상을 최소화 한다. 오일 성분, 천연보습성분, 가수분해 단백질 등을 함유하여 모발의 엉킴을 최소화 하며 광택 및 감촉과 빗질을 향상시킨다. 저자극 식물성으로 보습과 영양을 줄 수 있는 제품이 효과적이다. 보조 세정제는 비이온 및 양쪽성 이온 계면활성제이다.

(3) 항비듬성 샴푸(antidandruff shampoos)

살균제인 징크피리티온(Zinc pyrition)이 함유되어 있어 비듬의 원인을 제거하는 효과가 있으며 비듬균인 피티로스포름(Pityrosporumovale)과 말라세시아(Malassezia)의 성장을 억제하여 비듬의 발생을 억제하는 샴푸로 약용 샴푸라고도 한다. 비듬이 모공을 막고 있을 경우 피지분비가 원활하지 못하여 염증을 유발할 수 있으므로 두피를 청결하게 하는 것이 중요하다. 샴푸의 잔여물이 남지 않도록 깨끗이 헹구어야 한다. 주성분으로는 징크피리티온(Zinc pyrition)을 많이 사용하며 유황화합물인 유화셀렌을 배합하여 노화 각질을 용해시킨다.

(4) 베이비 샴푸(Baby shampoos)

어린이 전용 샴푸제로서 탈지력이 약하며 저자극의 활성제를 사용하여 안전하다.

(5) 산성 샴푸(Acid shampoos)

산성 샴푸는 헤어 컬러링 또는 퍼머넌트 웨이브 시술 후 산성 샴푸를 사용하면 알칼리화 되어 있는 모발의 pH를 등전점으로 맞추어 주는 기능을 한다. 또한 모발의 팽윤화를 억제하기 때문에 화학적 시술 후 사용하면 효과적이며, 모표피를 안정시키므로 샴푸 후 린스제의 사용이 필요하지 않다. pH 5.5~6의 약산성으로 구연산, 연산, 린산으로 되어 있다.

2) 모발 상태에 따른 샴푸제

(1) 염색 모발용 샴푸

염 · 탈색작용으로 인해 손상된 모발에 사용한다. 염색한 모발은 pH가 낮은 산성 제품을 사용하여야 모발을 자극시키지 않고 일반 샴푸보다 탈색의 정도가 덜하다. 낮은 세정력과 염색된 색상이 잘 유지될 수 있도록 하는 샴푸와 린스를 선택한다.

(2) 핫오일 샴푸

화학적인 시술로 인해 모발이 건조해졌을 때 지방분을 공급하기 위하여 하는 온유성 샴푸이다. 고급 식물성유인 올리브유, 아몬드유나 트리트먼트 크림으로 모발과 두피에 충분히 마사지하여 흡수시킨 후 샴푸를 한다.

(3) 건성 모발용 샴푸

건성 모발은 모피질 내의 단백질, 아미노산 등이 부족하므로 오일이나 실리콘 등으로 코팅막을 형성하여 수분손실을 지연시켜 보습효과를 주는 기능성 세정제를 사용해야 한다.

(4) 손상 모발용 샴푸

손상모발을 지속적으로 관리하지 않을 경우 모발의 모표피가 계속해서 손상이 된다. 손상모발용 샴푸는 실리콘을 함유한 샴푸로서 약산성이며 수렴성이 있어서 모발을 매끄럽게 한다.

PLUS

드라이 샴푸

물을 사용하여 샴푸할 수 없는 상태에서 드라이 샴푸를 진행하며, 정상적인 샴푸를 할 수 없는 환자나 동물, 가발 등에 주로 사용한다.

① 분말샴푸

지방성분을 흡수하는 효과와 세정효과가 있는 산성 백토와 카올린, 탄산마그네슘, 붕사 등이 혼합된 샴푸이다. 섹션을 나누어 분말가루를 뿌린 후 20~30분간 마사지하여 브러싱에 의해 분말을 제거한 다음 헤어토닉을 묻힌 탈지면으로 남아있는 분말을 닦아낸다.

② 에그 분말샴푸

달걀 흰자를 이용하여 거품을 낸 후 두발에 발라 완전히 건조시킨 후 브러싱하여 분말을 제거한다.

③ 리퀴드 드라이 샴푸

벤젠이나 알코올 등의 휘발성 용제를 사용하여 헤어피스, 가발 등을 세정하는 방법이다. 솜에 용액을 묻혀 닦아내거나 용액에 12시간 정도 담근 후 꺼내어 건조시키는 방법이 있다.

④ 토닉 샴푸

헤어 토닉을 사용하여 두발을 세정한다.

4. 샴푸 테크닉

1) 헤어 브러싱

샴푸 시술 전 브러싱으로 가벼운 자극을 주어 모발과 두피에 있는 이물질을 제거시킨다. 브러싱은 두피의 혈액순환을 도와주며 모발과 두피에 윤기를 주어 미용효과를 높여준다. 그러나 지성과 민감성 두피는 피지분비가 왕성하고 예민해지기 쉽기 때문에 자주하는 것은 좋지 않다.

2) 브러싱 방법

두피의 이상여부를 확인한 다음 나일론 브러시나 쿠션 브러시를 사용하여 탑(top)에서부터 시작하여 귀 상부, 네이프 순으로 한다. 이때 모류 반대방향으로 라운드 시키면서 골덴 포인트를 향해 두피 전체를 브러싱 한다.

3) 샴푸 시 마사지 방법

아래와 같은 방법 순으로 시술한다.

- 경찰법: 손가락, 손바닥을 이용 가볍게 문지르는 방법
- 강찰법: 강하게 문지르는 방법
- 진동법: 진동을 이용 강하게 흔들어 주기
- 유연법: 주무르고 누르는 방법
- 고타법: 손을 계란모양으로 하여 두들기기
- 지그재그법

4) 샴푸 시 주의사항

- 시술자는 액세서리의 착용을 삼간다.
- 시술자의 손톱은 길지 않아야 한다.
- 고객은 편안한 자세로 샴푸를 받도록 배려한다.
- 고객의 얼굴에 물이 튀지 않도록 작은 면 타올을 대준다.
- 시술자는 불쾌한 냄새(구취, 땀 냄새, 음식물 냄새)가 나지 않도록 청결하게 한다.

5) 샴푸 테크닉 순서

(1) 얼굴에 물이 튀지 않도록 타올로 얼굴을 감싼다.

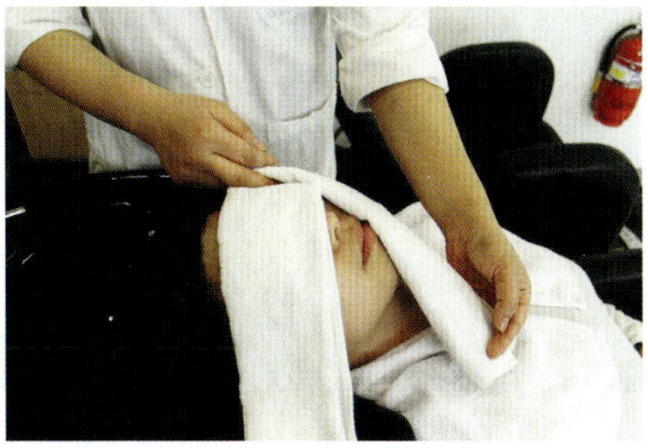

(2) 온도가 적당한지 시술자의 손 또는 고객의 모발 끝에 손을 대고 확인 후 모발 끝에서부터 적신다.

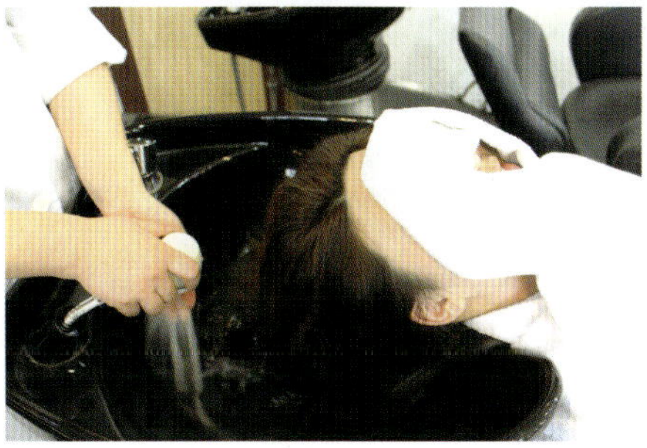

(3) 물이 귀와 얼굴에 흐르지 않도록 손으로 막아 주면서 물로 모발을 적신다.

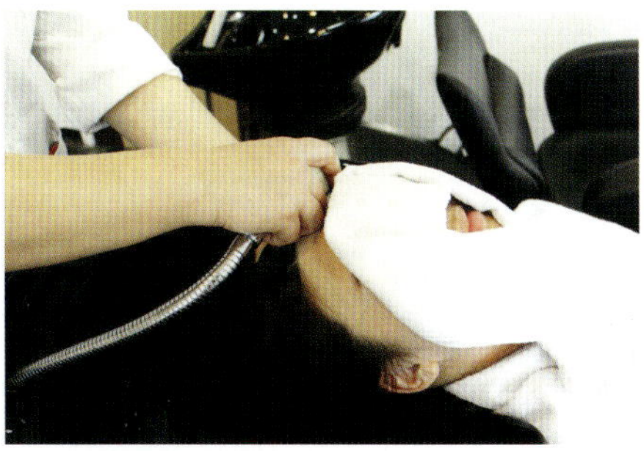

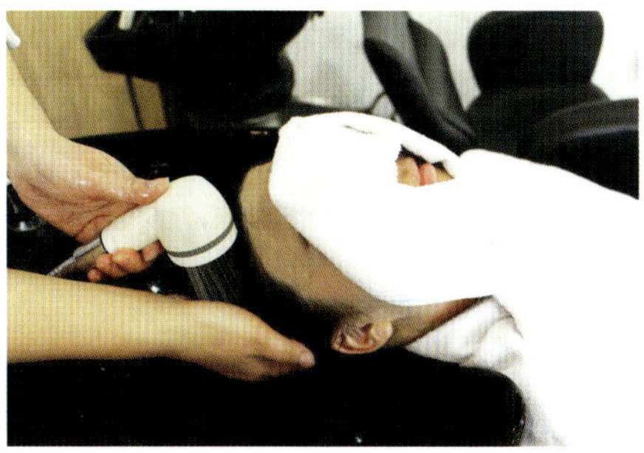

(4) 샴푸제를 손에 덜어서 거품을 적당히 낸 후 모발과 두피 전체에 골고루 도포해준다.

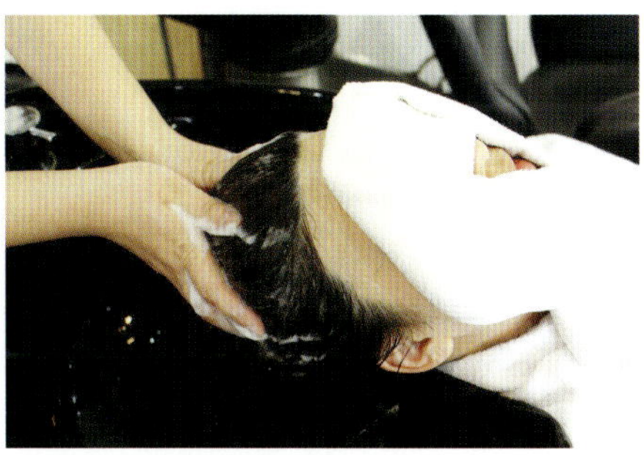

(5) 샴푸제를 두피에 바른 상태에서 마사지를 행한다(지그재그법, 나선형을 이용한 방법, 양손교차법, 튕기기법).

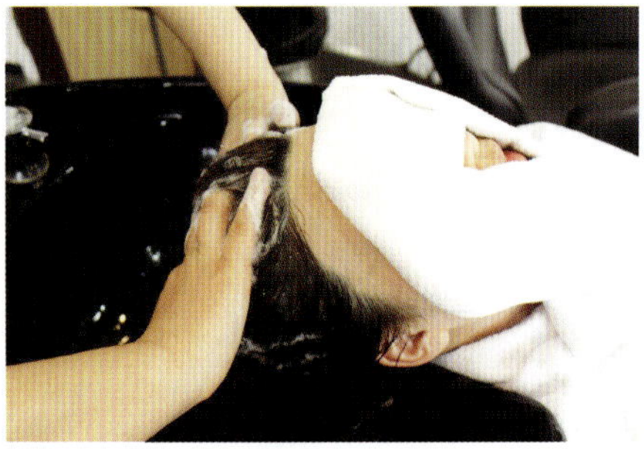

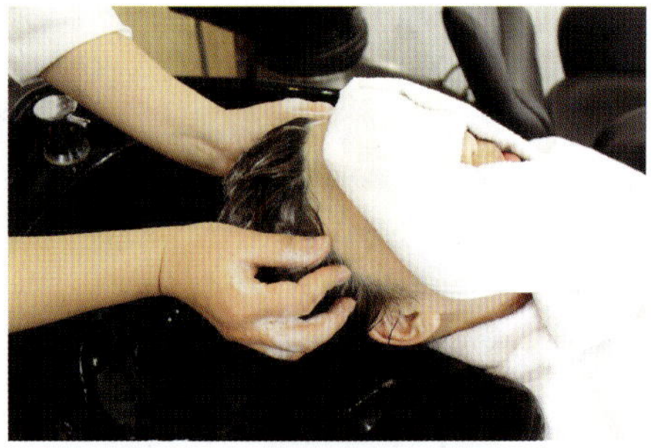

(6) 2번째 샴푸를 할 때에는 충분히 거품을 내어 모발을 헹구어 준다.

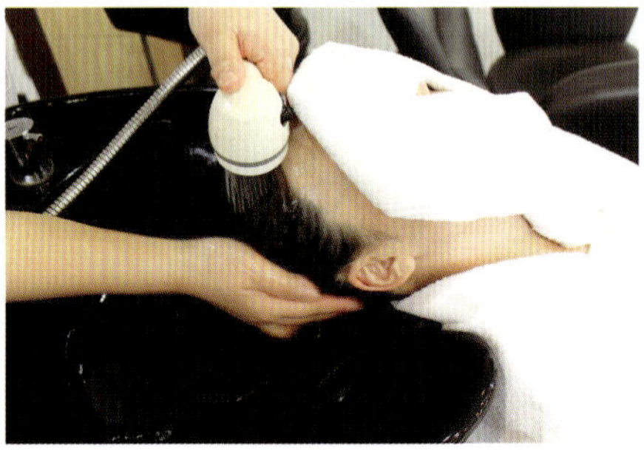

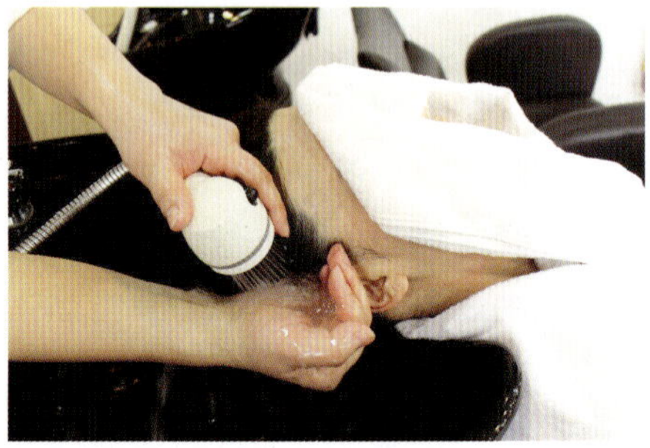

03 린스

1. 린스의 목적

린스는 샴푸 후 특수성분을 모발표면에 흡착시켜 보호막을 형성시키고 수분과 영양을 공급하기 위해 사용한다. 또한 팽창된 모발의 수축과 탄력을 부여하며 모발에 자연스러운 광택을 주는데 목적이 있다. 특히 비누로 샴푸할 경우 모발에 잔류하는 알칼리와 금속비누를 제거하기 위해 한다.

펌이나 염색과 같은 화학적 시술 후에 알칼리화 된 모발에 구연산을 배합한 산성린스를 사용하여 중화시켜 주면 모발을 등전점으로 돌릴 수 있다. 또한 모발에 유분을 주기 위해 유지류나 헤어크림을 물에 분산시켜 오일 린스화 하여 마무리 시에 사용할 수 있다.

최근에는 단백질과 친화력이 강화고 모발에 흡착성이 뛰어나며 정전기 발생과 가려움, 냄새 등을 억제하고 살균성이 있는 양이온 계면활성제를 린스의 주성분으로 많이 사용하고 있다.

2. 린스의 종류

1) 플레인 린스(Plain rinse)

플레인 린스는 린스제를 사용하지 않고 모발을 헹구는 방법이다. 물의 온도는 38~40℃ 정도로 따뜻한 연수를 사용하는 것이 좋다. 콜드 퍼머넌트 시에 제 1액을 씻어내기 위한 중간 세척을 플레인 린스라고도 한다.

2) 컨디셔닝 린스(Conditioning rinse)

모발의 유분과 수분을 보충하여 헤어 컨디셔너 효과를 얻기 위한 린스제이다.

<용도에 따른 컨디셔닝 린스제의 성분>

용도	성 분
유분공급	고급알콜, 스쿠알렌, 라놀린
수분공급 (보습제)	글리세린, 프로필렌글리콜, 폴리에칠틸렌글리콜, 글리콜, 프로리돈 카르본산 나트륨, 아미노산
손상모 회복제	토코페롤, 폴리펩티드, 레시딘

3) 비듬 제거 린스

비듬제거에 효과를 얻기 위하여 린스제에 각질용해제와 피지 분비를 억제하는 비타민류, 습윤제, 살균제 등을 배합한 린스제이다.

4) 산성 린스(acid rinse)

산성 린스제는 모발에 남아 있는 비누의 알칼리성 성분과 금속성 피막을 제거하고 모발을 엉키지 않도록 하며 광택을 줄 목적으로 한다. 그러나 크림 린스와 같이 모발을 부드럽게 하지는 못한다.

미지근한 물에 pH3~4의 산성 린스제를 풀어서 모발을 헹구어내는 방법으로 한다. 특히 퍼머넌트 시술 후 모발에 잔류한 알칼리 성분을 중화시키기 위해 사용하며 성분에 따라 레몬 린스, 구연산 린스, 비니거 린스 등이 있다. 단점으로는 표백작용이 있어 장시간 사용은 피한다.

5) 오일 린스(oil rinse)

탈지력이 강한 합성세제를 사용하여 샴푸할 경우 모발의 피지를 지나치게 제거하여 건성화 되게 한다. 이때 모발에 적당한 유지분을 공급하기 위하여 따뜻한 물에 올리브유 등을 타서 사용한다.

6) 크림 린스(cream rinse)

합성세제나 중성세제를 사용한 샴푸 후 또는 퍼머넌트, 염색, 탈색 등 화학적인 처리 후에 유지분을 공급하기 위한 린스로 효과적이다.

크림린스는 모발을 윤기 있고 부드럽게 해 모발이 엉키지 않게 하지만 약산성으로서 모발에 남아 있는 비누의 불용성 알칼리 성분을 제거하는 효과는 없다. 고급지방산과 고급 알코올에 라놀린, 레시틴 등을 유화시켜서 친수성 크림이나 유액상으로 만들어 사용한다.

7) 약용 린스

약용 린스제를 탈지면에 묻혀 모발과 두피 표면에 전체적으로 도포하여 두피 마사지를 하면 살균, 소독작용으로 비듬과 가벼운 두피질환을 치유하는 데 효과가 있다. 또한 모발을 매끄럽고 윤기 있게 해준다. 약용 린스는 염화벤젠 코늄, 라우릴 이소퀴놀리늄, 브로마이드, 징크피리티온, 살리실릭산 등으로 배합되어 있다.

PLUS

린스와 트리트먼트의 차이점

구분	린스	트리트먼트
의미	헹구어낸다	모발을 건강하게 하다
효과	모발표면 마찰 방지 pH 조절 모발에 광택과 유연성 모발의 엉킴 방지	모발에 영양 공급 모발 손상 방지
지속성	1~2일	3~7일
성분	모발 유연제, 모발 보호제 등	단백질, 비타민, 실리콘 등 영양성분
방치시간	샴푸 후 약 1분	샴푸 후 약 10분

읽을거리

빛나는 머리결과 건강한 두피를 위한

린스 레시피

비듬예방 캐모마일 사과식초 린스

1. 뜨겁게 데운 정제수에 캐모마일을 넣고 우린다.
2. 캐모마일을 채에 거른다.
3. 캐모마일을 우린 물에 사과식초를 잘 섞어준다.
4. 샴푸 후 모발에 식초를 바르고 10분 동안 그대로 둔다.
5. 따뜻한 물로 씻어낸 뒤 찬 물로 마무리 한다.

식초를 물에 넣고 헹구면 알칼리화된 모발을 중성으로 맞출 수 있으며, 모발이 윤기 있고 비듬이 생기는 것을 방지해준다.

모발 윤기 에그 린스

1. 달걀을 가볍게 저어 거품을 낸다.
2. 올리브오일을 넣고 다시 잘 저어준다.
3. 샴푸 후 모발에 바르고 10분간 둔다.
4. 미온수로 헹군다.

달걀에는 비타민 E가 풍부하게 함유되어 있다. 비타민 E는 손상된 모발을 복원시켜주고 윤기를 더해준다. 달걀은 모발의 주 성분인 단백질이 풍부하므로 모발에 영양을 주는 효과가 매우 뛰어나다.

요점정리

01 계면활성제는 친유기를 만드는 원자의 집합과 친수기를 만드는 원자단으로 결집된 물질을 가지고 있으며 식물성 기름을 수산화나트륨에 반응시켜 만든다.

02 계면활성제의 친수기는 물과 화합하는 성질을 가지고 있으며 친유기는 물과의 친화성이 없어 계면활성제 분자들은 물속 보다 표면이나 계면에서 안정된 성질을 가진다.

03 계면활성제는 원자단의 특성에 따라 음이온활성제, 양이온활성제, 양성활성제, 비이온활성제가 있다. 음이온 계면활성제는 기포력과 세정작용, 유화성이 뛰어난다. 양이온 계면활성제는 항균성이 있어 소독 및 살균작용이 뛰어나다. 눈과 피부의 자극성이 낮고 세정력이 적당한 양성 계면활성제, 양이온과 음이온을 가지고 있지 않은 비이온 계면활성제로 구분된다.

04 샴푸는 세균, 매염, 모발화장품 등으로 불결해진 모발을 청결하게 유지한다. 피지와 땀으로 인한 생리기능의 악화를 방지하여 모발의 성상을 촉신한나. 그러나 지나친 세정작용은 모발을 건조하게 하고 두피의 질병을 일으킬 수도 있다.

05 샴푸의 주성분은 음이온 계면활성제로 정전기 방지제, 거품제, 증점제, 활성제, 향료, 보습제, 색소조정제 등을 배합한다. 두피 상태에 따라 지성용, 건성용, 항비듬성용, 유아용, 산성으로 구분되며, 모발 상태에 따라서는 염색모발용, 핫오일, 건성모발용, 손상모발용이 있다.

06 린스는 샴푸 후 특수성분을 모발 표면에 흡착시켜 보호막을 형성시키고 수분과 영양을 공급하여 모발 표면을 부드럽고 촉촉하게 하며 팽창된 모발을 수축시켜 모발 표면에 자연스러운 광택을 부여하기 위하여 행해진다.

07 린스의 종류는 플레인 린스, 컨디셔닝 린스, 비듬제거 린스, 산성 린스, 오일 린스, 크림 린스, 약용린스 등이 있다.

단원 종합문제

01 계면활성제에 대하여 바르게 설명한 것은?

① 계면활성제는 친수성 물질이다.
② 동물성 기름을 이용하여 만든다.
③ 친수기와 친유기를 가지고 있다.
④ 음이온 계면활성제는 항균성을 지니고 있다.
⑤ 양이온 계면활성제는 두발이 거칠어 지는 단점이 있다.

02 모발에 흡착하여 대전방지 효과가 뛰어나 헤어 린스나 트리트먼트에 이용되는 계면활성제는?

① 음이온 계면활성제
② 양이온 계면활성제
③ 양성 계면활성제
④ 비이온 계면활성제
⑤ 특수 계면활성제

03 샴푸의 기능에 대한 설명으로 옳은 것끼리 짝지어진 것은?

㉠ 모발에 광택과 유연성을 주며 빗질이 잘되도록 한다.
㉡ 기포가 많을수록 세정력이 높다.
㉢ 샴푸 후 깨끗하게 헹구어져야 한다.
㉣ 샴푸 후 비듬이나 가려움, 염증 등이 발생하지 않아야 한다.
㉤ pH가 약알칼리여야 한다.

① ㄱ, ㄴ　② ㄱ, ㄴ, ㄷ　③ ㄱ, ㄷ, ㄹ
④ ㄱ, ㄴ, ㄷ, ㄹ　⑤ ㄱ, ㄷ, ㄹ, ㅁ

04 샴푸제는 두피 상태에 따라 다양한 종류가 있다. 이에 대한 설명으로 바르지 않은 것은?

① 건성 두피용 샴푸-건조하고 푸석한 모발을 위해 컨디셔닝이 있는 양이온 계면활성제가 함유되어 있다.
② 항비듬성 샴푸-살균제 성분이 함유되어 있어 비듬의 원인을 제거하는 효과가 있다.
③ 지성두피용 샴푸-두피와 모발에 흡착되어 있는 먼지와 노폐물을 제거하기 위해 음이온 계면활성제가 함유되어 있다.
④ 어린이용 샴푸-탈지력이 약하며 저자극의 물질이 함유되어 있다.
⑤ 산성샴푸-약산성으로 구연산, 연산, 린산으로 이루어져있다.

05 린스의 종류는 매우 다양하다. (㉠)는 따뜻한 온도의 연수를 이용하여 린스를 사용하지 않고 헹구어 내는 방법이며, 피지분비를 억제하는 비타민류, 습윤제, 살균제 등을 배합한 (㉡), 탈지력이 강한 세제를 사용하여 두발의 피지를 지나치게 제거했을 때 적당한 유분을 공급하기 위해 따뜻한 물에 올리브유 등을 타서 사용하는 (㉢) 등이 있다.

06 샴푸와 린스의 목적에 대하여 설명하시오.

가로세로 Quiz

〈가로열쇠〉

1. 계면 활성제는 습윤, 유화, OO, 가용화, 기포 등의 특성이 있다.
2. OOO계면활성제는 양이온과 음이온을 가지고 있지 않은 계면활성제이며 다른 계면활성제나 전해질과도 마음대로 혼합할 수 있다.
3. OO는 샴푸 후 특수성분을 모발 표면에 흡착시켜 보호막을 형성시키고 수분과 영양을 공급한다.
4. 유화제 또는 침투제.
5. OOOO 샴푸는 약용 샴푸제라고도 하며 비듬의 원인을 제거하는 효과가 있다.
6. 계면활성제는 습윤, 유화, 분산, OOO, 기포 등의 특성이 있다.
7. 계면활성제는 OOOO과 세정작용이 강한 활성제다.

〈세로열쇠〉

8. 계면활성제의 다른 말로는 OOO 또는 침투제가 있다.
9. 친유기는 액체 내부로 친수기는 액체 외부로 규칙적인 배열을 하는 것.
10. OO린스의 종류로는 레몬린스, 구연산린스, 비니거린스 등이 있다.
11. 계면 활성제는 습윤, OO, 분산, 가용화, 기포 등의 특성이 있다.
12. 계면활성제는 기포작용과 OOOO이 강한 활성제다.

Chapter XI
아로마 테라피

개요

현대인들은 인체의 정신적, 심리적 건강 유지를 위하여 자연요법인 아로마 테라피를 선호하고 있다. 이 장에서는 아로마 오일의 종류별 두피에 적용과 사용법을 학습하고 아로마 헤어제품을 만들어 본다.

학습목표

① 아로마 테라피란 무엇인지 정의할 수 있다.
② 아로마 오일의 작용을 설명할 수 있다.
③ 아로마 오일의 종류와 사용법을 설명할 수 있다.
④ 아로마를 이용한 헤어제품을 만들 수 있다.
⑤ 아로마 테라피의 종류와 효능을 설명할 수 있다.

01 아로마 테라피의 정의

1. 아로마 테라피란

아로마 테라피(aromatherapy)란 그리스어의 향기 혹은 달콤한 냄새를 뜻하는 'aroma' 와 치료를 뜻하는 'therapy' 의 합성어로 향기분자를 함유하고 있는 식물의 꽃, 씨, 잎, 껍질, 뿌리, 열매에서 추출한 에센셜 오일을 이용하여 인체에 정신적, 심리적 건강을 유지하여 신체적 증상 및 질병을 치유하는 자연요법(natural therapy)이다.

아로마 테라피라는 용어는 1920년대 프랑스 화학자인 르네모리스 가타포세(Rene Maurice Gattefosse)의 저서 'aromatherapie(1928)' 에서 처음 사용되었다. 가타포세는 실험 도중 입은 손의 화상이 라벤더 오일에 담근 후 치유되자 당시 향수의 원료로 더 잘 알려진 아로마 오일의 자연 치유력에 대해 언급하였고, 아로마의 치유효과에 대한 재발견은 에센셜 오일에 대한 새로운 인식과 함께 아로마 테라피를 탄생시키는 계기가 되었다.

아로마 에센셜 오일(aroma essential oil)은 자연 식물 속에 함유된 향기분자 성분을 이용하여 두뇌와 신체의 특정 기관을 자극하여 신체와 정신의 건강을 유지시켜주는 특성이 있으며, 피부를 통해 체내에 흡수시킴으로써 인체에 나타나는 질환을 치유하고 면역력을 강화시킴으로써 심리적 안정과 여유로움으로 안락한 생활을 할 수 있게 한다.

02 아로마 오일의 작용

아로마 오일은 복잡하고 다양한 화학적 구성이나 분자로 된 혼합물질로 마사지를 통한 피부의 흡수와 호흡기를 거쳐 폐를 통해 체내로 흡수되어 호르몬 분비를 촉진시키고 혈압을 정상화시킨다. 또한 피부를 통해 흡수되면 피부의 신진대사를 개선하고 세포조직을 활성화시켜 외부로부터 병균의 침입을 막는 저항력을 높이고 몸속의 노폐물을 밖으로 배출시킨다. 이때 흡수된 향은 대뇌로 전달되어 인간의 기억, 감정 등을 관장하는 대뇌 신경계에 전해진다. 그리고 아로마 향의 분자들은 혀로, 간으로 들어가 온몸으로 퍼져 비정상적인 세포들을 정상화 시키고, 최종적으로 체외로 배설되는 경로를 거치게 된다.

아로마 테라피는 크게 생리작용, 심리작용, 항균작용, 생체리듬 조절작용, 약리작용 등 5가지 작용을 한다.

1. 생리작용

아로마 오일이 인체 내 흡수되면 인체 각 기관과 조직에 작용함으로써 잠재된 생명력을 자극하고 촉진하며, 대사산물을 분해하여 인체에서 배설하기 좋은 형태로 변형시킨다. 이는 생리적으로 심신을 진정시키고 자극시키는 것으로써 부정적인 상태나 스트레스로부터 벗어나는 것을 도와주고 궁극적으로는 인체의 림프액 및 기타 노폐물 및 독소 등을 자연 배출하는 기능을 도와 신체적인 증상을 완화시키는 작용을 한다.

2. 심리작용

인체는 스트레스를 받게 되면 특정 호르몬이 분비되고 이러한 호르몬은 심박동이나 혈압과 같은 신체의 활동에 많은 변화를 일으킨다. 이때 아로마 오일은 후각을 통해 뇌의 자율신경계에 작용하여 심리적으로 안정감을 주고, 스트레스로 인한 두통, 위장장애, 호흡문제 등을 완화시키며, 집중력을 높이거나 청량함, 행복감 등을 부여하는 작용을 한다.

3. 항균작용

아로마 오일은 빠르게 확산되므로 상처나 벌레에 물렸을 때, 피부병, 화상 등에 소독효과가 높다. 아로마 오일의 특정 성분에는 방부효과, 항염증, 살균, 소독, 피부 재생효과 등이 있으며, 피부와 모발 손상을 치료하고, 비듬, 탈모방지 작용을 한다.

4. 생체리듬 조절작용

아로마 오일의 향기성분은 인체의 감정이나 정서에 좋은 감각을 부여할 뿐만 아니라 신체의 자율신경계, 호르몬계 및 면역계에 영향을 주어 항상성 유지기능을 돕는 작용을 한다. 아로마 마사지 및 흡입을 통한 아로마 오일의 흡수는 림프액이나 혈액의 흐름을 촉진시켜 면역기능을 활성화시키고, 몸속의 독소를 배출함으로써 인체의 균형을 유지시킨다.

5. 약리작용

약리작용으로서의 아로마 오일은 혈류로 들어가 호르몬이나 효소 등과 반응하여 화학적인 변화를 일으킨다. 아로마 오일은 해독과 혈액정화를 통해 신체를 정상적으로 유지시키는 기능을 도우며 간, 폐, 림프계, 신장, 소장, 대장, 한선과 같은 몸의 자연적인 해독기관을 자극하는 역할을 한다. 복잡하고 다양한 화학적 구성이나 분자로 된 혼합물질로 대게 마사지를 통한 피부의 흡수와 호흡기를 거쳐 폐를 통해 체내로 흡수되어 호르몬 분비를 촉진시키고 혈압을 정상화 시킨다.

03 아로마 오일의 종류 및 사용법

1. 에센셜 오일

향이 있는 식물에서 추출한 오일로 휘발성이 강하고 알코올에 잘 녹으며 물에는 녹지 않는 성질이 있다. 각종 식물의 꽃, 줄기, 잎, 뿌리, 열매 등에서 추출한 오일로 약효성분이 있어 박테리아나 효모균을 퇴치하며 식물의 병을 예방하는 기능이 있다. 꽃에서 추출되는 많은 아로마 에세셜 오일들은 곤충들을 향기로 유인하기도 하고 해로운 곤충들을 퇴치하기도 한다.

아로마 에센셜 오일은 두피의 혈액순환을 촉진시켜주고 세포의 기능을 활발하게 함으로써 모근에 영양을 공급하고 노폐물을 배출시켜 모발의 성장을 도우며, 윤기 있고 건강한 모발을 만들어준다.

PLUS

식물 부위별 에센셜 오일

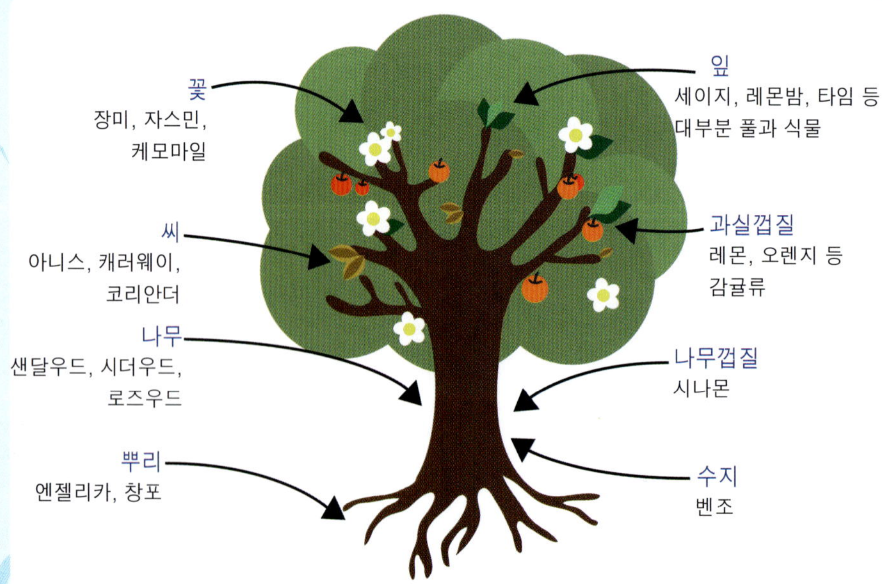

2. 캐리어 오일

캐리어 오일은 에센셜 오일을 피부에 효과적으로 흡수시키기 위해 에센셜 오일에 희석하여 사용하는 100% 식물성 오일로 베이스 오일 이라고도 한다. 독특한 향이 있고, 휘발성이 없으며, 점성이 있는 것이 특징이다. 캐리어 오일은 불포화 지방산과 비타민, 미네랄 등의 영양분을 가지고 있으며, 피부에 흡수력이 뛰어나 피부의 보습효과, 진정효과와 유연작용을 돕는다.

고농축된 에센셜 오일은 자극성이 강하여 원액 그대로 피부에 사용하게 되면 알레르기 및 피부 발진 등을 일으킬 수 있다. 캐리어 오일은 이러한 에센셜 오일의 휘발성을 막고, 피부 깊숙이 전달 되도록 해주는 매개체 역할을 한다.

3. 에센셜 오일의 발향속도에 따른 분류

에센셜 오일을 증류하는 데에는 많은 기술이 요구되는데 가능한 한 식물에 존재하는 상태 그대로의 오일을 최대한 많이 추출하는 것이다. 증류과정에서 휘발되는 속도에 따라 상향, 중향, 하향으로 분류할 수 있다.

1) 상향(top note)

용기를 개봉했을 때 최초로 느끼게 되는 향으로 휘발 속도가 빠르므로 블랜딩한 향 중에서 오래 가지 않는다. 상쾌하고 가벼운 향의 시트러스계, 푸르트계, 민트 계열의 오일로 오렌지, 레몬, 페퍼민트, 타임, 로즈마리, 유카리, 바질, 티트리, 유칼립투스, 버가못 등이 포함된다.

2) 중향(middle note)

중간 정도의 속도로 향이 발산한다는 의미로 블랜딩한 향 중에 중추적 역할을 한다. 플로럴(floral)계 허브계열의 라벤더, 마조람, 로즈마리, 제라늄, 네롤리, 자스민, 카모마일 등이 있다.

3) 하향(base note)

마지막에 느끼는 향으로 서서히 나타나고 긴 시간 은은하고 부드러운 향이 지속된다. 향취가 무겁고 증기압이 낮아 미들, 탑노트의 향이 너무 빨리 확산되는 것을 막는다. 우드(woody), 발삼(balsam)계로 샌달우드, 프랑킨세스, 쟈스민, 시더우드, 벤조인 등이 있다.

Tip

▸ 수증기 흡입법
· 호흡기와 순환기 촉진작용
· 피부 보습작용
· 따듯한 물에 오일의 특성에 따라 3~5방울 희석
· 약 5분간 수증기흡입
· 고혈압, 간질병 등의 환자는 사용 금지

4. 아로마 에센셜 오일의 사용법

아로마 에센셜 오일은 사람의 상태와 증상에 따라 오일을 희석해서 다양한 방법으로 사용할 수 있으나 점막이나 점액 부위에 직접 사용하는 것은 피한다. 오일을 체내로 흡수하는 방법에 따라 확산법, 목욕법, 습포법, 흡수법, 흡입법 등으로 나눈다. 이 가운데 가장 보편적이고 안전하게 사용되는 방법은 코의 후각을 이용한 흡입법과 피부를 통한 흡수방법이다.

1) 흡입법

아로마 향을 구강과 코를 통하여 흡입해 심신의 안정과 자극으로 인하여 기억력을 상승시키며 정신 집중에 효과적이다. 진정작용과 거담작용을 하며, 통증을 완화시키므로 정서적 안정을 찾고 호르몬 분비가 활성화되어 신체 기능이 활발해진다. 따라서 두피관리실 내에 향을 피우게 되면 시너지효과를 볼 수 있다.

(1) 후각을 통한 흡수

아로마 에센셜 오일의 가장 일반적인 사용방법으로 향기를 코로 흡입하는 방법이다. 에센셜 오일이 흡입되면 방향 분자는 공기를 따라 코 안의 후각 상피세포가 있는 코의 청장으로 유입되고, 후각세포와의 접촉이 이루어지면 신경 전달의 과정이 시작된다. 후각 신경을 통하며 후각구(olfactory bulb)로 전달되고 후각구는 향기분자를 번연계(limbic system)와 뇌 피질로 전달하여 호르몬과 기억력 및 심리적인 영향을 받게 된다. 후각을 통한 흡수법은 아로마 테라피 중에서 가장 빠르고 직접적으로 효과를 보는 방법으로 2~3방울의 오일을 티슈나 헝겊에 떨어뜨려 흡입하므로 심리적, 정서적 장애를 제거하고 감염을 예방하고 호흡기 질환을 치유하는 데 특히 좋은 효과가 있다.

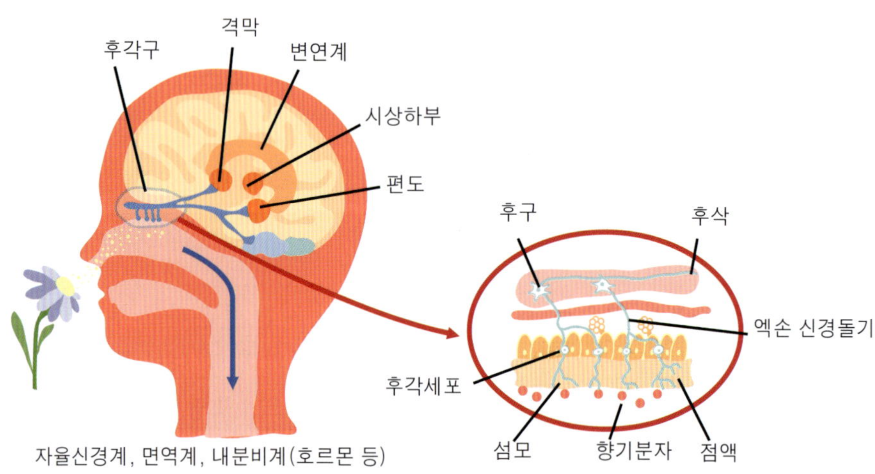

그림 11-1. 후각을 통한 에센셜 오일의 흡수

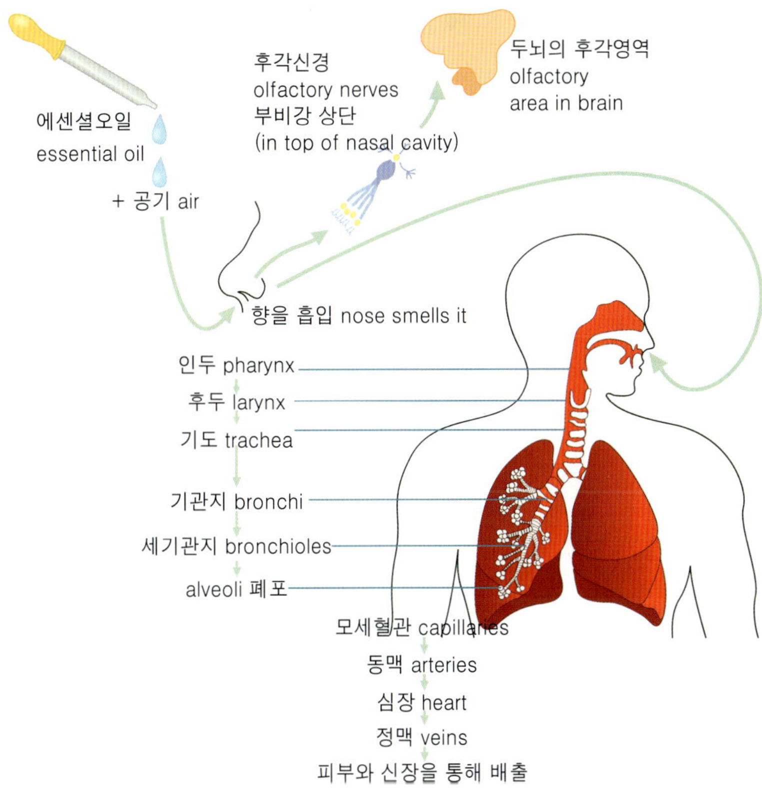

그림 11-2. 폐를 통한 에센셜 오일의 흡수

(2) 폐를 통한 흡수

에센셜 오일 분자가 코를 통하여 흡입하게 되면 두 가지 경로를 통해 흡수된다. 대부분의 분자들은 폐로 들어가게 되고 그 나머지는 뇌로 가게 된다. 흡입했을 때 오일 분자는 폐의 폐포를 통과하여 모세혈관에 들어가 혈액의 흐름을 따라 인체 전반에 걸쳐 이동하면서 치유효과를 나타낸다. 오일 분자들은 땀이나 피부, 배설물, 호흡 등을 통해 체내로 배출된다.

2) 경피흡수법

아로마 에센셜 오일은 매우 작은 분자로써 지방으로 쉽게 분해되어 인체의 지방조직으로 쉽게 흡수된다. 타박상이나 근육통, 멍든 곳 등에 사용하면 몸의 열을 낮추고 염증 개선에 효과를 볼 수 있다. 피부에 바르는 방법과 마사지, 목욕, 족욕, 습포 등의 방법이 있다.

마사지법
에센셜 오일과 캐리어 오일을 적당량 두피에 바르고 마사지한다. 신체 온도가 상승하고 혈액순환을 원활하게 하여 두피의 산소와 영양 공급을 도와 모발 성장을 촉진시킨다.

족욕법
냉, 온수에 아로마 오일 3~5방울 떨어뜨려 발을 담그면 청량감 또는 긴장 완화에 효과적이며 심신을 안정시켜준다..

목욕법
따듯한 물에 아로마 오일 5~10방울을 떨어뜨려 목욕을 하면 혈액순환이 원활해지고 신진대사를 촉진시켜 피로를 풀어주고 근육을 이완시켜준다.

습포법
냉, 온수에 아로마 오일 5~10방울을 희석하여 물소건을 만들어 통증부위를 감싸면 통증이 완화되고 붓기가 빠진다.

그림 11-3 아로마 오일의 사용방법

5. 아로마 오일이 두피에 미치는 영향

- 림프계 순환을 촉진시켜 독성물질의 축적을 막아준다.
- 혈액순환을 도와 진피층, 모유두에 산소와 영양분의 원활한 공급으로 모발의 성장을 촉진한다.
- 모낭에 산소와 영양을 공급하여 세포분열을 활성화시킴으로 탈모를 예방하고 모발의 손상을 개선시킨다.
- 신진대사를 원활하게 하여 노폐물의 배출을 도와 두피를 청결하게 해준다.
- 에센셜 오일의 살균작용 및 인체호르몬 기능 조절작용 등을 통하여 건강한 두피 모발 형성을 돕는다.
- 두피에 필요한 영양분과 산소를 공급해주며 두피의 피로를 방지해준다.
- 탈모를 방지한다.
- 항박테리아 성질이 있어 두피의 염증을 방지한다.
- 비듬제거 및 비듬 생성을 방지한다.
- 두피를 청결하게 하고, 두피의 각화작용을 정상화하도록 돕는다.
- 우울, 스트레스와 같은 정신적 문제를 해소시켜 마음을 안정시킨다.

6. 아로마 에센셜 오일의 사용시 주의사항

· 몸의 상태가 좋지 않을 경우 주의하여 사용한다.
· 아로마 오일의 성분을 파악하고, 반드시 정해진 용량을 사용한다.
· 에센셜 오일은 자극이 강하므로 반드시 캐리어 오일과 희석하여 사용한다.
· 민감성인 경우는 사용 전에 반드시 패치테스트를 하여 피부의 이상 유무를 확인한다.
· 복용은 절대 금한다.
· 감광작용이 있는 오일은 낮에 사용을 금한다.
· 눈 주위와 상처 부위 등에 닿지 않도록 주의한다.
· 임산부와 3세 이하의 어린이는 사용을 금하거나 주의한다.
· 아로마 오일은 빛과 열에 약하므로 암갈색의 차광병에 넣어 서늘한 곳에 보관한다.
· 심한 홍반이나 진물 등 피부병변이 발생했을 때에는 의사와의 상담을 권한다.
· 개봉 후 1년 이내에 사용하도록 한다.

04 아로마 헤어제품 만드는 방법

1. 아로마 샴푸 만드는 법

모발 상태	블랜딩 방법
정상모	호호바오일 30ml+샴푸 200ml+로즈마리 4방울+사이프러스 3방울+라벤더 5방울+클라리 세이지 8방울
지성모	호호바오일 30ml+샴푸 200ml+버가못 10방울+사이프러스 4방울+라벤더 3방울+로즈마리 3방울
건성모	호호바오일 30ml+샴푸 200ml+샌달우드 8방울+제라니움 3방울+라벤더 3방울+클라리 세이지 6방울
손상모	호호바오일 30ml+샴푸 200ml+생달우드 8방울+팔마로사 5방울+카모마일 3방울+라벤더 4방울

2. 아로마 컨디셔너 만드는 법

모발 상태	블랜딩 방법
정상모	미네랄워터 100ml+로즈마리 5방울+페퍼민트 5방울+세이지 10방울
지성모	미네랄워터 100ml+로즈마리 4방울+라벤더 6방울+세이지 10방울
건성모	미네랄워터 100ml+티트리 5방울+일랑일랑 5방울+세이지 10방울
손상모	미네랄워터 100ml+로즈마리 8방울+일랑일랑 3방울+사이프러스 3방울+라벤더 6방울

3. 아로마 두피, 모발 미스트 만드는 법

모발 상태	블랜딩 방법
정상모	미네랄워터 100ml+호호바오일 1ml+팔마로사 3방울+페퍼민트 3방울+로즈마리 3방울
지성모	미네랄워터 100ml+알코올 1ml+오렌지 4방울+라벤더 4방울+로즈마리 4방울
건성모	미네랄워터 100ml+호호바오일 1ml+제라니움 3방울+일랑일랑 4방울+로즈우드 3방울
손상모	미네랄워터 100ml+호호바오일 1ml+레몬 2방울+라벤더 3방울+사이프러스 3방울+일랑일랑 2방울

Tip
- 1회에 7~10일 정도 사용 분량을 제조하여 기간 내 사용하며 냉장보관하도록 한다.

4. 아로마 두피 트리트먼트 만드는 법

모발 상태	블랜딩 방법
정상두피	호호바오일 30ml+제라니움 4방울+일랑일랑 4방울(3% 희석)
지성두피	호호바오일 30ml+버가못 8방울+티트리 4방울+ 페퍼민트 4방울(3% 희석)
건성두피	호호바오일 30ml+라반진 6방울+로즈우드 3방울+후란킨세스 3방울(2% 희석)
비듬성 두피	호호바오일 30ml+티트리 8방울+로즈마리 5방울+클라리세이지 5방울(3% 희석)
민간성 두피	호호바오일 30ml+샌달우드 2방울+카모마일 2방울+라벤더 2방울(1% 희석)
탈모성 두피	호호바오일 30ml+라벤더 8방울+로즈마리 6방울+시더우드 4방울(3% 희석)

05 아로마 테라피의 종류와 효능

1. 아로마 에센셜 오일

1) 그레이프후르츠(grapefruits)

레몬과 오렌지가 혼합된 산뜻하고 신맛이 나는 과일로 비타민 C의 함유량이 풍부하고, 면역력을 높여주며, 모발 성장을 촉진하고 피부세포를 건강하게 한다.

입욕시 사용하면 신진대사가 활발해져 피로회복이 빠르고 소화불량, 식욕증진 등에 효과적이다. 피부의 세척, 방부, 수렴효능이 있어 스킨 토닉제로도 사용한다. 기미나 노화, 지성피부와 넓어진 모공 그리고 여드름 치료에 좋다. 혈액순환 촉진과 이뇨작용을 도우며, 체형관리 및 피부 활력을 위해 사용한다. 방부, 지방질 분해, 지성 모발, 피부 불순물 제거에 효과적이다.

2) 네롤리(neroli)

네롤리의 혈액순환 촉진효능을 이용해 혈액을 맑게 하거나 신경계 질환을 치유하는데 효과가 있으며, 말린꽃을 달여서 사용한다. 달콤한 오렌지 꽃향기로 실내 분위기를 위해 사용되기도 한다. 재생효과가 뛰어나 주름살을 해소시켜 노화방지에 좋으며 튼 피부와 모세혈관을 회복시켜주는 효과가 있다. 항 우울제, 스트레스, 만성피로, 산후 우울증, 근심, 걱정 등 정신적 피로를 풀어주고, 항 경련, 소화촉진, 소독, 세포 재생 촉진을 위한 스킨케어에 효과적이다.

3) 라벤더(lavender)

다양한 피부질환과 좌상, 궤양 등의 통증을 치료하며, 신경성 소화기 질환, 진통제와 살균제로도 사용한다. 여드름피부, 멍든 곳, 피부염, 습진, 건습, 화상, 근육통, 생리통, 두통, 편두통 등에 효과를 높여준다. 라벤더 화장수는 피부를 긴장시키고 상쾌하게 하는 차분한 향을 내며, 지성피부에 좋고 헤어토닉으로 사용되며, 해충 퇴치 등 매우 다양하게 이용된다.

4) 레몬(lemon)

비타민 A, B, C가 풍부하게 함유되어 있어 항균제, 병원균의 부패 방지, 심한지성피부의 수렴제로 이용된다. 그 밖에 여러 피부 질환인 여드름, 궤양 그리고 발진의 치료와 이뇨작용에도 효과적이다.

여드름피부와 지성피부, 정맥 이상확장, 모공수축, 치질에 효능이 있으며 몸 안의 독성분을 밖으로 배출하는데 도움을 준다. 중추신경계와 면역계의 활동 및 소화기계의 기능도 도와주고 두통, 편두통 등의 진정작용에 효과적이다. 고혈압과 빈혈의 예방 및 치유에 효과적이다. 거담제 기능도 있어 기관지염이나 천식 등에도 쓰인다.

5) 레몬그라스(lemongrass)

혈액순환 촉진과 신경계를 진정시키는 효과가 있어 항우울제로도 사용된다. 근육통, 불안, 근심, 산후 우울증, 정신적 안정과 소화불량에도 좋다. 마음을 자극하여 생기를 주며, 정신적으로 피로할 때 효과적이어서 피부미용에도 도움이 된다. 모유분비를 촉진시키며 암치료에도 효과적이다.

6) 로즈(rose)

피부 재생과 노화방지에 효과적이다. 강한 소염작용으로 피부의 염증, 가려움증, 건선 등을 치유하고 화농성 피부질환, 민감성 피부, 건성 피부 또는 손상된 피부 등 모든 피부 질환에 효과가 있다. 환부의 확장 또는 부어오르는 염증, 지속적인 통증의 치유에 사용한다. 또한 피부의 수분을 조절하여 주름을 예방하는데 효과적이며 자극이 거의 없어 모든 피부 타입에 쓸 수 있다.

우울증, 항류마티스, 방부, 피부 수렴, 소화, 이뇨작용, 월경촉진, 간장약, 혈압을 높이고 신경안정, 혈액순환 촉진 등 항우울제와 강장제로 사용되며 기분전환에도 효과적이다.

7) 로즈마리(rosemary)

항산화작용으로 노화를 예방하고 혈액순환을 촉진시켜 손, 발이 차가운 사람에게 좋다. 기억력과 집중력을 상승시키고 치매방지에 효과적이다. 호흡기, 순환기, 심신피로, 긴장, 충혈, 소화 그리고 신경통, 근육통, 류머티즘 피부와 모발손상 치료 및 두피질환 치료와 탈모증에도 효과적이다.

8) 로즈우드(rosewood)

감기, 몸살 등 병후 회복에 머리를 맑게 한다. 고혈압과 충격을 완화하는데 효과가 있으며, 건성피부염, 노화방지 및 민감성 피부에 좋다. 습진, 화농 그리고 가려움증의 피부질환과 손상된 피부를 정상으로 회복시키고 세포성장을 촉진시키며 면역성 증진에 탁월한 효과가 있다.

9) 몰약(myrrh)

몰약(미르)에 꿀을 섞어 포진을 치료하는데 사용하였고 미이라를 만드는데 방부제로 사용되었다. 화농상태를 치료하고 병원균을 멸균하여 피부세포의 건강을 촉진시켜준다.

10) 바질(basil)

신경성이 원인이 되는 모든 질병의 치료와 혈액순환과 스트레스 해소에 좋다. 류머티스, 근육통, 두통, 편두통, 감기, 몸살, 기관지염, 천식, 기침, 피부자극 등의 치유에 효과적이다.

11) 버가못(bergamot)

면역체계를 강화하는 효능이 있으며 비뇨기 질병치료와 방광염에도 효과가 있다. 여드름과 피부질환 치유와 피부재생에 좋으며 호흡기 감염, 감기몸살 등에 효과적이다.

12) 사이프러스(cypress)

수렴작용과 순환기의 활동을 촉진시키는 효능이 있다. 기침, 코감기 특히 기관지염이나 천식에 좋다. 불규칙적인 생리와 심한 생리통을 조절해주며 비만 치료에도 좋다. 세포의 활동을 활성화시키며 노폐물을 체외로 방출시킨다. 지성피부, 여드름, 모발, 비듬치료에 효과가 있다.

13) 샌달우드(sandalwood)

습진, 마른버짐 등 모든 피부염으로부터 오는 가려움증이나 염증을 치료한다. 건성 피부 등을 정상적인 피부로 회복시켜준다. 박테리아를 살균시켜 여드름성 피부를 비롯한 모든 타입의 피부 관리에도 좋다. 살균, 방부, 진정효과 및 건성 모발에 수분공급, 화장용수나 방부제 등으로 사용한다.

14) 세이지(sage)

수렴 효능이 있으며 지성 피부와 모발, 비듬치료 효과가 있다. 우울증, 불안감, 두려움증, 편두통, 불면증과 신경성 피로에도 이용된다.

15) 소나무(pine)

피부재생 효능이 뛰어나 건성 피부나 상처난 피부, 피로한 피부, 그리고 주름진 피부를 치료해주며, 여드름 피부에 잔존해 있는 유해물질을 제거한다.

16) 마조람(sweet marjoram)

스트레스로 인한 두통과 편두통 치료에 효과가 좋으며 혈액의 흐름을 좋게 하며 신경통에 좋다. 통증, 감기, 두통에 효과가 매우 뛰어나며 근육통, 염좌, 좌상, 류머티즘 등을 치료하는데도 사용된다.

17) 멜리사(melissa)

지루성 모발, 탈모 개선에 효과가 있다. 쇼크, 히스테리, 갱년기 장애, 저혈압, 간질환, 항염증, 진정작용이 있다. 민감성 피부나 임산부는 사용을 금지하는 것이 좋다.

18) 시더우드(cedarwood)

방부와 수렴 효능과 살균작용은 지성피부와 여드름 피부병 및 마른버짐에 효과가 있다. 또한 두피를 자극시켜 모발을 건강하게 하고 탈모를 예방한다. 두피세포의 해독, 촉진작용, 두피의 지루성과 지성모발, 탈모증, 비듬 제거에 효과가 있다. 월경불순, 류머티즘, 관절염, 전염병 예방에 효과가 있다.

19) 오렌지(orange)

건성피부와 지성피부를 정상피부로 회복시켜주며 스트레스에 효능이 있다. 순환기를 촉진시켜 피부표면과 거친 피부를 부드럽게 한다. 오렌지 껍질을 말려 설사나 항문 질환, 자궁 출혈을 치료하는데 사용하기도 한다.

20) 유칼립투스(eucalyptus)

항 박테리아, 항 바이러스, 항 진균 효능으로 면역성을 증진시키며 세균을 매개로 오는 질병을 예방해준다. 과다한 피지분비로 발생되는 여드름과 피부 손상을 제거해주며 좌욕으로 방광염 및 비뇨기 질병을 완화시킬 수 있다.

21) 일랑일랑(ylang ylang)

과로와 스트레스로 인한 두통 치료에 일랑일랑을 2방울 정도 섞어 마사지하면 효과적이다. 특히 지성과 건성 피부에 발생되는 여러 피부질환에 효과적이며, 피지분비를 조절하여 여드름 치료에 효능을 나타낸다. 모발 성장 촉진 효과가 있으며 모발 보호제로 사용하고 있다.

22) 쟈스민(jasmine)

류마티즘 관절염과 두통, 불면증, 통증, 관절이 상하거나 기침과 고르지 못한 심장운동 등을 회복시키는 성분이 함유되어 있다. 정신적인 피로를 풀어주고 자신감과 항 우울증 효능이 있다. 호르몬을 조절하여 피부의 상태를 완화시켜주므로 모든 유형의 피부보호에 효과적이다.

23) 제라늄(geranium)

면역 기능을 촉진시키며 피부염 치유와 수렴, 진통에 효과가 있다. 대장 이상 증상을 회복시켜주는 역할을 한다. 모든 유형의 피부와 건강을 촉진시켜주며 윤기 있는 피부를 만든다.

24) 주니퍼(juniper)

모든 피부 염증에 소염 효과를 주므로 화상, 피부 궤양, 상처 회복에 효능이 있다. 순환기를 촉진시켜 죽은 세포를 제거하는데 도움을 주며 스트레스 해소에 효과적이다.

25) 카모마일(chamomile)

모든 피부 염증에 소염 효과가 있으며 신경성 소화불량과 위염, 긴장으로 오는 두통과 불면증에 효능이 있다. 피부를 부드럽고 탄력있게 하므로 알러지 피부에 사용할 수 있다.

26) 클레리 세이지(clary sage)

피부의 재생을 촉진시켜 탄력있는 피부를 유지시켜준다. 우울하고 심적으로 가라앉아 있을 때 신경조직을 온화하게 호전시키는 효과가 있다. 피부의 살균, 재생작용 기능이 있어 비듬, 건성 및 지성 모발을 정상으로 변환시키는 효능이 있다. 두피 마사지를 통하여 탈모를 방지하고 발모를 촉진시킨다.

27) 타임(thyme)

소독, 살균작용과 혈액순환을 도와 피로회복에 좋고 호흡기 질환, 소화불량 그리고 감염증 예방과 치료에 널리 사용된다. 뇌세포를 활성화시켜 기억력과 집중력을 높인다.

28) 티트리(tea tree)

살균, 소독작용이 강하여 여드름 치료에 사용한다. 티눈, 굳은살, 기관지염, 상처, 화상, 종기 등의 치료와 흉터제거에 효과적이다. 사마귀, 뾰루지 등을 포함한 피부 질환에 효능이 있다. 우수한 살균력은 두피에 생기는 비듬성 세균 제거에 효과적이다.

29) 팔마로사(palmarosa)

상쾌한 양으로 정신적 스트레스를 해소해주고 기분전환과 신경성으로 인한 소화기계의 자극, 이완을 도와주는 효과가 있다. 바이러스균에 의한 염증에도 효능이 있다.

30) 페츌리(pachouli)

피부 세포를 재생시켜주고 수렴작용을 촉진시켜 피부의 건강을 회복시켜준다. 피부염을 지정시키며 건조하고 튼 피부를 부드럽게 보호하여 피부의 노화현상을 막아준다. 항 박테리아, 곰팡이 제거 및 두드러기, 비듬, 무좀 등에 효과적이며 여드름, 습진 등을 치유한다.

31) 페퍼민트(peppermint)

순환계의 흐름을 촉진시켜주고 호흡기 질환과 소화기 계통에 효과적이다. 머리를 맑게 하고 정신력과 기억력을 강화시켜준다. 박테리아에 대한 살균력이 있으며 여드름이나 피부 상처를 치료한다. 수렴작용이 있어 지성피부나 모발을 정상으로 유지시킨다.

32) 펜넬(fennel)

치은염을 치료하는데 효능이 있고, 질병치료와 비만치료에 사용한다. 모든 타입에 효과가 높으며 특히 피부 노화 현상을 막아 피부를 건강하게 한다.

33) 프란킨센스(frankincense)

세포 재생효과가 탁월하여 손상된 피부의 재생과 주름제거, 노화된 피부의 회복과 얼굴에 윤기를 주기 위한 화장과 향수로 사용된다. 종기, 창상 등 상처의 치유에 효과가 있으며 진통, 거담, 진정, 강장, 자궁기능 강화 작용이 있다. 수렴작용을 강화시키는 효능이 있고, 정신력을 높여 불안감과 걱정, 공포, 긴장을 해소시켜준다.

2. 캐리어 오일

1) 당근 씨(carrot seed)

오렌지색을 띠며, 베타카로틴과 비타민, 미네랄이 함유되어 있다. 다른 베이스 오일을 10% 정도 섞어 사용하면 피부의 노화 방지에 효능이 있고 지성 두피에 효과가 있다.

2) 샤프플라워(safflower)

냄새가 없고 가벼워서 빠르게 산화되므로 보관이 어려우며, 항산화 효능이 있는 다른 베이스 오일과 혼합하여 사용한다.

3) 살구씨(apricotstone)

예민성 피부와 수분이 부족한 건성 피부, 튼 피부 등을 보호하고 화농 피부를 개선시킨다.

4) 참깨(seasame)

모든 타입의 피부에 좋으며 특히 습진, 마른 버짐 피부에 좋다. 건성두피에 사용시 효과적이며 걸쭉하고 짙은 냄새를 가지고 있다.

5) 소맥배아(wheat germ)

비타민 A, D, E를 함유하고 있는 천연 항산화제로 습진과 마른버짐 등의 피부 질환에 효능이 있다. 세포의 재생을 돕고 피부에 탄력을 주며 건성두피, 예민성 두피, 발진성 두피에 효과적이다.

6) 아몬드(almond)

풍부한 단백질, 미네랄과 비타민을 함유하고 있어 건조하고 탄력을 잃은 피부, 가렵고 통증이 있는 피부에 사용하면 염증을 완화시키는 효과가 있다.

7) 아보카도(avocado)

피부가 비늘처럼 일어나는 건성피부, 탈수된 피부 그리고 화농피부에 영양을 주어 정상피부로 회복시켜주는 효능이 있다. 자외선으로부터 피부와 두피를 보호하여 모발 성장을 촉진시킨다.

8) 올리브(olive)

피부에 윤기를 주며 손상된 피부를 치료하는 효능이 있다. 부서지는 건조한 모발을 치료하는데 매우 효능이 좋다.

9) 카놀라(canola)

피부에 쉽게 침투하여 피부를 부드럽게 하는 마사지용으로 적합하며 피부의 건강을 촉진시킨다.

10) 칼렌듈라(calendula)

손상된 피부 또는 트거나 탄력성이 떨어진 건성피부를 완화시켜주며 로션, 연고를 만드는데 사용하고 예민성, 민감성 두피에 효과적이다.

11) 코코넛(coconut)

코코넛 열매의 안쪽에 있는 과육 층을 압착시켜 오일을 얻는다. 코코넛 오일은 풍부한 거품을 내며, 세정력이 뛰어나 비누와 화장품의 보습제로 널리 쓰인다. 코코넛 오일은 온도에 영향을 받기 쉬워 겨울에는 하얀 고체덩어리로, 여름에는 투명한 액체로 변한다.

12) 콩(soy)

피부에 빨리 흡수되어 건성피부에 영양을 공급하며 지성피부나 여드름피부에는 사용하지 않는다.

13) 포도씨(grape seed)

포도씨 오일은 냄새가 적고 가벼워서 피부에 쉽게 흡수되므로 스킨과 바디오일로 적당하며, 유분이 가장 적고 수렴작용으로 피부를 건강하게 한다. 지성두피에 효과적이다.

14) 해바라기(sunflower)

피부에 쉽게 흡수되므로 예민성 피부나 건성피부에 적당하다.

15) 헤이즐넛(hezelnut)

자양분과 윤활성분을 함유하고 있는 헤이즐넛 오일은 비타민이 풍부하여 혈액순환 촉진 및 수렴효과가 있어 피부를 건강하고 탄력있게 한다. 또한 과다한 피지 분비를 정상으로 회복시켜주므로 노화 피부 치료와 모공수축, 지성두피, 지성비듬에 효과적이다.

16) 호호바(jojoba)

보습과 유연효과가 있어 마른버짐과 여러 종류의 피부염 치료에 효과를 나타내고 화농과 건성피부를 부드럽게 한다. 여드름 지성피부와 지성두피를 조절한다. 미네랄과 단백질을 함유하고 있어 화장품에 많이 사용된다. 마사지 오일과 모발 치료제로 사용하며, 건성 비듬에 효과적이다.

읽을거리

식물이 에센셜 오일을 만드는 이유

- 수렴작용을 돕는다.
- 초식동물의 공격을 방어한다.
- 박테리아 곰팡이와 같은 다른 미생물의 공격을 방어한다.
- 식물자체의 상처치유나 에너지 비축 수단으로 사용한다.
- 껍질이 손상 받았을 경우 분비하여 상처치유를 돕는다.
- 탈수를 방지하여 건조한 기후에도 자생할 수 있다.

요점정리

01 아로마 테라피란 식물의 꽃, 줄기, 잎, 뿌리, 열매에서 추출한 에센셜 오일을 이용하여 정신적, 심리적 건강을 유지하고 신체적 증상 및 질병을 치유하는 것을 말한다.

02 아로마 테라피는 생리작용, 심리작용, 항균작용, 생체리듬 조절작용, 약리작용 등이 있다.

03 아로마 오일에는 에센셜 오일과 캐리어 오일이 있다. 아로마 오일은 휘발성이 강하고 알코올에 잘 녹으나 물에는 녹지 않는 성질이 있고, 캐리어 오일은 에센셜 오일의 휘발성을 방지하여 피부에 효과적으로 에센셜 오일을 흡수시키기 위한 베이스 오일이다.

04 에센셜 오일은 발향속도에 따라 상향, 중향, 하향으로 분류되며, 용기 개봉 후 처음 발산되는 향이 상향, 중간정도 속도로 향이 발산되는 중향, 가장 마지막에 느끼는 향으로 서서히 나타나고 오랫동안 향이 지속되는 하향이 있다.

05 아로마 에센셜 오일은 크게 흡입법과 경피 흡수법이 있다. 흡입법은 코를 통한 흡입법과 폐를 통한 흡입법이 있으며, 경피 흡수법에는 마사지법, 족욕법, 목욕법, 습포법 등이 있다.

06 아로마 오일은 혈액순환을 원활하게 하여 모발의 성장을 촉진시키고, 살균작용, 항염증, 항바이러스 작용이 있어 두피를 청결하게 해준다.

07 아로마 에센셜 오일을 사용하고자 할 때에는 반드시 성분을 확인하고 정해진 용량을 사용해야 하며 캐리어 오일과 희석하여 사용한다. 복용하는 것은 절대 금하며 눈이나 상처에 닿지 않도록 주의한다. 아로마 오일은 빛에 약하므로 차광병에 넣어 서늘한 곳에 보관하며, 사용 중 피부에 이상이 생겼을 경우 의사와 상담을 권한다.

단원 종합문제

01 아로마 오일의 작용에 해당하지 않는 것은?

① 심리작용 ② 약리작용 ③ 생리작용
④ 호흡작용 ⑤ 생체리듬 조절작용

02 아로마 에센셜 오일의 특징으로 바르지 않은 것은?

① 휘발성이 약하고, 좋은 향기를 지니고 있다.
② 지방과 오일에 잘 희석된다.
③ 알코올에 잘 녹으며 물에 녹지 않는다.
④ 수많은 성분의 복합체이다.
⑤ 자연적으로 얻을 수 있다.

03 알맞은 깃끼리 찍지으시오.

① 상향 ▪	▪ ㉠ 플로럴계 허브계열의 오일로 라벤더, 마조람, 로즈마리 등이 있다.
② 중향 ▪	▪ ㉡ 휘발 속도가 빠르며, 상쾌하고 가벼운 향이 있다.
③ 하향 ▪	▪ ㉢ 은은하고 부드러운 향이 오래 지속된다.

04 아로마 에센셜 오일의 사용방법은 후각을 통한 흡수와 폐를 통한 흡수의 (㉠)과 마사지법, 목욕법, 족욕법, 습포법과 같은 (㉡)이 있다.

05 아로마 에센셜 오일 사용 시 주의 사항에 대하여 설명하시오.

가로세로 Quiz

〈가로열쇠〉

1. 항산화 작용으로 노화를 방지하고 모발 손상 치료 및 두피 질환 치료와 탈모증에 효과가 있다.
2. 모발 성장 촉진 효과가 있으며 모발 보호제로 사용한다.
3. 아로마 향을 구강과 코를 통해서 흡입해 심신의 안정과 자극을 주는 방법.
4. 그리스어로 향기라는 뜻의 OOO.
5. 용기를 개봉 했을 때 처음으로 발산되는 향.

〈세로열쇠〉

6. 아로마 에센셜 오일은 반드시 OO하여 사용하여야 한다.
7. 에센셜 오일을 피부에 효과적으로 흡수시키기 위한 베이스 오일.
8. 지성피부와 모발, 비듬치료 효과가 있고 수렴작용을 한다.
9. 아로마 오일을 피부에 직접 바르는 방법.
10. 마지막에 느끼는 향으로 미들노트와 탑노트의 향이 너무 빨리 확산되는 것을 막는다.
11. 미들노트라고 하며 향중에 중추적인 역할을 한다.
12. 건성모발에 수분을 공급하고 화장용수나 방부제 등으로 사용된다.

해답
고객상담카드
참고문헌
찾아보기

chapter Ⅰ. 해답

01 ② **02** ⑤ **03** ② **04** ⑤ **05** ㉠ 수의근 ㉡ 불수의근 **06** 하나는 감수 분열을 하는 생식기관, 즉 남성의 고환이나 여성의 난소 속 세포이고, 다른 하나는 분열 증식을 하지 않는 뇌 세포이다. 뇌 세포는 출생 전 태아 때에 약 140억 개로 분열 증식한 다음, 출생 후에는 분열을 하지 않는다.

가로세로Quiz 해답

			조	직				신
								경
골	지	체						섬
	질				아	교	섬	유
			원			세	포	막
			핵	막		포		
			세			질		
진	핵	세	포					

chapter Ⅱ. 해답

01 ① 02 ③ 03 ③ 04 ② 05 ② 06 ③
07 ④ 08 ④ 09 ② 10 ④ 11 ④ 12 ㉠ 피하지방층 ㉡ 비타민 D ㉢ 뼈 ㉣ 근육 13 ③ 14 모공이 열려있고, 각질과 불순물이 없이 깨끗한 상태이며, 두피의 색이 전체적으로 맑고 투명하다. 적정한 피지막이 형성되어 모발에 윤기가 있고 각화주기가 정상적인 상태이다. 15 ① 16 잦은 샴푸 및 드라이 시술과 퍼머, 염색 등의 자극적인 요인, 비누로 샴푸를 할 경우, 지나친 유분과 당분이 많은 음식물 섭취, 영양공급 부족 및 유전적인 요인, 기후, 난방, 환경오염 등의 원인, 스트레스 및 피지분비의 부족, 두피 스케일링 및 세정호르몬 밸런스 이상
17 ③ 18 ㉠ 비듬 ㉡ 가려움증 ㉢ 지루성 염증 19 ②
20 과도한 스트레스와 잦은 화학시술, 건성두피를 오래 방치할 경우, 자주 두피를 긁는 경우, 자극이 강한 두피 및 모발제품의 오용과 남용, 신체적인 리듬이나 균형이 깨졌을 때, 호르몬 밸런스 이상 및 세균 감염, 영양 불균형
21 ④ 22 ②
23 ①-㉤, ②-㉢, ③-㉡, ④-㉣, ⑤-㉥, ⑥-㉠
24 ㉠ 두부백선 ㉡두부건선 25 ④

가로세로Quiz 해답

		유						
		극			아	교	섬	유
기	저	층						
질					촉			
				감	각	신	경	원
	혈	관			인			
					지			두
					세		표	피
각	질	형	성	세	포			

chapterⅢ. 해답

01 ④ **02** ①-㉢, ②-㉠, ③-㉡ **03** ③ **04** ⑤

05 ㉠ 소한선(에크린선) ㉡ 체온 ㉢ 대한선(아포크린선) ㉣ 호르몬

06 ▶ 성장기: 모모세포가 모세혈관으로부터 영양분을 공급받아 활발하게 세푸분열을 하면서 모발이 새롭게 생성 · 성장하는 단계. 전체 모발의 90~90%가 성장기 단계, 평균 성장기간은 3~6년, 남성은 3~5년, 여성은 4~6년

▶ 퇴행기: 성장기 이후 모발의 형태를 유지하며 휴지기로 가는 중간단계. 모모세포 분열이 약화되고 모발 케라틴의 합성은 멈춘다. 전체 모발의 1%가 해당, 기간은 약 3~4주

▶ 휴지기: 모모세포의 분열 정지로 성장이 멈추고 모유두의 활동이 정지되었다가 모낭의 수축과 동시에 모근이 위쪽으로 올라와 자연탈모가 된다. 모낭의 길이가 짧아지고 가늘다. 전체 모발의 14%에 해당하며 기간은 3~4개월, 샴푸나 브러싱 등에 의해 자연탈락되거나 새로운 모발에 의해 밀려 탈락된다.

가로세로Quiz 해답

	중				유	사	분	열
내	배	엽			화			
	엽				작			피
					용			지
성	장	기				소	한	선
			협		전			
모	낭	하	부		모	근	부	
					아			
모	구	성	모	항	기			

chapterⅣ. 해답

01 ④ 02 ⑤ 03 ㉠ 모수질 ㉡ 모표피 04 ㉠ 탄력성 ㉡ 습윤성

05 ▶ 마찰에 의한 손상: 샴푸, 타올 드라이, 브러싱 또는 모발끼리의 마찰에 의해 상당한 자극을 받게 된다. 또한 기포력이 적은 상태로 샴푸할 경우에도 마찰이 크다.

▶ 열에 의한 손상: 모발 케라틴은 50℃ 전후로 변성이 시작되고 130~150℃ 이상의 열을 모발에 가하면 팽창하여 변형되고 검은 모발의 경우 변색된다.

▶ 컷트의 불량에 의한 손상: 불량한 가위, 날이 무딘 레이저나 기술 미숙으로 커트한 경우 기모와 분열모가 발생한다.

▶ 퍼머넌트 웨이브에 의한 손상: 퍼머넌트 웨이브 시술시 과2제의 처리가 적당하지 못하면 케라틴 단백질의 변성이나 멜라닌 색소의 변성을 일으키기도 한다.

▶ 과도한 탈색 및 염색에 의한 손상: 염색제는 산화력이 강하므로 암모니아를 첨가하여 사용할 경우 멜라닌 색소만 파괴하는 것이 아니라 케라틴의 주사슬인 폴리펩티드 사슬도 절단시킨다.

가로세로Quiz 해답

모	간	부		모	피	질		케
표			미					라
피			세			비		틴
	거	대	섬	유		결		
			유			정		수
경						영		분
단			결	정	영	역		
백		마						
질		찰		엑	소	큐	티	클

chapter V. 해답

01 ④ **02** ⑤ **03** ③ **04** ② **05** ⑤

06 ▶ 반흔성 탈모: 모유두 조직의 기능 저하 및 모낭이 완전히 파괴된 상태. 영구적인 탈모가 되며 완치된 후에도 두피가 반들거리고 모발은 재생되지 않는다.

▶ 비반흔성 탈모: 조직이 섬유화되지 않고 모낭도 그대로 보존되는 질환으로 휴지기 탈모, 유전성 안드로겐 탈모, 생장기 탈모 등이 있으며 흉터가 생기지 않는다.

가로세로Quiz 해답

탈		테				연	모	화
모		스	트	레	스			
		토						
원		스		범	발	성	원	형
형		테				장		
탈		론				기		미
모			백	선		탈		녹
						모		시
D	H	T				증		딜

chapterⅥ. 해답

01 ③ 02 ② 03 ④ 04 ④ 05 ①

06 두피에 해로운 음식

▶ 기름에 튀긴 음식: 혈중 과산화 지질을 증가시키고 인체를 산화시킨다.

▶ 폭식과 과식 또는 동물성 단백질 식품 과잉섭취: 비만과 성인병 유발, 모근의 활동을 저해, 비듬 생성, 피부가 거칠어지고 모발 성장을 방해한다.

▶ 밀가루 음식: 인슐린 분비를 촉진시켜 호르몬의 균형을 깬다

▶ 염분 과잉섭취: 혈압이 상승하고, 나트륨의 수분 보존 성질로 신장과 심장에 부담을 주어 성인병과 혈액순환 장애를 가져와 탈모를 유발한다.

▶ 커피와 담배: 혈압을 올리고 스트레스를 촉진시키며 혈액 부족을 유발시킨다.

▶ 청량음료, 빙과류, 인스턴트 가공식품: 탈모 유발

▶ 밀눈, 땅콩, 효모: 남성호르몬이 함유되어 있어 탈모환자는 삼간다.

▶ 돼지고기, 소고기, 초코렛, 치즈, 과자, 케이크, 음료수: 비듬이 많은 사람, 피지가 많은 사람은 삼간다.

가로세로Quiz 해답

유	황			구	리			단
		영						백
		양				무	기	질
		소	화					
	셀					포		
	레					타		
	늄		마	그	네	슘		비
								타
철			지	용	성	비	타	민

chapterⅦ. 해답

01 ③ **02** ③ **03** ⑤ **04** ㉠ 두피 진단 ㉡ 홈케어 지도

05 ⑤

06 ▶ 문진: 상담 카드 및 진단카드를 작성하기 위한 여러 가지 질문사항

▶ 시진: 두피의 색상, 각질, 피지량 등을 육안 또는 두피 진단기로 관찰

▶ 촉진: 손으로 만져서 피지상태, 땀, 각질 등을 촉각으로 인지

▶ 두피 진단기 측정: 두피 색상, 모발 굵기, 모발 밀도 등을 현미경으로 측정

가로세로Quiz 해답

두	피				각	질	상	태
			예	의				
심					고			
리					객			책
적		두	피	색	상			임
안					담			
정								
					두	피	진	단
	홈	케	어		발			

chapterⅧ. 해답

01 ③ 02 ① 03 ④ 04 ③ 05 ③

06 두부백선의 증상

▶ 버짐과 같은 형태로 나타나며 두부에 발생되는 전염성 피부염이다.

▶ 둥근 원형형태로 나타나며 특정부위가 아닌 두상 전체에서 발생할 수 있다.

▶ 모발이 빠지면서 단모현상이 나타난다.

가로세로Quiz 해답

홈	스	트	레	칭		지		모
케						성		발
어						두		관
	혈		건	성	두	피		리
	행						악	
	촉		수	분	량		취	
	진							화
			두	피	톤			학
비	듬					물	리	적

chapterⅨ. 해답

01 ②　02 ④　03 ③　04 ③

05 ㉠ 백회 ㉡견중유 ㉢ 견료

06 두피 경혈 마사지의 효과

▶ 근육을 강화하고 스트레스와 긴장을 풀어주며 자율신경의 밸런스를 조절한다.

▶ 신체의 경락과 지압점을 자극하여 채내 기관의 에너지 균형을 이룬다.

▶ 림프선 계통의 자극으로 노폐물을 체외로 배출시키고 면역력을 증가시킨다.

▶ 내분비계통의 자극은 흐로몬 분비의 균형을 이루어 모발 손상을 개선시킨다.

▶ 피부 노화를 예방하여 피부에 윤기를 준다.

▶ 두피의 열을 제거하여 탈모를 예방한다

▶ 혈액순환을 원활하게 하여 모발손상 및 성장을 촉진시킨다.

▶ 인체의 생리기능을 활성화시켜 자연치유력을 높인다.

가로세로Quiz 해답

	종		병			강		
원	기		풍		경	찰	법	
						법		
		정	화				양	
	신	기					백	
		혈			태	총	혈	
천	종							
					수	곡	지	기
		견	중	유				

chapter X. 해답

01 ③ 02 ② 03 ③ 04 ①

05 ㉠ 플레인 린스 ㉡ 비듬제거 린스 ㉢ 오일 린스

06 ▶ 샴푸의 목적: 두피와 모발은 세균, 매연, 두발화장품 등으로 불결해지고 피지와 땀으로 생리기능이 악화되어 탈모의 원인이 되기도 한다. 샴푸는 이러란 원인을 제거하여 각종 질명을 예방하고 생리기능을 원활하게 하여 모발의 성장을 촉진하기 위하여 행해진다. 도한 두피와 모발의 상태에 다른 두피 마사지를 병행하여 혈액순환과 모근을 강화시켜 생리적인 작용과 모발의 성장 촉진을 돕는다.

▶ 린스의 목적: 샴푸 후 특수성분을 모발 표면에 흡착시켜 보호막을 형성시키고 수분과 영양을 공급하여 모발 표면을 부드럽고 촉촉하게 하며 팽창 모발을 수축시켜 탄력을 주어 모발 표면에 자연스러운 광택을 부여하는 목적이 있다. 모발에 잔류하는 알칼리와 금속비누를 제거하기 위해 또는 첨이나 염색의 시술 후 알칼리화된 모발의 등전점을 유지시켜준다.

가로세로Quiz 해답

분	산					비	이	온
		린	스		유			
					화			
	계	면	활	성	제			
	면					산		
	흡		향	비	듬	성		세
	착							정
			유					작
	가	용	화		기	포	작	용

chapterⅪ. 해답

01 ④ **02** ① **03** ①-㉠ ②-㉢ ③-㉡

04 ㉠ 흡입법 ㉡ 경피 흡수법

05 몸의 상태가 좋지 않을 경우 주의하여 사용한다. 아로마 오일의 성분을 파악하고, 반드시 정해진 용량을 사용한다. 에센셜 오일은 자극이 강하므로 반드시 캐리어 오일과 희석하여 사용한다. 민감성인 경우는 사용 전에 반드시 패치테스트를 하여 피부의 이상 유무를 확인한다. 복용은 절대 금한다. 감광작용이 있는 오일은 낮에 사용을 금한다. 눈 주위와 상처 부위 등에 닿지 않도록 주의한다. 임산부와 3세 이하의 어린이는 사용을 금하거나 주의한다. 아로마 오일은 빛과 열에 약하므로 암갈색의 차광병에 넣어 서늘한 곳에 보관한다. 심한 홍반이나 진물 등 피부병변이 발생했을 때에는 의사와의 상담을 권한다. 개봉 후 1년 이내에 사용하도록 한다.

가로세로Quiz 해답

<table>
<tr><td>로</td><td>즈</td><td>마</td><td>리</td><td></td><td></td><td>캐</td><td></td><td>세</td></tr>
<tr><td></td><td></td><td></td><td></td><td>희</td><td></td><td>리</td><td></td><td>이</td></tr>
<tr><td></td><td></td><td></td><td></td><td>석</td><td></td><td>어</td><td></td><td>지</td></tr>
<tr><td></td><td></td><td>흡</td><td></td><td></td><td></td><td>오</td><td></td><td></td></tr>
<tr><td></td><td></td><td>수</td><td></td><td>일</td><td>랑</td><td>일</td><td>랑</td><td></td></tr>
<tr><td>흡</td><td>입</td><td>법</td><td></td><td></td><td></td><td></td><td></td><td>샌</td></tr>
<tr><td></td><td></td><td></td><td>하</td><td></td><td></td><td></td><td></td><td>달</td></tr>
<tr><td></td><td></td><td></td><td>향</td><td></td><td>중</td><td></td><td></td><td>우</td></tr>
<tr><td>아</td><td>로</td><td>마</td><td></td><td>상</td><td>향</td><td></td><td></td><td>드</td></tr>
</table>

RENE FURTERER PARIS

DIAGNOSIS AND PERSONALIZED HAIR CARE PROGRAM
르네 휘테르 헤어케어 프로그램 고객 카드

RENE FURTERER PARIS

담당 관리자: 20 년 월 일 요일

이름(Name)________________(여/남) 전화번호(phone number):________________(직장/자택)

생년월일(Date of birth):____________ ________________(H.P)

신장:________cm 체중: ______kg 직업: □직장인 □주부 □학생 □자영업 □기타

주소(Adress): 결혼여부: □기혼 □미혼

르네휘테르를 알게된 동기: □잡지 □살롱추천 □친구 □기타

생활 패턴 진단(Your general life style)

□기존사용제품:__________

□샴푸 횟수: __________

□펌 · 염색 주기: __________

□가려움증:__________

□평균 수면시간:__________

□식생활습관:__________

□운동: __________

□특이사항:__________

□약물복용:__________

두피 진단(Your scalp diagnosis)

□두피타입: □정상 □지성 □건성 □비듬

□탈모 □민감성 □건선

□유전여부: □유 □무 (□부계 □모계)

□탈모시기:__________

□증상:__________

____

____

____

□모근의 손상 여부: __________

진단결과 및 특이사항

무료 시술시 사용 제품

고객상담카드

담당 관리자:　　　　　　　　　　　　　　　　20　년　　월　　일　　요일

고객 정보			
고객명(Name)		결혼(Marriage)	□미혼　　□기혼
나이(Age)		유전(Heredity)	□부계　　□모계
직업(Occupation)		전화번호	
이메일 및 주소		측정시간	샴푸 세정 후 (　　)시간

생활 패턴 진단			
샴푸 종류		식생활 및 다이어트	
샴푸 시간대와 횟수		취침 및 수면시간	
모발 건조 습관		흡연 및 음료	
스타일링제 사용여부		운동	
화학적 시술 주기 (펌, 염색 등)		약복용 및 병력	

상담 정보			
탈모 원인	□유전성 □스트레스성 □피부질환 □산후탈모 □흐로몬과다분비 □약물복용 □외상 □견인성 □기타		
두피 상태	두피상태	□약지성 □지성 □정상 □건성 □악건성 □경직 □유연 □비듬(지성/건성) □각질 □염증 □민감성	
	비듬	□전체 □특이 □부분	
	모공상태	□열림 □보통 □막힘 □심한더러움	
	두피톤	전두부	□투명 □홍반 □염증 □기타(　　)
		측두부	□투명 □홍반 □염증 □기타(　　)
		후두부	□투명 □홍반 □염증 □기타(　　)
모발 상태	□굵은모 □중간모 □가는모 □지성 □건성 □직모 □파상모 □곱슬모 □염색 □탈색 □펌(웨이브/스트레이트)		

특이사항 체크	
전면부	두부후
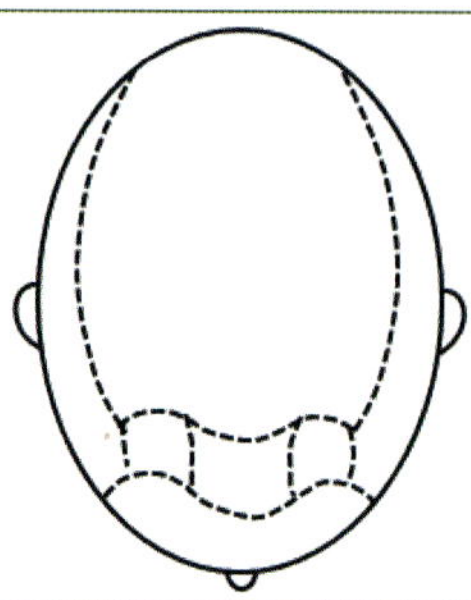	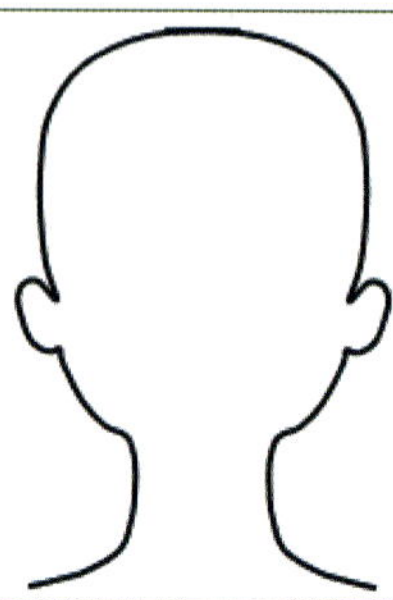
○비듬각질 △홍반 ×염증 ☆탈모 □기타	

처방 및 관리방법

홈케어(어드바이스)

DIAGNOSIS AND PERSONALIZED HAIR CARE PROGRAM
르네 휘테르 헤어케어 프로그램 고객 카드

담당 관리자: 20 년 월 일 요일

이름(Name)________(여/남)	전화번호(phone number):________(직장/자택)
생년월일(Date of birth):________	________(H.P)
신장:_____cm 체중:_____kg	직업: □직장인 □주부 □학생 □자영업 □기타
주소(Adress):	결혼여부: □기혼 □미혼
	르네휘테르를 알게된 동기: □잡지 □살롱추천 □친구 □기타

생활 패턴 진단(Your general life style)	두피 진단(Your scalp diagnosis)
□기존사용제품:________	□두피타입: □정상 □지성 □건성 □비듬
□샴푸 횟수:________	□탈모 □민감성 □건선
□펌 · 염색 주기:________	□유전여부: □유 □무 (□부계 □모계)
□가려움증:________	□탈모시기:________
□평균 수면시간:________	□증상:________
□식생활습관:________	________
□운동:________	________
□특이사항:________	________
□약물복용:________	□모근의 손상 여부:________

진단결과 및 특이사항

무료 시술시 사용 제품	

고 객 상 담 카 드

담당 관리자: 　　　　　　　　　　　　　　　　20　년　월　일　요일

고객 정보			
고객명(Name)		결혼(Marriage)	□미혼 □기혼
나이(Age)		유전(Heredity)	□부계 □모계
직업(Occupation)		전화번호	
이메일 및 주소		측정시간	샴푸 세정 후 (　)시간

생활 패턴 진단			
샴푸 종류		식생활 및 다이어트	
샴푸 시간대와 횟수		취침 및 수면시간	
모발 건조 습관		흡연 및 음료	
스타일링제 사용여부		운동	
화학적 시술 주기 (펌, 염색 등)		약복용 및 병력	

상담 정보			
탈모 원인	□유전성 □스트레스성 □피부질환 □산후탈모 □흐로몬과다분비 □약물복용 □외상 □견인성 □기타		
두피 상태	두피상태	□약지성 □지성 □정상 □건성 □악건성 □경직 □유연 □비듬(지성/건성) □각질 □염증 □민감성	
	비듬	□전체 □특이 □부분	
	모공상태	□열림 □보통 □막힘 □심한더러움	
	두피톤	전두부	□투명 □홍반 □염증 □기타(　)
		측두부	□투명 □홍반 □염증 □기타(　)
		후두부	□투명 □홍반 □염증 □기타(　)
모발 상태	□굵은모 □중간모 □가는모 □지성 □건성 □직모 □파상모 □곱슬모 □염색 □탈색 □펌(웨이브/스트레이트)		

특이사항 체크	
전면부	두부후
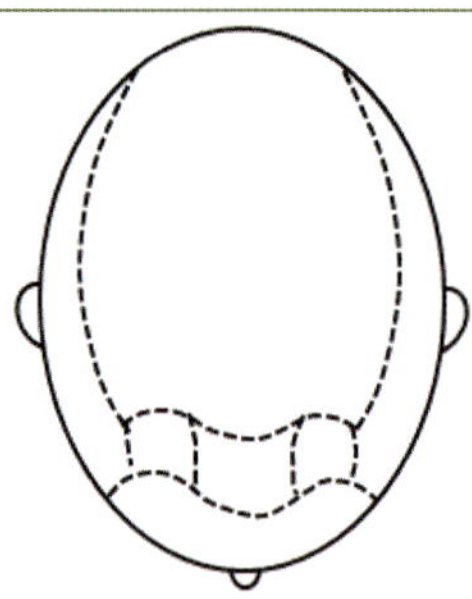	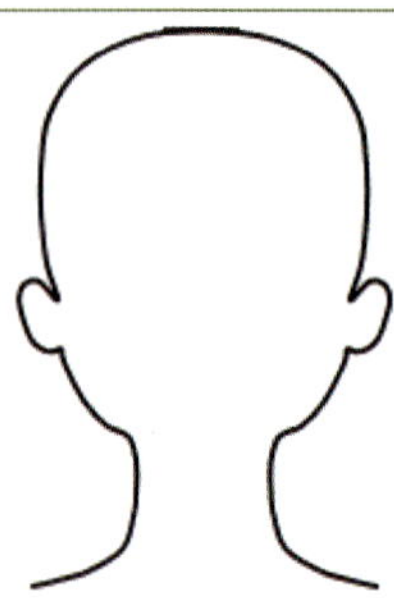
○비듬각질 △홍반 ×염증 ☆탈모 □기타	

처방 및 관리방법
홈케어(어드바이스)

참고문헌 및 참고사이트

- 고경숙 외 1인, 퍼머넌트 헤어웨이브 디자인, 훈민사, 2004.
- 고경숙 외 1인, 트리콜로지스트를 위한 두피 모발관리학, 퍼시픽출판사, 2007.
- 고성경, 스포츠 의학, 서울, 홍경, 2001.
- 고혜정 외 4인, 아로마테라피, 청구문화사, 2011
- 국제두피건강협회, Trichologist education book.
- 김명숙 외 3인, 미용영양학, 훈민사, 2003.
- 김용서, "탈모증 예방" 이 안에 있다, 한국지방재정공제회, 2004.
- 김주덕, 신화장품학, 동화기술교역, 2004.
- 대한미용교수협의회, Trichology, 청구문화사 2007.
- 류은주외, 두개피 육모 관리학, 이화, 2006.
- 류은주, 모발학, 광문각, 2002
- 박철원, 탈모, 발모 머리카락세포, ㈜북랩, 2013.
- 박현애, 아로마마사지, 김영사, 2007.
- 이정희 외 5인 공역, 영양학, 도서출판 대가, 2010.
- 윤천성 외 6인, 모발과 두피관리, 서울, 훈민사, 2004
- 정인영, 몸속의 독을 없애는 생활의 기술, 아카데미북, 2004.
- 조미영 외 1인, 모발관리학, 훈민사, 2006.
- 조명숙 외 6인, 모발학, 훈민사, 2005.
- 조광필 외 4인, 인체생리학, 퍼시픽출판사, 2009
- 최광호, 털클리닉, 다락원, 1999.
- 최신종합미용이론, 미용교재연구회
- 퍼시픽학술국, Pacific' s Human Anaromy, 퍼시픽출판사, 2012.
- 강태경, 아로마테라피와 스트레스 관리에 관한 연구, 남부대학교, 석사학위논문, 2007
- 김재경 외 2인, 탈모예방을 위한 연구, 한국인체미용예술학회지, 3(3); 108-109. 2002
- 김미연, 헤어 퍼머넌트 웨이브 시술 시 목단피 마이크로캡슐 트리트먼트의 모발 보호 효과, 원광대학교, 박사학위논문, 2013
- 김숙, 소아 아토피성 피부염 개선을 위한 아로마 이용 실태, 조선대학교, 석사학위논문, 2007
- 박경숙, 탈모예방에 따른 효율적인 관리 방안 연구, 용인대학교, 석사학위논문, 2005
- 박은하, 아로마 오일의 항비듬효과, 중앙대학교, 석사학위논문, pp.8-11, 2005
- ISHRS(국제모발이식학회)
- 남성형탈모분석법, Male pattern Alopecia, YKS.
- 여성형탈모분석법, Female Pattern Baldness, YKS.
- ㈜다모생활건강
- 한국두피모발연구학회
- www.wikipedia,ong
- http://www.google.com/imgh
- http://blog.naver.com/PostView.nhn?blogId=0202honey&logNo=150096688654&categoryNo=26&viewDate=&currentPage=1&listtype=0
- http://aromaliz.tistory.com/m/post/view/id/230
- http://blog.naver.com/PostView.nhn?blogId=uytr22a&logNo=80172782481
- http://blog.joins.com/media/index.asp?uid=winnerfirst&folder=15
- http://www.google.com/url?sa=i&rct=j&q=&esrc=s&frm=1&source=images&cd=&docid=b1GgwpGOroPxnM&tbnid=t5ShwX7n71CG4M:&ved=0CAMQjhw&url=http%3A%2F%2Fwww.liveinternet.ru%2Fusers%2Femiliaa%2Fpost269257267%2F&ei=xjLKUs2_K6mCiQepk4DgDA&psig=AFQjCNFF_GXFLp98INHt610_-NNzOu7zog&ust=1389069365010024
- http://www.jurliquekorea.com/contents/ingredients/ingredients.asp
- http://www.aromainlife.com/fragrance/fragrance01_02.asp
- http://www.aromanspa.com/bbs/board.php?bo_table=reference&wr_id=14
- http://gngmo.tistory.com/331
- http://woman.donga.com/docs/magazine/woman/2010/09/07/201009070500028/201009070500028_1.html
- http://prod.danawa.com/info/?pcode=1449837&cate1=9875&cate2=36921&cate3=42557&cate4=0
- http://www.interpark.com/product/MallDisplay.do?_method=detail&sc.shopNo=0000100000&sc.dispNo=008004010&sc.prdNo=1517251154&sp_p1=prod&sp_p2=newitem
- http://www.google.com/url?sa=i&rct=j&q=&esrc=s&frm=1&source=images&cd=&docid=2-aRWR-Q26WPiM&tbnid=0ONGj07woFt5xM:&ved=0CAMQjhw&url=http%3A%2F%2Fkr.loccitane.com%2F%25EC%2595%2584%25EB%25A1%259C%25EB%25A7%2588-%25EC%25BB%25A8%25ED%258A%25B8%25EB%25A1%25A4-%25EB%25AF%25B8%25EC%258A%25A4%25ED%258A%25B8%2C22%2C2%2C1142%2C35944.htm&ei=8pLLUsjtG6WViQemk4C4DA&psig=AFQjCNGvjco3yU53hcJ7jt0C3009aNiUNA&ust=1389158838555816
- http://www.hairbest.com/shop/shopbrand.html?xcode=035&mcode=017&type=Y

찾아보기

INDEX

R

S

T

V

W

Y

저자소개

고경숙(원광대학교)
윤복연(동서울대학교)

최신 두피 · 모발관리학

2014년 3월 10일 인쇄
2014년 3월 20일 발행

지은이 : 고경숙 · 윤복연
펴낸이 : 이상태
디자인 : 유서연
펴낸곳 : 청구문화사
(120-831) 서울특별시 서대문구 성산로 11길 15
전　화 : 02-332-0541(代)　전　송 : 02-337-9577
등　록 : 1990년 11월 2일　제9-247호

가격 33,000원
ISBN 978-89-5616-606-3 93590